深层页岩气地震勘探技术

徐天吉　唐建明　程冰洁　著

科学出版社

北京

内 容 简 介

本书针对深层页岩气勘探开发面临的地质、工程和地球物理等问题，全面阐述深层页岩气的典型地质特征、"两宽一高"（宽方位、宽频带、高密度）地震资料采集、"甜点"目标数据处理、精细解释等方法与技术流程；重点介绍地质与工程"甜点"评价中涉及的总有机碳含量、含气量、各向异性、多尺度裂缝、孔隙流体压力、地应力、脆性等预测方法及相关人工智能前沿技术；系统阐述地震勘探技术在我国深层页岩气主战场——四川盆地的探索经验及地质与工程"甜点"预测、钻井工程辅助设计、现场跟踪等实践效果。

本书可供从事石油与天然气生产、管理和科技研发，以及相关专业的教师、高年级本科生和研究生等参考阅读。

图书在版编目(CIP)数据

深层页岩气地震勘探技术 / 徐天吉，唐建明，程冰洁著. -- 北京：科学出版社，2025. 6. -- ISBN 978-7-03-080094-7

Ⅰ．P631.4

中国国家版本馆 CIP 数据核字第 2024WX1437 号

责任编辑：黄　桥 / 责任校对：彭　映
责任印制：罗　科 / 封面设计：墨创文化

科学出版社 出版
北京东黄城根北街 16 号
邮政编码：100717
http://www.sciencep.com

成都蜀印鸿和科技有限公司 印刷
科学出版社发行　各地新华书店经销

*

2025 年 6 月第　一　版　开本：787×1092　1/16
2025 年 6 月第一次印刷　印张：19
字数：450 000

定价：228.00 元

（如有印装质量问题，我社负责调换）

序

页岩气作为一种典型的非常规天然气，以吸附或游离的形式赋存于泥页岩及其夹层中，是一种以甲烷为主的清洁能源，勘探前景极其广阔。实现页岩气的大规模开发利用，在优化能源结构、降低碳排放和减少大气污染等方面具有重要意义。

中国对页岩气的研究起步较晚，从 21 世纪初开始，在较短时间内克服了重重困难，实施创新驱动发展战略，取得了页岩气勘探开发的大发展。2008 年在页岩气选区评价基础上，开始聚焦四川盆地及周缘页岩气勘探工作，2014 年发现了首个大型页岩气田——涪陵页岩气田，2018 年涪陵页岩气田产能突破 $100×10^8m^3$，2020 年中国成为全球仅次于美国的第二大页岩气商业生产国家。毋庸置疑，在未来的较长时期，页岩气的探明储量与产量仍将保持非常强劲的增长趋势，中国也将成为引领页岩气清洁能源大规模开发利用的主要力量之一。

中国深层页岩气资源广泛分布在四川、鄂尔多斯、塔里木等含油气盆地，涉及海相、海陆交互相及陆相页岩地层，勘探开发潜力大、前景良好。但因其层系多、类型多、埋藏深、压力高、应力大、地表与地下"双复杂"等特征，实现深层页岩气高效勘探与效益开发面临着比浅中层-中深层页岩气更加复杂的地质、工程和效益难题。需要进一步发展和完善深层页岩气地震勘探技术，以更好地解决页岩储层地质与工程品质定量预测、地应力方向及大小预测、多类型多尺度裂缝预测、压力预测等难题，支撑地质工程一体化的页岩气藏精细分区评价、勘探开发部署、钻井设计与跟踪、压裂改造方案设计与优化、压后评估等工作，辅助深层页岩气勘探开发关键环节的决策与实施。

《深层页岩气地震勘探技术》一书总结归纳了近年来在四川盆地及周缘深层页岩气地震勘探相关方法、技术和实践经验，对提供知识借鉴、推动学科进步大有裨益。该著作系统阐述了"两宽一高"地震资料采集、"三保三高"地震资料精细处理、地质与工程"甜点"预测、钻井工程辅助设计、微地震压裂监测及数值模拟等方法技术。其中，各向异性与炮检距向量片（OVT）宽方位处理、全波形反演、逆时偏移、频散各向异性预测、裂缝与含气量机器学习及智能预测、改进伊顿法孔隙流体压力预测、垂直横向各向同性（VTI）/水平横向各向同性（HTI）/倾斜横向各向同性（TTI）介质地应力预测、岩石力学参数预测与渗透率各向异性预测等技术的先进性与实用性十分突出。书中介绍的四川盆地典型探区实例，展示了深层页岩气地质、地球物理、工程一体化的解决方案及实践成效。

该书结合地质、地震、工程等传统理论方法与现代数字信号处理、人工智能等前沿科技，为深层页岩气勘探开发提供了创新的方法、实用的技术和工作流程，专业特色突出、实用性强，值得从事页岩气科研、生产、管理、教学等相关人员参阅。

中国工程院外籍院士
英国皇家工程院院士
2024 年 12 月 18 日

前　言

　　北美"页岩气革命"的成功，改变了全球能源供应格局，为我国页岩气勘探开发提供了重要启示。我国页岩气资源量居世界首位，勘探开发潜力极大；但多数页岩储层埋藏深、地表与地下条件复杂，面临诸多地质、工程与地球物理问题，高效勘探与效益开发难度极大。以四川盆地川南地区为例，区内页岩气资源十分丰富，但多数为深层页岩气；整体埋藏深，优质储层薄，致密化程度高，非均质性较强，构造复杂，水平井轨迹精确控制与有效改造难度大。

　　本书针对深层页岩气高效勘探与经济开发难点，联合岩石物理、测井、地震和人工智能等多个学科，重点阐述"两宽一高"地震资料采集观测系统设计、"三保三高"地震资料精细处理、地质与工程"甜点"预测、钻井工程辅助设计、压裂改造微地震监测及数值模拟等先进技术，以及深层页岩气地质、工程与地球物理一体化解决方案和典型案例，旨在为国内外同类型页岩气的勘探开发提供针对性较强的资料参考和技术借鉴。

　　全书共分为 9 章。第 1 章，重点介绍深层页岩气地质概念、勘探开发潜力、面临的问题及关键技术挑战；第 2 章，重点介绍深层页岩气典型地貌、构造、沉积、储层、岩石物理响应、测井响应、地震响应等特征；第 3 章，重点介绍深层页岩气"两宽一高"地震资料采集设计、关键参数论证、观测系统设计等技术；第 4 章，重点介绍深层页岩气"三保三高"地震资料精细处理思路、面波衰减、Q 体补偿、各向异性校正、OVT 域宽方位数据处理、网格层析反演、全波形反演、逆时偏移、各向异性深度域高精度成像等技术；第 5 章，重点介绍深层页岩储层岩石物理分析、测井"六性"解释与定量评价、井震精细标定、正演数值模拟与地震响应特征分析等技术；第 6 章，重点介绍深层页岩储层总有机碳（TOC）含量反演、裂缝预测、含气量预测、孔隙流体压力预测、地质"甜点"参数智能预测与综合评价、页岩气保存条件分析等技术；第 7 章，重点介绍深层页岩储层地应力数值模拟、地应力预测、储层力学性质（强度、脆性）预测、地应力各向异性预测、渗透率各向异性预测、工程"甜点"综合评价等技术；第 8 章，重点介绍深层页岩气随钻实时深度偏移精确成像、随钻跟踪与水平井轨迹精确控制、微地震压裂监测、压裂改造数值模拟等技术；第 9 章，重点介绍深层页岩气地震勘探技术的典型应用案例。

　　受深层页岩气沉积、构造、储层等地质与工程条件的复杂性、地球物理预测精度及作者科技水平的局限等多种因素的制约，本书难免存在疏忽之处，敬请广大读者批评指正。

作　者

2024 年 9 月 10 日

目 录

第1章 绪论 ... 1
1.1 深层页岩气勘探开发潜力 ... 1
1.1.1 页岩气 ... 1
1.1.2 深层页岩气的勘探开发潜力 ... 1
1.2 深层页岩气勘探开发面临的问题与关键技术挑战 ... 3
1.2.1 面临的地质与工程问题 ... 3
1.2.2 面临的地球物理问题 ... 5
1.2.3 面临的关键技术挑战 ... 6
1.3 深层页岩气地震勘探技术 ... 7
1.3.1 页岩气地震勘探技术发展历史 ... 7
1.3.2 深层页岩气地震勘探关键技术 ... 9

第2章 深层页岩气典型探区地质与地球物理特征 ... 10
2.1 地貌特征 ... 10
2.2 地质特征 ... 10
2.2.1 构造特征 ... 10
2.2.2 沉积特征 ... 12
2.2.3 储层特征 ... 17
2.2.4 气藏特征 ... 29
2.3 地球物理特征 ... 32
2.3.1 岩石物理响应特征 ... 32
2.3.2 测井响应特征 ... 34
2.3.3 地震响应特征 ... 35

第3章 深层页岩气"两宽一高"地震资料采集设计技术 ... 38
3.1 地震资料采集设计思路 ... 38
3.2 地震资料采集关键参数论证 ... 38
3.2.1 道间距 ... 39
3.2.2 面元尺寸 ... 40
3.2.3 最大炮检距 ... 41
3.2.4 偏移孔径 ... 44
3.2.5 接收线距 ... 45
3.2.6 覆盖次数 ... 46
3.3 地震资料采集观测系统设计 ... 46

3.3.1 观测系统设计参数要求·················46
3.3.2 观测系统方案设计和优选·················47

第4章 深层页岩气"甜点"目标地震资料处理技术·················51
4.1 "三保三高"地震资料精细处理思路·················51
4.2 突出页岩地震响应特征的关键处理技术·················52
4.2.1 "十字交叉"自适应面波衰减·················52
4.2.2 高密度 Q 体补偿·················53
4.2.3 高密度 VTI 介质各向异性处理·················54
4.2.4 OVT 域宽方位数据处理·················55
4.2.5 HTI 介质各向异性校正·················56
4.2.6 针对页岩储层参数预测的道集优化处理·················57
4.2.7 "三保三高"地震资料精细处理流程·················58
4.3 深层页岩气地震数据深度域精确成像技术·················59
4.3.1 网格层析反演速度建模·················59
4.3.2 全波形反演速度建模·················61
4.3.3 高斯射线束深度偏移·················63
4.3.4 逆时偏移·················64
4.3.5 各向异性深度域高精度成像技术流程·················65
4.3.6 复杂地质条件下页岩各向异性深度偏移·················67

第5章 深层页岩气岩石物理、测井及地震响应特征分析技术·················70
5.1 页岩气岩石物理分析技术·················70
5.1.1 页岩储层岩石物理建模·················70
5.1.2 页岩储层岩石物理分析与计算·················73
5.1.3 页岩储层岩石物理敏感参数分析·················74
5.1.4 页岩储层岩石物理量板解释·················76
5.2 页岩气测井识别与评价技术·················77
5.2.1 页岩储层的六性关系·················77
5.2.2 优质页岩储层测井定性识别·················78
5.2.3 优质页岩储层测井定量评价·················79
5.3 页岩储层地震响应特征分析技术·················80
5.3.1 页岩储层井震精细标定·················80
5.3.2 页岩储层正演数值模拟地震响应特征分析·················81
5.3.3 页岩储层实际地震响应特征·················81

第6章 深层页岩储层地质"甜点"预测及综合评价技术·················83
6.1 页岩储层 TOC 含量定量预测技术·················83
6.1.1 基于贝叶斯理论的概率地震反演方法·················83
6.1.2 基于页岩岩石物理模型约束的 TOC 含量反演·················86
6.1.3 页岩储层 TOC 含量定量预测数值实验·················92

6.2 页岩储层多尺度裂缝预测技术···93
6.2.1 钻井岩心裂缝识别与 FMI 测井裂缝分析···94
6.2.2 地质构造成因裂缝模拟··94
6.2.3 地震相干属性裂缝预测··96
6.2.4 地震曲率属性裂缝预测··96
6.2.5 蚂蚁追踪算法裂缝预测··97
6.2.6 纵波各向异性响应··97
6.2.7 纵波 AVAZ 裂缝预测··99
6.2.8 纵波 VVAZ 裂缝预测··102
6.2.9 HTI 介质衰减各向异性裂缝预测···102
6.2.10 正交各向异性介质频散各向异性裂缝预测···107
6.2.11 基于储层力学性质的裂缝预测··115
6.2.12 基于 SRGAN 深度学习的裂缝智能预测··122
6.2.13 基于 DexiNed 深度学习的裂缝智能预测···124
6.2.14 多尺度裂缝综合预测··125
6.2.15 基于三维稳态饱和流动方程的裂缝连通性评价···129

6.3 页岩储层含气量预测技术···131
6.3.1 地震频变敏感属性含气性预测··131
6.3.2 基于多尺度吸收属性的含气性预测··139
6.3.3 基于经验公式的含气量预测···142
6.3.4 基于多元回归的含气量预测···143
6.3.5 基于支持向量回归的含气量预测··143
6.3.6 基于决策树回归的含气量预测··144
6.3.7 基于随机森林的含气量预测···145
6.3.8 基于神经网络的含气量预测···145
6.3.9 基于 Caffe 深度学习框架的含气量预测··145
6.3.10 基于卷积神经网络的含气量预测···148
6.3.11 基于 TOC 含量的页岩储层含气性定量预测···149

6.4 页岩储层孔隙流体压力预测技术··150
6.4.1 孔隙流体压力基础理论···151
6.4.2 测井孔隙流体压力计算···157
6.4.3 地震孔隙流体压力预测···161
6.4.4 改进的 Eaton 法孔隙流体压力预测··162
6.4.5 岩石物理模型法孔隙流体压力预测··165
6.4.6 基于改进 RT 法的孔隙流体压力预测···168
6.4.7 基于曲率属性的孔隙流体压力构造校正··172

6.5 基于深度学习的页岩储层"甜点"参数智能预测技术······································173
6.5.1 页岩储层"甜点"参数智能预测原理··174

		6.5.2 卷积神经网络结构设计	176
		6.5.3 页岩储层"甜点"参数智能预测流程	176
		6.5.4 页岩储层"甜点"参数智能预测	177
	6.6	深层页岩气保存条件分析技术	185
		6.6.1 断裂破坏性评价	185
		6.6.2 孔隙流体压力状态评价	189
		6.6.3 顶底板条件评价	189
		6.6.4 保存条件综合评价	190
	6.7	深层页岩气地质"甜点"综合评价技术	191
		6.7.1 富集高产主控因素分析	191
		6.7.2 地质"甜点"综合评价	192
		6.7.3 页岩储层"甜点"目标区优选	192

第7章 深层页岩储层工程"甜点"预测及综合评价技术 194

	7.1	页岩储层地应力预测技术	194
		7.1.1 地应力的研究意义	194
		7.1.2 水平地应力常用计算模型	195
		7.1.3 基于有限元法数值模拟的地应力预测	197
		7.1.4 基于地层曲率的地应力预测	199
		7.1.5 基于VTI介质弹性理论的地应力预测	201
		7.1.6 基于HTI介质弹性理论的地应力预测	206
		7.1.7 基于TTI介质弹性理论的地应力预测	209
	7.2	基于Mohr-Coulomb准则的页岩储层强度预测技术	212
		7.2.1 Mohr-Coulomb准则	212
		7.2.2 页岩储层强度预测	212
	7.3	页岩储层脆性预测技术	214
		7.3.1 储层脆性的研究意义及面临的问题	214
		7.3.2 矿物组分法脆性预测	215
		7.3.3 Rickman法脆性预测	216
		7.3.4 基于VTI介质弹性理论的脆性预测	216
		7.3.5 基于强度力学性质的脆性预测	219
	7.4	页岩储层地应力与渗透率各向异性预测技术	220
		7.4.1 地应力各向异性预测	220
		7.4.2 渗透率各向异性预测	223
	7.5	深层页岩气工程"甜点"综合评价技术	228

第8章 深层页岩气钻井工程地震辅助设计与现场支撑技术 229

	8.1	随钻实时深度偏移精确成像技术	229
	8.2	随钻跟踪与水平井轨迹精确控制技术	230
		8.2.1 页岩气水平井钻井跟踪流程	230

8.2.2　多方法速度建模及时深转换 230
　　8.2.3　基于随钻虚拟井的地震剖面校正 231
　　8.2.4　复杂构造带小井区精细解释 232
　　8.2.5　多域多批次数据与多学科信息整合分析 233
8.3　水力压裂地面微地震监测技术 233
　　8.3.1　微地震监测基础理论 233
　　8.3.2　地面微地震监测 236
　　8.3.3　微地震事件定位 238
　　8.3.4　微地震监测现场分析 239
　　8.3.5　微地震监测与压裂改造效果对比分析 243
8.4　储层压裂改造数值模拟技术 247
　　8.4.1　天然裂缝地质建模 247
　　8.4.2　水力压裂数值模拟 248

第9章　深层页岩气高效勘探开发典型案例 252
9.1　川南深层页岩气地震勘探概况 252
9.2　威远工区深层页岩气高效勘探开发 252
　　9.2.1　地质"甜点"预测及综合评价 252
　　9.2.2　工程"甜点"预测及综合评价 255
　　9.2.3　深层页岩气勘探 257
　　9.2.4　深层页岩气开发 259
9.3　永川工区深层页岩气高效勘探开发 260
　　9.3.1　精细构造解释 260
　　9.3.2　地质"甜点"预测 263
　　9.3.3　工程"甜点"预测 269
　　9.3.4　随钻跟踪调整 272
　　9.3.5　深层页岩气勘探 272
　　9.3.6　深层页岩气开发评价及建产 272
9.4　井研—犍为工区中深层-深层页岩气高效勘探 273
　　9.4.1　地质"甜点"预测及综合评价 273
　　9.4.2　工程"甜点"预测及综合评价 274
　　9.4.3　中深层-深层页岩气高效勘探 276

参考文献 277
致谢 291

第1章 绪 论

深层页岩气是我国未来天然气增储上产的战略接替，对开创我国油气勘探开发新局面具有重要意义。然而，至今深层页岩气的资源探明率仍然极低。究其原因，是深层页岩气在地质、工程和地球物理等方面存在比浅层页岩气更加复杂的影响因素，许多科学问题亟待解决。深层页岩气的高效勘探开发，面临诸多理论、方法挑战及工程技术风险。

1.1 深层页岩气勘探开发潜力

1.1.1 页岩气

页岩气，英文名为 shale gas，是指以吸附或游离状态的形式，赋存于暗色泥页岩或高碳泥页岩中的天然气。

页岩气属于连续生成式非常规天然气，成因类型包括生物成因、热解成因或二者混合成因，成藏机理介于根状气（如煤层气藏）、根缘气（如狭义深盆气藏）和根远气（如常规的背斜圈闭气藏）之间。

按照埋藏深度，页岩气被划分为浅层页岩气、深层页岩气和超深层页岩气等类型。其中，浅层页岩气是指埋藏深度小于 3500m 的页岩气，深层、超深层页岩气则分别指埋藏深度为 3500～4500m 和 4500～6000m 的页岩气。

页岩气的勘探开发，主要包括资源评估、勘探启动、早期开采、成熟开采和产量递减 5 个阶段，涵盖了地质、地球物理、地球化学等学科，以及测井、钻完井、储层改造、动态监测等技术。

1.1.2 深层页岩气的勘探开发潜力

北美"页岩气革命"的成功，引起了全球的广泛关注。许多国家投入了大量的科技资源，针对页岩气开展了广泛的研究。在深层页岩气领域，有些国家已经取得了重要的研究进展，展现出了巨大的勘探开发潜力。

1. 国外深层页岩气的勘探开发潜力

早在 2005 年，北美国家就掀起了页岩气开发热潮，美国和加拿大等国家获得了巨大成功。尤其是美国，先后建成了巴尼特（Barnett）、马塞勒斯（Marcellus）、尤蒂卡

（Utica）、二叠纪（Permian）盆地、伊格尔福特（Eagle Ford）、巴肯（Bakken）、安纳达科（Anadarko）、海恩斯维尔（Haynesville）、阿巴拉契亚（Appalachia）和奈厄布拉勒（Niobrara）等页岩气生产区，使页岩气产量获得了爆炸式的增长，已实现连续多年的高速发展。2020 年，美国页岩气产量持续增长，在全球页岩气总产量 $7688\times10^8m^3$ 中，美国占 95.3%（约 $7330\times10^8m^3$，当年美国天然气总产量为 $11680\times10^8m^3$，页岩气占 63%），远超当年位居全球第二的中国页岩气产量（$200\times10^8m^3$）。如图 1-1 所示，自 2007 年以来，美国页岩气产量一直保持了快速增长；截至 2022 年 5 月，美国页岩气产量已接近 $22.7\times10^8m^3/d$（约 $800\times10^8ft^3/d$），当年总产量超过 $8000\times10^8m^3$。当然，除了美国和加拿大外，墨西哥、波兰、德国、英国、阿根廷、巴西、澳大利亚和哈萨克斯坦等也加强了页岩气勘探和开发。

其实，除了浅层页岩气取得了巨大成功之外，以美国为代表的页岩气商业开采国家，也极其重视深层页岩气的开发。目前，美国已经在 Eagle Ford、Haynesville、迦南-伍德福德（Cana-Woodford）、希利厄德-巴克斯特-曼科斯（Hilliard-Baxter-Mancos）、曼科斯（Mancos）等 5 个深层页岩气开发区取得了重要进展。在这些区域，深层页岩储层平均埋深为 3600~4648m。其中，Eagle Ford 是典型的深层页岩气产区，针对埋深 3500~4500m 的深层页岩储层实施完钻水平井 1976 口，占整体气区的 31.7%，许多钻井的垂深约 4000m，测深超过了 7000m；Haynesville 深层页岩储层平均埋深 3658m，早在 2018 年深层页岩气的产量就已达到 $669\times10^8m^3$，占美国当年页岩气总产量的 12%。可见，深层页岩气勘探开发潜力极大，是未来储量与产量增长的现实领域，在国外早已备受重视并取得了显著的经济效益。

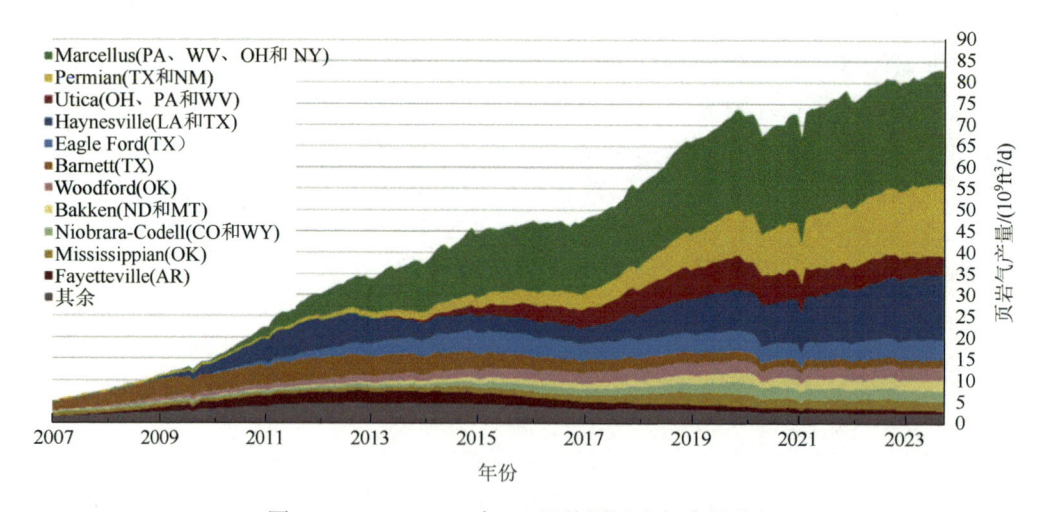

图 1-1 2007~2023 年 11 月美国页岩气产量统计

数据来源：据 2023 年 12 月 1 日美国能源信息署（Energy Information Administration，EIA）发布的数据，https://www.eia.gov/naturalgas/data.php#production；PA：Pennsylvania，宾夕法尼亚州；WV：West Virginia，西弗吉尼亚州；OH：Ohio，俄亥俄州；NY：New York，纽约州；TX：Texas，得克萨斯州；NM：New Mexico，新墨西哥州；LA：Louisiana，路易斯安那州；OK：Oklahoma，俄克拉何马州；ND：North Dakota，北达科他州；MT：Montana，蒙大拿州；CO：Colorado，科罗拉多州；WY：Wyoming，怀俄明州；AR：Arkansas，阿肯色州；Niobrara-Codell：奈厄布拉勒-科德尔；Mississippian：密西西比纪；Fayetteville：费耶特维尔；$1ft^3=2.831685\times10^{-2}m^3$

2. 国内深气层页岩气的勘探开发潜力

我国页岩地层在多个地质时期均有较好发育，在南方、北方、西北和青藏等广大地区广泛分布，既有总有机碳（total organic carbon，TOC）含量高的古生界海相页岩，也有 TOC 含量丰富的中、新生界陆相页岩。据自然资源部 2012 年的测算，全国页岩气资源总量极大，除主要分布在四川、鄂尔多斯、渤海湾、松辽、江汉、吐哈、塔里木和准噶尔等含油气盆地外，在我国广泛分布的海相页岩地层、海陆交互相页岩地层及陆相煤系地层也都有分布。其中，川南、川东、渝东南、黔北、鄂西等上扬子地区是我国页岩气勘探开发的主要远景区。

10 余年来，我国针对页岩气领域加强了科技攻关，页岩气勘探开发实现了跨越式的大发展。2013～2018 年，我国用了 6 年时间使页岩气产量突破 $100 \times 10^8 m^3$。至 2021 年底，已建成页岩气田 8 个，探明页岩气储量 $2.74 \times 10^{12} m^3$；2022 年页岩气产量持续增长，达到 $240 \times 10^8 m^3$。预计 2025 年，中国天然气产量将达到 $2500 \times 10^8 m^3$，而页岩气年产量将超过 $400 \times 10^8 m^3$。未来，页岩气将成为我国天然气增长的主要动力。

然而，目前我国页岩气取得的巨大成就，主要来自涪陵、威远等四川盆地及周缘 3500m 以浅的上奥陶统五峰组—下志留统龙马溪组。比如，2021 年我国页岩气总产量为 $230 \times 10^8 m^3$，主要产自位于四川盆地的中石化涪陵页岩气田和中石油威远、长宁等页岩气田，页岩气产量分别为 $71.65 \times 10^8 m^3$ 和 $111.7 \times 10^8 m^3$。我国仅四川盆地五峰组—龙马溪组页岩气地质资源就高达 $21.9 \times 10^{12} m^3$，其中 $11.3 \times 10^{12} m^3$ 属于深层页岩气，占 51%；而川南已落实的 $10 \times 10^{12} m^3$ 资源中，深层页岩气占比高达 87%。就全中国而言，页岩气地质资源量为 $123 \times 10^{12} m^3$，其中深层页岩气地质资源量高达 $55.45 \times 10^{12} m^3$，勘探开发潜力巨大。

1.2 深层页岩气勘探开发面临的问题与关键技术挑战

尽管深层页岩气具有巨大的勘探开发潜力，但存在页岩气富集规律不清、复杂构造区微幅构造和小断层识别难度大、水体动荡区沉积微相平面刻画难度大等地质难题。同时，在相对比较复杂的页岩气勘探区域，存在地震资料静校正、各向异性处理、精确成像等难题，面临着突出页岩气地震响应特征处理、裂缝检测、含气性识别等"甜点"预测、综合评价、随钻跟踪及井轨迹优化调整等诸多挑战。

1.2.1 面临的地质与工程问题

（1）页岩气富集规律不清，控制产量的决定性因素需要进一步探索。页岩气作为一种连续型非常规气藏，虽然其具有面积大、分布广泛的特点，但若要实现效益开发利用，仍需要寻找资源相对富集的页岩"甜点"区。勘探开发实践表明，不同地区、同一地区不同井之间的地质参数、单井产能差异大，页岩气富集规律不清，控制产量的决定性因素需要深入探索。

（2）不同构造区，页岩储层差异大，地质成因需要深化研究。多数页岩气探区的实际钻井揭示，在不同构造单元，页岩储层参数（孔隙度、渗透率、脆性等参数）差异大，规律性差，地质成因不明，需要进一步深化研究。

（3）水体动荡区，沉积微相刻画难度大，平面展布特征难以精确描述。在某些页岩气探区，受断裂、沉陷等地质活动的影响，水体动荡，加之物源、沉积速率差异性明显，发育泥质深水陆棚、砂泥质深水陆棚、浊积砂、泥质浅水陆棚、砂泥质浅水陆棚等多种沉积微相，且具有纵横向快速变化的特点，如果钻井较少，沉积微相平面展布特征难以精确描述。

（4）现今地应力与古地应力的演化机理欠清晰，制约了对地质现象的科学判断。古地应力、古地貌演化、构造演化、保存条件、成藏过程等差异，与勘探开发效果密切相关。现今地应力是古地应力的演化残余，与微幅构造、断裂与裂缝的分布等密切相关，尤其对裂缝和渗透性比较敏感。与浅层相比，深层页岩储层受地应力影响更大，应力差异更显著，地应力演化机理认识难度更大，导致微褶皱、破碎带、小断裂、微裂缝的空间分布及断裂与孔隙连通性等复杂地质特征难以科学判断。

（5）超致密储层渗透机理研究欠透彻，制约了对深层页岩储层品质的客观评价。渗透率受孔隙与裂缝发育程度、开启程度、连通性等多种因素影响，而这些因素又受沉积环境、岩性、压实作用、流体黏滞性、孔隙压力、地应力状态等制约。可见，深层页岩储层的渗透性是多种因素的综合响应。与浅层相比，深层页岩储层沉积环境更复杂，压实程度更高，致密程度更高，孔隙发育更差，渗透性更差。渗透率的敏感特性、影响因素和渗流机理研究不透彻，不利于深层页岩储层的客观评价和高产富集目标的发现。

（6）各向异性介质理论研究欠深化，影响深层地质目标的精细分析及勘探开发。在岩石颗粒的定向排列、沉积环境、构造演化等多种复杂因素的作用下，储层地应力的大小与方向、渗透率的矢量特征、流体的空间分布等往往呈现出各向异性。与浅层相比，深层页岩储层岩心取样难度大，对成熟度、TOC含量、含气量、矿物组分、岩石物理性质、力学性质及其关联特征的认识程度不深刻，仅基于各向同性介质、均匀介质等理论，难以厘清岩性、渗透性、地应力、层理与天然裂缝、孔隙、流体、孔隙压力等与储层各向异性之间的关系，影响对深层页岩储层的全面认识，必然影响勘探开发成功率。

（7）深层页岩储层研磨性和可钻性理论研究欠完善，影响高效施工。深层页岩气开发过程中，将遭遇高温、高压、高地应力等复杂环境，储层横向非均质性显著，压实程度高，抗张、抗剪和抗压能力强。如何克服井塌、井垮、井漏等工程问题，提升钻井与完井效率，需要深化研究储层地质力学理论，科学评判深层页岩储层的工程品质。

（8）深层页岩储层有效体积改造理论欠完善，掣肘单井产量和最终可采储量（estimated ultimate recovery，EUR）。深层页岩储层脆性差，韧性高，破裂压力与裂缝闭合应力高。通过压裂改造提升储层渗透能力的过程中，水力裂缝的延展受控于天然裂缝，压裂液容易滤失增加，裂缝宽度变窄，支撑剂运移受阻，导致加砂困难和压力陡升，容易产生导管变形、损坏等工程事故。需要深化复杂缝网扩展机理研究，改进渗透机制，完善储层有效改造体积（effective stimulated reservoir volume，ESRV）理论，使深层页岩气充分解吸和高速自由运移，才能大幅提升单井产量和最终可采储量。

1.2.2 面临的地球物理问题

1）深层页岩气岩石物理、测井、地震综合研究深度不足

受深层页岩气钻井数量、岩心取样成本等因素制约，针对页岩气开展的岩石物理测试、对比分析、敏感参数规律总结等研究有限，与测井、录井、地震等数据结合研究程度不高，直接影响到页岩含气性、TOC 含量、脆性等关键参数的对比分析，难以形成规律性很强的岩石物理-测井综合认识，在一定程度上制约了岩石物理"根基性"作用和测井"桥梁性"作用的充分发挥，难以有效排除后期地震预测的多解性，不利于提高地球物理综合预测精度。

2）深层页岩气地震资料处理难度大

（1）突出页岩储层地震响应特征难度大。受近地表复杂条件影响，多数探区原始资料噪声较重，尖脉冲、面波、高频干扰尤其发育，这些噪声对反褶积、叠加成像影响较大。不同位置单炮信噪比、能量等有一定差异，主要目的层层间信号较弱，部分有效信号淹没于噪声中。在尽量不损伤有效反射信号的前提下，采用保真度较高的去噪方法，适度压制各类叠前噪声，提高资料的信噪比是地震资料处理的难点与重点。

（2）深层页岩气地震分辨率提高难度大。深层优质页岩储层的埋深超过 3500m，地震波传播时高频衰减较快，导致频带收窄。一般情况下，优质储层厚度较薄（几米至十几米），常规技术处理资料很难满足储层识别的要求。在确保目的层高信噪比的前提下，需要尽可能提高分辨率。

（3）局部区域静校正问题难以有效解决。有些深层页岩气探区地表岩性分布较复杂，灰岩、砂岩等岩性出露，采空区低降速带横向变化剧烈，导致了较突出的静校正问题。此外，有些采空区禁止放炮，缺少近偏初至信息，层析反演精度受到影响，进一步加剧了静校正问题的解决难度。

（4）多次波压制复杂。在部分深层页岩气探区，存在明显的长周期全程多次波，且多次波能量强，严重干涉了有效反射的叠加成像。地震资料处理中，尽可能地压制多次波、保护有效反射信号、突出有效反射波组特征，是处理的难点。

（5）地震资料一致性较差。受地形、地表、地貌等地质因素影响，不同地区地震波的频率、能量等特征有一定的差异。在地震资料处理的过程中，需要做好一致性处理，尽量消除这些差异，突出含气储层的地震响应特征。

（6）方位各向异性处理难度大。为了获取深层页岩储层的裂缝、微裂缝、各向异性等地质特征，横纵比超过 0.8 的宽方位地震资料采集已经成为常态。在地震资料处理过程中，针对裂缝、微裂缝等预测需求，需要保护地震数据中的方位各向异性；针对储层预测研究，需要消除方位各向异性。在同一工区中，同时做好方位各向异性和方位各向同性处理，必然增加地震数据处理的难度。

（7）复杂区域精确成像难度大。随着勘探开发程度的提高，地表与地下"双复杂"探区已经成为重点。受近地表的影响，原始单炮信噪比极低；受多期次构造运动的影响，地下构造表现出复杂的形态。如何进行"双复杂"地震资料的预处理，如去噪、静校正、

一致性处理，以满足速度分析要求；如何针对"双复杂"地震资料开展精确的速度分析，以满足成像需求；这些，都将面临极大的技术挑战。

3）深层页岩气地震资料解释和综合应用更加复杂

（1）微幅构造和小断层解释精度不高。受沉积环境、地质活动等多种因素影响，有些页岩气探区发育微幅地质构造和小断层；加之局部区域地面、地下条件复杂，微幅构造和小断层地震成像精度不高，地震精细解释的难度极大。

（2）地质与工程"甜点"要素精确预测难度大。"甜点"预测精度，对页岩气选点选层、钻井设计、压裂改造、单井产量等具有决定性的影响。针对地质"甜点"要素，埋藏深度的预测精度需要高达 1/1000，地层厚度、倾角和走向决定水平井轨迹，页岩物性、TOC 含量、含气量等要素决定钻井的选点和选层位置。针对工程"甜点"要素，储层脆性、孔隙流体压力和构造应力等特征在分段压裂方案的设计中发挥着关键性的作用，各向异性和裂缝发育特征决定了压裂改造和流体疏导效果。然而，目前 TOC 含量、含气量和裂缝预测仍然属于世界性难题，1/1000 的深度预测精度要求，也为地震资料精细处理和高精度"甜点"预测带来了极大挑战。

1.2.3 面临的关键技术挑战

我国页岩气研究起步较晚，地质与工程认识深度不足，资源探明率极低，为高效勘探和效益开发增加了难度。此外，与北美地区相比较，我国页岩气资源普遍埋藏更深，TOC 含量和含气量偏低，地层起伏大，地表与地下条件更复杂，面临更多棘手的地质、工程与地球物理难题。关键技术挑战有以下几个方面。

1）地震观测系统优化设计与数据精细处理

针对深层页岩气微幅构造和小断层解释、储层参数和应力场反演、各向异性分析等复杂需求，需要优化"两宽一高"（宽方位、宽频带、高密度）地震资料采集观测系统，获取大炮检距、宽方位、高覆盖次数的地震数据。在时间域和深度域，针对性地实施各向同性和各向异性精细化处理，有效解决静校正、多次波压制、高分辨率处理、复杂构造精确成像、突出页岩气地震响应特征等难题，建立"三保三高"[保 AVO（amplitude versus offset，振幅随炮检距变化）特征、保各向异性特征、保频宽，高信噪比、高分辨率、高保真度]地震资料目标处理和复杂地质条件下网格层析与全波形反演（full waveform inversion，FWI）速度建模、各向异性叠前逆时偏移成像（prestack reverse time migration，PSRTM）等先进技术，确保获得优化的反射角道集、AVO 道集、分方位道集等叠前和叠后高品质地震数据，为地质和工程"甜点"预测等提供可靠的基础数据。

2）岩石物理、测井、地震与地质多学科深度交叉融合

在地质条件、经济成本、钻井工艺等多种因素的制约下，目前国内外深层页岩气钻井数量有限，岩心样本、测录井等基础数据采集不足，导致岩石物理测试、对比分析、敏感参数与富集规律等研究有限，难以建立岩石物理、测井、录井、地震与地质等系统性的科学认识，在一定程度上，制约了岩石物理、测井、地震等学科基础作用的发挥，尚未在基础学科与勘探开发工程之间很好地架起科学的桥梁，影响页岩含气性、TOC 含

量、脆性等地质和工程"甜点"关键要素的预测精度。

3)地质与工程"甜点"高精度预测及综合评价

影响深层页岩气"甜点"区域评价的地质与工程要素较多，无论是页岩的埋藏深度、厚度、物性、TOC含量和含气量，还是地应力、脆性、小断层和微裂缝发育程度等，均可能控制页岩气的富集和高产。然而，页岩的孔隙度极低、渗透性差，TOC含量的评估目前仅能依靠经验公式，准确的含气性识别和裂缝检测仍然属于待攻克的世界性难题；同时，水平井施工的深度误差要求控制在1/1000，加之深层页岩气的埋藏深度大和地下、地表复杂等诸多因素的制约，在客观上增大了地球物理基础数据的采集、处理和解释难度，如不能很好地解决，必然对地质与工程"甜点"预测和综合评价的精度造成负面影响。

4)水平钻井轨迹辅助设计、实时跟踪调整、储层压裂方案优化和改造效果评价

实践证实，只有清晰地掌握"甜点"页岩地层的地质特点，才有可能设计科学的钻井工程方案。尤其是水平井施工前，需要准确评价页岩地质与工程"甜点"发育状况，才能科学地设计水平井进尺方向、深度、靶点等轨迹参数。在钻井施工过程中，需要充分分析岩屑、随钻伽马、钻井参数等地质与力学综合信息，利用随钻深度偏移、随钻AVA（amplitude versus angle，振幅随入射角变化）反演等技术手段，实时获取高精度的地震成像数据、地质与工程关键参数，准确跟踪、调整和有效地控制钻井轨迹。在钻井施工后，针对储层的水力压裂方案设计和改造效果评估，需要利用微地震监测、裂缝建模、压裂模拟等新技术，准确评估页岩天然裂缝和人造裂缝的网络形态与连通状态、有效改造体积、可动用资源等重要信息。然而，无论是井中微地震，还是地面微地震，其监测精度均还有较大的提升空间；裂缝网络建模尽管利用了地质、测井、地震等多类数据融合，也难以高精度地预测出走向、发育密度、渗透性、连通性等裂缝属性；压裂模拟对地质模型具有重要的依赖性，应力和应变计算方法、运算的数据量和效率等均需深化研究。

1.3 深层页岩气地震勘探技术

1.3.1 页岩气地震勘探技术发展历史

在18世纪20年代，国外就开始了页岩气研究，至今已有近300年的历史。国外（主要是北美地区）页岩气研究起步较早，页岩气勘探技术相对比较成熟。目前，国外应用于常规油气勘探的构造解释、裂缝检测（相干、蚂蚁追踪、曲率等技术）、地震反演等技术，被普遍应用于页岩气勘探中。

在中国，针对页岩气开展的研究和勘探开发起步较晚，直到2009年才逐渐开始掀起页岩气研究热潮。2009年，中美在页岩气领域开展合作备忘录签署之后，国内中国石化、中国石油、中国海油三大石油公司相继启动了非常规页岩气的评价选区和先导开发试验。其中，中国石化提出了加快发展页岩气战略，要求"中石化要走在国内页岩气勘探开发最前面，要选择合适的地方、有利的地区进行会战"。通过评价选区，四川盆地地质条件、工程条件最佳，迅速成为页岩气勘探开发的主战场。伴随着三大

石油公司对页岩气勘探开发的不断突破，地质认识不断深化，页岩气地球物理技术获得了快速发展。

目前，中国已经发展成为全球第二大页岩气商业开采国家。我国页岩气取得的成功，离不开地球物理技术的有力支撑。纵观页岩气的发展历程，页岩气的勘探开发对地球物理技术的依赖逐渐加深。已经由少许地质参数（如埋深、厚度）的粗略评估，发展到地质、工程和随钻等多类型、多参数"甜点"的广泛预测和综合评估；由单环节的少许应用，发展到多环节的广泛应用。无论是国外还是国内，页岩气勘探开发面临的热点和难点及技术需求，是促使地球物理技术在这一新领域取得快速发展的动力。

当然，与北美国家相比，中国的页岩气勘探开发技术还需要进一步完善。同时，中国页岩气富集成藏的地质条件更加复杂，包含了陆相富有机质页岩沉积盆地、海陆过渡相-煤系富有机质页岩沉积盆地、海相沉积富有机质页岩沉积盆地等三大类型。各类沉积盆地的页岩气富集成藏条件存在差异，尤其是页岩气富集区构造条件比较复杂，一般都经历过多期次的构造运动。针对复杂地质条件下页岩气勘探开发，应用地震技术进行页岩气富集区综合预测与北美国家相比也存在较大的难度。如图1-2所示，在我国深层页岩气地震勘探流程中，涉及了宽方位地震资料采集、"三保三高"地震资料精细处理、岩石物理分析、测井评价、构造精细解释、地层追踪解释、储层定量预测、裂缝预测、含气性预测、保存条件分析、压力预测、地应力预测、脆性预测等许多环节，为了发现页岩富集区和优选储层"甜点"层段，需要进行地质、工程、地球物理一体化综合评价和现场跟踪，才可能实现高效勘探和效益开发。

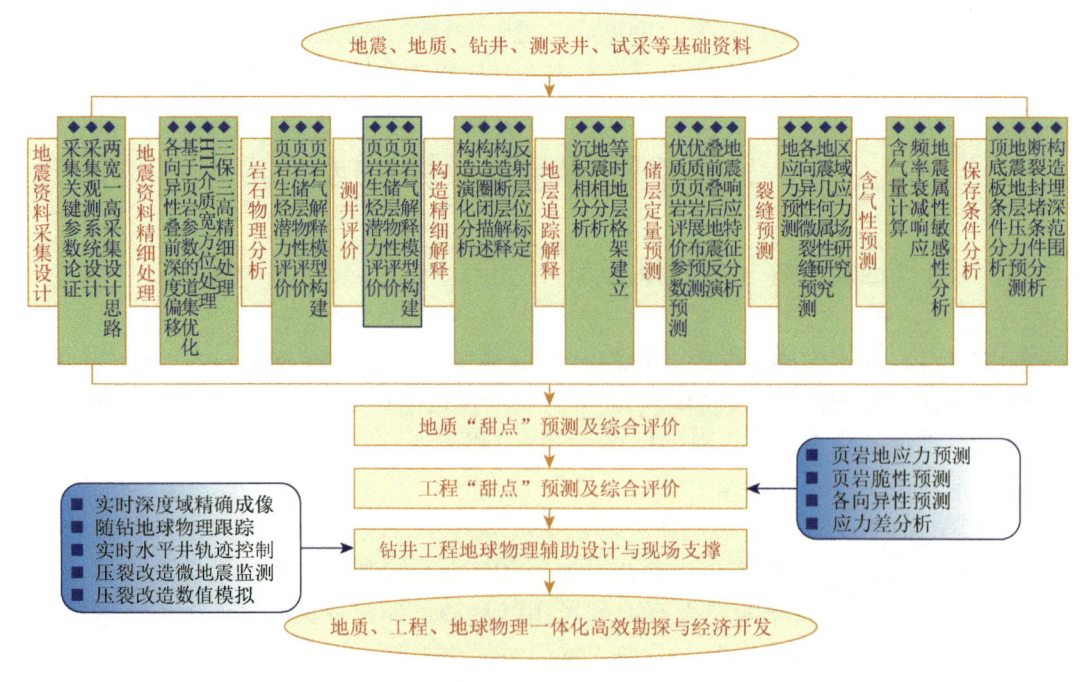

图 1-2 深层页岩气地震勘探关键环节

注：岩石物理分析与测井评价内容一致，但研究角度和利用的数据不同

1.3.2 深层页岩气地震勘探关键技术

针对深层页岩气地震资料采集设计与"甜点"目标处理的关键技术,包括:
(1) 深层页岩气"两宽一高"地震资料采集设计技术。
(2) "三保三高"地震资料精细处理技术。
(3) 深层页岩气深度域精确成像技术。
针对深层页岩气岩石物理分析与测井评价的关键技术,包括:
(1) 深层页岩气岩石物理分析技术。
(2) 深层页岩气测井识别与评价技术。
(3) 深层页岩气岩石物理、测井及地震响应特征综合分析技术。
针对深层页岩气地质"甜点"预测及综合评价的关键技术,包括:
(1) 储层物性参数定量预测技术。
(2) 深层页岩储层多尺度裂缝预测技术。
(3) 深层页岩储层含气性预测及评价技术。
(4) 深层页岩储层孔隙流体压力预测技术。
(5) 深层页岩储层保存条件分析及地质"甜点"综合评价技术。
针对深层页岩气工程"甜点"预测及综合评价的关键技术,包括:
(1) 深层页岩储层地应力预测技术。
(2) 深层页岩储层脆性预测技术。
(3) 深层页岩储层工程"甜点"预测及综合评价技术。
针对深层页岩气钻井工程地球物理辅助设计与现场支撑关键技术,包括:
(1) 深层页岩随钻实时深度偏移精确成像技术。
(2) 随钻跟踪与水平井轨迹实时精确控制技术。
(3) 深层页岩气大型水力压裂地面微地震监测评价技术。
(4) 深层页岩天然裂缝模型压裂改造数值模拟与分析技术。

第 2 章　深层页岩气典型探区地质与地球物理特征

目前，我国页岩气勘探开发已经取得了巨大的成就，主要来自涪陵、威远等四川盆地及周缘 3500m 以浅的上奥陶统五峰组—下志留统龙马溪组。至今，深层页岩气勘探开发的重点区域，仍然主要集中在四川盆地的南部，即川南地区。

2.1　地貌特征

在川南地区，威远、长宁、永川、井研—犍为、宜宾、赤水等页岩气区块，属于深层页岩气典型探区。根据盆内以龙泉山、华蓥山为界的地形地貌三分方案（即川西平原、川中丘陵、川东山地地貌），川南地区绝大部分位于川中丘陵地貌和川东山地地貌区内，仅赤水探区东南部处于盆缘高山地貌区，海拔较高，其他区域海拔分布在 300～800m 范围内。

川南地区常年为亚热带湿润季风气候，温暖湿润、四季分明、冬暖春旱、夏热秋凉，平均气温 17～18℃，无霜期平均 329d，日照总时数平均 1192h，年降水量 1000mm 左右，多集中于 6～9 月。区内路网密布，交通便利，乡镇众多。

2.2　地质特征

2.2.1　构造特征

在川南地区，大地构造位置主要包括川西南低缓断褶带和川南高陡断褶带。在川西南低缓断褶带，西以龙泉山断裂为界，东以华蓥山断裂为界，南以大凉山为界，北界大致位于威远背斜北翼。在川南高陡断褶带，西以华蓥山为界，东以七曜山为界，南至大娄山，从东向西由隔槽式褶皱向隔挡式褶皱变迁，盆地内构造多以高陡构造为主。川南地区主要构造在喜马拉雅期基本定型，其形成和演化的过程，主要受控于雪峰山陆内造山构造运动中由东向西穿时的扩展作用和多层滑脱变形作用。区内发育北东、东西、南北向三组明显的构造形迹，除华蓥山、七曜山等控制大型构造的断层在局部地区出露外，地表断层较少。

基于构造差异机制及构造展布特征，以华蓥山断裂、七曜山断裂、南川—遵义断裂为界，川南及邻区可划分为四个一级构造单元。如图 2-1 所示，川中平缓构造带位于龙泉山和华蓥山断裂带之间的川中隆起区，地层平缓，变形很弱，以低幅的褶皱构造为主，断层较少。南部自贡地区发育一组平行于华蓥山断裂的 NE 向褶皱，以短轴褶皱为主，卷入最新地层包括侏罗系及白垩系。川东南断褶带位于华蓥山和七曜山断裂带之间，发育典型的隔挡式褶皱，南北段褶皱样式存在很大差异。北段以 NNE 向褶皱为主，往南褶皱轴向 NE、近 SN 向发散，形成帚状构造，指示了华蓥山断裂右旋走滑运动；再往南，被 EW 向褶皱叠加。根据构造变形的差异性可进一步划分为四个二级构造单元。永川帚状断褶带与川东断褶带以基底断裂綦江断层为界，帚状构造带发育较晚、构造幅度相对较弱。在川南地区，构造变形样式的差异主要受控于基底、沉积盖层、受力方式和边界条件等。根据构造发育主控因素和构造变形特征，川南地区可划分为三个构造体系：盆缘基底逆冲体系、盆内盖层滑脱体系和盆内稳定基底体系。

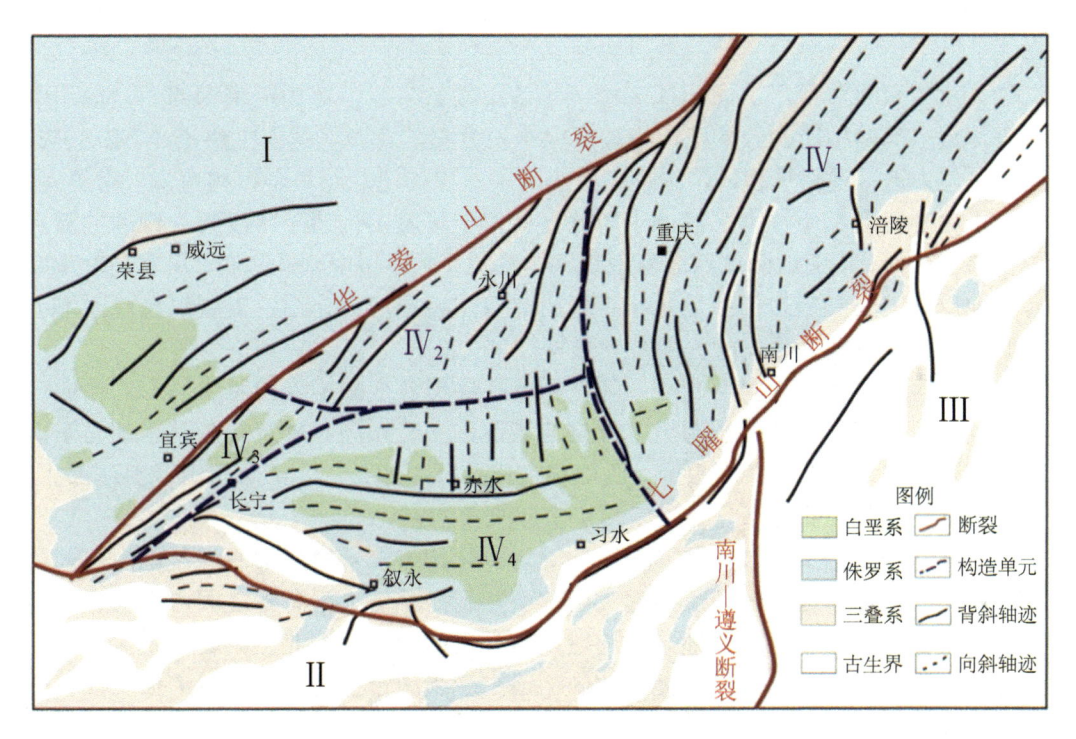

图 2-1 川南地区构造单元划分

（1）盆缘基底逆冲体系。盆缘基底逆冲体系是指七曜山断裂以西第一排构造，以基底卷入的逆冲-褶皱变形为主，具有"冲断带 + 褶皱带 + 斜坡带"构造组合特征。该构造带处于盆外隔槽式褶皱和盆内隔挡式褶皱的转换部位，也是盆外基底卷入构造和盆内盖层滑脱构造的转换部位，具有过渡型变形特征，变形方式兼垂向隆升及水平挤压作用，保存条件较为复杂。该体系包括焦石坝、丁山和林滩场等构造。

（2）盆内盖层滑脱体系。盆内盖层滑脱体系是指盆缘山前带以西、华蓥山断裂带以东的区域，以水平挤压作用下形成的盖层内分层次滑脱变形为主，具有"三变形层结构 + 稳定基底"构造特征。中寒武统（$\in_2$）膏岩、志留系（S）泥页岩、嘉陵江组（T_1j）膏盐三套滑脱层将纵向分隔成三个变形层，各变形层间断层不连通，受中寒武统膏岩和志留系泥岩封闭，志留系龙马溪组页岩气保存条件优越。该体系包括永川新店子、黄瓜山、西山、长宁等构造。

（3）盆内稳定基底体系。盆内稳定基底体系是指华蓥山断裂以东的川中地区，该体系主要特点是构造变形弱，褶皱多为穹窿状、短轴状，断层少，以基底缓慢隆升或沉降变形为主，整体为大隆大凹的构造格局。该体系包括威远、荣县等地区。

页岩气典型探区威远、永川、井研—犍为等构造特征如下。

（1）威远页岩气探区。威远探区构造位置隶属于四川盆地二级构造单元川西南拗陷北部威远构造带南缘。威远—荣县地区为北东向西南走向的向斜构造，称白马镇向斜。西北部紧邻自流井背斜，整体构造形态较为简单。区内断层主要分布在工区西南部，方向呈 NE-SW 向展布；从三叠系嘉陵江组开始，断层则发育在工区东南部，呈 SE-NW 向展布。

（2）永川页岩气探区。永川探区位于华蓥山构造带上，该构造带为四川盆地川中低缓褶皱与川东高陡构造的分界线，华蓥山以东发育高陡背斜，背斜主要沿 NNE-SSW 方向延伸，川中地区地势平坦，构造幅度较小。华蓥山构造北起黄金口构造带，南至宜宾，整体上可以分为北、中、南三段，永川探区就位于华蓥山构造带南段雁行排列的新店子狭长背斜上。由于华蓥山两侧结晶基底埋深与性质不同（川中刚性基底、川东塑性基底），自印支期以来，受到来自川中地块和雪峰山的双重挤压应力作用，盖层沿滑脱面滑动发生形变，整体上表现为薄皮滑脱褶皱变形特征。

永川探区整体表现为"两凹夹一隆"的特征，但各变形层受滑脱层的影响构造形态略有不同。"一隆"指新店子背斜，该构造表现为一北东向长轴背斜，其东部与东山背斜相连，东南部与黄瓜山背斜相望，西部与古佛山背斜相接，北部与西山背斜鞍部相连，"两凹"分别为其西北部石盘铺向斜和东南部来苏向斜。

（3）井研—犍为页岩气探区。井研—犍为探区构造位置隶属于四川盆地川西南拗陷西北部铁山—威远构造带，处于威远大型穹窿背斜与铁山大型背斜之间，为两大背斜倾没端交接部位，整体表现为鞍部。该构造东南为铁山背斜，西北为威远背斜，北为川西拗陷，南为柳嘉场向斜。井研—犍为地区构造由于受威远大型穹窿背斜的控制，表现为鞍部构造。

2.2.2 沉积特征

目前，我国页岩气勘探开发的主要层系为四川盆地的五峰组—龙马溪组和筇竹寺组。因此，这里重点介绍川南地区五峰组—龙马溪组和筇竹寺组的沉积特征。

1. 五峰组—龙马溪组沉积特征

1）单井沉积相划分

川南地区上奥陶统五峰组—下志留统龙马溪组为滨外陆棚相沉积，含三个沉积亚相段：临湘组含泥瘤状灰岩为台地前缘斜坡亚相，五峰组下部黑色页岩段、五峰组上部观音桥含生屑灰质泥岩、龙马溪组一段（简称龙一段）中部及下部黑色页岩为深水陆棚亚相，龙一段顶部、龙二段至龙三段灰色及灰绿色页岩为浅水陆棚亚相。

陆棚相位于正常浪基面和最大风暴浪基面之间 20~200m 的较深水区域，水体较为安静,偶尔有风暴作用的发生。根据陆棚的水动力条件的差异,进一步细分为深水陆棚亚相和浅水陆棚亚相(图 2-2,表 2-1)。

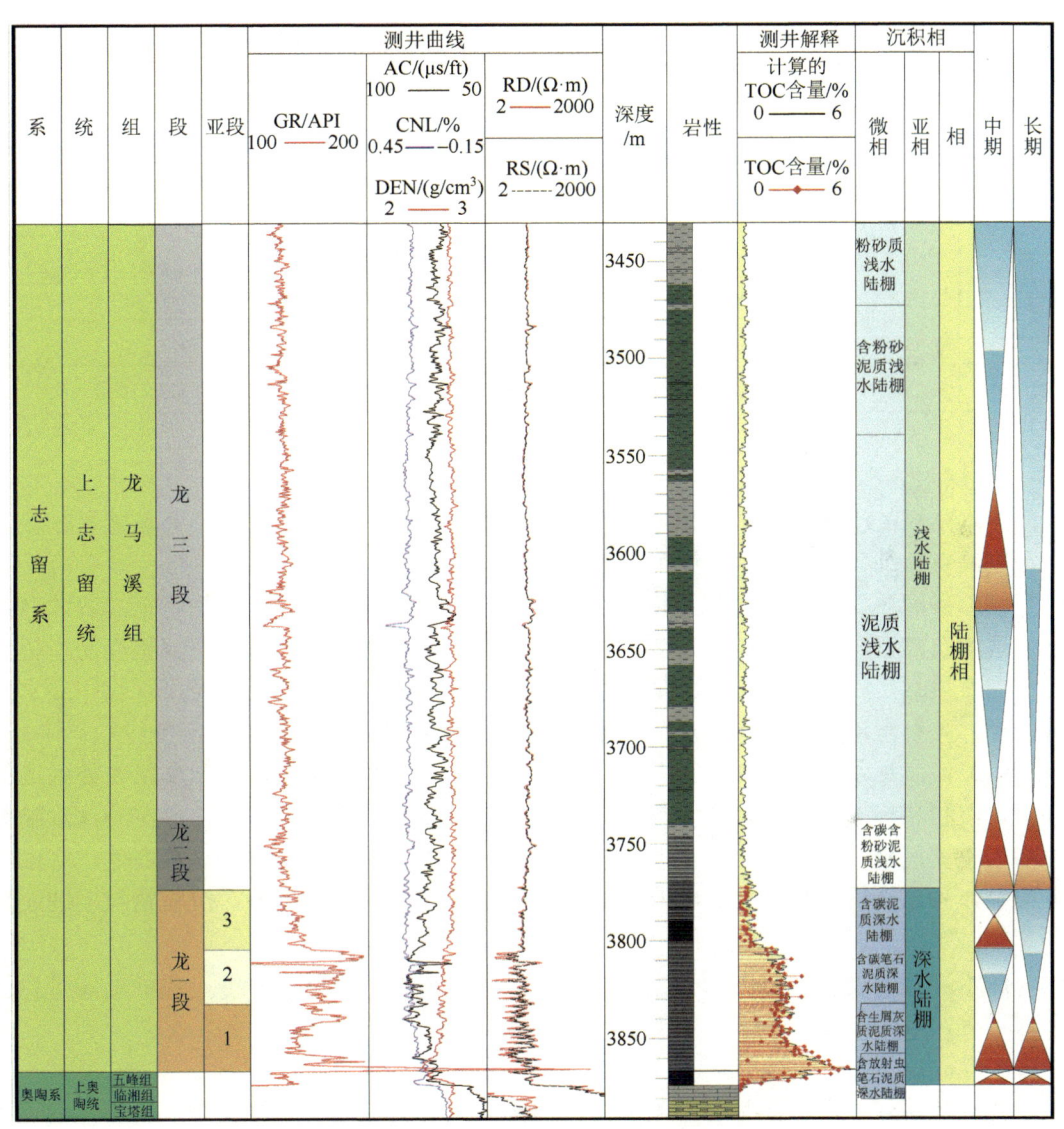

图 2-2 永页 1 井五峰组—龙马溪组沉积层序综合柱状图

GR:自然伽马;AC:声波时差;CNL:补偿中子;RD:深侧向电阻率;RS:浅侧向电阻率

表 2-1 永页 1 井五峰组—龙马溪组岩性划分

地层				顶深/m	底深/m	层厚/m	岩性
组	段	亚段	小层				
龙马溪组	龙一段	3	⑨	3773.0	3789.5	16.5	黑色页岩夹深灰色灰质页岩
			⑧	3789.5	3804.0	14.5	黑色页岩夹粉砂质页岩

续表

地层 组	段	亚段	小层	顶深/m	底深/m	层厚/m	岩性
龙马溪组	龙一段	2	⑦	3804.0	3816.5	12.5	黑色页岩
			⑥	3816.5	3832.0	15.5	黑色页岩与灰黑色页岩薄互层
		1	⑤	3832.0	3837.5	5.5	黑色页岩
			④	3837.5	3843.5	6.0	黑色页岩
			③	3843.5	3865.0	21.5	黑色页岩夹灰黑色灰质页岩
			②	3865.0	3866.0	1.0	黑色高自然伽马碳质页岩
五峰组			①	3866.0	3873.5	7.5	下部以黑色页岩、硅质页岩为主，上部发育灰色介壳灰岩

A. 深水陆棚亚相

深水陆棚处于陆棚靠大陆斜坡一侧的、风暴浪基面以下的陆棚区，环境能量较低。沉积物具有粒细、暗色、水平层理发育良好的典型特征。

（1）砂泥质深水陆棚微相。以灰黑色泥页岩、粉砂质泥页岩为典型特征。测井曲线上表现为自然伽马值相对较高，因含粉砂质和泥质，变化范围较大，曲线幅度为中幅，顶部突变接触，底部渐变接触，呈微齿状或指状箱形-漏斗形复合沉积特征，齿中线水平或上倾，具有水动力中-低、沉积物颗粒上粗下细等特点。

（2）泥质深水陆棚微相。黑色、灰黑色泥页岩和碳质泥页岩，处于非常安静的低能环境，沉积相标志包括莓球状黄铁矿、岩屑流、结核体、等深流等，与砂泥质深水陆棚微相的主要区别在于泥页岩中几乎不含砂。测井曲线上表现为自然伽马极高值，底部突变接触，顶部渐变接触，呈齿状高平直形沉积特征，具有水动力弱、沉积物粒度细、沉积速率慢等特点。

深水陆棚环境下形成的岩石主要为黑色碳质泥页岩、硅质页岩等，还可见硅质岩及石煤层等，水体安静，为缺氧环境，易于有机质保存，含量丰富。

B. 浅水陆棚亚相

浅水陆棚处于平均浪基面之下至风暴浪基面之上的陆棚区。沉积物以砂泥为主，其次为碳酸盐岩。这一海域还间歇性受到海流、风暴浪、潮流和密度流的影响，砂质沉积物常常被改造成滩坝。根据沉积特征可以划分为灰泥质浅水陆棚微相、砂泥质浅水陆棚微相以及泥质浅水陆棚微相。

（1）灰泥质浅水陆棚微相。以灰色生屑灰岩、泥质灰岩为主，厚度小于10m，形成于海平面较低时的良好碳酸盐岩生成环境。

（2）砂泥质浅水陆棚微相。岩性主要为灰色、深灰色粉砂质泥岩和泥质粉砂岩，其砂质颗粒的特大洪水期由河流或潮流、风暴流从滨岸带改造入海，发育于水体相对较深、环境能量较低的浅水陆棚海域，其连续分布厚度较大，一般为几十米至一百多米，水平层理和波状层理发育。测井曲线上表现为自然伽马相对低值，曲线平直形，顶、底面渐变接触，呈微齿状低平形沉积特征，齿中线上部水平，下部下倾，具有水动力较弱、沉积物分布均匀等特点。

（3）泥质浅水陆棚微相。岩性主要为深灰色泥岩和页岩，发育于水体相对较深、环境能量较低的浅水陆棚海域，具有发育良好的、反映低能静水环境的水平层理。在测井曲线上表现为自然伽马高值，底面突变接触，顶面均匀渐变接触，呈微齿状低平形-钟形复合沉积特征，具有水动力适中、沉积物分布不均等特征。

2）沉积相展布特征

沉积相在平面展布上具有明显的分时分带特征。五峰组沉积时期，川南地区大部分发育深水陆棚沉积亚相，呈条带状沿 NE-SW 方向展布，深水陆棚北西侧由于后期改造剥蚀，仅沿剥蚀区边缘发育浅水陆棚沉积亚相，而南东侧则发育较广泛较平缓的浅水陆棚亚相沉积。在龙一段沉积时期，川南大部分地区仍然发育呈条带状沿 NE-SW 方向展布的深水陆棚沉积亚相，且范围较五峰组沉积时期更为广泛，同时深水陆棚发育区北西侧由于后期改造剥蚀，发育浅水陆棚沉积亚相范围较五峰组时期缩小，而南东侧同样发育较广泛较平缓的浅水陆棚亚相沉积（图2-3）。

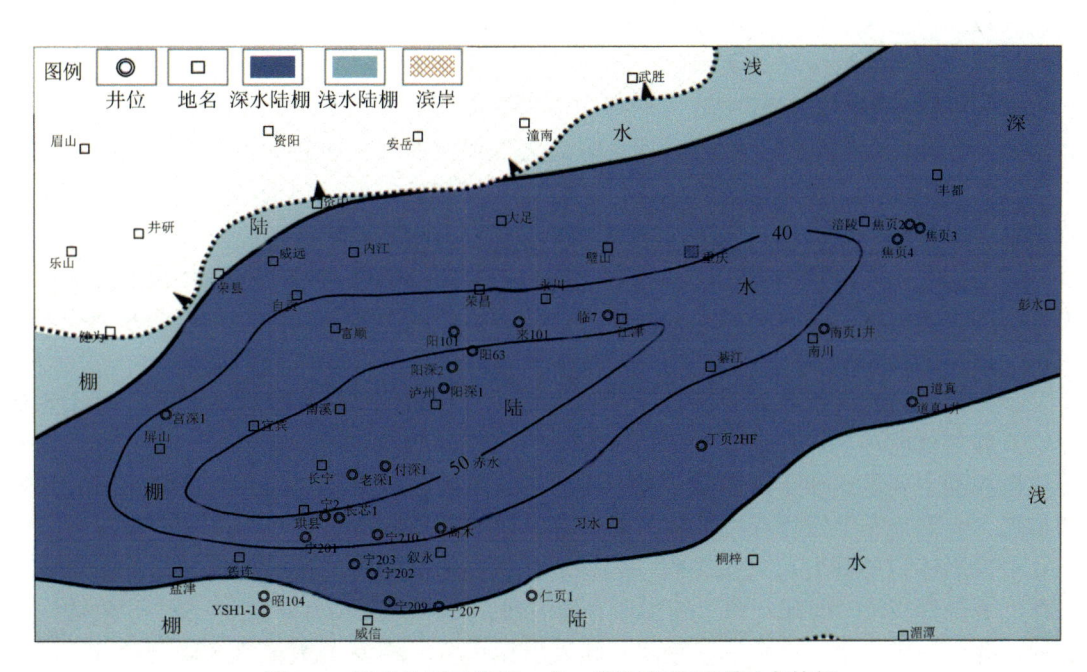

图2-3 川南地区五峰组—龙一段沉积相平面展布特征

2. 筇竹寺组沉积特征

四川盆地筇竹寺组主要为在一套广海陆棚相上叠加了凹槽相区多个旋回的沉积地层，每个旋回由深灰色-黑色碳质（富有机质）页岩、粉砂质页岩和粉砂岩组成，向上颜色变浅，砂质增多，偶夹碳酸盐岩。

1）单井沉积相

根据相关地区的主要钻井、测井及分析化验资料，可以分析筇竹寺组的沉积相特征。

在井研—犍为等地区，分析金石 1 井、金页 1 井的单井沉积微相，主要发育泥质深水缓坡、砂泥质深水缓坡、浊积砂、泥质浅水缓坡、砂泥质浅水缓坡等沉积微相。

A．浅水缓坡亚相

浅水缓坡处于滨外至风暴浪基面之上的凹槽西斜坡区，主要分布于筇竹寺组各旋回上段，金页 1 井、金石 1 井主要发育砂泥质浅水缓坡、泥质浅水缓坡等沉积微相。

（1）砂泥质浅水缓坡微相。岩性主要为灰色、深灰色粉砂岩、粉砂质泥岩、泥质粉砂岩与灰黑色泥页岩互层，水平层理、波状层理发育，在测井曲线上表现为自然伽马相对低值，具有水动力较弱、沉积物分布不均的特点，主要分布于筇竹寺组上部。

（2）泥质浅水缓坡微相。岩性主要为灰黑色泥岩、页岩，发育于水体相对较深、环境能量较低的浅水缓坡，具有发育良好、反映低能静水环境的水平层理，在测井曲线上表现为自然伽马相对高值，具有水动力适中、沉积物分布不均的特点，主要分布于筇竹寺组上部。

B．深水缓坡亚相

深水缓坡处于凹槽靠大陆斜坡一侧的风暴浪基面之下的缓坡区，环境能量更低，沉积物以粒细、色深、水平层理发育良好为典型特征。金页 1 井主要发育浊积砂、砂泥质深水缓坡、泥质深水缓坡等沉积微相。

（1）浊积砂微相。岩性主要为深水缓坡碳质泥页岩夹灰色、浅灰色粉砂岩、细粒岩屑砂岩，为浊流沉积产物。测井曲线上表现为低值，曲线幅度较大，顶底面突变接触，测井曲线呈箱形，具有水动力较强、沉积物分布均匀、粒度较粗的特点，主要分布于筇竹寺组下亚段上部。

（2）砂泥质深水缓坡微相。以灰黑色泥页岩和粉砂质泥页岩为典型特征。测井曲线上表现为相对高值，因含粉砂质和泥质，变化范围较大，曲线幅度中等，测井曲线呈微齿状，具有水动力中—低的特点，主要分布于筇竹寺组各旋回的中下部。

（3）泥质深水缓坡微相。岩性主要为黑色、灰黑色泥质页岩和碳质页岩，处于水体非常安静的低能环境，普遍含黄铁矿、菱铁矿及磷质结核等沉积相标志，与砂泥质深水缓坡微相的主要区别在于泥页岩中几乎不含砂，具有水动力弱、沉积物细、沉积速率慢的特点，主要分布于筇竹寺组各旋回的下部。

根据层序地层框架、沉积旋回、岩性、电性、含气性等特征，可将川南筇竹寺组自下而上划分为三段，即第一段、第二段、第三段，分别对应 SQ1 + SQ2、SQ3、SQ4 沉积旋回。井研—犍为中区，总体处于浅水缓坡沉积环境，缺少 SQ1，且各旋回的深水缓坡亚相富有机质长英质页岩厚度薄，分布范围窄。井研—犍为地区，第一段厚度为 130～175m，第二段厚度为 80～110m，第三段厚度为 55～120m。

2）沉积相展布特征

早寒武世筇竹寺组沉积期，四川盆地为上扬子浅海覆盖区，由于盆地西缘抬升，沿西部松潘古陆、康滇古陆前缘发育滨海陆源碎屑沉积区，向东逐渐变为凹槽-陆棚沉积区。下寒武统为海侵上超、台地淹没层序，川南地区筇竹寺组富有机质泥页岩主要分布在凹槽相区的各沉积旋回底部，靠近凹槽相区中心的深水缓坡相沉积亚相页岩发育，厚度更大（图 2-4）。横向上，古地理格局具继承性，总体上西北高、东南低，海水域

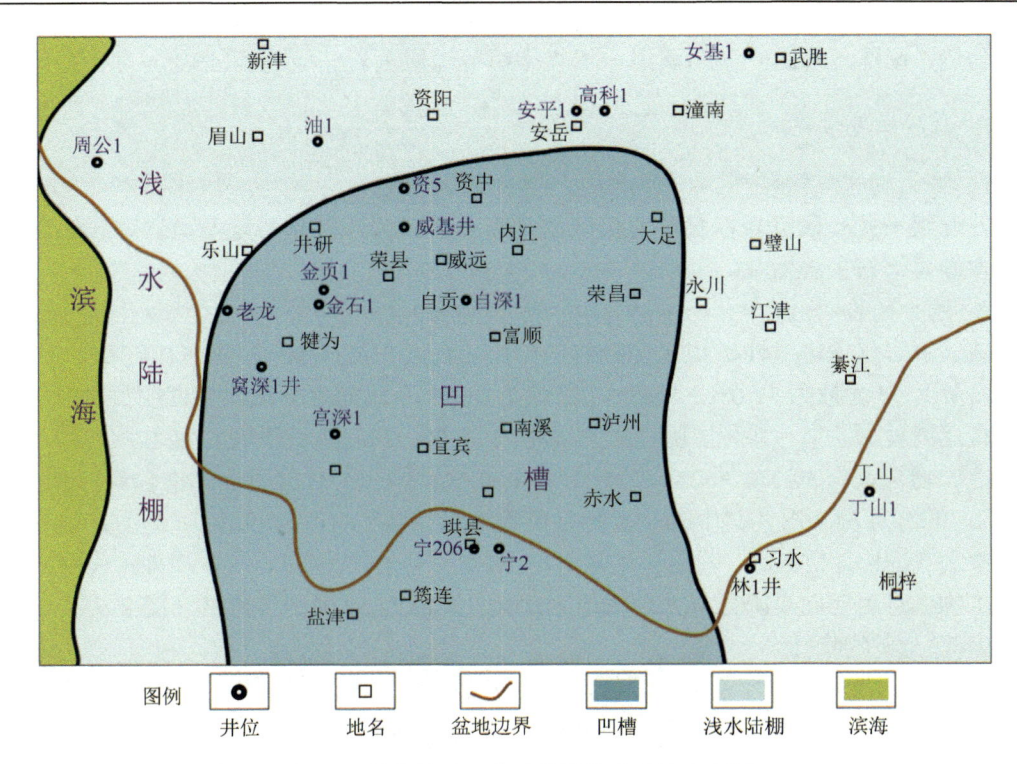

图 2-4　川南地区下寒武统筇竹寺组沉积相图

自西北向东南逐渐加深，由浅水海域向深水海域过渡，富有机质页岩亦自北西向南东逐渐变厚。

前人研究表明：筇竹寺组页岩地层受裂陷槽影响，在资阳—宜宾一带较厚，而周边其他地区较薄。通过对研究区岩性分析，认为筇竹寺组的沉积受裂陷槽的控制，形成了三期沉积。

第一期（第一段）：裂陷槽深水沉积，在裂陷槽的影响下，主要在裂陷槽内部沉积，水体较深，陆源碎屑供应较少，为典型的"饥饿型"沉积。凹槽中心存在两个深-浅水旋回（SQ1+SQ2），发育两套富有机质长英质页岩。而裂陷槽外部的金石地区、高石梯地区为过路沉积或剥蚀区。

第二期（第二段）：随着物源增多，砂质沉积出现，总体为砂质缓坡沉积，存在一个深-浅水沉积旋回（SQ3），发育一套富有机质长英质页岩。这一期除了裂陷槽东边界高石梯构造较高的古构造部位没有沉积外，在井研等裂陷槽西边较为平缓的地区，这套沉积都非常发育。

第三期（第三段）：受前两期沉积作用，研究区裂陷槽基本填平补齐，整体古地貌较为平缓，水体变浅，沉积较为均匀，长英质碎屑增多。存在一个深-浅旋回（SQ4），发育一套富有机质长英质页岩。

2.2.3　储层特征

研究深层页岩储层的岩性、矿物含量、孔隙度、饱和度、渗透率、裂缝等特征，对深层页岩气的勘探开发具有重要意义。这里，以威远、永川、井研—犍为等典型页岩气探区为例,阐述五峰组—龙马溪组、筇竹寺组等深层页岩储层的特征。

1. 储层岩石学特征

1)威远页岩气探区

五峰组—龙一段页岩以含放射虫碳质笔石页岩、含骨针碳质笔石页岩、含钙硅质页岩、含碳质笔石页岩为主。

A. 脆性矿物

威远页岩气探区脆性矿物包含硅酸盐矿物(石英、长石等)和碳酸盐矿物(方解石、白云石等),其含量为37.0%~88.5%,平均为56.5%。纵向上分段差异性明显,由上而下其含量逐渐增加,⑦~⑨号层脆性矿物含量为37.0%~59.4%,平均为42.04%;⑤~⑥号层脆性矿物含量为39.0%~62.0%,平均为48.97%;①~④号层脆性矿物含量为41.0%~88.5%,平均为64.26%,其中①号层脆性矿物含量最高(均值69.92%),②号层脆性矿物含量次之(均值67.55%),③号层均值64.50%,④号层均值59.60%;横向上①~④号层脆性矿物含量由西向东降低,西部大于60.0%,东部为58.0%~60.0%(图2-5)。

B. 黏土矿物特征

威远探区黏土矿物含量相对较低,由上至下含量逐渐降低,黏土矿物包含伊利石、伊蒙混层、绿泥石等。纵向上,⑦~⑨号层黏土矿物含量为37.5%~61.0%,平均为55.79%;⑤~⑥号层黏土矿物含量为38.0%~59.0%,平均为49.39%;①~④号层黏土矿物含量为10.5%~57.0%,平均为34.62%,其中①号层黏土含量最低,均值低于30%,为29.67%;②、③、④号层黏土矿物含量为30.0%~40.0%;平面上,①~④号层黏土矿物含量从西往东增大,西区黏土矿物含量小于35.0%,东区黏土矿物含量为35.0%~36.0%。

2)永川页岩气探区

根据永页1井、永页3-1井、永页2井、永页6井、永页7井钻井岩心X射线衍射全岩分析,永川地区五峰组—龙一段页岩储层矿物组成主要包括石英、黏土矿物、长石、碳酸盐矿物(方解石、白云石)、黄铁矿,脆性矿物含量平均为54.0%,其中硅质含量(石英+长石)平均为43.7%,碳酸盐矿物含量平均为10.4%,黏土矿物含量平均为41.4%,黏土矿物以伊蒙混层为主,其次为伊利石,含少量高岭石及绿泥石。纵向上自上而下呈现出脆性矿物含量增高、黏土矿物含量减少的趋势。

3)井研—犍为页岩气探区

川南下寒武统筇竹寺组脆性矿物以石英和长石为主,脆性矿物含量为65.0%~80.0%,显示出较高的脆性矿物特征。井研—犍为地区筇竹寺组脆性矿物含量为60.0%~88.0%,平均为76.6%;黏土矿物含量为20.0%~28.0%,平均为22.4%。黏土矿物以伊利石、伊蒙混层、绿泥石为主,含少量高岭石。

2. 孔隙类型与结构特征

川南地区页岩微孔隙和微裂缝比较发育,根据孔隙的赋存状态,可将基质孔隙进一步归纳为脆性矿物内孔隙(包括残余原生孔隙、不稳定矿物溶蚀孔隙)、黏土矿物层间孔隙、有机质孔隙三大类。

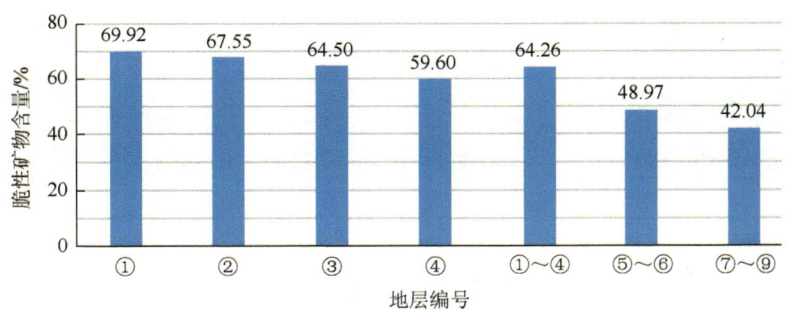

(a) 五峰组—龙一段脆性矿物分段直方图

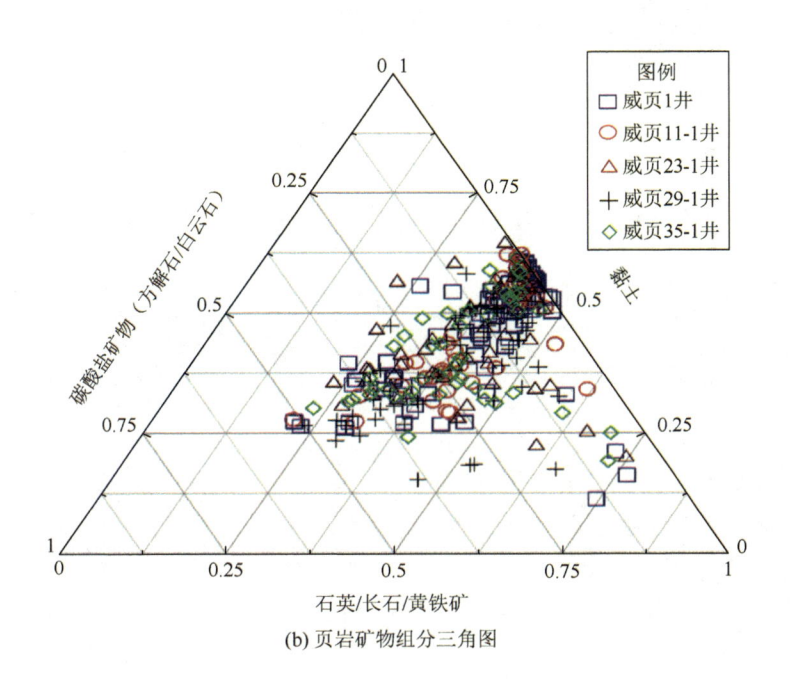

(b) 页岩矿物组分三角图

图 2-5 威远地区五峰组—龙一段页岩矿物组分

1) 威远页岩气探区

A. 孔隙类型

威远页岩气田孔隙类型以基质孔隙和裂缝为主，其中基质孔隙包含有机质孔隙和无机质孔隙。

（1）基质孔隙（有机质孔隙和无机质孔隙）。五峰组—龙马溪组页岩有机质孔隙是在高成熟阶段有机质因热解和热裂解发生大量生排烃而形成的微孔，呈蜂窝状、线状或串珠状，有机质孔隙比例高，镜下可见草莓状黄铁矿晶间孔隙及少量长条状孔隙，且定向分布，有机质孔隙连通性极好，局部呈定向排列。五峰组—龙一段有机质孔隙逐渐增加，以中孔为主，黏土矿物层间孔隙逐渐减少（图 2-6）。无机质孔隙主要由黏土矿物层间孔隙以及脆性矿物内孔隙（晶间孔隙、次生溶蚀孔隙）所组成，镜下可见黏土矿物层间孔隙、方解石粒内溶蚀孔隙、白云石粒内溶蚀孔隙（图 2-7）。

(a) 有机质热成因孔隙　　(b) 草莓状黄铁矿晶间孔隙　　(c) 有机质内部发育少量长条状孔隙

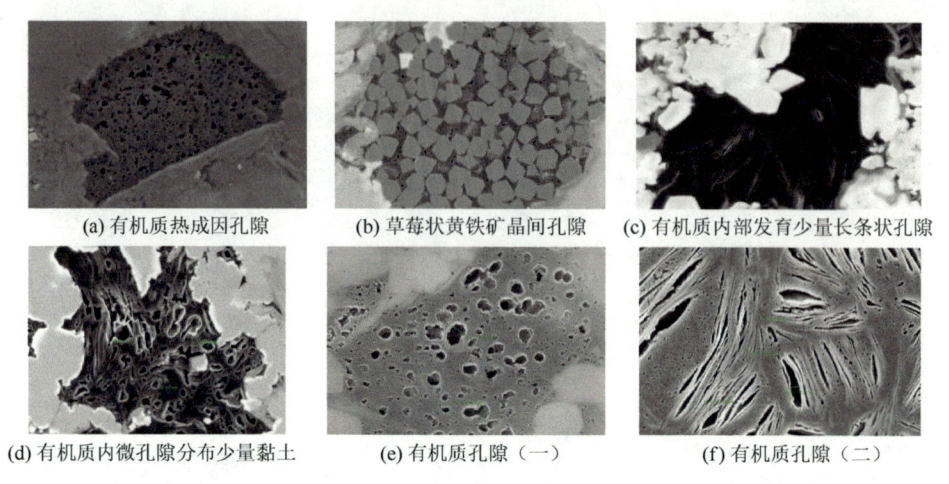

(d) 有机质内微孔隙分布少量黏土　　(e) 有机质孔隙（一）　　(f) 有机质孔隙（二）

图 2-6　威远地区五峰组—龙一段①~④层有机质孔隙扫描电镜照片

(a) 白云石粒内溶蚀孔隙　　(b) 黏土矿物层间少量线状微孔隙　　(c) 黏土矿物层间孔隙

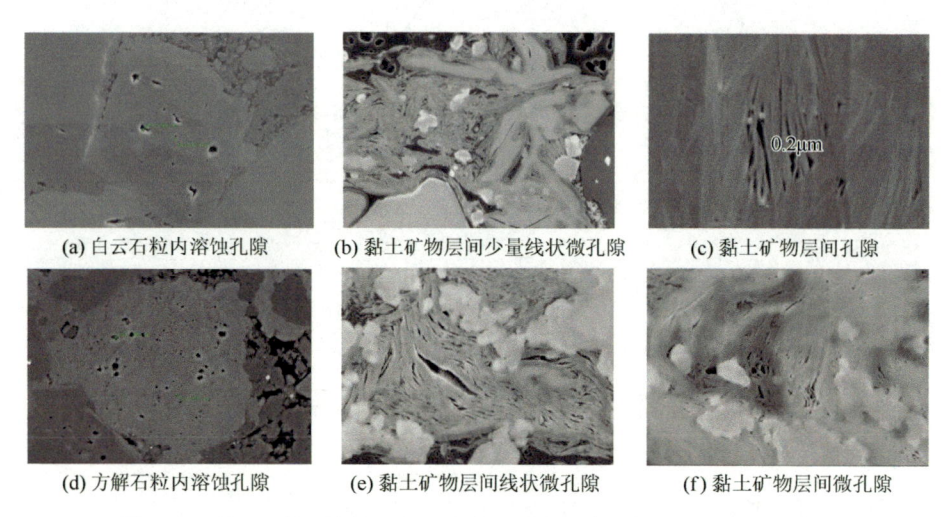

(d) 方解石粒内溶蚀孔隙　　(e) 黏土矿物层间线状微孔隙　　(f) 黏土矿物层间微孔隙

图 2-7　威远工区五峰组—龙一段①~④层无机质孔隙扫描电镜照片

（2）裂缝。岩心观察表明，五峰组—龙一段裂缝类型主要有高角度缝、水平缝、层理缝，以水平缝为主（图2-8），裂缝密度从上往下增高，介于 0.24~21.55 条/m，平均裂缝密度 3.44 条/m。其中，①~④号层裂缝密度较高，平均为 4.98 条/m，尤其以①、②号层及③号层下部裂缝相对发育，如威页 29-1 井区五峰组裂缝密度达 21.55 条/m，威页 35-1 井②号层裂缝密度达 10.24 条/m。

(a) 层理缝　　(b) 水平缝　　(c) 立缝　　(d) 斜交缝

图 2-8　威荣页岩气田岩心裂缝照片

B. 孔隙结构特征

在威远工区，主要通过高压压汞、低压氮气吸附、纳米CT（computed tomography，计算机断层扫描）、FIB-SEM（focused ion beam scanning electron microscopy，聚焦离子束扫描电子显微术）等实验分析手段以定量研究孔隙结构特征。实验分析表明：五峰组—龙一段孔径分布范围大，以50~200nm中-宏孔为主，具有较高的孔体积和比表面积。

（1）孔喉半径分布范围跨度大。根据3口井96个样品的毛管压力曲线形态特征分析，威远区块五峰组—龙马溪组页岩微观孔隙表现为孔喉半径分布范围跨度大，孔喉中值半径为2~21.08μm，最大连通半径为9nm~48.65μm，井区间也具差异性。

（2）较高的孔体积与比表面积。根据4口井135个样品的氮气吸附数据，孔体积分布在0.0087~0.0464mL/g，平均为0.0263mL/g；比表面积分布在3.412~42.536m^2/g，平均为20.970m^2/g，纵向上①~④层孔体积及比表面积明显较上部大。

（3）孔隙直径较大。威页29-1井5块岩心CT结果表明：孔隙形态为席状、片状，连通性中等；喉道形态为针管状，孔径以0.69~1.21μm的大型孔喉为主。

2）永川页岩气探区

永川钻井岩心氩离子抛光扫描电镜观察证实，龙马溪组页岩微孔隙较发育，储集空间类型多：有机质孔隙发育良好，为主要孔隙类型；其次为黏土矿物间发育的线状孔隙和方解石、白云石粒缘缝以及粒内孔隙；还可见黄铁矿莓球内微孔隙。

有机质孔隙是在高成熟阶段有机质因热解和热裂解发生大量生排烃而形成的微孔隙，呈蜂窝状、线状或串珠状。永页1井、永页3-1井镜下可见大量有机质孔隙，分布广泛，主要分散填充于粒间孔隙、斑块状黄铁矿之间及与片层状黏土矿物伴生的有机质内（图2-9）。孔径10~300nm，最大可达1μm以上，微孔隙间连通性好。

(a) 永页1井有机质孔隙（一）　(b) 永页1井有机质孔隙（二）　(c) 永页3-1井有机质孔隙（一）

(d) 永页3-1井有机质孔隙（二）　(e) 永页6井有机质孔隙　(f) 永页2井有机质孔隙

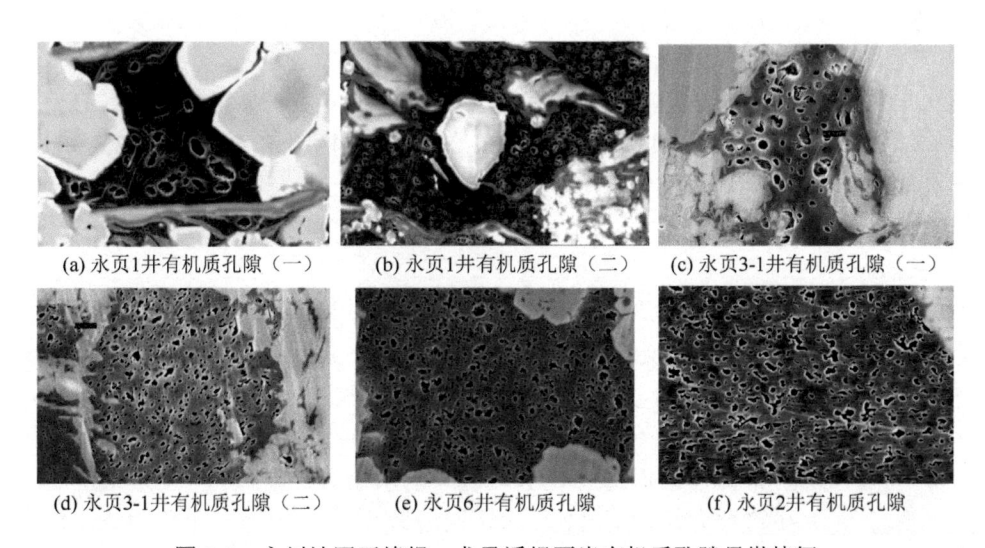

图2-9　永川地区五峰组—龙马溪组页岩有机质孔隙显微特征

黏土矿物间微孔隙，主要呈丝缕状、卷曲片状。层间孔隙及发育在顺层定向排列的黏土矿物中的线状孔，连通性较好。镜下多见黏土矿物间大孔隙被有机质充填，多伴生大量有机质孔隙［图2-10（a）和（b）］。此外，镜下还可见莓球状黄铁矿晶间孔隙［图2-10（c）～（f）］，孔径100～460nm，多数黄铁矿晶间孔隙充填有机质，多伴生有机质孔隙。镜下观察层理缝较发育［图2-10（a）］，缝宽300～800nm，并见少量方解石与白云石粒内孔隙及粒缘缝。

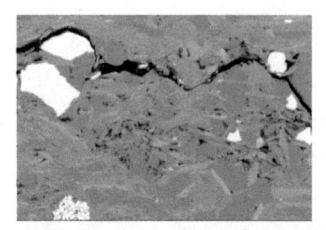

(a) 永页1井层理缝、黏土矿物层间孔隙	(b) 永页3-1井黏土矿物层间孔隙	(c) 永页1井莓球状黄铁矿晶间孔隙
(d) 永页3-1井莓球状黄铁矿晶间孔隙	(e) 永页6井莓球状黄铁矿晶间孔隙	(f) 永页2井莓球状黄铁矿晶间孔隙

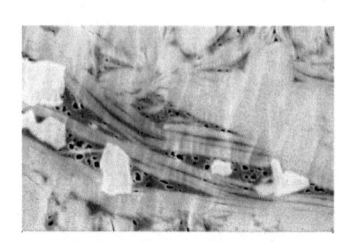

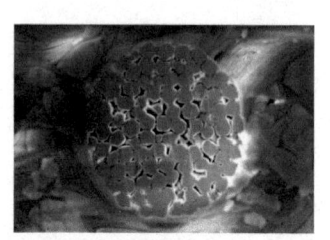

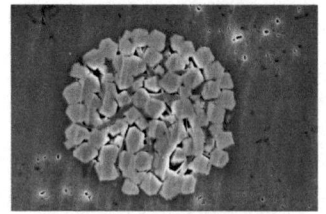

图2-10　永川地区五峰组—龙马溪组页岩无机质孔隙显微特征

前人研究证实，有机质孔隙和黏土矿物层间孔隙是川南龙马溪组页岩基质孔隙的主要贡献者，如在长芯1井富有机质页岩中，两者占比在73%以上；丁页1HF井两者占比在60%以上；威页1井两者占比在70%以上。镜下观察微孔隙间连通性好，是有效的储集空间，尤其在底部优质页岩段，有机质孔隙对孔隙度的贡献更大。通过对永页1井富有机质页岩段基质孔隙的测算，有机质孔隙含量自上而下呈明显增加趋势，在底部优质页岩段（3832.0～3873.5m）有机质孔隙平均占38.4%，其中①、③小层（3843.5～3873.5m）有机质孔隙平均占44.6%，最高占78.8%。

3）井研—犍为页岩气探区

A. 孔隙特征

井研—犍为地区筇竹寺组页岩以无机质孔隙为主，主要孔隙类型有残余粒间孔隙、粒内溶蚀孔隙、黏土矿物层间孔隙、黄铁矿晶间孔隙及少量有机质孔隙。有机质孔隙占比仅5%～16%，与五峰组—龙马溪组页岩存在明显差异。

B. 裂缝特征

井研—犍为地区筇竹寺组页岩层裂缝发育，以水平缝、斜缝为主，少量立缝，部分被填充。如金页1井筇竹寺组取心11回次，取心段岩性主要为灰黑色页岩、深灰色粉砂质页岩夹浅灰色粉砂岩，取心段裂缝发育，以水平缝、斜缝为主，少量立缝，方解石、黄铁矿充填（图2-11）。在117.7m的岩心段共发育裂缝2253条，裂缝密度平均为19.14条/m，其中第2、4、5、6、8、9、10、11回次取心段的裂缝密度大于5条/m。根据金石 1 井电成像测井解释结果，认为最大地应力方向为 NEE-SWW 方向，该井筇竹寺组发育高导裂缝 11 条、高阻裂缝 1 条，裂缝孔洞发育，裂缝主要发育在上部及中上部。金石 1 井、金页 1 井岩心扫描电镜结果显示（图 2-12），筇竹寺组微缝数目多，分布广，延伸 10～20μm。

图 2-11　金页 1 井筇竹寺组页岩岩心

(a) 金石1井微孔缝，宽1～4μm，长几十微米不等

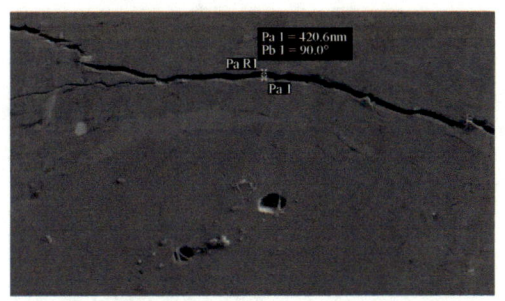

(b) 金石1井微裂缝，宽>400nm，未被充填

图 2-12　金石 1 井、金页 1 井筇竹寺组岩心扫描电镜微裂缝发育

3. 储层物性特征

川南地区钻井实测表明，龙马溪组页岩储层孔隙度较高。如，丁山地区为 1.22%～7.12%，平均为 5.81%。威远地区为 3.00%～4.60%，长宁地区为 3.00%～5.20%，焦石坝地区为 2.50%～7.10%，整体孔隙度较高。

1）威远页岩气探区

A. 孔隙度

威远工区 5 口取心井 270 个物性实验分析数据统计表明，五峰组—龙一段页岩储层孔隙度介于 0.40%～10.05%，平均为 5.26%，总体上由浅至深、由东向西逐渐变好。

据威远工区所有井的统计结果，纵向上，⑦～⑨号层孔隙度为 1.08%～5.99%，平均为 2.91%；⑤、⑥号层孔隙度为 1.03%～8.56%，平均为 4.91%；①～④号层孔隙度为 1.68%～10.05%，平均为 6.07%，其中①、②号层孔隙度均值在 6.00%以上，③、④号层孔隙度均值为 5.00%～6.00%。

平面上，①～④号层孔隙度从西往东降低，威页 29-1—威页 35-1 井区孔隙度普遍在 5.00%以上，威页 1—威页 11-1 井区孔隙度介于 4.05%～5.07%（表 2-2）。

表 2-2 威远工区部分单井小层孔隙度统计表

层号	孔隙度/%				
	威页 29-1 井	威页 23-1 井	威页 35-1 井	威页 1 井	威页 11-1 井
⑨	—	—	—	2.12	2.96
⑧	—	3.74	—	1.78	2.80
⑦	—	4.19	4.33	1.77	3.51
⑥	5.67	6.23	4.92	3.37	4.26
⑤	5.50	6.89	5.30	4.57	3.82
④	6.89	7.29	5.20	3.81	4.83
③	6.93	6.91	5.45	3.83	5.25
②	8.53	7.01	7.27	7.03	4.59
①	6.55	6.93	6.17	5.01	—
①~④	6.96	6.97	5.58	4.05	5.07

B. 渗透率

威远工区五峰组—龙一段岩心基质渗透率相对较低，总体表现为低渗的特点。常规氦气法测得基质渗透率为 0.0001~1.471mD，主要分布在 0.01~1mD。脉冲渗透率为 0.0008~1.38mD，平均渗透率为 0.068mD；主要分布在 0.001~0.1mD，纵向上渗透率差异不大。其中，①~④层常规基质渗透率平均为 0.170mD，脉冲渗透率平均为 0.081mD。总体上，由西往东横向差异不大。

不同方向渗透率差异性明显，以威页 29-1 井为例，43 个脉冲渗透率实验分析表明：水平渗透率高于垂直渗透率（图 2-13）。其中，①~⑥号层水平渗透率均值为 0.081mD，①~④号层均值为 0.082mD；①~⑥号层垂直渗透率均值为 0.005mD，②~④号层均值为 0.0052mD。

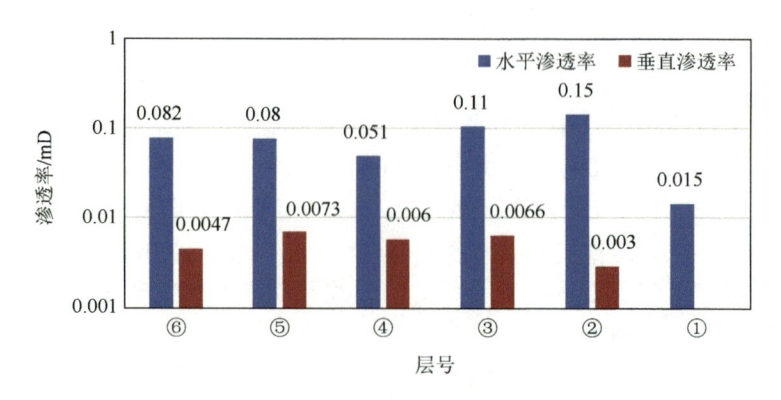

图 2-13 威页 29-1 井五峰组—龙一段水平/垂直渗透率直方图

C. 含气饱和度

威远工区五峰组—龙一段页岩储层含气饱和度整体较高，由上往下逐渐升高（表 2-3）。

表 2-3 威远工区部分单井小层含气饱和度统计表

层号	含气饱和度/%			
	威页 29-1 井	威页 23-1 井	威页 35-1 井	威页 11-1 井
⑨	—	—	—	—
⑧	—	28.6	—	27.8
⑦	—	37.3	45.7	38.4
⑥	64.5	47.3	54.2	56.3
⑤	61.6	45.2	56.9	58.9
④	62.0	53.7	59.8	62.9
③	63.3	60.8	59.1	64.4
②	69.1	84.7	55.4	79.0
①	68.0	71.9	—	77.2

据威远工区所有井的统计结果，纵向上，⑦～⑨号层含气饱和度为 7.5%～65.6%，平均为 35.33%；⑤、⑥号层含气饱和度为 27.7%～88.1%，平均为 57.98%；①～④号层含气饱和度为 31.2%～90.4%，平均为 63.39%，其中①、②、③、④号层含气饱和度均值整体在 60% 以上，以①、②号层，以及③号层下部含气饱和度相对最高，普遍在 70% 以上。如威页 29-1—威页 23-1 井区，以及威页 11-1 井区，含气饱和度在 68% 以上。平面上，①～④号层西部含气饱和度（大于 64%）高于东部（62%）。

2）永川页岩气探区

A. 孔隙度

据永川地区岩心样品分析孔隙度的统计（表 2-4），孔隙度为 1.15%～10.34%，主体分布于 2%～6%，南区最高，东区、北区相当，背斜区略低。南区永页 1 井五峰组—龙一段 63 个岩心样品实测孔隙度平均为 5.15%，最大为 10.34%，纵向上表现为"上低、下高、中最高"的特点，⑤、⑥小层最优，其次为②、④、③、⑦、①小层。北区永页 2 井、永页 3-1 井五峰组—龙一段 53 个岩心样品实测孔隙度平均为 3.63%，最大为 5.76%，纵向上表现为"上低、下高、中最高"的特点，③、④、⑤小层最优，其次为⑦、②、⑥、①小层。东区永页 6 井五峰组—龙一段 45 个岩心样品实测孔隙度平均为 4.42%，最大为 8.18%，纵向上表现为"上低、下高、中最高"的特点，③、④、⑤、⑥、⑦小层最优，其次为①、②小层。背斜区永页 7 井 37 个岩心样品实测孔隙度平均为 3.03%，最大为 8.18%，纵向上表现为"上低、下高、中最高"的特点，①、④、⑤小层最优，其次为③、⑦、⑥、②小层。从岩心实测对比来看，永页 7 井孔隙度相对较低。

表 2-4　永川地区五峰组—龙一段岩心孔隙度评价表

地层	亚段	小层	南区 永页1井 孔隙度范围/%	孔隙度均值/%	样品数	背斜区 永页7井 孔隙度范围/%	孔隙度均值/%	样品数	东区 永页6井 孔隙度范围/%	孔隙度均值/%	样品数	北区 永页2井、永页3-1井 孔隙度范围/%	孔隙度均值/%	样品数
龙一段	3	⑨	2.55~4.14	3.51	8	—			—			2.19~3.08	2.64	4
		⑧	3.17~4.50	3.73	7	—			3.04~3.04	3.04	1	1.74~3.17	2.49	3
	2	⑦	4.23~7.06	5.19	6	1.15~8.18	2.73	1	4.27~6.31	5.21	4	3.72~4.3	3.93	3
		⑥	4.00~10.34	6.12	16	2.57~2.64	2.61	2	3.84~6.44	4.79	4	3.54~3.62	3.58	2
	1	⑤	6.18~7.53	7.00	4	3.62~4.38	4.00	2	3.07~5.61	4.51	7	3.45~4.92	4.19	2
		④	3.90~8.51	5.57	4	3.11~3.48	3.30	2	3.78~4.65	4.10	3	4.07~4.94	4.60	3
		③	4.71~6.62	5.41	10	1.15~4.74	2.78	19	2.99~8.18	4.49	19	2.90~5.42	4.15	13
		②	5.23~6.16	5.70	2	1.22~6.65	2.53	1	2.28~4.64	3.46	2	2.66~4.84	3.64	4
五峰组		①	2.21~6.87	4.23	6	1.64~6.65	3.43	10	1.79~5.15	3.97	5	1.65~5.76	3.40	19

B. 渗透率

(1) 水平渗透率。据渗透率资料分析统计,龙马溪组水平渗透率总体较低,南北区主体分布于 0.001~0.1mD(图 2-14),东区、背斜区受裂缝发育影响渗透率增高;永页 1 井五峰组—龙一段渗透率介于 0.0012~0.319mD,平均为 0.0243mD;永页 2 井、永页 3-1 井五峰组—龙一段渗透率介于 0.000004~0.691032mD,平均为 0.032875mD;永页 6 井五峰组—龙一段渗透率介于 0.000345~1.681776mD,平均为 0.2963mD;永页 7 井五峰组—龙一段渗透率介于 0.000147~0.988000mD,平均为 0.069371mD,属于特低渗透率。

(2) 垂直渗透率。永页 1 井的垂直渗透率均很低,介于 $4×10^{-6}~4×10^{-3}$mD,主要分布区间为 $4×10^{-5}~9×10^{-3}$mD,平均为 $5.45×10^{-3}$mD。总体上垂直渗透率比水平渗透率低二三个数量级,有利于形成垂向封堵。

3) 井研—犍为页岩气探区

A. 孔隙度

金石 1 井筇竹寺组目标层段深灰黑色长英质页岩主要发育无机质孔隙,高 TOC 含量段有机孔隙相对发育。据 12 个样品分析结果,孔隙度为 2.90%~3.93%,平均为 3.45%。

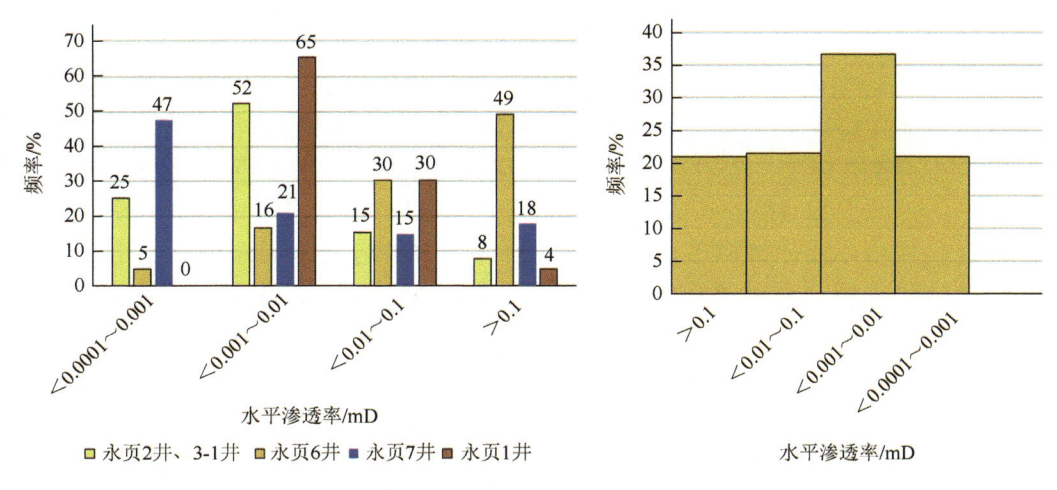

图 2-14 永川地区岩心实测五峰组—龙一段水平渗透率及水平渗透率分布直方图

B.渗透率

金石 1 井实测脉冲渗透率为 0.00086～0.00101mD，平均为 0.00094mD。金页 1 井实测脉冲渗透率为 0.80125～1.43389mD，平均为 1.07220mD，渗透性好。

综上，井研—犍为地区目标层段以含有机质-富有机质长英质页岩为主，孔隙度介于 1.37%～7.13%，平均为 3.32%，平面上孔隙度变化相对较小，渗透率介于 0.00038～1.43389mD，平均为 0.00465mD，微裂缝的存在可有效改善储层的渗透能力。总体具有中低孔特低渗的特点。

C.含气性

金页 1 井实钻在筇竹寺组页岩见良好油气显示，录井共钻遇油气水显示 7 层，其中气层 1 层，含气层 5 层，微含气层 1 层。气显示持续厚度大，显示段累计厚度达 364m，上部显示优于下部显示。

（1）上部层段。井深 3276.0～3370.0m，连续气显示厚度 94.00m；岩性为深灰、灰黑色页岩、粉砂质页岩夹灰色泥质灰岩；在钻井液密度 1.45↓1.44g/cm^3 下，气测显示活跃，全烃含量 0.2310%↑26.8814%，气侵高峰时槽面见针尖状气泡 5%～10%，持续 2～3min，钻井液氯离子含量 39760×10^{-6}↑41180×10^{-6}，录井解释 3 层：页岩气层、页岩含气层。

（2）中部层段。井深 3383.0～3438.0m，厚度为 55.0m；岩性为深灰色泥质粉砂岩、灰色灰质粉砂岩与灰黑色页岩、深灰色粉砂质页岩略等厚互层；在钻井液密度 1.45g/cm^3 下，气测全烃含量 0.5618%↑4.7647%，槽面无显示，钻井液氯离子含量 40470×10^{-6}↑41180×10^{-6}，录井解释为页岩含气层。

（3）下部层段。井深 3560.0～3602.0m，厚度为 42.0m；岩性为灰黑、深灰色页岩、粉砂质页岩夹灰色灰质粉砂岩、白云质粉砂岩；在钻井液密度 1.45g/cm^3 下，气测全烃含量 0.733%↑3.616%，槽面无显示，钻井液氯离子含量 40470×10^{-6}↑41180×10^{-6}，录井解释为页岩含气层。

井研—犍为探区总含气量介于 1.13～7.42m^3/t，平均为 4.00m^3/t。纵向上筇二段含气量总体较高，平面上变化较小。

4. 成岩作用

页岩气成岩作用不仅控制有机质的热演化程度，还对页岩矿物组成，特别是黏土矿物组成有着重要影响。成岩作用强弱，是储集空间发育的主控因素之一。页岩气地层同时作为烃源岩和储层，其成岩作用较复杂，在埋藏成岩过程中，页岩地层经历了无机和有机成岩作用的共同改造。无机成岩作用主要包括压实作用、胶结作用、溶蚀作用和交代作用，有机成岩作用包括有机质的生烃演化作用；二者密不可分、相互影响。

1）龙马溪组页岩成岩作用

川南龙马溪组黑色页岩主要经历了4个阶段的成岩演化过程：①早期长时间浅埋藏-二次埋藏初期的快速压实阶段，对应于同生-早成岩初期；②二次埋藏早期的弱碱性弱溶蚀-压实阶段，发生于早成岩晚期；③二次埋藏中期的弱碱性-弱酸性弱溶蚀、胶结阶段，与中成岩早期的热催化生油气阶段相匹配；④二次埋藏晚期-快速抬升阶段的弱碱性、弱胶结、交代阶段，为中成岩晚期及以后的成岩演化阶段。成岩演化终止后，地层抬升过程中，地层压力释放；同时受构造作用影响，产生大量的微裂缝，流体中残留大量离子，发生矿物转化，并形成新矿物。

川南龙马溪组页岩成岩作用对孔隙度演化影响较大，川南龙马溪组页岩孔隙演化大致可以分为两个阶段：①原生孔隙快速丧失阶段，早期原生孔隙经成岩压实、胶结作用大量、快速丧失阶段；②次生微孔隙、裂缝形成阶段，中晚期受溶蚀、交代作用、有机质生烃作用、构造作用影响产生次生微孔隙、微裂缝形成阶段。其中，黏土矿物层间微孔隙和有机质微孔隙，是页岩基质孔隙的主要贡献者；中晚期弱碱性-弱酸性弱溶蚀、胶结阶段中的黏土矿物转化和有机质生烃的协同作用，是页岩储层发育的主要原因。

2）筇竹寺组页岩成岩作用

川南地区筇竹寺组页岩经历了多期隆升剥蚀与沉降的地史演化过程，在加里东晚期构造运动导致盆地区域性不均一抬升与剥蚀作用，使寒武系烃源岩生烃作用趋于停滞（图2-15）。在印支期，区域性构造快速沉降，埋深加大，使大部分寒武系烃源岩进入生烃高峰。在燕山晚期，筇竹寺组埋深达到最大，热演化程度高，进入干气阶段，同时盆地整体持续隆升，烃源岩一方面裂解成气，另一方面发生运移调整。在喜马拉雅期，盆地整体隆升，导致筇竹寺组地层埋深变浅，隆起高点向威远构造迁移，金石构造为次级隆起，金石构造筇竹寺组上覆地层未遭受剥蚀，保存条件较好。

筇竹寺组成岩过程中压实、压溶、溶蚀及矿物含量、类型的转化，是影响页岩的比表面积、孔体积的重要因素。

筇竹寺组处于晚成岩阶段，脆性矿物含量较高，无机质孔隙发育，其孔径与矿物颗粒大小、压实程度有关。在页岩储层中受脆性矿物颗粒支撑，颗粒间未被充填的粒间孔隙随着压实和成岩作用的增强得到一定程度的保留。筇竹寺组页岩脆性矿物大多呈现分散状均匀分布，形成颗粒间相互支撑，围限保孔，因此无机孔隙较志留系龙马溪组页岩更为发育，占比更高。

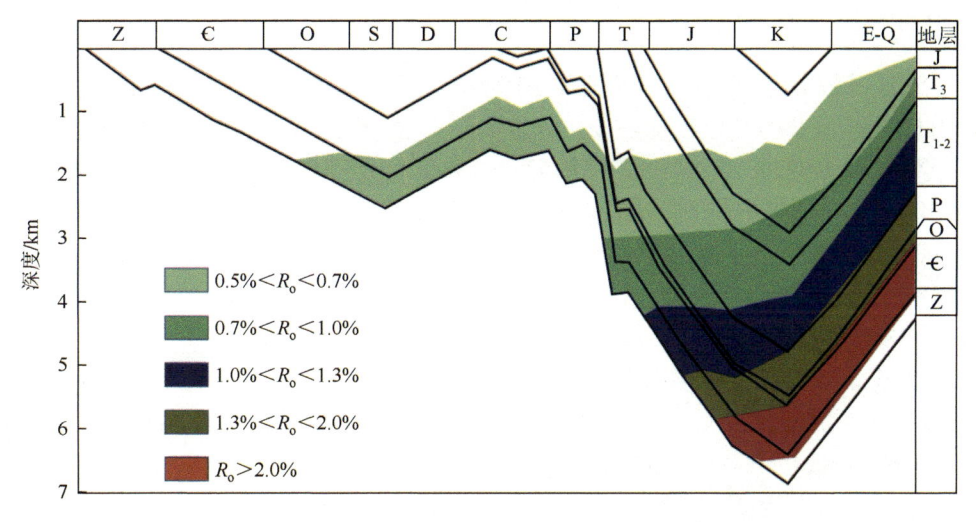

图 2-15 川南井研—犍为地区筇竹寺组埋藏生烃史

在成岩过程中，在有机酸作用下，不稳定矿物的易溶部位发生溶蚀作用而形成粒内溶蚀孔隙。成岩收缩缝和溶蚀缝的形成，主要与沉积作用、成岩演化作用有关；在地层压力、脱水、干裂或重结晶作用下，黏土矿物易脱水形成成岩收缩缝。随着埋藏增大，成岩作用强度增加，黏土矿物中高岭石、蒙脱石转化为伊蒙混层矿物，而间层矿物含量逐渐减少，最终全部转化为伊利石或绿泥石。

筇竹寺组页岩孔隙发育主要受 TOC 含量、热演化程度、成岩作用、地层流体压力 4 个方面的影响。TOC 含量相近，随着演化程度增加，孔容略有增加。在高热演化程度下，TOC 含量越高，有机质孔隙、无机质孔隙越发育。含气量高、地层超压对孔隙保存具有积极意义。

2.2.4 气藏特征

页岩气是一种广分布、低丰度、易发现、难开采的连续型非常规低效气藏，具有典型的自生自储、近原地成藏富集的特点。该特点导致其天然气组分、高温-高压物性、地层液体性质、地层温压和成藏富集规律等方面均不同于常规气藏。

1. 威远页岩气探区

1）气藏流体性质

A. 天然气组分

威远探区 5 口井的天然气分析资料统计表明，天然气主要成分甲烷含量为 95.75%~97.67%，平均为 96.99%；乙烷含量为 0.28%~1.35%，平均为 0.66%，重烃含量少；CO_2 含量为 1.54%~2.33%，平均为 1.76%；氮气含量为 0.1%~1%，平均为 0.54%。干燥系数（C_1/C_2）为 71.38~348.82，平均为 201.1，天然气成熟度高。气藏属于高甲烷、低重烃、低二氧化碳、低氮的优质干气气藏。

B. 天然气高温、高压物性

在威远探区的威204井区，通过威204H5-5、威204H6-6、威204H9-4、威204H10-1、威204H10-6五口井的高压物性实验，确定偏差系数为1.296~1.340，平均为1.314；天然气体积系数为0.00259~0.00269，平均为0.00264。

利用气体组分分析资料、Standing-Katz图版、天然气体积系数公式计算得到五峰组—龙一段气藏天然气偏差系数为1.406、天然气体积系数为0.00273。威远探区页岩储层埋藏深度较深，地层压力较高。

C. 产出液性质

威远探区产出液取样分析统计情况表明，产出液体主要为返排液，水型为$CaCl_2$型，总矿化度为17923~28329mg/L，平均为23986.5mg/L；氯离子含量为10511~17243mg/L，平均为14260.7mg/L；pH为6.20~6.99，平均为6.60。

2）地层压力与温度

威荣探区页岩气井有2个实测地层压力与温度资料，气藏原始地层压力为68.69~77.48MPa，气藏原始地层压力系数为1.94~2.06，属异常高压气藏。气藏地层温度为127.43~134.97℃，地温梯度为2.80~3.00℃/100m，属于常温高压气藏。

3）气藏类型

威远探区五峰组—龙马溪组底埋深3500~3850m，气藏中部深度为3680m。地层压力为68.69~77.48MPa，压力系数为1.94~2.06；地层温度为127.43~134.97℃，地温梯度为2.80~3.00℃/100m；甲烷含量为95.75%~97.67%，低重烃、低二氧化碳、低氮。综上，威远探区龙马溪组页岩气藏为深层、常温、超压、弹性气驱、超低渗、干气、自生自储式连续型页岩气藏。

2. 永川页岩气探区

1）流体特征

A. 天然气组分特征

根据加砂压裂试气求产与试采期间所取气样分析结果，所采出天然气的组分以甲烷为主，含量约为97%；乙烷含量低于0.5%，丙烷及以上重烃组分含量低于0.1%；二氧化碳含量为0.68%；天然气相对密度为0.57（临界温度190.25K，临界压力4.59MPa），天然气类型属过成熟且不含硫化氢等有毒有害气体的优质干气。

B. 产出水性质

水样分析表明，产出水氯离子含量为17097.40mg/L，总矿化度为28731.67mg/L，水型为$CaCl_2$型。

2）地层压力与温度

A. 地层压力

根据永页1HF井第二次关井压力恢复测试，测点3770m（垂深3760.2m）处井底压力37.86↑70.03MPa，基本稳定，折算至产层中部垂深3988.15m处地层压力为70.61MPa，地层压力系数为1.77，属超高压气藏。

B. 地层温度

根据永页 1HF 井关井压力恢复测试，井底温度最高达 123.55℃，折算至产层中部垂深 3988.15m 处地层温度为 134℃，地温梯度为 2.9℃/100m，属正常地温梯度系统。

3）气藏类型

永川地区五峰组—龙马溪组页岩气藏为连续性气藏，没有明显边界，气藏没有底水或边水，表现为封闭气藏的弹性驱动方式的特征（图 2-16）。气藏埋深 3692～4102m，压力系数 1.77，天然气组分中甲烷含量大于 96%，为干气，相对密度为 0.57。结合气藏埋深、驱动类型、压力系数等因素综合考虑，确定该气藏为深层、弹性气驱、超压、超低渗、干气、连续型页岩气藏。

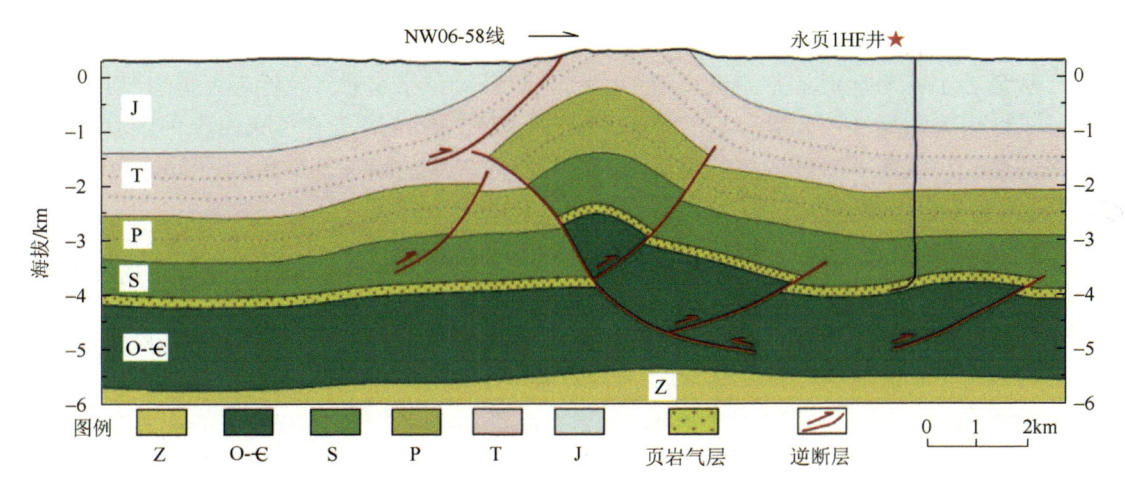

图 2-16 永川地区五峰组—龙马溪组页岩气藏剖面图

3. 井研—犍为页岩气探区

1）流体性质

A. 天然气组分特征

对金页 1 井进行了 11 个气样的气体组分分析，对金石 1 井进行了 24 个气样的气体组分分析，分析结果见表 2-5。金页 1 井气体组分以甲烷为主，含少量二氧化碳和乙烷，其中甲烷含量为 86.18%～98.16%，平均为 95.89%；二氧化碳含量为 1.16%～12.50%，平均为 3.55%；乙烷含量为 0.32%～1.32%，平均为 0.56%。金石 1 井气体组分也是以甲烷为主，个别样品含氮气与二氧化碳，含少量的乙烷和丙烷。甲烷含量为 15.10%～99.67%，平均为 86.04%；二氧化碳含量为 0～65.79%，平均为 6.42%；氮气含量为 0～81.39%，平均为 7.13%；还有少量的乙烷（平均含量 0.40%）、丙烷（平均含量 0.017%）。金石 1 井所产页岩气气体组分构成情况与金页 1 井略有差异，二氧化碳、氮气含量相对较高。

表 2-5 筇竹寺组页岩气气体组分分析结果

井名	井深/m	样品数		组分含量（摩尔分数）（无空气基）/%					相对密度
				N_2	CO_2	CH_4	C_2H_6	C_3H_8	
金页1	3286.95~3582.14	11	范围	0	1.16~12.50	86.18~98.16	0.32~1.32	0	0.5692~0.6828
			平均	0	3.55	95.89	0.56	0	0.5919
金石1	3394.67~3416.77	24	范围	0~81.39	0~65.79	15.10~99.67	0~3.40	0~0.21	0.5561~1.1982
			平均	7.13	6.42	86.04	0.40	0.017	0.6486

从金页 1 井、金石 1 井所产页岩气的气体组分分析结果看，筇竹寺组所产天然气甲烷含量平均在 85%以上，属于干气。

B. 地层水性质

从金石 1 井与金页 1 井测试过程中水样化验分析结果来看，筇竹寺组页岩气层产水，地层水性质为弱酸性，水型为 $CaCl_2$ 型，总矿化度 65000mg/L。在试采过程中观察到随着试采的进行，氯离子的含量随着采出水的增加呈阶段式的增长，最高达 $60259×10^{-6}$，在 $58600×10^{-6}$ 左右保持稳定。

2) 温度、压力系统

根据金页 1HF 井关压恢复期间电子压力计实测，井底 3250m（垂深 3205.9m）处稳定压力为 48.808MPa，3000m（垂深 2996.6m）处稳定压力为 48.555MPa，计算压力梯度为 0.12MPa/100m，折算产层中部垂深 3297.96m 处静压为 48.82MPa，计算地层压力系数为 1.51。井底 3250m（垂深 3205.9m）处稳定温度为 120.357℃，3000m（垂深 2996.6m）处稳定温度为 117.359℃，计算温度梯度为 1.43℃/100m，折算产层中部垂深 3297.96m 处静止温度为 121.68℃，计算地温梯度为 3.22℃/100m。2012 年 11 月 27 日至 11 月 30 日，用电子压力计对金石 1 井进行测温测压，测得产层中部井深 3475m 处的流动温度为 129.53℃，静止温度为 128.53~122.91℃，地温梯度为 2.05℃/100m，地层压力为 18.44MPa，流动压力为 9.84MPa。

综合分析，筇竹寺组页岩气藏为高压、正常温度的气藏。

3) 气藏类型

井研—犍为筇竹寺组优质页岩主体埋深 3000~4500m，属中深层-深层页岩气藏。井研—犍为筇竹寺组页岩气藏没有明显边界为连续型气藏，天然气组分中甲烷平均含量为 97.22%，天然气相对密度为 0.5694，按气藏流体性质划分属干气藏。结合气藏埋深、驱动类型、压力系数等因素综合考虑，确定该气藏为中深层-深层、高压、干气、页岩气藏。

2.3 地球物理特征

2.3.1 岩石物理响应特征

岩石物理分析是连接测井与地震的桥梁。通过对已知钻井的测井数据进行交会分析，建立岩石物理量板，确定需要预测的储层参数与弹性参数之间的敏感性关系，以测井资料为桥梁建立起地震属性与页岩气地质工程"甜点"参数的联系,为地震储层预测奠定基础。

1. 威远页岩气探区

1) TOC 的岩石物理敏感参数

优质页岩段具有较高 TOC 含量(>2%),通过对 TOC 含量与各种弹性参数进行交会分析,显示 TOC 含量与密度(Den)、体积模量等具有良好的相关性。低密度反映出高 TOC 含量,相关系数>0.75。因此,可以利用这些弹性参数预测储层 TOC 含量。该区 TOC 含量与密度拟合关系式:TOC 含量 = 23.2467−8.44108×Den。

2) 含气量的岩石物理敏感参数

从测井解释含气量与 TOC 含量的交会关系,可以看出两者具有较好的线性关系。拟合关系式:含气量 = 1.01391 + 1.15166×TOC 含量。

3) 脆性的岩石物理敏感参数

在优质页岩储层段,具有明显的高杨氏模量和较低泊松比的特征。在实际的页岩气开发过程中发现,随着页岩中石英含量的增加,杨氏模量增大;但是,随着孔隙度的增加,杨氏模量降低。同时,储层中有机质与孔隙含气量的增加也会导致杨氏模量的降低。针对孔隙度较高的脆性页岩储层,可采用脆性指数(即杨氏模量与泊松比之比)进行储层脆性特征表征。

2. 永川页岩气探区

1) 孔隙度的岩石物理敏感参数

利用永页 1 井、永页 2 井、永页 3 井的五峰组—龙马溪组优质页岩储层段的孔隙度,与纵波阻抗进行交会分析,结果显示优质页岩储层段孔隙度与同纵波阻抗之间具有良好的相关性,相关系数达到 0.82。

2) TOC 的岩石物理敏感参数

利用永页 1 井、永页 2 井、永页 3 井五峰组—龙马溪组优质页岩储层段的 TOC 含量,与密度进行交会分析,结果显示优质页岩储层段 TOC 含量与密度之间具有良好的相关性,相关系数达 0.87。

3) 含气量的岩石物理敏感参数

利用永页 1 井、永页 2 井、永页 3 井五峰组—龙马溪组优质页岩储层段的含气量,与 TOC 含量进行交会分析,结果显示优质页岩储层段含气量与 TOC 含量之间具有良好的相关性,相关系数达 0.89。

4) 脆性的岩石物理敏感参数

高脆性矿物含量,是天然缝及后期开发压裂造缝的基础。含脆性矿物较高的岩石结构导致页岩岩石具有高杨氏模量(34~44GPa)、低泊松比(0.11~0.35)特征,易于形成天然裂缝和人工诱导缝,有利于页岩气的水力压裂改造。

目前,在地球物理界最受关注的表征脆性的方式主要有两种:一种是岩石矿物组分法,另一种是弹性模量法。岩石矿物组分法反映出:脆性矿物(石英、方解石)含量越高,页岩脆性越好。弹性模量法反映出：杨氏模量大、泊松比小，则页岩脆性好。

图 2-17 显示了根据邻区焦石坝实际岩样测试建立的富含 TOC 页岩岩石物理量板。由图可知，富含 TOC 的页岩层表现为低纵横波速度比（V_P/V_S，V_P 为纵波速度，V_S 为横波速度）、低纵波阻抗、低杨氏模量和低泊松比的特征；随着 TOC 含量的增加，孔隙度逐渐增大，杨氏模量和泊松比均逐渐减小。

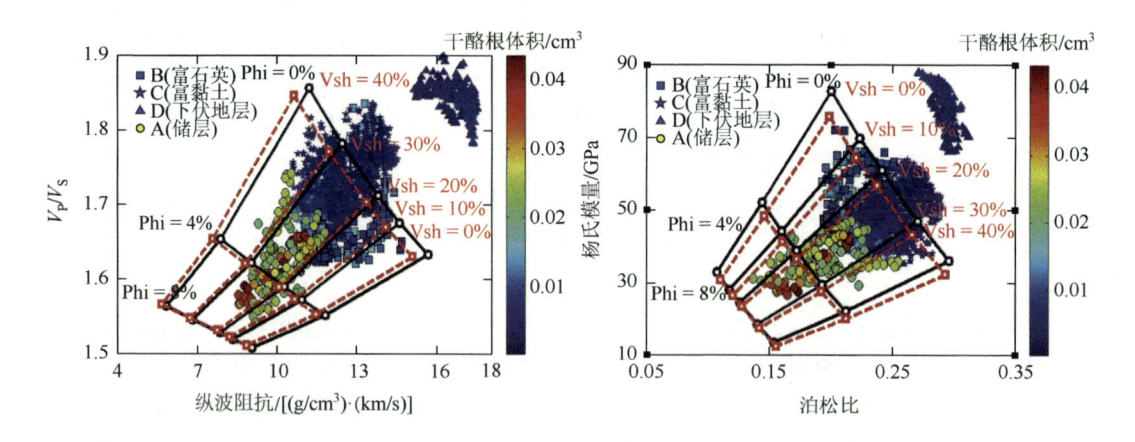

图 2-17　富含 TOC 页岩纵波阻抗与纵横波速度比（左）、泊松比与杨氏模量（右）交会图

注：Phi 为孔隙度，Vsh 为泥质含量

3. 井研—犍为页岩气探区

1）孔隙度的岩石物理敏感参数

井研—犍为地区已钻井的岩石物理分析表明，孔隙度与纵波阻抗呈现较好的负线性相关关系。

2）TOC 的岩石物理敏感参数

岩石物理分析表明，TOC 含量与纵波阻抗呈现比较好的负相关关系。

3）含气量的岩石物理敏感参数

含气量是页岩含气性的直接表现。岩石物理分析表明，页岩密度与 TOC 含量、含气量有很好的相关性，通过预测页岩密度可以预测页岩含气量。例如，通过地震叠前反演，可以得到纵波阻抗、密度、纵横波速度比等参数；再利用密度与含气量的交会关系，就能预测含气量。

2.3.2　测井响应特征

1. 威远页岩气探区

从单井分析图来看，威页 1 井页岩相对围岩具有较高自然伽马、低速度和低纵波阻抗等特征；页岩储层具有低纵波速度（<4000m/s）、高自然伽马（GR>110API）、低密度（补偿密度<2.6g/cm³）、低 V_P/V_S 值（<1.75）特征，优质页岩具有高 TOC 含量、高

含气量和较高孔隙度特征。底部优质页岩储层段低纵波阻抗和低密度特征更明显。

2. 永川页岩气探区

从永页 1 井龙马溪组常规测井曲线的自然伽马来看，龙三段变化不大，均值 127.6API；龙二段略增大，均值 131.5API；龙一段继续增大，均值 161.1API，最大值达到 405.4API；至五峰组逐渐减小，均值 130.5API。声波在龙三段变化不大，自龙二段开始增大至龙一段最大，五峰组开始逐渐减小。补偿中子在龙三段、龙二段变化不大，均值分别为 24.3%、25.3%，自龙一段开始逐渐减小，均值为 23%，至五峰组降低到均值 18%。补偿密度自龙三段的 2.7g/cm^3 逐渐降低至五峰组的 2.58g/cm^3。电阻率从龙三段至龙一段逐渐减小，至五峰组又增大，龙一段电阻率曲线呈锯齿状，可能是受地层中黄铁矿的影响。整套优质页岩测井响应特征为"三高两低"，即高自然伽马、高声波时差、高补偿中子、低密度、低电阻率。

3. 井研—犍为页岩气探区

金石 1 井实钻情况揭示了寒武系筇竹寺组页岩主要存在两种岩相，即富有机质长英质页岩，呈现高自然伽马、中低电阻率、中等声波时差、低中子、低密度、中子-密度"挖掘效应"明显等测井响应特征；含有机质长英质页岩，呈现中等自然伽马、中高电阻率、中低声波时差、低中子、中高密度，中子-密度存在"挖掘效益"等测井响应特征。

2.3.3 地震响应特征

1. 威远页岩气探区

威远工区五峰组—龙一段从下至上依次为含灰质硅质页岩—含碳质粉砂质泥岩，水体由深水陆棚到浅水陆棚，连续沉积，从下到上物性是渐变的。但是，龙一段顶部⑥号层页岩层阻抗明显降低，顶部为明显强波谷，④号层顶部为明显的强波峰特征，①号层五峰组底部同临湘组灰岩接触，物性差异明显，阻抗特征差异大，表现为明显的强波峰特征。威页 23 井标定结果表明（图 2-18），阻抗剖面上龙马溪组小层识别中，五峰组底至②号小层基本可作为一个预测单元，阻抗界限特征明显，③号至④号小层可作为一个预测单元，⑤、⑥号小层可作为另一个预测单元。

考虑地质认识和地球物理预测的可行性，将预测单元合并分为①~④号层和⑤~⑥号层两套。地震剖面①~④号层和⑤~⑥号层两套储层段横向可连续追踪识别，且可明显地识别出预测单元的顶界，也可作为后续其他弹性参数预测的边界。

2. 永川页岩气探区

通过对永页 1 井钻井合成地震记录的标定，发现优质页岩段具有典型的强振幅地震反射特征。优质页岩段地震反射组合为波谷/强波峰反射组合，易于识别，地震反射波组非常稳定（图 2-19）。在波阻抗反演地震剖面中，龙马溪组优质页岩段表现为较低波阻抗响应，横向展布较为稳定，表明优质页岩沉积属于稳定沉积环境，局部受到地震资料影响，存在一定的差异性。

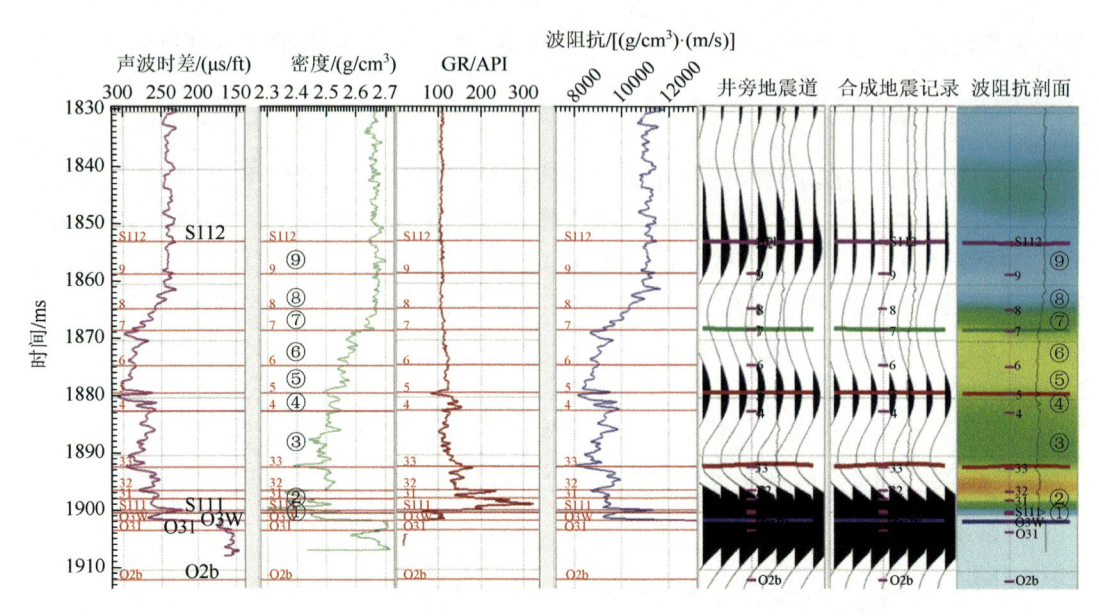

图 2-18 威页 23 井合成地震记录标定

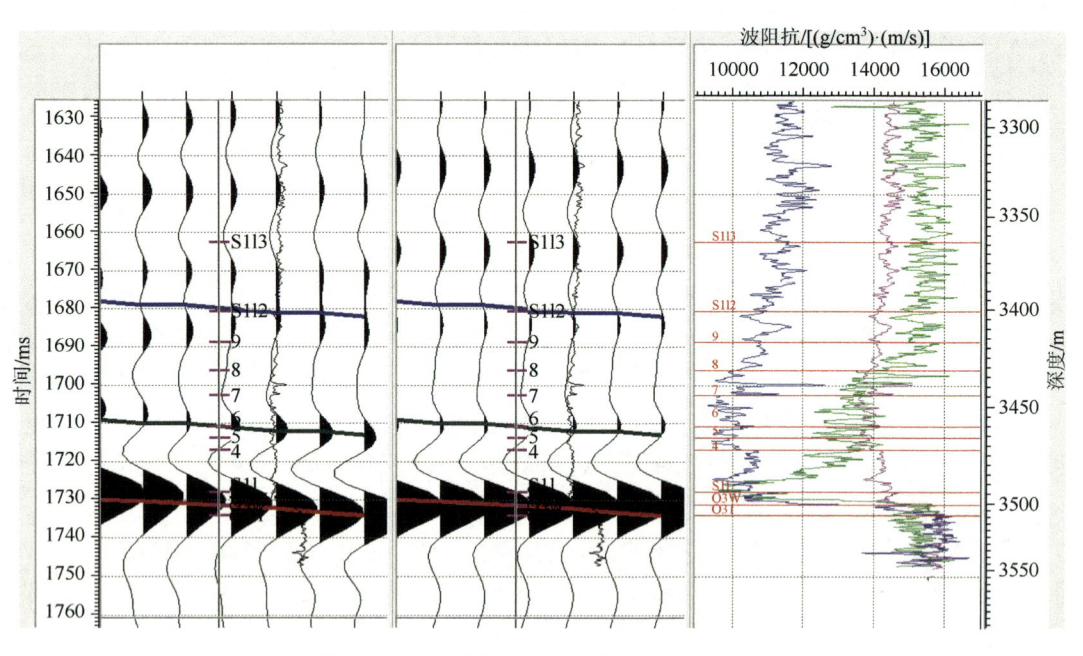

图 2-19 永川地区永页 1 井合成地震记录

3. 井研—犍为页岩气探区

总体来看（图 2-20），筇竹寺组 Q21、Q31、Q41 号层页岩段，均为相对高自然伽马、低波阻抗特征，地震响应特征为"强波谷、低阻抗"。

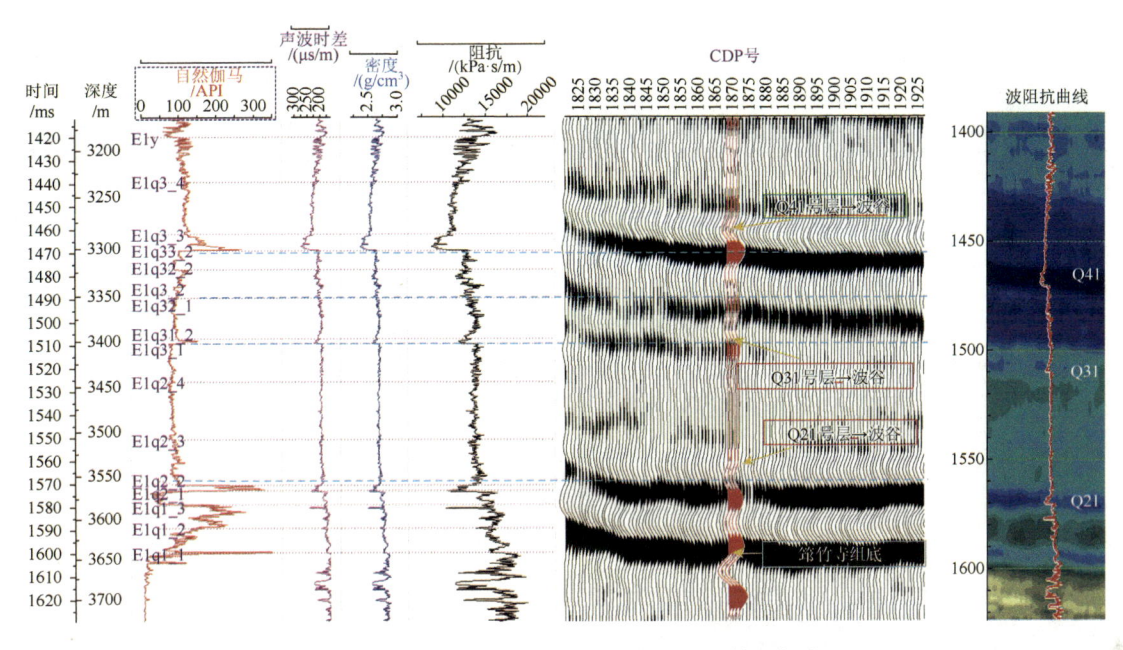

第 2 章　深层页岩气典型探区地质与地球物理特征

图 2-20　金页 1 井寒武系筇竹寺组储层精细标定

第3章 深层页岩气"两宽一高"地震资料采集设计技术

为了满足深层页岩气地质与工程"甜点"预测需求,在最优化的地震资料采集观测系统的支撑下获得高品质的地震数据,是突出页岩气目标地层响应特征、开展各向同性和各向异性地震数据处理的基础,也是后期构造解释、地层追踪、储层反演和岩性、物性、TOC含量、脆性、裂缝、含气量等预测的基础保障。

3.1 地震资料采集设计思路

深层页岩气采集设计目的,是满足页岩气勘探的地质和工程"甜点"各种参数预测需求。如何发挥观测系统的优势,获得高品质且有利于解决地质问题的地震资料,是页岩气地震资料采集观测系统设计的关键。依据构造解释、储层预测、TOC含量预测、脆性预测、含气量预测和裂缝预测等页岩气相关研究的要求,结合地理条件、近地表和深层地震地质条件,提出深层页岩气地震勘探资料采集设计思路及原则。

(1)针对勘探目的层,以储层地质模型为基础,采用射线追踪或波动方程正演方法进行采集参数论证和模拟采集,确定最佳采集参数和观测系统。

(2)宽方位或全方位采集,每个方位扇区的炮检距、覆盖次数分布均匀,满足方位各向异性研究,夯实裂缝预测基础。

(3)足够大的最大炮检距且最大炮检距分布均匀,满足目的层精确成像及高精度的叠前参数反演要求。

(4)高覆盖次数采集,满足目标层的成像需求,满足分方位后各方位有较高的覆盖次数。

(5)最小炮检距分布良好,满足近地表模型的反演要求,保证表层静校正精度。

(6)有较小的面元尺寸,满足高精度的叠前偏移处理及构造、断层和岩性变化边界的精细刻画的要求。

(7)结合地质任务及施工条件,考虑经济技术的合理性,满足低成本、高效率页岩气地震资料采集要求。

3.2 地震资料采集关键参数论证

这里以井研—犍为页岩气探区三维地震资料采集为实例,论证深层页岩气地震资料采集关键参数。

根据井研—犍为页岩气探区三维地震资料采集的总体部署、地下构造特征及地震地质条件,结合地质任务要求,在充分分析以往勘探成果的基础上,依据工区内已有二维地震资料和寿保 1 井钻遇地层的地震分层预测资料等，在目的层（筇竹寺组）埋深较大和较小的地方分别选择一个采集参数论证点，建立起两个论证点的主要反射层地质-地球物理参数模型。通过计算分析，求取适合本工区的各采集参数值。

3.2.1 道间距

根据采样定理，空间采样间隔（道间距）最大不能超过有效信号最小波长的一半，即在连续波形的一个波长内，为防止出现空间假频，至少要保证有 2 个采样点，否则将产生空间假频。道间距论证可采用以下公式进行：

$$\Delta X_{上} = \bar{V} \Big/ \left[2 f_{max} \sin \operatorname{arctg}\left(\frac{X + 2h\sin\phi}{2h\cos\phi} \right) \right] \quad (3\text{-}1)$$

$$\Delta X_{下} = \bar{V} \Big/ \left[2 f_{max} \sin \operatorname{arctg}\left(\frac{X - 2h\sin\phi}{2h\cos\phi} \right) \right] \quad (3\text{-}2)$$

式中，$\Delta X_{上}$、$\Delta X_{下}$ 分别为上倾放炮和下倾放炮的道间距；$\bar{V}$ 为目的层层速度；f_{max} 为地震记录有效信号最高频率；ϕ 为地层倾角；h 为目的层深度；X 为最大炮检距。上倾激发下倾接收时对道间距的要求更小，因此采用上倾公式计算。

由表 3-1 和表 3-2 分析得知，对于勘探目的层，选择小于 49m 的道间距，能够保护其需要的最高频率。因此，40m 的道间距能够满足勘探中保护主要目的层最高频率的要求。

表 3-1 论证点 1 道间距与主要目的层应保护的最高频率关系表

地质层位	地层代号	层速度/(m/s)	最高频率/Hz	道间距/m
须家河组底	T_3x	3790	49	40.2
雷口坡组底	T_2l	5400	49	49.5
嘉陵江组底	T_1j	4800	49	53.8
飞仙关组底	T_1f	4150	35	79.2
二叠系底	P_2l	5100	35	89.4
筇竹寺组底	ϵ_1q	5300	42	91.0
灯影组底	Z_2l/Z_2d	6400	42	101.4

表 3-2 论证点 2 道间距与主要目的层应保护的最高频率关系表

地质层位	地层代号	层速度/(m/s)	最高频率/Hz	道间距/m
须家河组底	T_3x	3790	49	43.2
雷口坡组底	T_2l	5400	49	53.1
嘉陵江组底	T_1j	4800	49	57.8
飞仙关组底	T_1f	4150	35	85.0
筇竹寺组底	ϵ_1q	5300	42	90.9
二叠系底	P_2l	5100	35	95.1
灯影组底	Z_2l/Z_2d	6400	42	101.3

3.2.2 面元尺寸

一般来说，面元大小应满足以下几个方面。

1. 满足具有较高横向分辨率的要求

根据经验，对于一般的勘探而言，地震信号每个优势频率的波长内至少需要取 2 个采样点，而岩性勘探则需要精细刻画细节；因此，应适当提高地震信号采样点密度。故为了获得良好的横向分辨率，每个优势频率的波长内至少应取 4 个采样点，具体公式为

$$b = \frac{V_{\text{int}}}{4 \times F_{\text{dom}}} \tag{3-3}$$

式中，b 为面元边长，m；V_{int} 为目的层上覆地层的层速度，m/s；F_{dom} 为目的层主频，Hz。

根据式（3-3），计算出为保证偏移时不产生偏移空间假频和保证良好的横向分辨率，须家河组底、雷口坡组底、嘉陵江组底、飞仙关组底、二叠系底、筇竹寺组底、灯影组底对应的面元边长分别为 31.6m、31.6m、45.0m、40.0m、41.5m、41.3m、53.3m。

2. 满足最高无混叠频率的要求

当地层存在倾角时，应保证同相轴波形进行准确识别的最高无混叠频率。根据采样定理，为防止空间假频的出现，在一个波长内至少要有 2 个采样点，即面元边长的大小，必须保证在一个波长内有 2 个以上的道。对应于倾斜反射同相轴在偏移前有

$$\sin\theta = 1/2\delta_t \times V / b \tag{3-4}$$

式中，θ 为地层倾角；δ_t 为两个零炮检距道的旅行时差；V 为地震波传播速度。为了防止假频现象发生，必须在一个周期 T 内保证至少有 2 个采样点，即 $\delta_t \leq T/2$，定义此时的频率为最高无混叠频率，得到 $\delta_t \leq 1/(2F_{\max})$，由此得到面元边长公式：

$$b \leq \frac{V_{\text{int}}}{4 \times F_{\max} \times \sin\theta} \tag{3-5}$$

式中，b 为面元边长，m；V_{int} 为目的层上覆地层的层速度，m/s；$F_{\max}$ 为最高无混叠频率，Hz。

根据所建立的地球物理模型，考虑局部最高无混叠频率可能存在的较陡构造，地层倾角取 10°，计算各层须家河组底、雷口坡组底、嘉陵江组底、飞仙关组底、二叠系底、筇竹寺组底、灯影组底对应的面元边长分别为 181.9m、181.9m、259.1m、230.4m、239.0m、237.5m、307.1m。

3. 满足分辨最小地质体目标尺度的要求

沿着地质体的某一个方向，在该地质体上应有一定的地震道数，才能在横向上较

好地分辨。即面元边长需满足 b = D/n（其中，D 为最小地质体目标尺度，m；n 为某一个方向地质体上的地震道数）。由于该区资料信噪比较高，构造相对简单，n 可取为 4~5。

如果要分辨最小地质体宽度 200m，n 取 4 时，面元边长应小于 50m；n 取 5 时，面元边长应小于 40m。

4. 根据不同目的层进行定量面元大小分析

根据深层主要目的层的面元大小分析可知，$T_{\epsilon_1 q}$ 面元大小集中于 50m，$T_{Z_1 d}$ 面元大小集中在 35~50m。综合各个目的层分析，面元大小应不大于 40m。

综上所述，该区页岩气勘探地下构造不复杂，采用方形面元网格 20m（inline，即主测线）×20m（crossline，即联络测线）或者矩形面元网格 20m（inline）×40m（crossline）施工都能满足勘探需求。

3.2.3 最大炮检距

最大炮检距的选择要考虑的因素包括：大入射角入射时对反射系数稳定性的影响；动校拉伸畸变对信号频率的影响；速度分析精度要求以及实际资料分析验证等。

1. 目的层埋深对最大炮检距的要求

为防止大入射角入射时反射系数不稳定的影响，一般情况下最大炮检距（X_{max}）需近似等于最深勘探目的层埋深。井研—犍为页岩气探区勘探最深层灯影组底的最大埋深为 4530m 左右，按照最大埋深要求，最大炮检距应选择稍大于 4530m 左右。

2. 动校拉伸率对最大炮检距的要求

为避免排列长度过大而引起过大的动校拉伸畸变量，排列长度应控制在一定的范围内，满足动校拉伸率与排列长度的关系式：

$$D = \frac{X^2}{2V^2 T_0^2} \times 100\% \quad (3-6)$$

式中，D 为动校拉伸率；X 为排列长度；T_0 为目的层双程反射时间；V 为均方根速度。

一般应满足动校拉伸率小于 15% 的要求。由表 3-3 可知，论证点 1 中满足动校拉伸率 15% 时目的层须家河组底、雷口坡组底、嘉陵江组底、飞仙关组底、二叠系底、筇竹寺组底、灯影组底对应的排列长度应分别不大于 918m、1606m、2099m、2505m、3216m、4318m、4939m。由表 3-4 可知，论证点 2 中满足动校拉伸率 15% 时目的层须家河组底、雷口坡组底、嘉陵江组底、飞仙关组底、二叠系底、筇竹寺组底、灯影组底对应的排列长度应分别不大于 1630m、2311m、2826m、3213m、3896m、4731m、5395m。综合考虑采集最深层灯影组，最大炮检距应不大于 5395m。

表 3-3 论证点 1 动校拉伸率与最大炮检距的关系

地层名称	地层代号	层速度/(m/s)	不同动校拉伸率下的最大炮检距/m		
			10%	12.5%	15%
须家河组底	T_3x	3790	743	834	918
雷口坡组底	T_2l	5400	1300	1460	1606
嘉陵江组底	T_1j	4800	1699	1907	2099
飞仙关组底	T_1f	4150	2027	2276	2505
二叠系底	P_2l	5100	2603	2922	3216
筇竹寺组底	ϵ_1q	5300	3495	3924	4318
灯影组底	Z_2l/Z_2d	6400	3997	4488	4939

表 3-4 论证点 2 动校拉伸率与最大炮检距的关系

地层名称	地层代号	层速度/(m/s)	不同动校拉伸率下的最大炮检距/m		
			10%	12.5%	15%
须家河组底	T_3x	3790	1316	1481	1630
雷口坡组底	T_2l	5400	1865	2100	2311
嘉陵江组底	T_1j	4800	2281	2568	2826
飞仙关组底	T_1f	4150	2593	2919	3213
二叠系底	P_2l	5100	3145	3540	3896
筇竹寺组底	ϵ_1q	5300	3818	4298	4731
灯影组底	Z_2l/Z_2d	6400	4354	4901	5395

3. 速度分析精度对最大炮检距的要求

要保证期望的速度分析精度,要求炮检距有足够的长度,满足速度分析要求所需的炮检距:

$$X = \sqrt{\frac{2T_0}{F_P\left[\dfrac{1}{V^2(1-P)^2} - \dfrac{1}{V^2}\right]}} \tag{3-7}$$

式中,P 为速度分析精度;X 为排列长度;V 为均方根速度;F_P 为有效反射波主频;T_0 为目的层双程反射时间。由表 3-5 可知,论证点 1 中按 3%速度精度计算,须家河组底、雷口坡组底、嘉陵江组底、飞仙关组底、二叠系底、筇竹寺组底、灯影组底对应的排列长度应分别大于 1680m、2382m、2748m、3553m、4056m、4419m、4768m。由表 3-6 可知,论证点 2 中按 3%速度精度计算,须家河组底、雷口坡组底、嘉陵江组底、飞仙关组底、二叠系底、筇竹寺组底、灯影组底对应的排列长度应分别大于 2212m、2824m、3151m、3977m、4412m、4572m、4925m。考虑本次主要目的层为灯影组,最大炮检距应不小于 4925m。

表 3-5　论证点 1 速度分析精度与最大炮检距的关系

地层名称	地层代号	层速度/(m/s)	不同速度分析精度下的最大炮检距/m	
			3%	5%
须家河组底	T_3x	3790	1680	1276
雷口坡组底	T_2l	5400	2382	1809
嘉陵江组底	T_1j	4800	2748	2087
飞仙关组底	T_1f	4150	3553	2699
二叠系底	P_2l	5100	4056	3080
筇竹寺组底	ϵ_1q	5300	4419	3357
灯影组底	Z_2l/Z_2d	6400	4768	3621

表 3-6　论证点 2 速度分析精度与最大炮检距的关系

地层名称	地层代号	层速度/(m/s)	不同速度分析精度下的最大炮检距/m	
			3%	5%
须家河组底	T_3x	3790	2212	1700
雷口坡组底	T_2l	5400	2824	2170
嘉陵江组底	T_1j	4800	3151	2422
飞仙关组底	T_1f	4150	3977	3056
二叠系底	P_2l	5100	4412	3391
筇竹寺组底	ϵ_1q	5300	4572	3513
灯影组底	Z_2l/Z_2d	6400	4925	3785

4. 反射系数稳定的要求

由于地层的吸收衰减作用，地震波的反射振幅随着炮检距的增大而减小。当入射角接近或等于临界角时，会出现极不稳定的异常极值，即反射系数不稳定，其变化情况比较复杂。为了保证反射系数稳定，要求入射角小于临界角，从而对最大炮检距提出了要求：

$$x \leqslant 2\sum_{i=1}^{N} H_i \times \mathrm{tg}\theta_{i0} \quad (3-8)$$

式中，H_i 为第 i 层地层厚度；θ_{i0} 为第 i 层的反射临界角；x 为炮检距。

从反射系数与最大炮检距的关系曲线分析可以看出，对于目的层筇竹寺组（ϵ_1q），当最大炮检距 $X_{\max}$ 小于 5683m 时，反射系数较稳定。

5. 实际资料分析

从 0~6000m、0~5000m、0~4000m、0~3000m、0~2000m、0~1000m 不同炮检距叠加剖面分析（图 3-1）：由于该区资料信噪比较高，随着炮检距的增大，深部目的层间的信噪比得到提高。

6. 模型偏移距分析

利用以往二维剖面 JY-NW-04-14 线建立地质模型，选择不同的构造位置进行正演模拟分析，从正演模拟结果来看，筇竹寺组在构造层位埋藏浅的位置最大炮检距在 4800m 左右可得到反射，在翼部下倾方向需要较大的最大炮检距，在埋藏较深的位置最大炮检距可达到 6000m 左右，综合分析，最大炮检距 6000m 以上比较适宜，从合成记录来看，目的层齐全，反射信息丰富。最大炮检距综合分析统计见表 3-7。

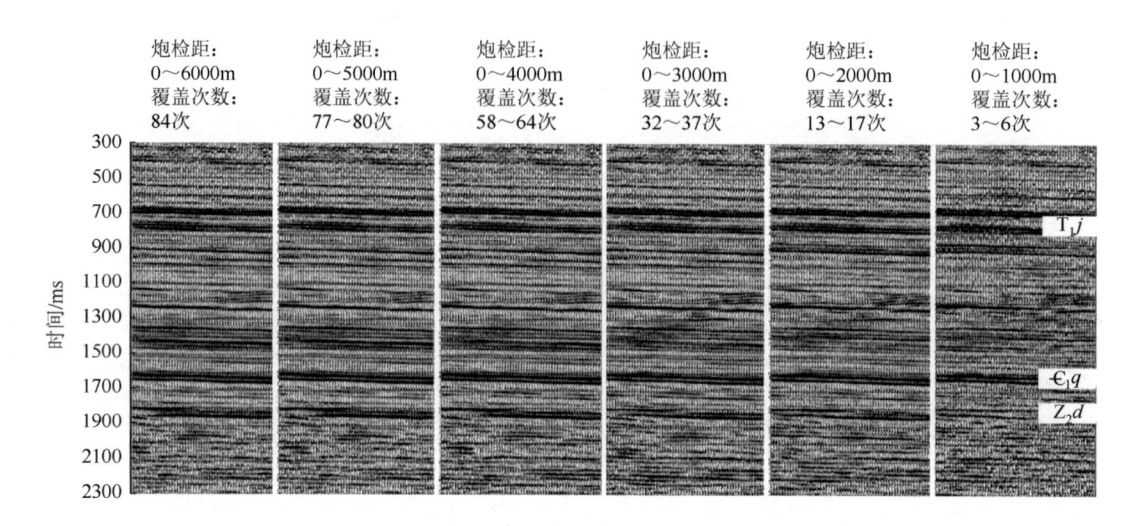

图 3-1 不同炮检距叠加剖面

表 3-7 最大炮检距综合分析统计表

序号	论证项目	最大炮检距范围
1	目的层埋深	≥4530m
2	动校拉伸率	≤5395m
3	速度分析精度	≥4925m
4	反射系数稳定	<5683m
5	正演模拟	考虑灯影组，最大炮检距在 6000m 左右

综合理论计算、实际资料分析以及正演模拟分析结论，最大炮检距应在 6000m 左右。

3.2.4 偏移孔径

在设计时，应考虑勘探范围所包含的波场能够满足勘探主要目的层正确偏移归位的要求。偏移孔径的设计应考虑以下三个因素：大于第一菲涅耳带半径；绕射波归位距离 $Z×\tan30°$（Z 为目的层埋深）；大于倾斜层偏移的横向移动距离 $Z_{max}×\tan \Phi_{max}$（Z_{max} 为最深目的层埋深，Φ_{max} 为目的层最大倾角）。从表 3-8 可知，论证点 1 要满足该区勘探主要目的层正确偏移归位,其偏移孔径应不小于2542.7m。从表3-9可知,论证点2要满足该区勘探主要目的层正确偏移归位,其偏移孔径应不小于2615.4m。因此,观测系统设计时,满覆盖外至少有2615.4m左右有效反射长度,以满足满覆盖范围正确的偏移成像要求。

表3-8 论证点1偏移孔径分析

地层名称	地层代号	层速度/(m/s)	菲涅耳带半径/m	绕射归位距离/m	实际倾角偏移孔径/m
须家河组底	T_3x	3790	211.1	467.7	56.6
雷口坡组底	T_2l	5400	298.4	811.2	98.2
嘉陵江组底	T_1j	4800	343.8	1072.1	129.9
飞仙关组底	T_1f	4150	444.9	1256.9	152.2
二叠系底	P_2l	5100	507.3	1643.7	199.1
筇竹寺组底	ϵ_1q	5300	552.0	2174.3	263.3
灯影组底	Z_2l/Z_2d	6400	595.4	2542.7	308.0

表3-9 论证点2偏移孔径分析

地层名称	地层代号	层速度/(m/s)	菲涅耳带半径/m	绕射归位距离/m	实际倾角偏移孔径/m
须家河组底	T_3x	3790	280.2	825.6	125.1
雷口坡组底	T_2l	5400	357.3	1103.3	167.2
嘉陵江组底	T_1j	4800	398.5	1362.5	206.5
飞仙关组底	T_1f	4150	503.3	1541.5	233.6
二叠系底	P_2l	5100	558.0	1915.6	290.3
筇竹寺组底	ϵ_1q	5300	577.6	2227.4	337.5
灯影组底	Z_2l/Z_2d	6400	622.1	2615.4	396.3

3.2.5 接收线距

接收线距大小与区内地质结构有关。采用合适的接收线距,有利于精细的动校正处理、精确的速度分析、各向异性及AVO分析。一般情况下,接收线距的选择应小于一个菲涅耳带半径,计算公式为

$$R = \left[\frac{V^2 T_0}{4F_P} + \left(\frac{V}{4F_P}\right)^2\right]^{1/2} \tag{3-9}$$

式中,V为均方根速度;T_0为目的层双程反射时间;F_P为有效反射波主频。经计算,论证点1的目的层须家河组底、雷口坡组底、嘉陵江组底、飞仙关组底、二叠系底、筇竹寺组底、灯影组底要求的接收线距分别为211.1m、298.4m、343.8m、444.9m、507.3m、552.0m、595.4m;论证点2的目的层须家河组底、雷口坡组底、嘉陵江组底、飞仙关组底、二叠系底、筇竹寺组底、灯影组底要求的接收线距分别为280.2m、357.3m、398.5m、

503.3m、558.0m、577.6m、622.1m。综合可知，接收线距不大于 398m 即可满足嘉陵江组以深目的层的勘探要求。

3.2.6 覆盖次数

三维采集覆盖次数选择主要遵从以下原则。
（1）充分压制干扰，提高勘探主要目的层的有效反射能量，改善信噪比。
（2）满足 inline 方向速度分析精度和 crossline 方向静校正耦合精度要求。

勘探主要目的层是筇竹寺组，通过不同覆盖次数剖面分析，56 次以上覆盖次数已能满足叠加成像要求，达到提高资料信噪比及分辨率的目的。随着覆盖次数增加，嘉陵江组等浅层资料没有明显改善，但灯影组等深层资料，尤其是层间弱反射在信噪比、连续性方面仍然有一定幅度的提高。较高的覆盖次数，有利于该区域的地震成像和深部地层间弱反射信号的识别（图3-2）。

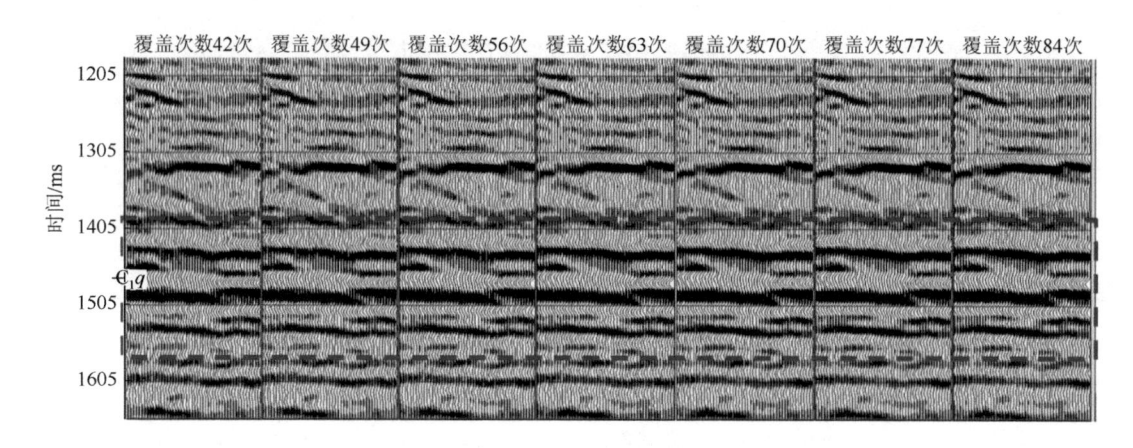

图 3-2　井研—犍为（Ⅰ期）不同覆盖次数地震剖面对比

3.3　地震资料采集观测系统设计

3.3.1　观测系统设计参数要求

通过采集参数论证，观测系统设计主要参数应满足以下要求。
（1）较小的道距、较小的面元尺寸。面元尺寸 20m×20m，能够满足主要目的层不出现空间假频。
（2）在保证最深目的层勘探效果的前提下，最大炮检距应尽量取大值。考虑到非常规页岩气勘探最大入射角不能低于 35°，才能满足 AVO 分析和叠前反演等需求，最大炮检距应为 6000m 左右。
（3）适中的接收点距，较小的接收线距，较小的滚动距。

（4）大横纵比，宽方位或全方位，横纵比在 0.8 以上较为合适。
（5）检波点和炮点分布较为均匀。
（6）高覆盖次数，各向异性分析时分 6 个或者 12 个方位必须保证每个方位有足够的覆盖次数，覆盖次数在 80 次以上较为合适。
（7）方位特性好，在各个方位上有较均匀的炮检距分布和覆盖次数。
（8）仪器占用相对较少，采集成本较低。
（9）排列片便于管理，施工效率较高。
（10）穿越障碍能力较强。

3.3.2 观测系统方案设计和优选

考虑地形、表层条件和主要构造形态，结合地质任务要求，按照高空间采样率、高覆盖次数、宽方位采集、减小采集痕迹、较佳的静校正耦合性等原则，进行观测系统设计和优选。

根据参数论证结论、地质任务以及前期三维地震资料采集观测系统、实际资料情况等，通过对各种观测系统参数的比较分析，设计优选了三种观测系统方案（表 3-10）。

表 3-10 不同方案观测系统参数对比

观测系统参数	方案 1	方案 2	方案 3
模排列片	24L8S（96＋96）T1R144F 束状集中式	24L4S（112＋112）T84F 细分面元复合式	24L4S（128＋128）T96F 细分面元复合式
接收道数/道	4608（192×24）	5376（224×24）	6144（256×24）
面元尺寸	20m×20m	20m×20m	20m×20m
覆盖次数/次	12×12＝144	7×12＝84	8×12＝96
道距/m	40	40	40
接收线距/m	320	320	320
炮点距/m	40	160	160
炮线距/m	320	160	160
纵向最大炮检距/m	3820	4460	5100
最小炮检距/m	28.28	28.28	28.28
最大非纵距/m	3820	3980	3980
最大炮检距/m	5402.30	5977.625	6469.189
束进距/m	320	640	640
排列片设计横纵比	1.0000	0.8924	0.7804
炮点/检波点个数	59656/100792	29120/97320	29120/100776
满覆盖炮密度/（个/km^2）	104.2444	52.6884	52.6884
满覆盖炮道密度/（万道/km^2）	169.0036	173.5620	173.1840

从观测系统玫瑰图对比分析（图 3-3）可以看出，三种方案的方位角分布特征有所不同，方案 1 较方案 2 和方案 3 各方位角的覆盖次数分布更加均匀，横纵比更大。

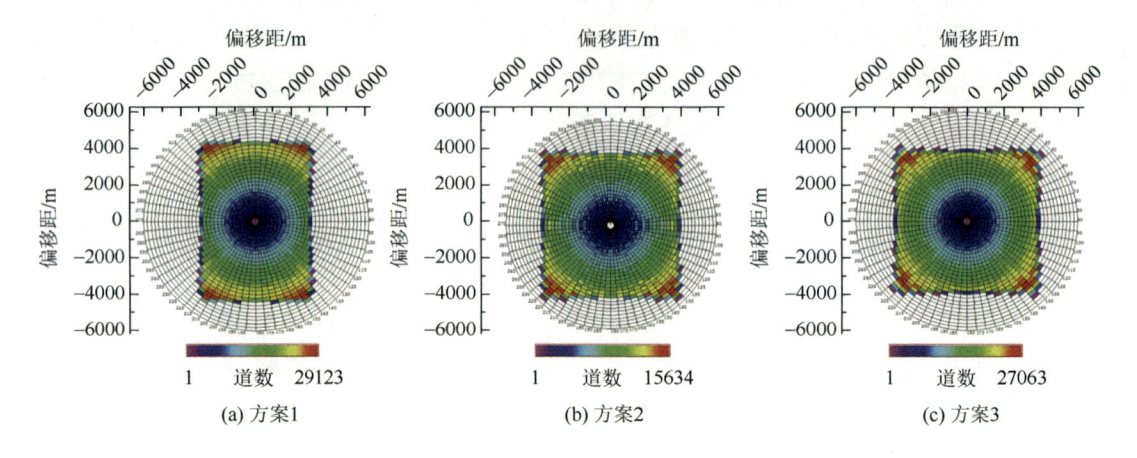

(a) 方案1　　　　　　　　(b) 方案2　　　　　　　　(c) 方案3

图 3-3　观测系统玫瑰图对比

从最大炮检距分布（图 3-4）可以看出，方案 1 最大炮检距分布较为均匀，其次是方案 2 和方案 3。方案 2 的最大炮检距较小，方案 3 的最大炮检距较大。

从最小及中等炮检距分布可以看出，方案 2 和方案 3 的最小炮检距大小和均匀性分布基本相当，方案 1 均匀性最好。

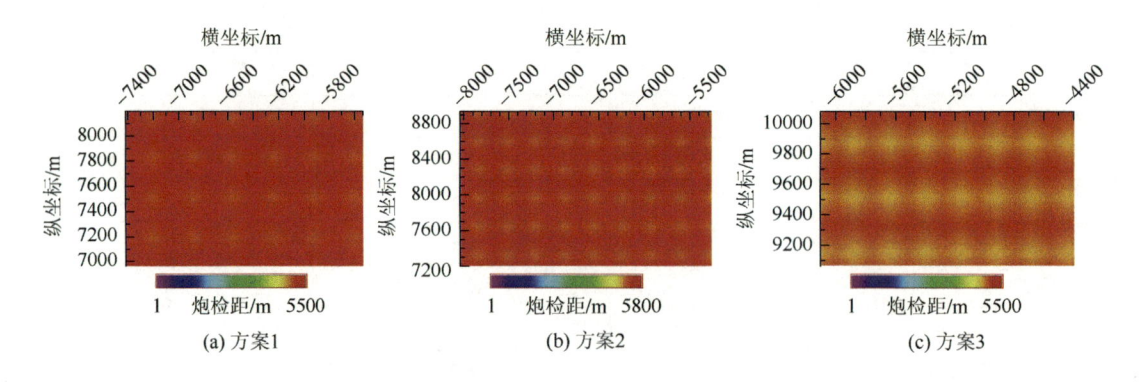

(a) 方案1　　　　　　　　(b) 方案2　　　　　　　　(c) 方案3

图 3-4　观测系统最大炮检距分布对比

总体上看，方案 1 在最大、最小炮检距分布的均匀性方面略有优势，方案 2、方案 3 稍差。

从面元属性分布（图 3-5）可以看出，三种方案的炮检距冗余度基本相当；但从面元内相邻炮检距最大梯度（差值）分布图（图 3-6）可以看出，方案 1 的均匀性略好于方案 2 和方案 3。

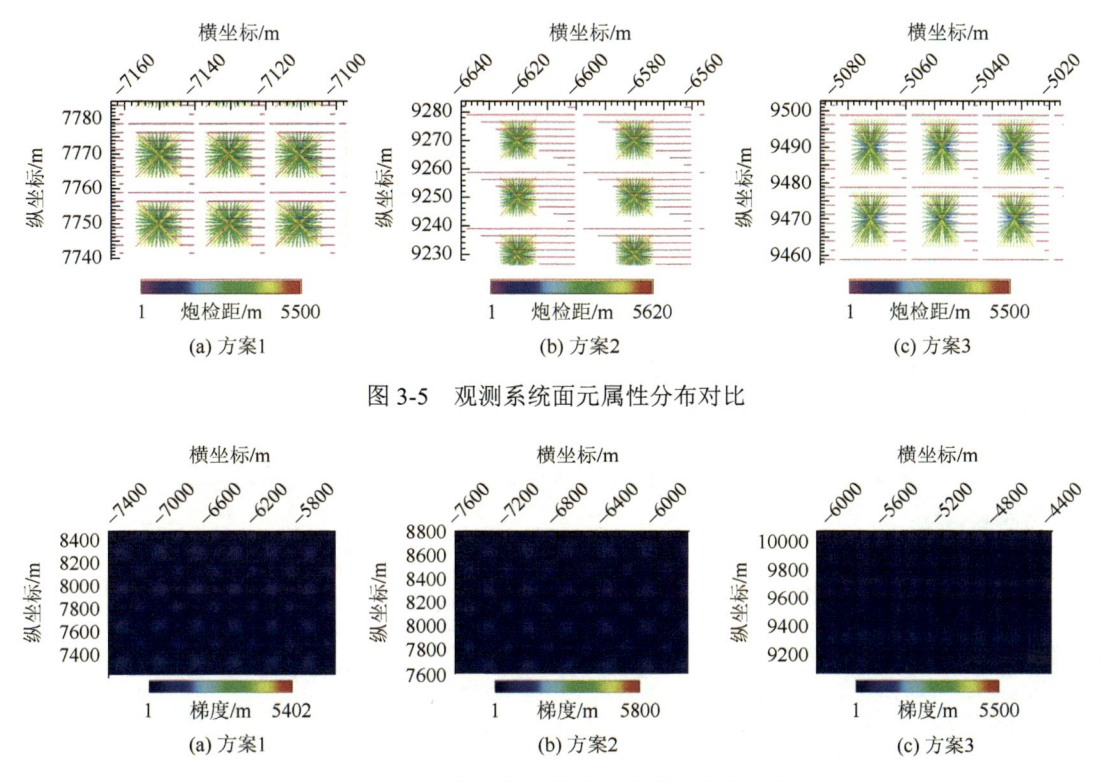

图 3-5　观测系统面元属性分布对比

图 3-6　面元内相邻炮检距最大梯度（差值）变化的均匀性对比

从各目的层覆盖次数计算（图 3-7）可以看出，三种方案目的层的覆盖次数均匀性分布相当，但方案 2 和方案 3 的覆盖次数略低于方案 1 的覆盖次数。

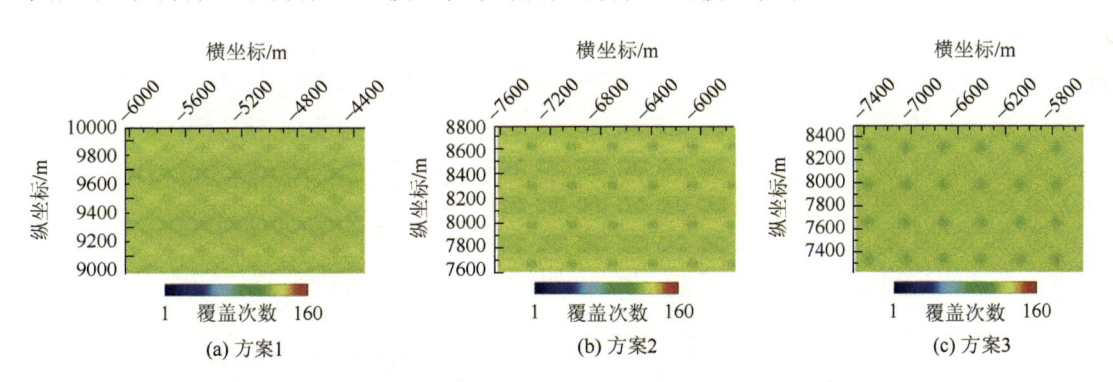

图 3-7　筇竹寺组底（最大炮检距 $X_{max}=4000\mathrm{m}$）覆盖次数对比

通过以上分析，认为各方案的优缺点如表 3-11 所示。

表 3-11　各方案优缺点对比表

方案	优点	缺点
方案 1	道密度适中，横纵比高，面元趋于方形	勘探成本高

续表

方案	优点	缺点
方案 2	炮点密度低，覆盖次数整体比较均匀，且集中在主要目的层，横纵比适中	投入设备多，横纵比稍小
方案 3	炮点密度低，覆盖次数整体比较均匀，且集中在主要目的层，横纵比适中，炮检距较大	投入设备多，横纵比稍小，但目的层与方案 2 相当

综上所述，建议采用 24L4S（128＋128）T96F 细分面元复合式观测系统（方案 3），预计能较好地完成本次非常规勘探地质任务。该观测系统主要参数见表 3-12，排列片见图 3-8。

表 3-12　24L4S（128+128）96F 细分面元复合式观测系统主要参数表

观测系统参数	方案	观测系统参数	方案
面元尺寸	20m×20m	覆盖次数	8（纵）×12（横）=96 次
道距	40m	接收线距	320m
炮点距	160m	炮线距	160m
纵向最大炮检距	5100m	纵向最小接收距	20m
最大非纵距	3980m	横向最小接收距	20m
最大炮检距	6469.189m	束进距	640m
最小炮检距	28.28m	横纵比	0.7804
线束宽度	7360m	检波线方位角	0°
接收道数	256（道）×24（线）= 6144 道	炮道密度	24 万道/km^2

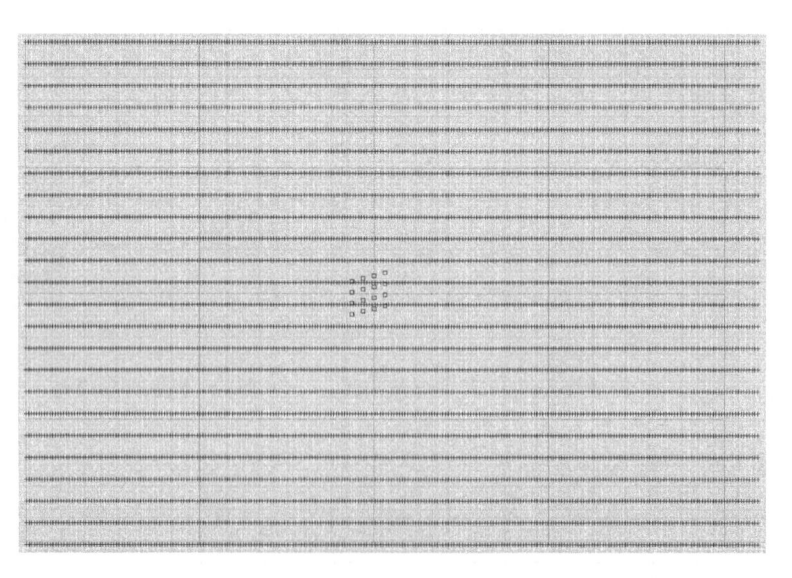

图 3-8　24L4S（128＋128）T96F 细分面元复合式观测系统排列片

第4章 深层页岩气"甜点"目标地震资料处理技术

深层页岩气探区的典型代表，川南地区采用了"两宽一高"的地震勘探思路，观测系统横纵比大于0.8，最大偏移距约6000m。采集到的地震资料品质整体较好，信噪比较高；但是，受近地表条件影响，不同位置原始单炮信噪比、能量、频率等差异较大；部分区域广泛发育面波、强振幅干扰，有效信号淹没于噪声中，靠近干扰源区背景噪声、机械干扰、工业电等噪声发育；页岩地层埋藏深，地震波高频吸收衰减较快，主要目的层的层间反射较弱。分析不同位置的蜗牛道集，发现部分道集同相轴随着方位角的变化，呈波浪状起伏，存在较强的方位各向异性。针对地震资料的特点，需要围绕页岩气地质和工程"甜点"目标，开展"三保三高"（保AVO特征、保频宽、保各向异性特征，高信噪比、高分辨率、高保真度）、OVT（offset vector tile，炮检距向量片）域偏移、各向异性校正、道集优化等处理，突出地层岩性、物性、脆性、TOC含量及含气性等地震响应特征，为页岩储层参数反演、裂缝检测、含气性识别等奠定数据基础。

4.1 "三保三高"地震资料精细处理思路

针对深层页岩气地震资料的特点，需要围绕地质目标，处理与解释紧密结合，以找出资料处理中的重点和难点，确定深层页岩目标处理思路、关键环节、关键技术及关键参数。在数据处理过程中，需要突出"精细"和"针对性"，使最终处理成果满足深层页岩气地质和工程"甜点"研究需求。

"三保三高"地震资料精细处理思路如下。

1. 先去噪，后振幅补偿，逐步迭代

"先去噪、后振幅补偿"是针对强干扰资料相对振幅保持处理必须遵循的原则。根据深层页岩气探区典型代表——川南地区的地震资料噪声特点及其分布规律，按照保真、弱去噪、逐步逐域噪声压制原则，选取保真度高的去噪方法，注意保护目的层低频段及弱有效信号，逐步提高资料信噪比。组合采用球面扩散补偿、地表一致性振幅补偿、道集剩余振幅补偿等方法，并与叠前去噪结合起来，逐步迭代，消除非地质因素对振幅的影响，突出深层页岩气地震响应特征，满足岩性处理和解释需求。

2. 由低到高，逐步逼近，提高优质储层的辨识度

根据页岩优质储层薄、地震响应特征不清晰等特征，通过优选系列高分辨率处理技术，在保真条件下，逐渐提高页岩储层辨识度。采用地表一致性反褶积、时变谱整形、高密度Q体补偿等技术，形成逐步拓宽有效波频带、压缩子波、提高高频成分能量、保

护深层页岩弱反射信号的高分辨率处理思路。该处理思路可以很好地提高川南地区资料的分辨率，突出志留系龙一段双强波谷、中间夹弱波峰的反射特征。

3. 采用宽方位高密度处理思路，提高深层页岩成像精度

根据宽方位、大偏移距地震资料特点，采用宽方位高密度处理思路，既可得到为裂缝预测保持方位各向异性的处理成果，也可得到为储层预测消除方位各向异性的处理成果。结合 OVT 域处理、方位各向异性校正等技术，建立适合深层页岩气宽方位处理流程，充分挖掘原始资料中的方位角、炮检距、空间采样均匀等信息，提高深层页岩成像精度，为页岩储层预测提供品质更高的处理成果。同时，得到保持方位角信息的蜗牛道集，为方位各向异性裂缝预测提供基础资料。

4. 满足页岩储层参数预测的道集优化处理

叠前反演技术已经成为寻找岩性油气藏的主要手段，但对地震道集数据有较高的要求。在前期预处理基础上，需要开展道集优化处理，包括提高信噪比处理、振幅补偿、提高分辨率处理、道集校平处理、保持 AVO 特征处理等。在深入研究各种处理对 AVO 特征影响基础上，形成基于页岩储层参数预测的道集优化处理思路，即去噪—振幅补偿—提高分辨率—道集校平，以确保最终道集的 AVO 特征与井旁道合成地震记录的特征一致。比如，基于 AVO 特征道集校平、基于 AVO 属性分析的高密度速度校正等技术，在川南深层页岩气探区取得了较好的应用效果。

4.2 突出页岩地震响应特征的关键处理技术

4.2.1 "十字交叉"自适应面波衰减

在地震资料中，面波广泛发育，需要进行有效压制。通常，面波的能量较强；视速度较低，在 500~1800m/s；频率较低，集中在 5~14Hz，对深层页岩有效反射信号影响较大。在二维地震勘探中面波呈线性特征，运用视速度可以很好地压制面波，并且对资料的有效波影响不大。在三维地震勘探中，面波在远排列端呈双曲线特征，与有效反射信号特征类似，采用视速度滤波的方法会损伤有效反射信号。为此，在十字排列域中，可采用自适应面波衰减技术进行噪声压制。

十字排列是根据三维观测系统特点，通过对观测系统的变化来重排炮线及检波线，从而形成十字排列数据体，是观测系统为正交情况下空间连续的单次覆盖的基本子集。十字排列中，具有相同绝对偏移距的地震道中心点位于一个圆上。据此，某个固定速度的同相轴在十字排列域数据的任意时间横切片上都为一个圆。那么，这个同相轴在三维空间内表现出的形状为一个圆锥。若将非线性的面波分解为若干个线性特征且速度不同的同相轴，那么面波在十字排列域内可视为一个圆锥体，在十字排列域内，利用面波的圆锥体特性，采用自适应面波衰减技术，可以很好地压制面波，保护深层页岩有效反射信号。

自适应面波衰减技术采用弹性建模的方法预测噪声并进行去除。面波具有低频、低速、高能量和频散的特点。弹性建模预测噪声方法对于剩余线性噪声、次生干扰等都行之有效。其主要原理和实现过程如下。

（1）通过给定的频率-速度进行倾斜叠加，得到每炮的 τ-p 谱。

（2）通过可逆的子波变换，输入数据可以被分解为不同的频率-波数域子集，在每个子集中进行弹性建模并用最小二乘拟合使得与数据面波匹配，计算自适应参数进行噪声衰减。

（3）再通过扇形滤波去除负斜率和弹性建模没有去除的剩余假频等。

其算法在 f-x 域进行，假设地震数据由有效信号、相关噪声和随机噪声组成，其中弹性建模对地震信号进行双曲线建模，如式（4-1）：

$$S^{j,k} = \exp\left[\mathrm{i}f\left(\sqrt{t_j^2 + \frac{x_k^2}{v_{\mathrm{rms}j}^2}}\right)\right] \tag{4-1}$$

式中，$S^{j,k}$ 为正演信号；t_j 为时间；x_k 为偏移距；$v_{\mathrm{rms}j}$ 为均方根速度。

对于发散线性地滚波，建模公式如下：

$$\mathrm{GR}^{j,k} = \exp\left[\mathrm{i}\left(\frac{f_0}{v_{pj}} + \frac{f - f_0}{v_{gj}}\right)x_k\right] \tag{4-2}$$

式中，v_{pj} 和 v_{gj} 分别为地滚波的相速度和群速度；f、f_0 分别为频率和初始频率；x_k 为建模使用炮检点真实距离。据此，可以处理不规则观测系统数据。

4.2.2 高密度 Q 体补偿

通过地表一致性反褶积、道集时变谱整形，资料的分辨率将有较大的提高。为了进一步提高深层页岩的分辨能力，突出页岩储层地震反射特征，叠后可采用高密度 Q 体补偿技术。

在地震资料处理中，通常假设振幅的纵向衰减是随着指数变化的，若参考段的振幅谱为 $A_1(f)$，在给定的任意时间 τ 之后的振幅谱为

$$A_2(f) = A_1(f)\mathrm{e}^{\frac{2\pi f \tau}{Q}} \tag{4-3}$$

对两个振幅谱的比值求对数，即 $\lg(|A_2(f)|/|A_1(f)|)$，并将其与频率做交会绘出曲线，就能求出一条表示这个曲线斜率的直线；由于 τ 是已知的，所以可以根据斜率求取 Q 值。这就是谱比法 Q 值求取思路。

实际地震数据的振幅谱在低频段和高频段都是不可靠的，而该技术根据地震数据自动定义了一组频带范围，在该范围内进行 Q 值的计算。使用谱比法有两个好处，即：一是可以不需要震源的信号，这意味着任何时变的滤波和反褶积都不会影响反 Q 滤波的效果；二是结果对球面扩散的效果好坏不敏感，因为通常球面扩散补偿是无法做到很精细的。

4.2.3 高密度 VTI 介质各向异性处理

高密度非双曲线高精度动校正技术。Siliqi 和 Bousquié（2000）提出了基于 VTI（vertical transverse isotropy，垂直横向各向同性）介质的反射波时距方程：

$$t(V,\eta) = t_0 \frac{8\eta}{1+8\eta} + \sqrt{\left(\frac{t_0}{1+8\eta}\right)^2 + \frac{x^2}{(1+8\eta)V^2}} \tag{4-4}$$

式中，x 为炮检距；t 为反射波在炮检距 x 处对应的旅行时；t_0 为反射波双程垂直旅行时；V 为动校正速度；η 为非椭圆率参数。若要应用式（4-4）进行高精度动校正，必须先求得参数 V 和 η。对于这两个参数，直接获取是非常困难的，比如按常规扫描速度谱的方法，直接扫描、求取参数；从式（4-4）可知，计算量非常庞大，处理代价极其高昂。为了解决这个矛盾，Siliqi 和 Bousquié（2000）又引入了两个新的参数 τ_0、dtn 代替 V、η，以便简化公式，实现双参数扫描。

$$\tau_0 = \frac{t_0}{1+8\eta} \tag{4-5}$$

$$\text{dtn} = t_{x=x_{\max}} - t_{x=0} \tag{4-6}$$

式（4-5）和式（4-6）为 τ_0、dtn 的数学公式，将参数 τ_0、dtn 代入式（4-4），公式变化为

$$t = t_0 - \tau_0 + \sqrt{\tau_0^2 + \frac{\text{dtn}(\text{dtn}+2\tau_0)}{x_{\max}^2}x^2} \tag{4-7}$$

相应动校正公式为

$$\Delta = -\tau_0 + \sqrt{\tau_0^2 + \frac{\text{dtn}(\text{dtn}+2\tau_0)}{x_{\max}^2}x^2} \tag{4-8}$$

在式（4-8）中，变量未知数只有参数 τ_0、dtn。可以通过高密度双谱分析自动拾取非双曲动校正求取 τ_0、dtn，再应用式（4-5）和式（4-6），将 τ_0、dtn 转化为高精度动校正所需的参数 V 和 η。

$$\eta = \frac{1}{8}\left(\frac{t_0}{\tau_0} - 1\right) \tag{4-9}$$

$$V = \frac{x_{\max}}{\sqrt{\text{dtn}(\text{dtn}+2\tau_0)\frac{t_0}{\tau_0}}} \tag{4-10}$$

针对威远工区三维地震资料的特点，围绕目标地层，采用"三保三高"地震资料精细处理思路，以及十字排列域自适应面波衰减、高密度 Q 体补偿、VTI 介质各向异性叠前时间偏移处理等针对性的技术，最终获得了目标地层信噪比高、连续性好、分辨率较高（主频在 40Hz 左右）、波组特征清楚、断面清晰、断点干脆的处理数据，地震异常响应特征突出，成果真实可靠。

4.2.4　OVT 域宽方位数据处理

传统的共炮检距技术对 VTI 各向异性问题解决得较好，但因共炮检距不能保存方位角信息，使后续方位各向异性分析不可行。为了得到地震裂缝预测的基础数据，通常的做法是通过分方位处理，将数据划分成不同扇区各自重新偏移后再做一些分析拟合的工作。然而，这种方法由于扇区内覆盖次数有限，往往成像很差。若扩大扇区，则各向异性参数分析又不准；若扩大面元，形成超道集则精度又受影响。不同方位角处理得到的数据体，如何重构成最终数据体？是难以解决的问题。COV（common offset vector，共炮检距向量）技术是解决这一问题的有效手段。

1. OVT 技术

OVT（offset vector tile）的概念，最早由 Vermeer 于 1998 年提出。通常，翻译成"炮检距向量片"。OVT 是十字排列道集的自然延伸，是十字排列道集内的一个数据子集。在一个十字排列中，按炮线距和检波线距等距离划分得到许多小矩形，每一个矩形就是一个 OVT。提取所有十字排列道集中相应的 OVT，就组成 OVT 道集。OVT 的大小，由炮线距和检波线距决定，OVT 的个数等于覆盖次数。每个 OVT 道集具有大致相同、有限范围的炮检距和方位角，是覆盖整个工区的单次覆盖数据体。因而，它可以独立偏移，这样偏移后就能保存方位角和炮检距信息用于方位角分析，这也是 COV 技术最具优势之处。

在 OVT 域进行资料处理，如去噪、数据规则化、偏移、各向异性校正，一个很大的优势是其空间采样的均匀性。十字交叉排列域数据集，在十字排列内部是空间连续的；但是，在跨边界时会出现大的不连续性，尤其是在边角上，而 OVT 域恰好具有将不连续性稀疏分布的特质。虽然，OVT 域空间不连续性出现的频率可能比十字排列域高；但其幅度、跳跃性却小得多。正交观测系统固有的不连续性通过 OVT 技术变稀疏了，采集脚印也减弱了。此外，该技术在处理的过程中很好地保留了炮检距和方位角信息，有利于提高地震成像精度和开展裂缝型储层预测工作。

2. OVT 域处理技术

共炮检距道集中，覆盖次数以及方位角的不规则变化，是造成偏移噪声的主要原因之一。构造共炮检距向量（COV）道集，可以有效解决偏移噪声问题。同时，对偏移前的地震数据按照炮间距向量进行选排，每个共中心点道集的双曲同相轴由之前的双曲线变成了双曲面，其带有方位角的信息，可以更加准确地反映三维地质体的地震反射信息，有利于提升偏移成像精度。

共炮检距向量体域叠前时间偏移处理的步骤为：

（1）通过去噪、能量补偿、反褶积、静校正等常规处理，获得高质量的偏移前共中心点道集。

（2）将共中心点道集数据分选成共炮检距向量体，并在共炮检距向量体域进行数据规则化处理。

（3）在共炮检距向量体域进行全三维叠前时间偏移，偏移与常规方法没有什么差别，只是输入为 COV 道集。

（4）COV 偏移形成的道集称为 OVG（offset vector gather，炮检距向量道集），可以保持方位各向异性特征。

在 OVT 域进行处理，空间采样的均匀性是其优势之一。结合威远工区三维地震资料的特点，在 OVT 域开展叠前噪声衰减、数据规则化、叠前时间偏移等处理。在传统叠前噪声衰减过程中，可能产生假频，尤其是联络线方向往往采样不充分；而在 OVT 域，无论是主测线还是联络测线方向采样都很充分，易于将信号和假频噪声分开。与传统的偏移距域数据规则化相比，在 OVT 域进行数据规则化处理具有较大优势。尤其是，当方位各向异性强、构造倾角大和覆盖次数不高时，方位各向异性表现为不同方位角具有不同的记录时间，偏移距域数据规则化通常将不同反射时间视为静校正问题没解决好，导致插值道不可靠，损失高频信息。按不同方位角分组的 OVT 域插值，能够很好地解决这些问题。

与偏移距域叠前时间偏移比，叠前时间偏移算法没有差别，只是输入为 OVT 道集。传统的偏移距域叠前时间偏移数据缺失方位角信息，而 OVT 域偏移后的 CRP（common reflection point，共反射点）道集具有方位角信息，更利于后续的方位各向异性校正及裂缝预测。此外，该技术在限定炮检距和方位角的前提下进行偏移，更能提高偏移精度。

4.2.5　HTI 介质各向异性校正

在各向异性介质中，弹性波的相速度表示波前面前进的速度，群速度代表了能量传播速度或射线速度，波的传播方向（射线方向）并不总是垂直于波前面。在 HTI（horizontal transverse isotropy，水平横向各向同性）介质中，有两个互相垂直的对称面，一个是垂直于对称轴的"各向同性面"。另一个是包含对称轴的"对称轴平面"。用汤姆森（Thomsen）参数表示的对称轴平面内的 P 波相速度公式为

$$\frac{v^2(\theta)}{v_{P0}^{(R)}(\theta)} = 1 + \varepsilon^{(R)} \sin^2\theta - \frac{f^{(R)}}{2} + \frac{f^{(R)}}{2} \times \sqrt{\left[1 + \frac{2\varepsilon^{(R)} \sin^2\theta}{f^{(R)}}\right]^2 - \frac{8\left[\varepsilon^{(R)} - \delta^{(R)}\right]\sin^2\theta \cos^2\theta}{f^{(R)}}} \quad (4\text{-}11)$$

式中，$f^{(R)} = 1 - v_{S0}^2 / v_{P0}^2$，$v_{S0}$ 和 v_{P0} 分别为 S 波和 P 波的垂向速度；θ 为入射线与垂直方向的夹角；$\varepsilon^{(R)}$、$\delta^{(R)}$ 为 HTI 介质各向异性参数；所有上标（R）是为了区别于 VTI 介质，特指 HTI 介质的参数（下同）。

在 HTI 介质非对称轴平面中 P 波动校正公式（Tsvankin，1997）为

$$v_{nmo}^2 = v_{P0}^2 \frac{1+A}{1+A\sin^2\alpha} \quad (4\text{-}12)$$

式中，α 为 CMP（common midpoint，共中心点）线方位与 HTI 介质对称轴方位之间的夹角，如图 4-1 所示。

$$A = \frac{1}{v}\frac{\mathrm{d}^2 v}{\mathrm{d}\theta^2}\bigg|\theta = 90° \quad (4\text{-}13)$$

式中，v 为相速度。在 HTI 介质中 A 为负值。

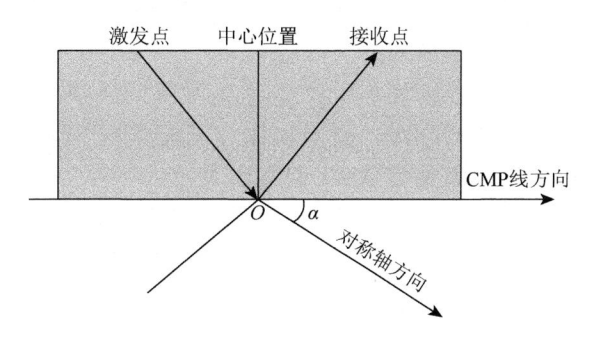

图 4-1　HTI 介质中的共中心点反射示意图

在弱各向异性的假设下，即 $|\delta|\ll 1$，$|\varepsilon|\ll 1$，式（4-13）可以简化为

$$v_{\text{nmo}}^2 = v_{\text{p0}}^2(1 + A\cos^2\alpha) \tag{4-14}$$

当观测方向与对称轴方向一致时：

$$v_{\text{nmo}}^2(\alpha = 0°) = v_{\text{p0}}^2(1 + A) \tag{4-15}$$

当观测方向垂直于对称轴方向时：

$$v_{\text{nmo}}^2(\alpha = 90°) = v_{\text{p0}}^2 \tag{4-16}$$

设 $v_{\text{fast}} = v_{\text{nmo}}(\alpha = 90°)$，$v_{\text{slow}} = v_{\text{nmo}}(\alpha = 0°)$，根据式（4-15）和式（4-16），式（4-12）可表示为

$$v_{\text{nmo}}^2 = \frac{v_{\text{fast}}^2 v_{\text{slow}}^2}{v_{\text{fast}}^2 \sin^2\alpha + v_{\text{slow}}^2 \cos^2\alpha} \tag{4-17}$$

则可以得到 HTI 介质的纵波动校正公式：

$$t^2 = t_0^2 + \frac{\chi^2}{v_{\text{nmo}}^2} = t_0^2 + \left(\frac{\cos^2\alpha}{v_{\text{fast}}^2} + \frac{\sin^2\alpha}{v_{\text{slow}}^2}\right)\chi^2 \tag{4-18}$$

式（4-18）是一个椭圆方程，具有纵波动校正速度随观测方位的变化呈椭圆分布的特点。

针对方位各向异性，求取随方位角变化的速度函数，具体实现步骤如下。

（1）在偏移后方位角道集上拾取时差。

（2）利用拾取的带有方位角信息的时差，依据速度随方位角变化呈椭圆分布的规律，采用曲面拟合的方法，求取快慢波速度场及方位角体等。

（3）用求取的带有方位角信息的速度体进行方位各向异性校正。

4.2.6　针对页岩储层参数预测的道集优化处理

1. 基于 AVO 属性分析的高密度速度校正技术

该技术通过对 AVO 梯度、截距属性参数的计算分析，对动校速度进行更新，得到高密度的、更准确的速度场。在此基础上,通过对 AVO 梯度、截距、三阶属性参数的计算分析,完成对大偏移距资料的四阶动校正,消除速度各向异性对道集质量、叠加成像的影响。该技术在拉平动校道集的同时,更好地保持了道集的 AVO 特征,得到高密度的、更准确的速度场,更利于后续的叠前 AVO 道集反演。

该技术在完成叠前道集高密度动校正的前提下,显著地提升 AVO 截距属性的可靠性。主要原理是通过分析道集中 AVO 的截距与梯度属性完成速度的校正,具体实现思路如下。

(1) 首先输入偏移后的动校道集用于 AVO 分析。

(2) 对输入数据进行时间、空间上的 AVO 属性平均分析,计算出 AVO 的截距、梯度属性,完成希尔伯特变换。

(3) 均方根(RMS)速度更新,应用新的速度后输出更新道集,重复上述步骤进行 AVO 分析,直到道集被校平,获得高密度的精确速度场。

(4) 输入高密度速度动校正后的数据,计算其截距、梯度、三阶 AVO 属性。

(5) 计算分析等效的截距、梯度、三阶 AVO 属性。

(6) 获得四阶校正值,并且输出四阶校正后的道集。

2. 基于小波变换的 Q 剩余补偿技术

该技术利用模型衰减比例因子,来平衡随频率变化的振幅。模型衰减因子 Q 的估算,是采用谱比法计算得到的。由于考虑到最终的绝对 Q 值测量方法存在不准确性,需要对估算 Q 值的确定方法进行修改,针对背景数据估算相对 Q 值。利用相对的 Q 值计算与频率有关的振幅变化因子,用于反吸收补偿。

3. 非地表一致性道集拉平技术

通过层析静校正、地表一致性剩余静校正、VTI 各向异性校正、HTI 各向异性校正等一系列处理,道集质量被明显地提升;但是,道集上仍有残留的剩余时差。针对这种情况,采用非地表一致性静校正技术校平道集,进一步提高道集质量。

该技术根据输入道集内部生成模型道(或者由外部输入模型道),在一定的时窗长度内,将输入的地震道与模型道进行互相关,求取时变静校正量和互相关值;然后,应用求取的时变静校正量,将道集校平。该方法应用灵活、简单,不需要拾取层位,保真度较高。

4.2.7 "三保三高"地震资料精细处理流程

根据地质任务,结合深层页岩气地震资料的特点,经过大量的方法技术研究及应用经验归纳,形成了针对深层页岩气地震资料的"三保三高"精细处理流程,如图 4-2 所示。该流程同时考虑了各向同性和各向异性处理。各向同性处理主要为了满足后期页岩储层裂缝检测需要,各向异性处理流程主要满足页岩目的层高精度成像要求及叠前弹性参数反演等要求。

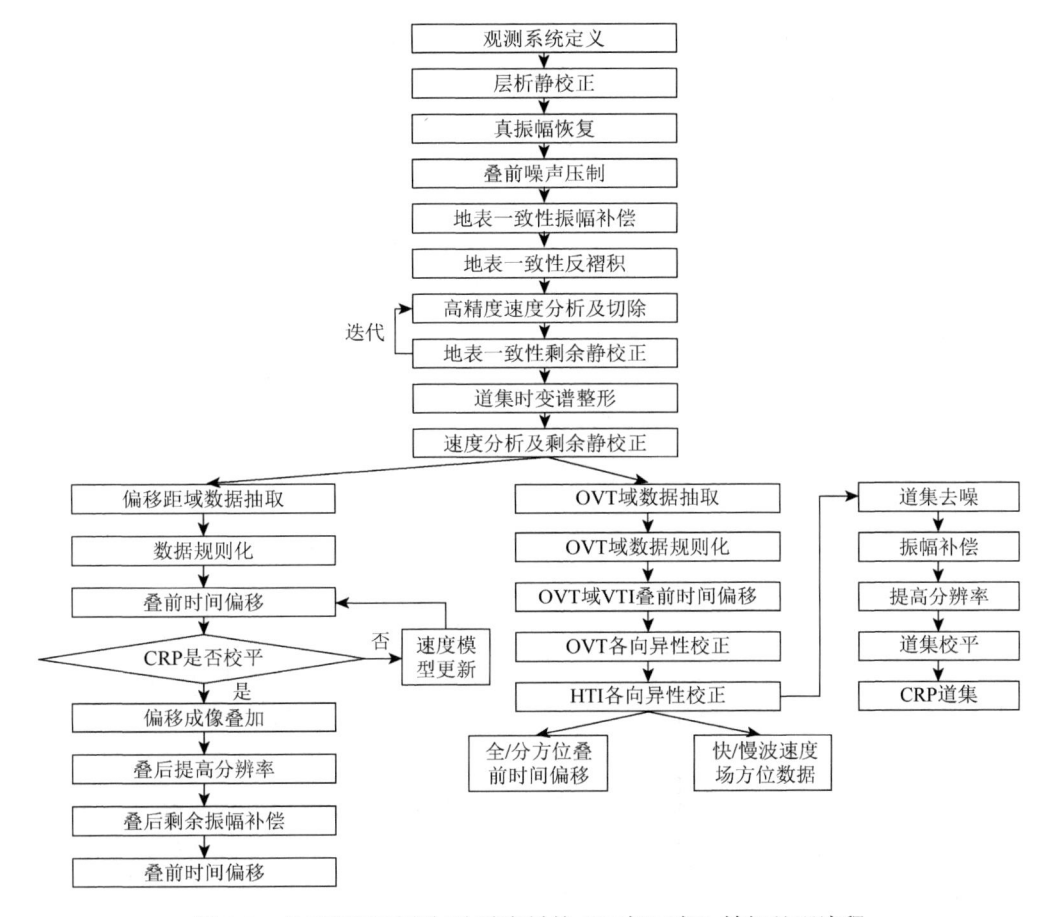

图 4-2 针对深层页岩气地震资料的"三保三高"精细处理流程

4.3 深层页岩气地震数据深度域精确成像技术

4.3.1 网格层析反演速度建模

利用网格层析反演技术优化深度域速度模型，可弥补传统层析成像技术对垂向速度模型优化的缺陷。其主要利用偏移和层析交替迭代的方法进行速度反演，能够恢复速度场中的高波数信息和低波数信息，反演精度较高，且具有计算稳定的特点。

运用共成像点（comon-imaging-point，CIP）道集剩余曲率自动拟合拾取旅行时，进行剩余旅行时的时差求取。在共成像点道集中，各个角度对应的偏移深度可表示为

$$Z_a = Z_0 \sqrt{\gamma^2 + (\gamma^2 - 1)\tan^2 \beta} \tag{4-19}$$

式中，Z_0 为零炮检距处的偏移深度；γ 为偏移深度与真实深度的比值；β 为道集中的入射角度。由式（4-19）可得到共成像点道集的剩余曲率为

$$\Delta Z = Z_0 \left[\sqrt{\gamma^2 + (\gamma^2 - 1)\tan^2 \beta} - 1 \right] \tag{4-20}$$

反演是层析成像的核心，其算法一般采用迭代类型的算法，包括梯度迭代法、投影

迭代法等。在旅行时层析反演中，观测数据与参考模型的旅行时残差可以通过慢度差沿着射线路径的线性积分得到，即

$$\Delta t = \int_l \Delta s \, dl \qquad (4-21)$$

式中，Δt 为旅行时残差向量；dl 为沿着射线路径 l 的射线段长度；Δs 为参考模型与真实模型的慢度差向量。采用矩形网格离散化后，可以得到如下的层析反演公式：

$$L\Delta s = \Delta t \qquad (4-22)$$

式中，L 为灵敏度矩阵，其元素对应于射线在网格内的射线路径长度。

由于层析反演方程组具有严重的病态性，为了提高计算的稳定性、减少反演的多解性，采用加入正则化的最小二乘法求解层析反演方程组，即

$$\begin{pmatrix} L \\ \mu\Gamma \end{pmatrix} \Delta s = \begin{pmatrix} \Delta t \\ 0 \end{pmatrix} \qquad (4-23)$$

式中，引入了阻尼系数的一阶导数型正则化矩阵 $\mu\Gamma$，在计算时，μ 和 Γ 分别由网格内射线覆盖次数和横向一阶导数正则化矩阵确定。求解上述线性方程组，可以得到慢度的变化量；经过若干次迭代，就可得到层析后的速度模型。

1. 网格层析成像速度模型建立方法

三维叠前深度偏移的速度建模，是一个地质信息综合分析的过程。在实际应用中，首先需要根据工区的常规偏移得到地震剖面，再结合该地区地质认识，建立构造层位模型，并结合测井、钻井和时间域速度，建立初始速度模型。在此基础上，进行网格测线叠前深度偏移，对偏移后的共成像点（CIP）道集进行剩余延迟分析，采用模型优化方法逐步逼近，直到获得比较合理的速度-深度模型。因此，叠前深度偏移过程中所使用的速度模型建立技术分为两个过程：初始速度模型的建立和速度模型的迭代更新（图4-3）。

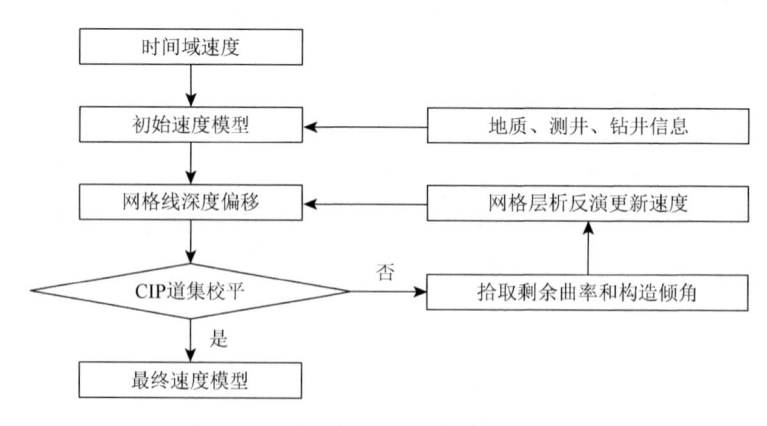

图 4-3 网格层析反演速度模型建立流程

2. 初始速度模型建立

合理构建初始速度模型是做好网格层析反演更新速度的基础。在分析工区地质和测

井资料分布情况的基础上,通过融合测井速度、地质解释层位和时深转换后的叠前时间偏移速度构建初始速度模型。在威荣页岩气工区利用多信息联合约束建立的初始速度模型中,速度模型网格为80m×80m×10m;纵向上,初始速度模型与测井速度趋势一致,能够较准确描述地层速度的纵向变化;横向上,速度的分布与构造保持一致。

3. 网格层析反演更新速度模型

构造倾角约束的各向同性速度网格层析反演,需要利用初始速度模型对控制线进行深度偏移,输出共成像点道集和叠加剖面,拾取剩余曲率和构造倾角体;利用剩余曲率反映的深度速度误差信息,在构造倾角约束下,通过网格层析成像反演可以修正速度体。如此多轮迭代,直至共成像点道集被拉平并且相干谱收敛。

4.3.2 全波形反演速度建模

传统的偏移速度分析和走时层析反演方法都只能得到宏观速度场,即速度的低频成分。全波形反演(full waveform inversion,FWI)以地震数据的波形信息为依据,直接基于波动方程,可以反演速度场的中高频信息。

1. 时间域全波形反演基本原理

介质声波方程可以表示为

$$\frac{1}{V^2}\frac{\delta^2 u}{\delta t^2}=\frac{\delta^2 u}{\delta x^2}+\frac{\delta^2 u}{\delta z^2} \tag{4-24}$$

在声波方程意义下,对于全波形反演中观测数据和模型参数,设定介质速度为V,炮点坐标为x_s,对应的检波点坐标为x_r,实际观测的炮集记录为$u_{obs}(x_s,x_r,t)$,正演模拟得到的炮集记录为$u_{mod}(x_s,x_r,t;v)$,其与当前使用速度场有关。在最小二乘意义下,可以构建全波形反演误差泛函$E(v)$:

$$E(v)=\frac{1}{2}\sum_{x_s}\sum_{x_r}\sum_{t}\left(u_{mod}(x_s,x_r,t;v)-u_{obs}(x_s,x_r,t)\right)^2 \tag{4-25}$$

利用$g^{(k)}$和$\alpha^{(k)}$分别表示第k次迭代的梯度和步长,则其反演更新公式可以表示为

$$v^{(k+1)}=v^{(k)}+\alpha^{(k)}g^{(k)} \tag{4-26}$$

基于波场的局部扰动近似,根据共轭状态法可得全波形反演的速度更新梯度$g(v)$为

$$g(v)=\frac{1}{v^3}\sum_{x_s}\sum_{t}\frac{\delta^2 u_{mod}}{\delta t^2}F^*\left[u_{mod}-u_{obs}\right] \tag{4-27}$$

式(4-27)表明,在波形反演中,速度更新梯度是正向传播波场对时间的二阶导数与模型数据同观测数据差值的反向传播波场的内积。该公式也验证了对共轭状态法本质的

诠释，即共轭状态法就是把数据残差用正传播算子的共轭反传播回去，以求取误差函数对模型的梯度方向的方法。

利用共轭梯度修正因子为 β 修正梯度，设置共轭梯度为 Ψ，$\Psi_0 = -g_0$，则有

$$\Psi^{(k+1)} = -g^{(k+1)} + \beta^{(k)}\Psi^{(k)} \tag{4-28}$$

$$\beta^{(k+1)} = \frac{(g^{(k+1)})^t(g^{(k+1)} - g^{(k)})}{(g^{(k)})^t g^{(k)}} \tag{4-29}$$

式（4-29）是修正因子，这样就可以通过当前和上次计算得到的梯度，利用式（4-28）和式（4-29）修改梯度方向，速度更新式（4-26）变为

$$\Psi^{(k+1)} = \Psi^{(k)} - \alpha^{(k)}\Psi^{(k)} \tag{4-30}$$

2. 全波形反演的影响因素

1）数据完备性

首先，时间域全波形反演对低频成分要求较高，长排列大偏移距地震记录包含了丰富的低频信息，能够为全波形反演提供好的背景速度场。其次，宽方位角采集增加了数据的完备程度，这对于全波形反演是非常有用的。

2）数据噪声

首先，要弄清楚全波形反演是基于哪种理论的波动方程进行正演模拟的，以确定正演过程中可以表征的波形类型。其次，针对特定的波现象和波型信息，研究相应的噪声压制或消除方法。最后，在最大程度保证有效信号（正演过程能够模拟的信号）的前提下，进行噪声压制或者消除。

3）正问题

主要涉及正问题的描述与表征、震源子波估计与反演、正问题的边界条件及频散等。

4）初始模型

全波形反演本质上的强非线性性质要求输入一个较为准确的初始速度，以避免出现"跳周"现象。

5）正则化

全波形反演的解存在不确定性，需要给全波形反演提供一种约束和预期，让其沿着这种先验约束和预期逐步获得一个精确度较高的反演结果。

6）多尺度问题

首先，利用大的空间网格，限定数据频带范围以满足稳定性，计算大尺度上的宏观背景速度。其次，利用更新速度作为下一尺度反演的输入，通过逐步缩小速度网格大小来达到多尺度反演的目的。

这里，以威远页岩气探区为例，阐述波形反演的应用效果。

威远工区在水平井实钻中，发现部分水平井地震预测产状与实钻产状局部具有一定偏差，存在局部虚假微幅构造问题（图 4-4）。针对这一问题开展了深度域全波形反演速度建模处理。

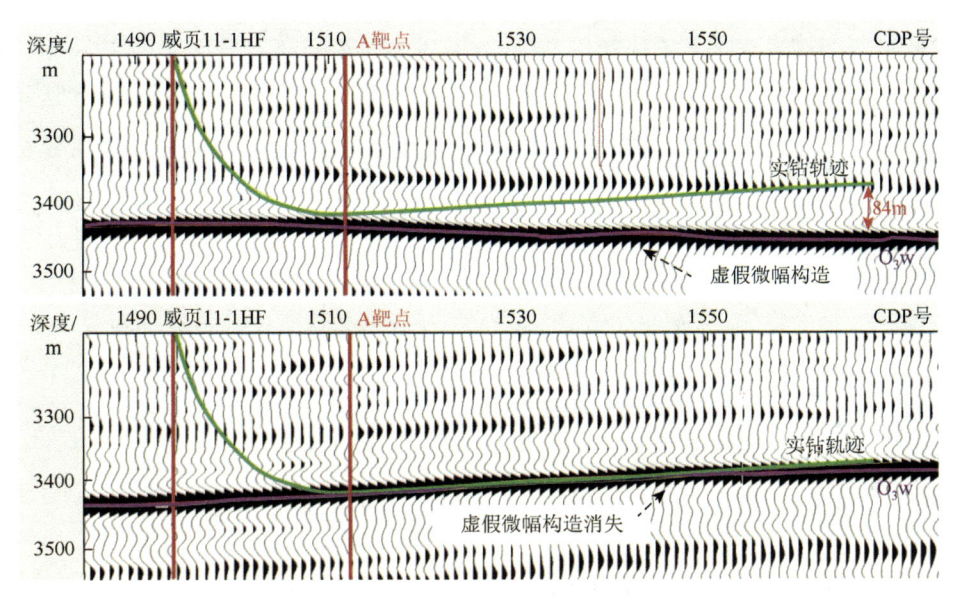

图 4-4 威远工区前期地震成果存在的虚假微幅构造问题（过威页 11-1HF 井剖面）

4.3.3 高斯射线束深度偏移

高斯射线束偏移方法是基尔霍夫偏移方法的改进，既具备基尔霍夫偏移方法的灵活高效和适应性，又能解决焦散、多值走时等问题，其成像效果堪比单程波偏移方法，同时还能克服单程波偏移的倾角限制、成像回转波。

假设地震波场满足标量波动方程，即

$$\nabla^2 \varphi(r,\omega) + \frac{\omega^2}{v^2(r)} \varphi(r,\omega) = 0 \tag{4-31}$$

则可将由 r' 点源激发传到 r 点的地震波场表示为瑞利积分形式，为

$$\varphi(r,\omega) = -\frac{1}{2\pi} \iint \mathrm{d}x' \mathrm{d}y' \frac{\partial G^*(r,r';\omega)}{\partial z'} \varphi(r',\omega) \tag{4-32}$$

点源波场格林函数可用高斯束积分形式表示为

$$G(r,r';\omega) \approx \frac{\mathrm{i}\omega}{2\pi} \iint \frac{\mathrm{d}p'_x \mathrm{d}p'_y}{p'_z} u_{\mathrm{GB}}(r,r',p';\omega) \tag{4-33}$$

其中，$u_{\mathrm{GB}}(r,r',p';\omega)$ 是在 r' 点激发、方向为 p' 的射线束。当用式（4-33）的高斯束形式表达式（4-32）中的格林函数时，便得到利用高斯束表示的地震波场。

当射线束中心不在 r' 点而在邻近 r_0 点时，因为在高斯束发射的初始位置波束是特定传播方向的平面波波场，引入相移因子 $\exp[-\mathrm{i}\omega p'(r'-r_0)]$，那么 r' 点到 r 点的格林函数表示为

$$G(r,r';\omega) \approx \frac{\mathrm{i}\omega}{2\pi} \iint \frac{\mathrm{d}p'_x \mathrm{d}p'_y}{p'_z} u_{\mathrm{GB}}(r,r',p';\omega) \cdot \exp[-\mathrm{i}\omega p'(r'-r_0)] \tag{4-34}$$

在积分公式（4-32）中使用格林函数式（4-34）时，应将式（4-32）中的积分范围划

分为小的空间积分窗，保证在计算格林函数式（4-34）时，空间积分窗的中心点 r_0 与积分窗内任意点 r' 相距不远，能保持初始高斯束平面波性质。为此，引入如下高斯函数：

$$\frac{\sqrt{3}}{4\pi}\left|\frac{\omega}{\omega_l}\right|\left(\frac{\alpha}{\tilde{\omega}_l}\right)^2 \sum_L \exp\left[-\left|\frac{\omega}{\omega_l}\right|\frac{|r'-L|^2}{2\tilde{\omega}_l^2}\right] \approx 1 \quad (4-35)$$

式中，ω_l 为参考频率；$\tilde{\omega}_l$ 为射线束宽度；α 为网格点最小间距。同时，得到了地震数据局部倾斜叠加的频率域表达式：

$$D_s(L,p',\omega) = \left|\frac{\omega}{\omega_l}\right|^3 \iint \frac{\mathrm{d}x'\mathrm{d}y'}{4\pi^2} D_s(r',\omega) \cdot \exp\left[\mathrm{i}\omega p'(r'-L) - \left|\frac{\omega}{\omega_l}\right|\frac{|r'-L|^2}{2\tilde{\omega}_l^2}\right] \quad (4-36)$$

将炮点和检波点波场按照基尔霍夫积分公式向下延拓，将两个波场互相关得到偏移成像公式为

$$I_s(r) = -\frac{1}{2\pi} \int \mathrm{d}\omega \iint \mathrm{d}x_d \mathrm{d}y_d \iint \mathrm{d}x_s \mathrm{d}y_s \frac{\partial G^*(r,r_d;\omega)}{\partial z_d} \cdot G^*(r,r_s;\omega) D(r_d,r_s,\omega) \quad (4-37)$$

利用式（4-34）的高斯束表示偏移公式（4-37）中的格林函数，并结合高斯函数式（4-35），可以得到以高斯束形式表达的偏移成像公式，即

$$I_s(r) \approx \frac{2\mathrm{i}\omega}{\pi} C_0 \sum_L \int \mathrm{d}\omega \iint \mathrm{d}p_x^d \mathrm{d}p_y^d \iint \frac{\mathrm{d}p_x^s \mathrm{d}p_y^s}{p_z^s} \cdot u_{\mathrm{GB}}^*(r;r_d,p^d;\omega) u_{\mathrm{GB}}^*(r;r_s,p^s;\omega) D_s(L,p^d,\omega)$$

$$(4-38)$$

式中，C_0 是与高斯函数相关的系数：

$$C_0 = \frac{\sqrt{3}}{4\pi}\left(\frac{\omega_l \alpha}{\tilde{\omega}_l}\right)^2 \quad (4-39)$$

4.3.4 逆时偏移

逆时偏移方法是通过双程波波动方程在时间上对地震资料进行反向外推来实现偏移的方法。在逆时偏移过程中使用了双程波波动方程，避免了上下行波的分离；因而，成像最准确，且不受倾角的限制，适应任意的横向变速，具有正确的振幅和相位信息，并能使回转波和多次波较好地成像。与射线类深度偏移方法和单程波偏移方法相比，逆时偏移更有助于对复杂地质构造精确成像。

逆时偏移主要包括基于双程波方程的逆时波场外推和成像条件应用两个步骤。方法实现过程是：首先利用双程波方程对震源波场进行正向外推，并保存外推波场；然后利用逆时双程波方程对接收波场进行反向外推，每反向外推一步，应用成像条件进行求和，得到局部成像数据体；最后，将所有炮集的逆时偏移结果进行叠加，得到最终的叠前深度偏移成像结果。

1. 逆时偏移成像原理

三维介质的双程声波方程为

$$\frac{1}{v^2}\frac{1}{\rho}\frac{\delta^2 P}{\delta t^2}=\frac{\delta}{\delta x}\left(\frac{1}{\rho}\frac{\delta P}{\delta x}\right)+\frac{\delta}{\delta y}\left(\frac{1}{\rho}\frac{\delta P}{\delta y}\right)+\frac{\delta}{\delta z}\left(\frac{1}{\rho}\frac{\delta P}{\delta z}\right)+s(x,y,z,t) \tag{4-40}$$

式中，$P=P(x,y,z,t)$ 为介质中的压力场；$\rho=\rho(x,y,z,t)$ 为介质密度；$v=v(x,y,z,t)$ 为速度场；$s(x,y,z,t)$ 为震源项。在逆时偏移中，一般采用有限差分法来构建合适的波场传播算子。有限差分法的基本原理是，通过对式（4-40）中的二阶偏导数进行差分离散，以差分代替微分，求解波动方程，实现波场外推。

逆时偏移一般采用零延迟互相关作为成像条件，可以表示为

$$I(x,y,z)=\int_0^{t_{\max}}S(x,y,z,t)R(x,y,z,t_{\max}-t)\mathrm{d}t \tag{4-41}$$

式中，$t_{\max}$ 为最大记录时间；$S(x,y,z,t)$ 为正向外推的震源波场；$R(x,y,z,t_{\max}-t)$ 为反向外推的记录波场；$I(x,y,z)$ 为点 (x,y,z) 的成像结果。

2. 逆时偏移的影响因素

1）偏移速度场

逆时偏移成像对速度模型精度依赖性较高，速度模型越准确，该偏移方法成像精度优势越明显。

2）震源子波

震源子波对逆时偏移成像具有一定影响，主要影响成像相位和成像分辨率。震源子波越接近地震记录子波，相应的叠前逆时偏移成像位置越准确。

3）数据边界

数据边界会出现偏移假频，通过选择简单易用、计算效率高、并具有一定吸收效果的吸收边界，可以达到较好的逆时偏移成像效果。

4）计算效率

一般炮域逆时偏移效率不高，平面波逆时偏移比炮域逆时偏移的效率更高。利用时间域显式二阶及空间域高阶有限差分格式，在多个 CPU 上应用域分解方法分割成像数据体，使针对大数据量的三维地震数据叠前逆时深度偏移的实用性得到提高。通过多步逆时偏移思路，即根据速度模型，在深度上将数据体分割成 2 个或 3 个部分，自上而下依次进行逆时偏移，可以提高计算效率。将适合计算密集型算法的图形处理单元（GPU）应用于逆时偏移计算，亦可使计算性能提高。

5）偏移假频和噪声

传统的互相关成像条件会对首波、回折波、逆散射波进行错误的互相关，导致出现低频假象。压制逆时偏移假频和噪声的方法大致可以分为三类：①应用双程无反射波动方程进行逆时外推；②对外推后成像前的波场进行上、下行波分解，仅用下行波和上行波进行相关成像；③对含噪的相关成像结果进行角度滤波。

4.3.5 各向异性深度域高精度成像技术流程

为满足页岩地层高效、高精度勘探开发对深度域地震成像精度的高要求，需要建立

各向异性深度域高精度成像技术流程（图4-5），实施步骤如下。

（1）通过地质、测井、钻井、叠前时间偏移等多信息联合约束，建立可靠的工区深度域初始速度模型。

（2）通过多轮构造倾角约束的网格层析反演迭代，更新速度模型，逐步丰富速度模型的中高频信息，提高各向同性速度模型精度，直至共成像点（CIP）道集被"拉平"。

（3）以更新后的速度模型作为初始速度模型，进行全波形反演速度建模，进一步丰富工区速度模型的高频信息，提高速度模型精度。

（4）基于更新后的速度模型，利用井震差计算工区各向异性参数，通过多轮网格层析反演迭代，更新各向异性参数体，提高参数体精度。

（5）针对局部地质体，进行异常体刻画，填充速度，进一步提高速度模型精度，得到最终速度模型。

（6）分别进行偏移参数测试，提交射线类体偏移，或逆时偏移体偏移。

（7）对体偏移数据进行井校正、时间域处理，得到最终数据处理成果。

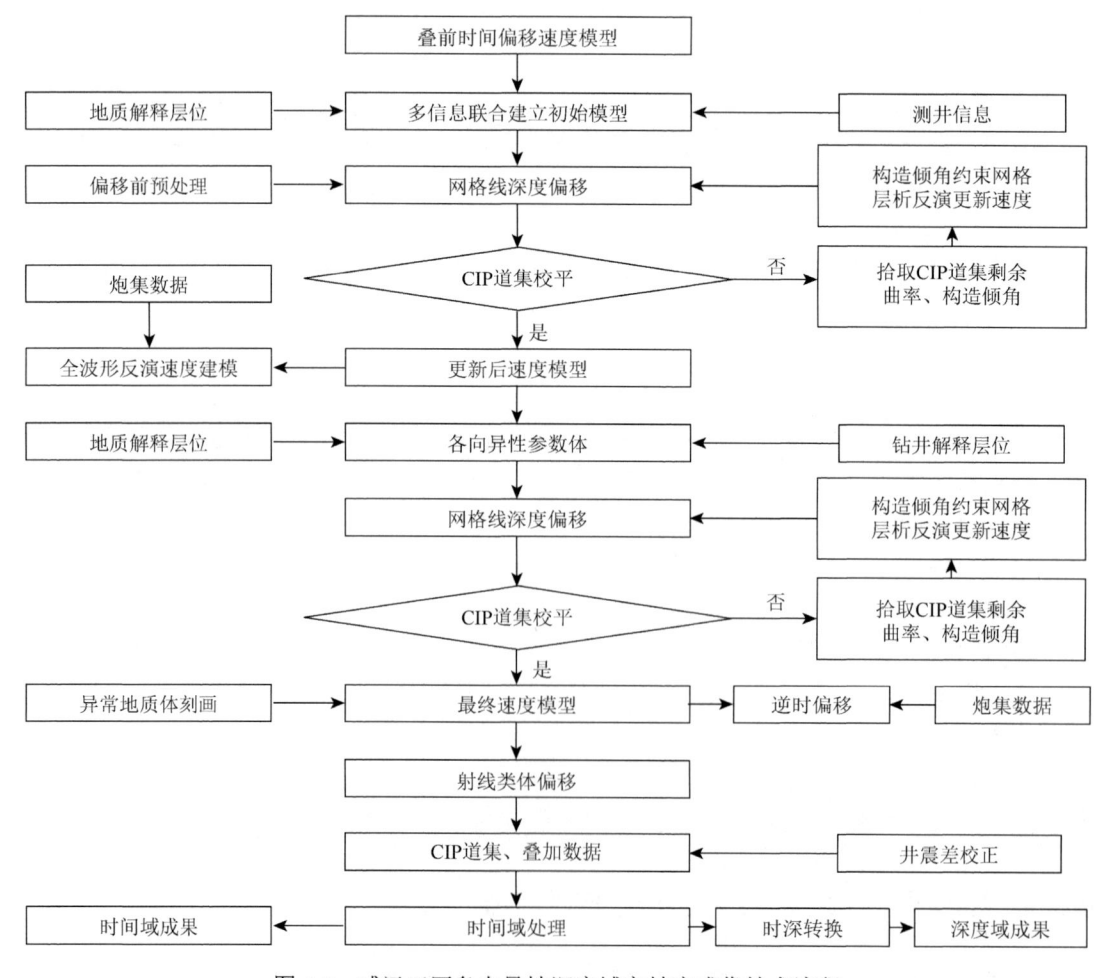

图4-5 威远工区各向异性深度域高精度成像技术流程

如图 4-6 所示,威远工区各向同性偏移剖面的五峰组地层产状与实钻轨迹较为吻合,但微幅构造的顶端仍存在虚假过拱现象(椭圆圈内)。相比各向同性偏移,各向异性偏移成果的地层产状与实钻更加吻合。

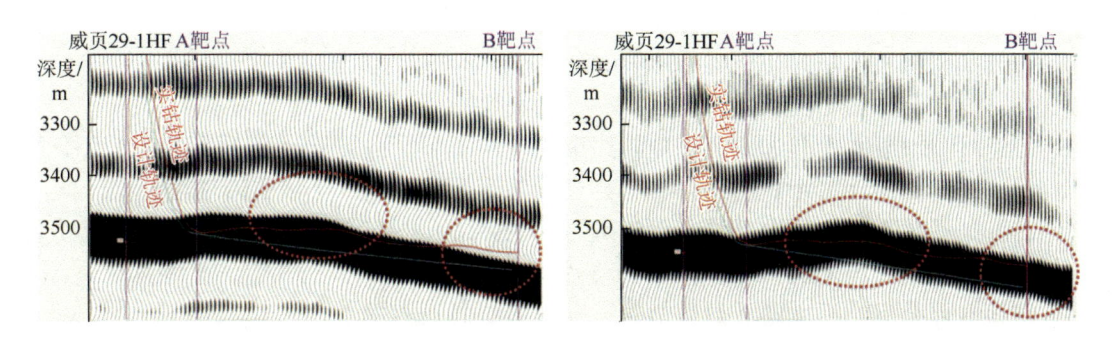

图 4-6 威远工区各向同性深度偏移(左)和各向异性深度偏移(右)剖面对比

结合地质信息分析,发现虚假微幅构造上方志留系可能存在异常地质体。采用层位精细刻画异常地质体的上下边界,分别填充不同速度,进行偏移试验。如图 4-7 所示,与未填充异常地质体速度的偏移剖面相比,填充异常地质体速度偏移剖面的虚假微幅构造问题(椭圆圈内)得到较明显改善。异常地质体填充比围岩更高的速度,使得虚假上拱的幅度得到一定压制。

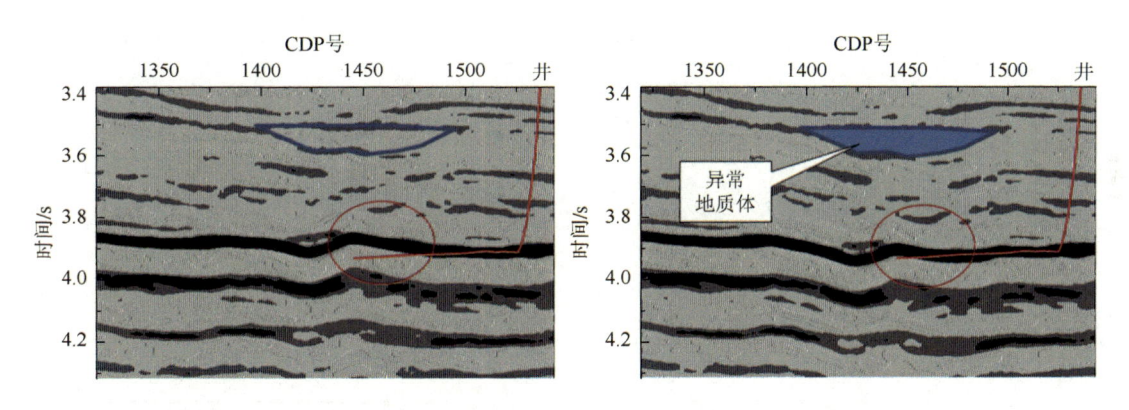

图 4-7 威远工区未填充异常地质体偏移(左)和填充异常地质体深度偏移(右)剖面对比

4.3.6 复杂地质条件下页岩各向异性深度偏移

在地表与地下"双复杂"的地质条件下,页岩地层准确成像的关键,是合理建立深度域速度模型,逼近真实地质及速度分布。面临的主要问题包括:

(1)浅层道集信噪比低,有效覆盖次数不足,常规反射波网格层析无法准确反演浅层速度。

(2)信噪比较低的地区,反射波剩余曲率拾取困难,基于数据驱动的网格层析速度反演更新速度时存在失效问题。

(3) 地震波速度的各向异性问题。

针对"双复杂"地质条件下的深度域速度建模及深度偏移，可以采用基于小平滑地表的浅中深联合各向异性深度偏移技术，实现流程如图4-8所示，实现步骤包括：

(1) 以构造模型约束来构建深度域中深层初始速度模型。

(2) 利用层析反演建立近地表初始速度模型，对上一步速度模型进行拼接融合，建立浅中深联合的初始速度模型。

(3) 对初始速度模型进行地质导向约束的各向同性网格层析反演，以更新速度模型。

(4) 估计各向异性参数，进行各向异性网格层析反演迭代，以更新速度模型。

(5) 根据区域地质填图，确定近地表地层接触关系，结合声波测井修改近地表速度模型。

(6) 结合测井与地震信息，校正偏移残差。

(7) 开展叠后时间域地震数据处理，获得最终成像数据。

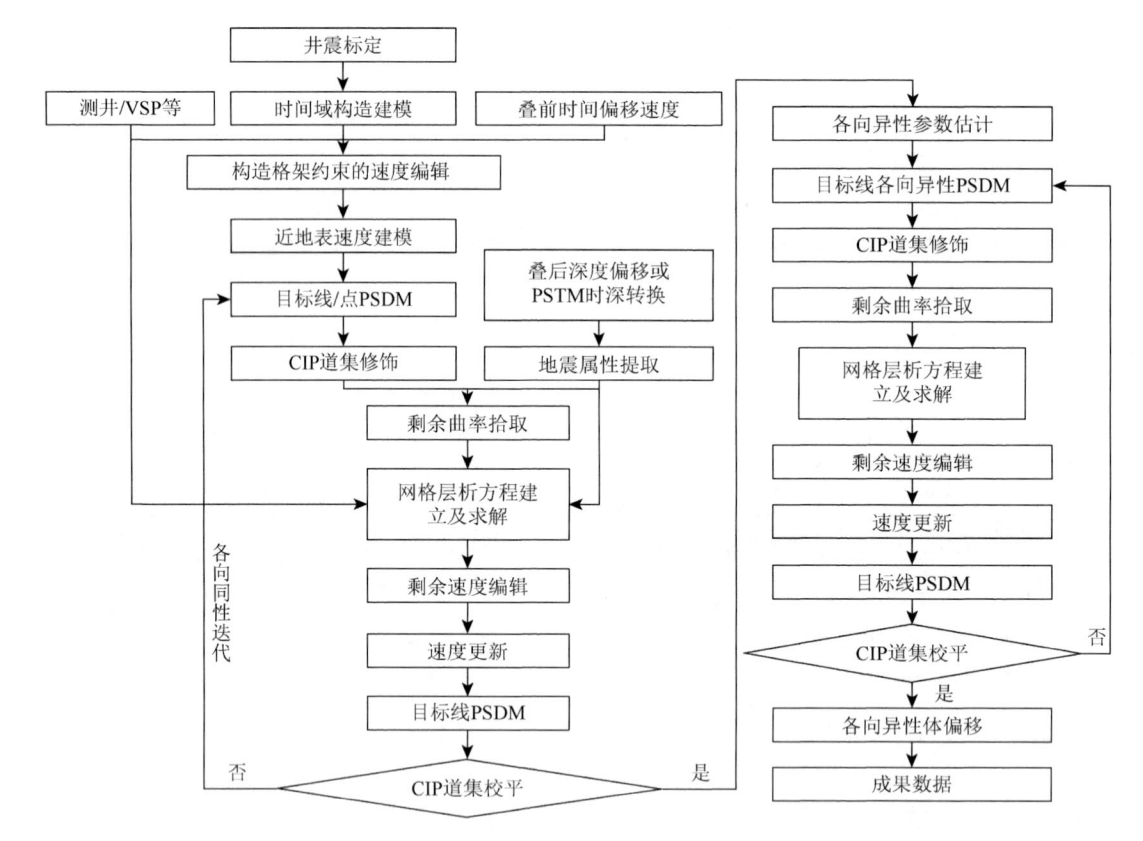

图4-8 复杂地质条件下页岩地层各向异性深度偏移技术流程

VSP：vertical seismic profile，垂直地震剖面；PSDM：prestack time migration，叠前时间偏移

实际处理时，在各向同性网格层析反演更新速度模型后，利用井震差计算和地震属性提取各向异性参数体模型，然后进行各向异性网格层析反演更新迭代各向异性速度模型。如图4-9所示，各向异性网格层析更新迭代后，新店子背斜区目的层段的层析成像效果得到改善。

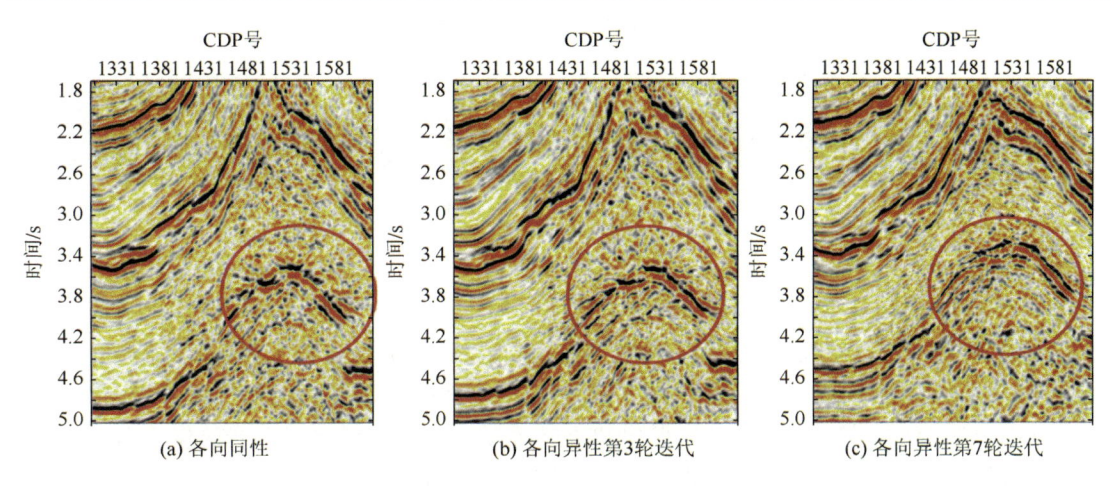

图 4-9 永川工区各向同性深度偏移与各向异性深度偏移剖面对比

第5章　深层页岩气岩石物理、测井及地震响应特征分析技术

深层页岩气的岩石物理、测井及地震响应特征，是深层页岩储层地质与工程"甜点"预测的基础。岩石物理、测井与地震三类方法，既有相似之处，也有显著差异。利用它们，能从岩心、井孔、地层等不同视角和不同尺度，深入分析深层页岩储层的响应特征，有利于准确掌握深层页岩储层的地质、工程及地球物理特性。

5.1　页岩气岩石物理分析技术

5.1.1　页岩储层岩石物理建模

岩石物理模型是连接储层参数与地震属性的桥梁，将直接影响地震资料与测井资料的解释精度。页岩储层与常规储层之间存在着很大的区别，其岩石内部由于黏土、孔隙与干酪根颗粒的定向排列，各向异性程度较强，不能忽略，需选取适当的各向异性岩石物理模型对其进行表征。另外，岩石矿物组分复杂，孔隙类型多样，有机物质干酪根的分布形式不确定，增添了页岩储层岩石物理建模的难度。如何使岩石物理模型尽可能考虑更多的因素，从而更接近地下实际储层，同时，还能保证模型输入参数实际可测、易于获取，是页岩储层岩石物理建模的重点和难点。

1. 页岩的微观结构

Mavko 等（2009）指出，要想用理论方法预测颗粒和孔隙组成的混合物的等效弹性模量，一般需要各构成成分的体积含量、各构成成分的弹性模量、各构成成分相互组合在一起的几何细节。因此，在针对页岩建立合适的岩石物理模型之前，需对其微观结构，包括矿物组分、孔隙类型、各组分的分布形态等细节信息有一定的认识。

1）页岩的矿物组分

页岩是主要由固结的黏土颗粒组成的片状岩石，尽管含气页岩通常被称作"黑色页岩"，但其并不仅仅是指单纯的页岩，也包括细粒的粉砂岩、细砂岩、粉砂质泥岩及灰岩、白云岩等。在矿物组成上，主要包括一定数量的碳酸盐、黄铁矿、黏土质、石英和有机碳。因此，页岩是不同大小和不同岩性颗粒的混合物。

以威远、永川等地区的龙马溪组页岩为例，其矿物组分包括黏土、石英、方解石、白云石、黄铁矿和斜长石，而主要成分有黏土、石英、方解石和白云石，占总矿物的80%~98%，属于富硅质页岩。

2）页岩的孔隙类型

页岩储层作为一种非常规储集体，细粒泥页岩的成分和结构决定了其显著特点。即，孔隙结构细小，主体以纳米级孔隙为主，比常规碳酸盐岩和砂岩储层中的孔隙（微米级）小得多。这就导致常规油气储层的评价方法，难以适用于特殊的页岩储层。

作为目前国际上关于页岩储层孔隙类型的主流分类方法之一，Loucks 等（2012）提出了一个泥页岩储层基质孔隙分类方案，把基质孔隙分成三种基本类型，即粒间孔隙、粒内孔隙和有机质孔隙。裂缝孔隙由于不受单个基质颗粒控制，故不在基质孔隙分类之列。粒间孔隙发育在颗粒之间与晶体之间，孔隙大小多在 1μm 以内，但可以从 50nm 至几毫米；粒内孔隙发育于颗粒内部，孔隙大小通常为 10nm~1μm；而有机质孔隙是发育在有机质内部的粒内孔隙，通常其长度在 5~750nm。图 5-1 显示了焦石坝页岩扫描电子显微镜（scanning electron microscope，SEM）测试结果，显示含气页岩分布着尺度不同的四类孔隙，即微裂缝、黏土晶间孔隙、硅质粒间（或粒内）孔隙以及有机质孔隙。可见，富含有机质页岩孔隙类型和矿物组分均很复杂，建模过程中往往会在微观分析的基础上，根据各成分的权重关系，对模型进行一定的简化。

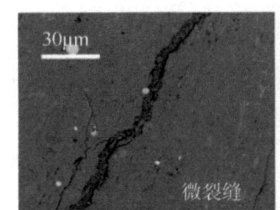

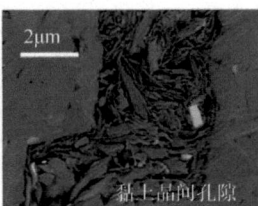

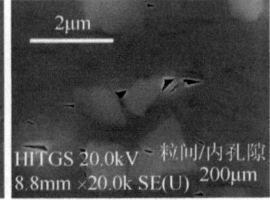

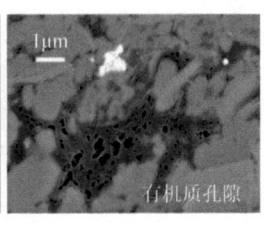

图 5-1　焦石坝页岩扫描电镜图

3）页岩中的微观结构

页岩由于其内部黏土颗粒的定向排列，通常表现出较强的固有各向异性特征，一般情况下将其看作具有垂直对称轴的横向各向同性介质（VTI 介质）。在岩石物理建模时，应充分考虑其矿物组分的复杂性、孔隙类型的多样性，以及颗粒的定向排列造成的各向异性。通常情况下，为方便运算，将页岩的各构成成分进行一定的组合，如将坚硬矿物（石英、长石、方解石、黄铁矿等）与随机分布的粒间孔隙看作各向同性部分；将柔性矿物黏土及其束缚水构成的整体、干酪根及其有机质孔隙构成的整体，分别看作黏土部分和有机质部分。再利用适当的各向异性岩石物理模型，就可以表征黏土部分和有机质部分的定向排列引起的各向异性。

2. 页岩储层岩石物理建模流程

为使岩石物理模型较准确地反映建模对象的实际弹性性质，针对页岩储层，必须采用各向异性的岩石物理模型来表征颗粒的定向排列所引起的页岩各向异性。而起过渡作用的等效介质，如石英、方解石、黄铁矿等无机矿物组成的固体混合物，孔隙中不同流体构成的流体混合物，黏土与其束缚水形成的等效黏土等，则适合用各向同性岩石物理模型来处理。

建模时，考虑的因素太少，会使模型与实际岩石结构相差太大，页岩模型不准确。

考虑因素太多，对实际资料的要求变高，有些数据无法获取。因此，在建模时应综合考虑准确性与适用性。

本节介绍两种典型的针对页岩储层的岩石物理建模流程，依据建模中所采用的核心模型，分为基于各向异性 DEM（differential equivalent medium，微分等效介质）模型和基于巴克斯（Backus）平均模型的建模流程。

1）基于各向异性 DEM 模型的建模流程

页岩储层与常规砂岩储层的一个很重要的区别在于，其岩石内部由于黏土、孔隙与干酪根颗粒的定向排列，各向异性程度较强，不能忽略，需选取适当的各向异性岩石物理模型对其进行表征。另外，孔隙类型多样，有机物质干酪根分布形式的不确定性，都给页岩储层岩石物理建模造成了一定的困难。

建立一个适当的岩石物理模型，应满足三点要求：①模型能较真实地反映实际岩石的微观结构；②模型简单实用，不能包含太多不易获得或测量的参数；③模型估算结果与实际数据匹配较好。

因此，建立的岩石物理模型应尽可能接近地下实际介质，但也要考虑模型参数是否方便获取。Wu 等（2012）结合福格特-罗伊斯-希尔（Voigt-Reuss-Hill）平均模型、各向异性 DEM 模型和布朗-科林加（Brown-Korringa）流体替换理论，将干酪根看作岩石基质，对巴热诺夫（Bazhenov）页岩 3788m 处盐水饱和岩样进行了模拟，并取得了不错的预测效果。主要步骤如下。

（1）把有机页岩的基质看作是有机成分干酪根和非有机成分"黏土"矿物组成的两相混合物，利用 Voigt-Reuss-Hill 平均模型计算无机矿物构造的"黏土混合物"的等效弹性模量，再通过各向异性 DEM 模型构建干酪根与黏土混合物的等效弹性张量与孔隙度、流体饱和度及孔隙纵横比的关系式。

（2）将岩石孔隙等效为具有单一纵横比的椭球体，采用各向异性 DEM 模型将干燥的孔隙包含物加入有机页岩基质，得到孔隙介质干岩石的等效弹性张量关系式。

（3）采用 Brown-Korringa 各向异性流体替换理论，由干岩石等效弹性张量得到流体饱和岩石等效弹性张量，从而建立起有机页岩各向异性岩石物理模型。

2）基于 Backus 平均模型的建模流程

Guo 等（2013）提出了一种较为全面的岩石物理建模流程，用于预测岩石的脆性指数、矿物组分以及孔隙度。模型的最大特点是将黏土矿物和有机物质干酪根分为两部分。一部分随机分布，一部分定向排列。各部分比例取决于黏土和干酪根的定向排列程度。随机分布的黏土和干酪根与随机分布的其他矿物，如石英、方解石、白云石以及随机分布的各类孔隙，如球形孔隙、粒间孔隙、裂缝，共同组成一个各向同性的岩石骨架。在此基础上，根据水平定向排列的黏土矿物、干酪根颗粒以及裂缝，可将岩石理想化为具有垂向横向各向同性（VTI）介质。最后，根据垂直定向排列的裂缝，将岩石进一步理想化为正交各向异性（orthorhombic anisotropy，OA）介质。值得注意的是，当垂直裂缝引起的方位各向异性程度远小于颗粒的水平定向排列引起的 VTI 各向异性时，可将岩石等效为 VTI 介质而非正交各向异性介质。

流程的主要步骤如下。

首先用 SCA（self-consisten approximation，自洽近似）或 DEM 模型计算黏土与束缚

水混合物的等效弹性模量，用库斯特-托克索兹（Kuster-Toksöz，K-T）模型计算干酪根与相关流体混合物的等效弹性模量，流体包括油、气、水三种，混合后的等效弹性模量用伍德（Wood）方程求取。

其次，随机分布的矿物颗粒和孔隙流体组成的各向同性物质，由 SCA 或 DEM 模型来获取。

最后，用 Backus 平均模型考虑由黏土矿物与干酪根颗粒定向排列所引起的 VTI 各向异性，其中各向同性部分、黏土矿物以及干酪根被看作三个独立的单层。

5.1.2 页岩储层岩石物理分析与计算

页岩储层岩石物理分析的数据基础，通常采用岩心测试或测井数据。采用 Guo 等（2013）基于 Backus 平均模型的建模流程，可以构建储层参数与地球物理参数之间的关系，可为后续页岩气"甜点"参数的定量解释打下基础。表 5-1 为建模流程中所使用的各成分的密度与弹性模量，模型预测结果如图 5-2 所示。

表 5-1 各成分密度与弹性模量

组分	密度/(g/m³)	体积模量/GPa	剪切模量/GPa
石英	2.65	37	44
黏土	2.50	25	9
白云石	2.87	95	45
干酪根	1.30	2.9	2.7
油	0.70	0.57	0
气	0.11	0.04	0
水	1.04	2.25	0

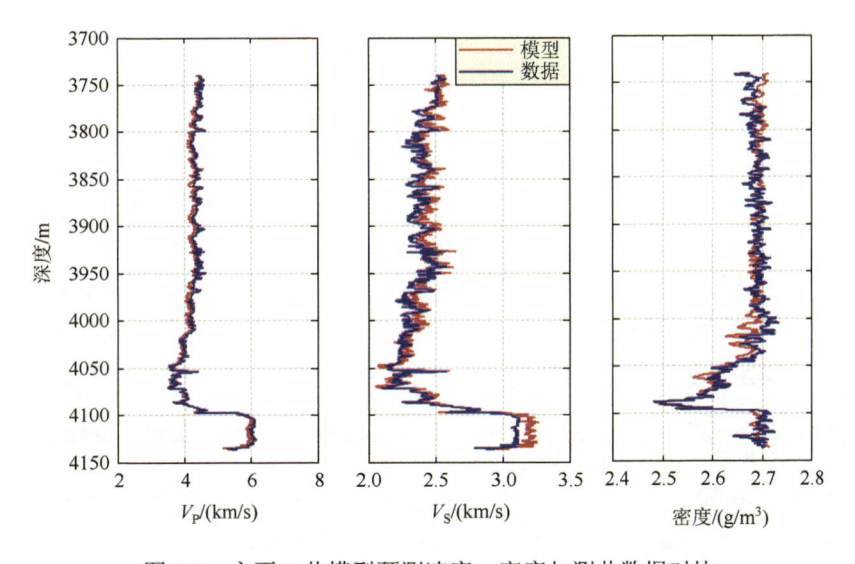

图 5-2 永页 2 井模型预测速度、密度与测井数据对比

5.1.3 页岩储层岩石物理敏感参数分析

岩石物理分析是连接测井与地震的桥梁。采用交会分析、多元线性回归等手段，建立弹性参数与储层地质参数的定量关系，能实现岩石物理敏感参数分析。相比常规陆相砂泥岩储层，非常规页岩储层矿物成分复杂，包括石英、方解石、黏土、黄铁矿等。因此，准确求取页岩矿物组分，建立精确地层模型对岩石物理建模至关重要。

对于页岩储层而言，需要建立优质页岩储层 TOC 含量、有效孔隙度、含气量与脆性指数等参数与弹性参数（纵波阻抗、横波阻抗、纵横波速度比、密度、岩石模量、体积模量、拉梅常数等）的关系，从而实现储层定量预测。

1. TOC 含量敏感参数分析

TOC 含量是表征岩石有机质丰度的最主要指标，主要反映页岩储层的生烃能力。通过对岩心、岩屑样品进行有机地化分析，可以获得 TOC 含量参数。通过优质页岩层段 TOC 含量与纵波阻抗、密度、横波阻抗、体积模量、剪切模量、拉梅常数以及泊松比的矩阵交会分析，表明密度、体积模量与 TOC 含量具有较好的负相关线性关系。如式（5-1），显示了威远地区五峰组—龙马溪组 TOC 含量与密度具有显著的负相关线性关系，可表述为

$$\text{TOC} = 37.15 - 13.77 \times \text{Den} \tag{5-1}$$

式中，TOC 表示总有机碳含量，%；Den 为密度，g/cm³。根据式（5-1），可利用密度参数来预测优质页岩储层的 TOC 含量。

2. 有效孔隙度敏感参数分析

研究表明，页岩储层的含气性以游离气为主。因此，作为度量储层储集能力的重要指标，从地震角度开展孔隙度参数预测，主要为了实现储层孔渗性描述。

通过威远地区五峰组—龙马溪组优质页岩孔隙度与纵波阻抗、密度、横波阻抗、体积模量、剪切模量、拉梅常数以及泊松比矩阵交会分析表明，除了密度参数外，采用单参数交会分析无法找到对应的敏感参数。因此，需要考虑采用多元回归方式在多参数中寻求对应的敏感参数。

表 5-2 显示了威页 1 井有效孔隙度参数与弹性参数相关性分析结果，表明有效孔隙度与密度、拉梅常数、纵横波速度比具有较好的相关性。因此，利用这几个参数可以构建多元线性回归模型，即

$$\text{Phi} = 27.14 - 6.77 \times \text{Den} + 0.077 \times \text{Lame} - 3.76 \times g - 0.04 \times \text{Bulk} \tag{5-2}$$

式中，Phi 为有效孔隙度，%；Den 为密度，g/cm³；Lame 为拉梅常数，GPa；g 为纵横波速度比；Bulk 为体积模量，GPa。根据式（5-2），利用多个弹性参数多元线性回归模型，可以预测有效孔隙度参数。

第 5 章　深层页岩气岩石物理、测井及地震响应特征分析技术

表 5-2　威页 1 井有效孔隙度与弹性参数相关性分析

参数名称	密度	拉梅常数	纵横波速度比	体积模量	泊松比	纵波阻抗	脆性指数	杨氏模量	横波阻抗
相关系数（量纲一）	0.88	0.72	0.69	0.68	0.65	0.65	0.58	0.12	0.04

3. 含气量敏感参数分析

含气量参数是表征页岩储层含气性的重要指标，直接指示页岩储层是否具有商业开采价值。因此，含气性预测至关重要。

通过威页 1 井含气量与纵波阻抗、密度、横波阻抗、体积模量、剪切模量、拉梅常数和 TOC 含量等参数矩阵交会分析表明，优质页岩含气量与密度、TOC 含量等具有较好的线性关系。图 5-3 显示了威页 1 井含气量与 TOC 含量的交会关系。

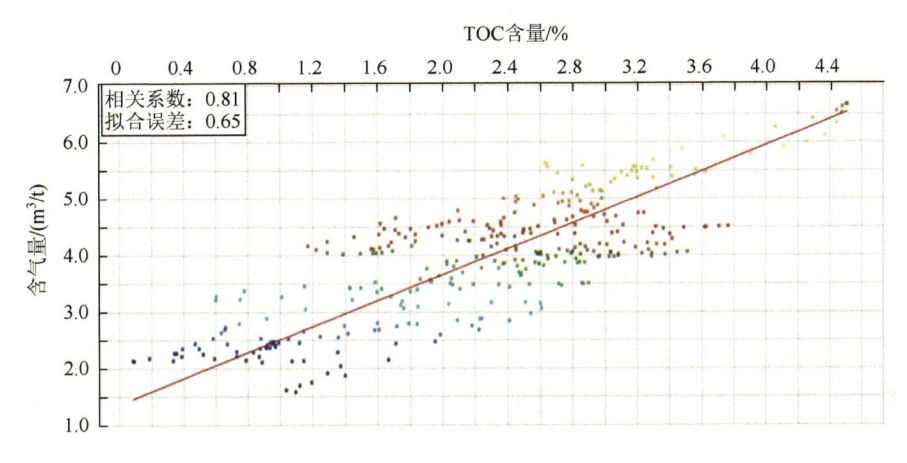

图 5-3　威页 1 井含气量与 TOC 含量交会分析

考虑到 TOC 含量与密度本身具有良好的正相关性，需详细分析含气量与其他参数的相关性分析，发现含气量与密度、脆性指数等具有较好的线性相关性。因此，采用这两个参数进行多元线性回归分析，可以获得含气量的岩石物理模型，即

$$\text{Gas} = 28.4838 - 11.0484 \times \text{Den} + 4.94669 \times \text{BI} \tag{5-3}$$

式中，Gas 为含气量，m^3/t；Den 为密度，g/cm^3；BI 为脆性指数。

4. 脆性指数敏感参数分析

高脆性矿物含量是天然缝与后期开发压裂改造缝的基础。脆性矿物含量较高的地质演化结果，导致页岩储层具有高杨氏模量与低泊松比的特征，更易于形成自然裂缝以及人工诱导缝，有益于后期页岩气的储存、运移与疏导。目前，表征岩石脆性指数的方式主要有两种，分别为岩石矿物组分法与弹性模量法，具体如下。

1）矿物组分法

该方法主要通过计算地层中的脆性矿物含量（包括石英、方解石、黄铁矿等）来表

示地层脆性。脆性矿物含量越高,地层脆性条件越好。具体如下:

$$\text{脆性指数 BI} = (石英 + 方解石 + 黄铁矿 + 菱铁矿)含量/$$
$$(石英 + 方解石 + 黄铁矿 + 菱铁矿 + 黏土)含量 \quad (5\text{-}4)$$

2)弹性模量法

Rickman 等(2008)提出了利用杨氏模量与泊松比计算脆性指数的方法。该方法基于北美泥页岩统计分析,认为泥页岩杨氏模量分布在 1~8GPa,泊松比分布在 0.15~0.40。可以通过归一化杨氏模量和泊松比的平均值来得到脆性指数,计算公式为

$$\begin{cases} \text{YM\_BRIT} = (\text{YMS\_C} - 1)/(8-1) \times 100 \\ \text{PR\_BRIT} = (\text{PR\_C} - 0.4)/(0.15 - 0.40) \times 100 \\ \text{BI} = (\text{YM\_BRIT} + \text{PR\_BRIT})/2 \end{cases} \quad (5\text{-}5)$$

式中,YMS_C 为页岩储层杨氏模量;PR_C 为页岩储层泊松比。不同地区页岩地层的杨氏模量以及泊松比范围不同,故需要采用不同的经验数值来计算。

结合焦石坝地区研究成果,页岩储层段脆性矿物的敏感参数为泊松比与杨氏模量,即随着页岩储层段脆性矿物含量增高,岩石物理参数中泊松比降低、杨氏模量升高。如第 2 章图 2-17 所示,根据焦石坝实际岩样测试建立的富含 TOC 页岩的岩石物理量板,表明富含 TOC 的页岩储层表现为低纵横波速度比、低阻抗、低杨氏模量和低泊松比的特征;随 TOC 含量的增加,孔隙度逐渐增大,杨氏模量和泊松比均逐渐减小。

5.1.4 页岩储层岩石物理量板解释

利用岩心测试、测井与地震属性等数据,可以建立储层参数(孔隙度、泥质含量、脆性指数等)与地震属性(速度、阻抗、弹性模量等)之间的关系量板。图 5-4 显示了纵波阻抗-纵横波速度比(I_P-V_P/V_S)以及杨氏模量-泊松比(E-v)两种岩石物理量板。其中,假设岩石的基质部分由黏土、石英和方解石组成,令方解石矿物体积比例为常数 10%,而黏土含量的增加是以石英含量的减少作为补偿,即当黏土体积含量从 0 增加到 80% 时,石英含量从 90% 减少到 10%,另外,变化孔隙度从 0.03 到 0.08,得到了 I_P、V_P/V_S、E、v

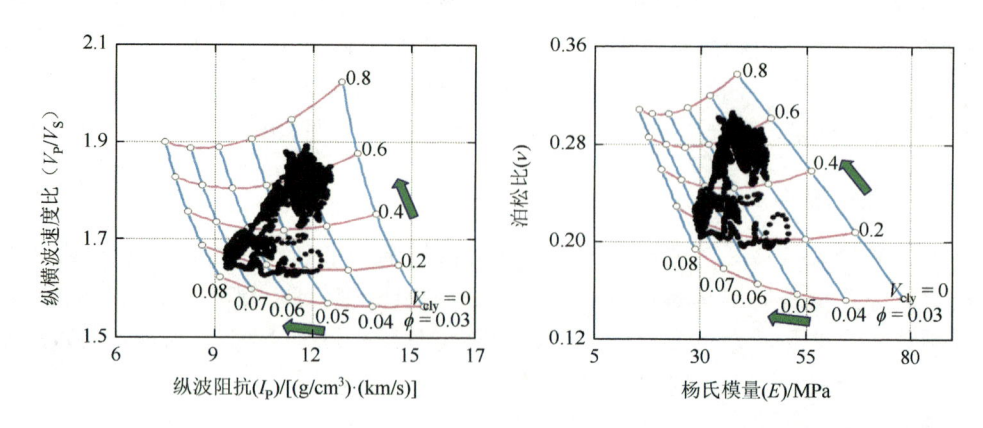

图 5-4 永页 2 井校正数据形成的孔隙度和泥质含量岩石物理量板

等参数随孔隙度和黏土含量的变化关系。通过井数据对量板进行校正（黑色圆点），将井数据点根据量板坐标轴数值投影到量板中，调整模型参数，使得井数据在量板中对应的泥质含量（V_{cly}）和孔隙度（ϕ）参数，与井上实测的泥质含量和孔隙度的变化范围、分布规律相一致。

最后，在上述岩石物理量板中加入另一属性，即脆性指数 BI。考虑两种地球物理领域常用的脆性指数计算方法，即弹性参数法和矿物含量法，在此分别用 E/v 和石英含量计算。图 5-5（a）和（b）的背景颜色表示这两种脆性指数的大小，获得了利用地震属性同时求取孔隙度、泥质含量以及脆性指数的岩石物理量板。由于计算方法不同，图 5-5（a）和（b）具有不同的颜色变化。在图 5-5（a）中，脆性指数 BI 的大小同时受到泥质含量 V_{cly} 与孔隙度 ϕ 的影响，并且泥质含量与孔隙度的增大均会减小脆性指数。在图 5-5（b）中，脆性指数的大小仅与石英含量有关，而与孔隙度无关。随着泥质含量的增加，脆性指数逐渐减小。白色虚线框圈出了富有机质页岩数据点，可以看出，相对于杨氏模量/泊松比（E/v），以石英含量定义的脆性指数更能有效区分物性参数较好的优质页岩与普通泥页岩。

(a) 脆性指数 = 杨氏模量/泊松比

(b) 脆性指数 = 脆性矿物含量/（脆性矿物含量+碳酸矿物含量+泥质含量）

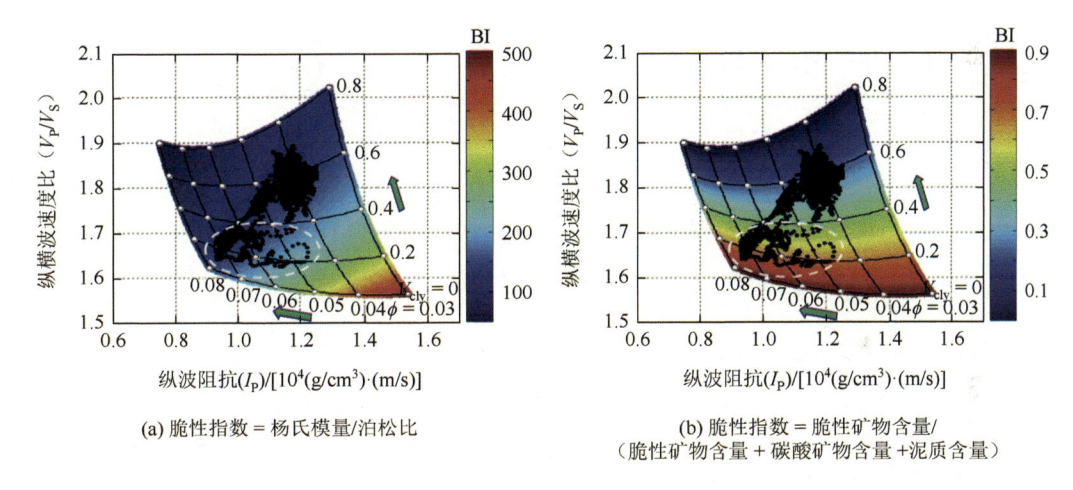

图 5-5　反映孔隙度（ϕ）、泥质含量（V_{cly}）、碳酸矿物含量、脆性矿物含量、弹性参数定义的脆性指数（BI）与地震属性之间关系的岩石物理量板

5.2　页岩气测井识别与评价技术

5.2.1　页岩储层的六性关系

页岩气赋存方式和储集空间的多样性、复杂性等特点，导致页岩储层测井评价与常规油气储层测井评价差异较大，传统储层评价的四性关系（岩性、物性、电性、含油气性）不能满足页岩储层的评价；页岩储层评价拓展为"岩石组分特征、物性、地化特征、电性、含气性、可压性"的六性关系。相对于泥页岩而言，优质页岩储层测井响应特征表现为"四高两低"的特点，即高自然伽马、高铀元素、高声波时差、高电阻率、低密度、低钍铀比。

例如，通过威远工区页岩储层六性关系分析，获得了储层各参数之间的关系，如图 5-6 所示。其中，TOC 含量与硅质含量、孔隙度与 TOC 含量、含气量与 TOC 含量大致呈正相关关系，含水饱和度与孔隙度呈负相关关系，威远工区页岩储层岩性、有机地化特性、物性和含气性关系明显。

(a) TOC含量与硅质含量关系

(b) 岩心孔隙度和TOC含量关系

(c) 含水饱和度与孔隙度关系

(d) 含气量与TOC含量关系

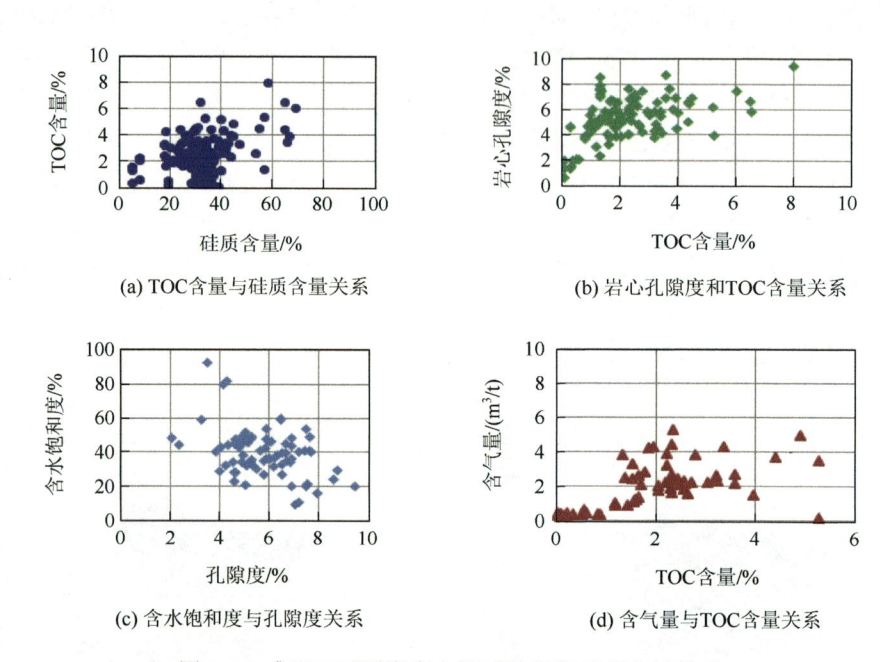

图 5-6　威远工区页岩岩心测试数据揭示的六性关系

5.2.2　优质页岩储层测井定性识别

利用页岩储层测井响应特征，结合相应的测井交会技术可以定性识别优质页岩储层。

1. 利用钍铀比值判断优质页岩储层

一般情况下，可分别设定钍铀比（Th/U）值等于 4、等于 2 为截止值。若钍铀比值小于 2，指示地层沉积环境为强还原环境；若钍铀比值在 2 到 4 之间，指示地层沉积环境为强还原环境到半还原环境。

2. 利用常规测井曲线重叠法识别优质页岩储层

将自然伽马、电阻率和孔隙度曲线进行重叠，可以识别优质页岩储层。在优质页岩储层段，密度降低较明显，中子曲线出现类天然气的"挖掘效应"而降低。相对而言，补偿中子-密度曲线重叠，识别页岩储层的效果最好。

3. 利用自然伽马能谱测井曲线重叠法识别优质页岩储层

在优质页岩储层段，由于富含有机质且易于吸附高放射性铀元素，总伽马明显增加、高铀异常。因此,采用总伽马-无铀伽马、铀-钾曲线重叠法能较好地定性指示优质页岩储层。

5.2.3 优质页岩储层测井定量评价

1. 储层参数定量评价

1) TOC 含量计算

利用岩心、测井等交会方法,可以计算 TOC 含量。如,在威远工区,利用 5 口井 210 个岩心测试点,采用岩心刻度密度的方法,建立了 TOC 含量的解释模型和 TOC 含量计算公式,即

$$TOC = -16.961 \times Den + 45.45 \quad (5-6)$$

式中,TOC 表示总有机碳含量,%;Den 为密度,g/cm³。

2) 矿物组分含量计算

利用岩性敏感测井参数,采用岩心刻度测井方法,可建立基于中子、密度、声波、自然伽马等的多元测井评价模型,进行黏土、硅质、钙质等矿物组分含量的计算。

(1) 黏土矿物的解释模型:

$$V_{sh} = -48.85 - 0.27087 \times AC + 3.44917 \times CNL + 34.94761 \times Den + 0.07726 \times GR \quad (5-7)$$

式中,V_{sh} 为黏土矿物含量,%;AC 为声波时差,μs/m;CNL 为补偿中子,%;GR 为自然伽马,API。

(2) 硅质矿物的解释模型:

$$V_{qu} = -102.207 + 0.0433 \times AC - 0.18961 \times CNL + 40.4448 \times Den + 0.2145 \times GR \quad (5-8)$$

式中,V_{qu} 为硅质矿物含量,%。

(3) 钙质矿物的解释模型:

$$V_{ca} = 270.2638 + 0.1214 \times AC - 2.53824 \times CNL - 78.5916 \times Den - 0.3029 \times GR \quad (5-9)$$

式中,V_{ca} 为钙质矿物含量,%。

3) 脆性指数测井计算

利用脆性矿物组分含量占总矿物含量的比例关系评价页岩脆性指数,按矿物组分只有石英、碳酸盐岩和黏土,脆性指数计算公式为

$$BI = (V_{si} + V_{ca}) / (V_{si} + V_{ca} + V_{sh}) \times 100\% \quad (5-10)$$

式中,V_{si} 为碳酸盐岩含量,%。

4) 有效孔隙度测井计算

通过敏感参数选择,岩心孔隙度与密度相关性较好,可以建立基于密度测井数据的孔隙度计算公式,即

$$POR = -12.009 \times Den + 35.382 \quad (5-11)$$

式中,POR 为有效孔隙度,%。

2. 含气性定量评价

1) 吸附气含量测井计算

利用朗缪尔（Langmuir）等温吸附法，在地层温度（110℃）、地层压力（70MPa）的条件下，可以建立吸附气含量与 TOC 含量的关系为

$$G_x = 0.773 \times \text{TOC} \tag{5-12}$$

式中，G_x 为页岩吸附气含量，m^3/t；TOC 为总有机碳含量，%。

2) 含水饱和度测井计算

页岩储层中的水，主要以束缚水状态存在于黏土矿物中。采用回归法可以获得页岩储层含水饱和度与黏土含量的关系，即

$$S_w = 1.4149 \times V_{sh} - 12.618 \tag{5-13}$$

式中，S_w 为页岩储层含水饱和度，%；V_{sh} 为页岩黏土含量，%。

3) 游离气含量测井计算

游离气含量是指每吨页岩储层中所含游离气，折算到标准温度与压力条件下的天然气体积。在获得游离气饱和度后，将地层条件下的含气量换算到地表，可以计算出页岩游离气含量，计算公式为

$$G_f = \frac{1}{B_g} \phi (1-S_w) \frac{1}{\rho_b} \tag{5-14}$$

式中，G_f 为游离气含量，m^3/t；B_g 为天然气体积系数；ϕ 为地层孔隙度，%；S_w 为页岩气地层含水饱和度，%；ρ_b 为地层岩石体积密度，g/cm^3。

4) 总含气量测井计算

页岩储层含气量，主要包括存储于孔隙及微裂缝中的游离气及与 TOC 有关的吸附气含量。总含气量等于两者之和，即

$$G_t = G_x + G_f \tag{5-15}$$

式中，G_t 为总含气量，m^3/t；G_x 为页岩吸附气含量，m^3/t；G_f 为游离气含量，m^3/t。

5.3　页岩储层地震响应特征分析技术

5.3.1　页岩储层井震精细标定

非常规页岩储层具有明显的"三高两低"的测井响应特征，即"高自然伽马、高声波时差、高电阻率、低密度、低补偿中子"的特征。测井响应特征反映了页岩储层具有比较低的纵波阻抗，在地震反射资料中具有明显的地震响应特征，储层顶底均容易形成强地震反射特征。随着页岩储层含气量的增加，地震强反射响应特征更加显著。

在精细储层标定的基础之上，针对页岩储层，利用模型正演开展储层地震响应特征分析，从而建立页岩储层的地震响应识别标志。例如，在威远工区，通过储层精细标定分析表明，五峰组—龙马溪组下部含气优质页岩比较发育。优质页岩层段具有显著的低

纵波速度、低密度、低纵波阻抗的弹性参数特征,导致优质页岩底部形成一个"低→高"的强波峰反射界面,易于识别,可作为该地区的标志层。图 5-7 显示了过威页 1 井的地震叠前时间偏移剖面。由该地震剖面可见,五峰组—龙马溪组优质页岩造成的地震强波峰反射横向分布稳定,从侧面反映优质页岩横向展布比较稳定。

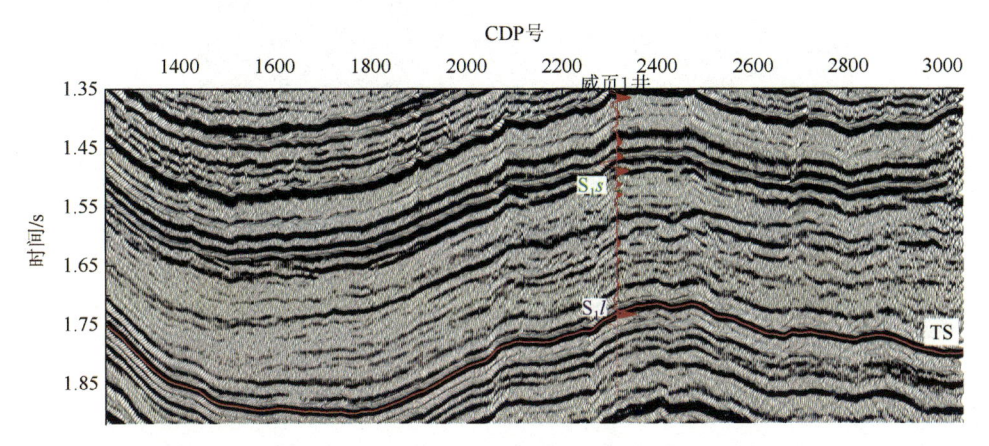

图 5-7 过威页 1 井的地震叠前时间偏移剖面
TS:五峰组—龙马溪组优质页岩层

5.3.2 页岩储层正演数值模拟地震响应特征分析

为了验证页岩储层地震响应特征,可以根据测井曲线建立页岩气层状储层及裂缝型储层地质模型,通过正演数值模拟,分析页岩储层地震响应特征。例如,在威远地区,将层状储层地质模型中优质页岩储层段对应速度设定为 3906m/s,密度为 2.49g/cm^3;非储层段速度设定为 4132m/s,密度为 2.68g/cm^3;灰岩段速度设定为 5952m/s,密度为 2.73g/cm^3;通过正演模拟验证页岩储层段与非储层段形成强反射地震界面,在储层底界面与灰岩形成强反射界面。在裂缝型储层地质模型中,建立了与地层呈水平接触的裂缝(节理缝)、低角度裂缝(小于 30°)、高角度裂缝(大于 75°),裂缝中充填物速度设定为 3000m/s,密度为 2.2g/cm^3;页岩储层段速度设定为 3600m/s,密度为 2.5g/cm^3 左右;灰岩段速度设定为 4000m/s,密度为 2.35g/cm^3。通过正演模拟(图 5-8),验证裂缝型储层可以形成强反射界面,与地层呈水平接触关系的储层对单个页岩储层地震反射具有加强的作用而形成强反射;与地层呈角度接触关系裂缝型储层对单个页岩储层地震反射具有破坏作用,形成较为杂乱的地震反射界面。因此,通过正演模拟分析发现,可以通过强反射的地震响应特征在储层中寻找更为有利的裂缝型页岩储层。

5.3.3 页岩储层实际地震响应特征

以威远工区页岩储层为例,龙一段从下至上依次为含灰质硅质页岩—含碳质粉砂质泥岩,水体由深水陆棚到浅水陆棚,连续沉积,从下到上物性是渐变的。但龙一段顶部

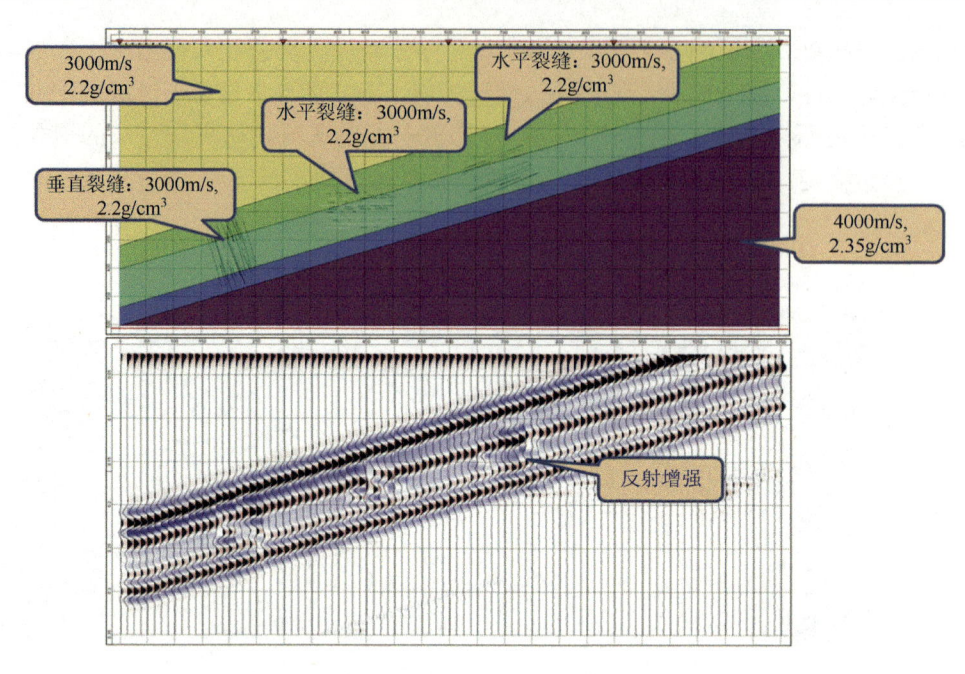

图 5-8 页岩储层地震响应特征模拟裂缝型储层

⑥号层页岩层阻抗明显降低，顶部为明显强波谷，④号层顶部为明显的强波峰特征，①号层五峰组底部同临湘组灰岩接触，物性差异明显，阻抗特征差异大，表现为明显的强波峰特征。威页 23 井标定结果表明，阻抗剖面上龙马溪组小层识别中，1-3^2 小层基本可作为一个预测单元，阻抗界限特征明显，3^3-4 小层可作为一个预测单元，⑤、⑥小层可作为一个预测单元。考虑地质认识和地球物理预测可行性，可以将预测单元合并分为①～④号层和①～⑥号层两套。地震剖面①～④号层和①～⑥号层两套储层段横向可连续追踪识别，特征明显，可明显地识别出预测单元的顶界，也可作为后续其他弹性参数预测的边界。

第 6 章　深层页岩储层地质"甜点"预测及综合评价技术

深层页岩储层地质"甜点",是指孔隙度、TOC 含量、含气量等相对较高,且保存条件较好、有利于页岩气大规模聚集的优质页岩储层。结合岩心、测井、地质和地震等综合信息,准确预测和优选深层页岩储层地质"甜点",是提高深层页岩气单井产量和实现深层页岩气高效开发的前提。

6.1　页岩储层 TOC 含量定量预测技术

6.1.1　基于贝叶斯理论的概率地震反演方法

为了利用地震数据直接反演储层岩性、物性和流体类型,概率地震反演结合线性地震模型、统计岩石物理模型、贝叶斯反演模型和马尔科夫链蒙特卡罗(Markov chain Monte Carlo,MCMC)理论,形成了一套地震反演技术。通过线性地震模型将地震信息(旅行时、振幅、频率和相位等)与岩石弹性性质联系起来,反演储层岩石弹性参数。这一点与常规叠前弹性参数反演技术类似。同时,通过统计岩石物理模型,建立储层物性、岩性、流体类型与储层岩石弹性参数之间的关系,为利用储层岩石弹性参数反演储层物性、岩性、流体等参数奠定基础。不同于一般反演技术之处,是其基于贝叶斯理论,利用概率统计的思想,定量反演储层岩石的弹性和物性参数,并定量评价反演结果的不确定性。其中,需要用到蒙特卡罗仿真模拟方法,流体类型的先验分布可以定义为马尔科夫链模型。

其实,概率地震反演的概念于 2007 年首次出现在 *Geophysics* 期刊凯尔·斯派克斯(Kyle Spikes)等发表的题为"Probabilistic seismic inversion based on rock-physics models"的文章中。针对这方面研究,斯坦福大学塔潘·慕克吉(Tapan Mukerji)、Kyle Spikes、杰克·德沃尔金(Jack Dvorkin)及格雷·马夫科(Gary Mavko)等作出了突出贡献。阿夫塞恩(Avseth)等给出了典型统计岩石物理方法应用流程。首先,需要用确定性岩石物理模型建立储层物性参数同岩石弹性参数之间的关系;然后,结合蒙特卡罗仿真条件,模拟生成所有可能的储层信息。在统计岩石物理模型生成过程中,要充分考虑实际数据误差,验证模型精确度。

在叠前弹性反演的基础上,结合贝叶斯反演理论,应用页岩储层各向异性岩石物理模型预测页岩储层 TOC 含量,主要实现步骤如下。

(1)岩石物理模型标定。岩石物理模型用来建立储层弹性、各向异性等特征参数与岩性参数、TOC 含量之间的关系。

(2)线性贝叶斯反演。利用叠前地震数据反演储层弹性参数(纵波速度、横波速度及密度)。

（3）条件概率估计。在地震多属性、多尺度模型下计算 TOC 含量的概率。在此过程中，需要考虑地震和测井尺度不同所造成的影响。从地震数据预测 TOC 含量的发生概率的过程中涉及三个条件概率。第一，给定叠前地震数据，在贝叶斯框架下反演岩石弹性参数概率；第二，已知大尺度（地震数据）下弹性参数的概率计算弹性参数在小尺度（测井数据）下的概率，即尺度匹配；第三，结合岩石物理模型和蒙特卡罗仿真模拟，计算已知岩石弹性参数时 TOC 含量的概率。

在求解条件概率及后验概率分布时，引入了 EM 算法。EM 算法是一种迭代优化策略，由于其计算方法中每一次迭代都分两步，其中一步为期望步（E 步），另一步为最大化步（M 步），所以算法被称为 EM 算法。EM 算法最初是为了解决数据缺失情况下的参数估计问题，首先根据观测数据估计模型参数值；然后，依据上一步估计出的参数值估计缺失数据的值；再根据估计出的缺失数据加上之前已经观测到的数据重新对参数值进行估计；如此反复迭代，直至最后收敛，迭代结束。

EM 算法作为一种数据补充算法，在近几十年得到迅速的发展，主要是由于当今科学研究以及实际应用数据量越来越大，经常面临数据缺失或者不可用的问题，且直接处理数据比较困难。数据补充办法有很多种类，包括神经网络拟合、添补法、卡尔曼滤波法等。EM 算法之所以能迅速广泛应用，主要是由于其算法简单，稳定上升的步骤能非常可靠地找到"最优的收敛值"。随着理论的发展，EM 算法已经不仅应用于处理缺失数据的问题。有时候缺失数据并非真的缺少了，而是为了简化问题而采取的策略；这时，EM 算法所添加的数据通常被称为"潜在数据"，复杂的问题通过引入恰当的潜在数据，能够更有效地解决问题。

其实，"潜在数据"可以解释为数据本身并不存在缺失变量，但观察数据比较难以处理。如果添加额外的变量，处理起来会变得比较简单。假设 X 是已知的观测数据，由随机变量 X 生成的观察数据与来自随机变量 Y 的缺失或未观测数据，得到 $Z=(X,Y)$ 为完全数据。给定观察数据 X，希望最大化似然函数 $L(\theta|x)$。由于数据缺失或者其他原因，采用该似然函数会难以处理，而采用 $Z|\theta$ 和 $Y|(x,\theta)$ 的密度则比较容易处理。EM 算法通过采用这些较容易的密度 $p(\theta|z)$，避开了直接考虑 $p(\theta|x)$。

而在贝叶斯理论的应用中，兴趣通常集中在对后验分布的众数 $p(\theta|x)$ 的估计上。另外，优化时，可以考虑除感兴趣的参数 θ 外的未观测随机变量 ψ 而得到简化。这里，ψ 既可以是缺失或未观测的数据，也可以是缺失的参数。因为，从贝叶斯理论来看，它们都是随机变量。

假设参数 θ 的概率密度函数为 $p(x|\theta)$，θ 的参数空间为 Θ；并且，取自同一分布的样本量为 n 的样本，即 $X=\{X_1,X_2,\cdots,X_n\}$ 独立分布于 p，而 $\{x_1,x_2,\cdots,x_n\}$ 为相应的 $\{X_1,X_2,\cdots,X_n\}$ 的观测值。则样本的联合概率密度函数为

$$p(X|\theta)=\prod_{i=1}^{n}p(x_i|\theta) \tag{6-1}$$

令

$$L(\theta|X)=\prod_{i=1}^{n}p(x_i|\theta),\quad \theta\in\Theta \tag{6-2}$$

则 $L(\theta|X)$ 被称为在给定样本点 $\{x_1, x_2, \cdots, x_n\}$ 情况下参数 θ 的似然函数，简称似然函数。

似然函数 $L(\theta|X)$ 是 θ 的函数。显然，随着 θ 在空间 Θ 的变化，似然函数值也要变化。而极大似然估计（maximum likelihood estimate，MLE）的目的就是在样本点 $\{x_1, x_2, \cdots, x_n\}$ 固定的情况下，寻找最优的 θ 最大化似然函数，即

$$\theta^* = \arg\max_{\theta \in \Theta} L(\theta|X) \tag{6-3}$$

通常，为了计算方便，需要对数化似然函数：

$$\ln(L(\theta|X)) = \sum_{i=1}^{n} \ln p(x_i|\theta) \tag{6-4}$$

以对数化似然函数 $\ln(L(\theta|X))$ 替代 $L(\theta|X)$，更容易处理和分析问题。同时，可以通过对 $\ln(L(\theta|X))$ 求导，令其为零，以求得极值：

$$\frac{\partial}{\partial \theta} \ln(L(\theta|X)) = 0 \tag{6-5}$$

似然函数的极大化，虽然在统计计算中应用广泛，但是也存在诸多问题。比如，对于一些实际应用中存在的问题，不能构造似然函数的解析表达式，或者似然函数的表达式过于复杂，难以求解方程组。

EM 算法是当存在数据缺失问题时，极大似然估计的一种常用迭代算法。因其操作简便，收敛稳定，具有很强的适用性，主要应用于以下常见的两种情况下的参数估计：第一种，观测到的数据不完善，这是因为数据丢失或者观测条件受限；第二种，似然函数不是解析的，或者函数的形式非常复杂，导致难以用极大似然传统方法进行估计。

已知 X 是观测数据，Y 是潜在数据，EM 算法迭代是为了寻求关于 θ 最大化似然函数 $L(\theta|X)$。设 $\theta^{(k)}$ 表示在第 k 次迭代时估计得到的最大值点，$k=0,1,\cdots$。定义 $Q(\theta|\theta^{(k)})$ 为观测数据 $X = \{x_1, x_2, \cdots, x_n\}$ 条件下完全数据的联合对数似然函数的期望，即

$$\begin{aligned} Q(\theta|\theta^{(k)}) &= E\{\lg L(\theta|Z) | x, \theta^{(k)}\} \\ &= E\{\lg p(z|\theta) | x, \theta^{(k)}\} \\ &= \int [\lg p(z|\theta)] p(y|x, \theta^{(k)}) \mathrm{d}y \end{aligned} \tag{6-6}$$

由式（6-6）可知，若给定样本点 $X = \{x_1, x_2, \cdots, x_n\}$，则 Y 是 Z 的唯一随机部分。通过对 Y 求条件期望，就又把 Y 给积掉，使 $Q(\theta|\theta^{(k)})$ 完全成为一个关于 θ 的函数。这样，就可以求使得 $Q(\theta|\theta^{(k)})$ 最大的 θ，并记为 $\theta^{(k+1)}$ 供下一次迭代使用。

EM 算法从 $\theta^{(0)}$ 开始，然后在两步之间交替：E 表示期望，M 表示最大化。其中，E 步和 M 步的实现如下。

（1）E 步：在给定的观测数据 X 和已经知道的参数条件下，求"缺失数据 Y"的条件期望，即计算对数似然函数的条件期望 $Q(\theta|\theta^{(k)})$。

（2）M 步：就像不存在缺失数据一样（填充缺失数据后），针对完全数据下的对数似然函数的期望进行极大化估计，即求解关于 θ 的似然函数 $Q(\theta|\theta^{(k)})$ 的最大化。设 $\theta^{(k+1)}$ 等于 Q 的最大值点，更新 $\theta^{(k)}$：

$$Q\left(\theta^{(k+1)} \mid \theta^{(k)}, X\right) = \max_\theta Q\left(\theta \mid \theta^{(k)}, X\right) \tag{6-7}$$

（3）返回 E 步，直到满足某停止规则为止。一般依赖于：

$$\left(\theta^{(k+1)} - \theta^{(k)}\right)^T \left(\theta^{(k+1)} - \theta^{(k)}\right) \text{ 或 } \left|Q\left(\theta^{(k+1)} \mid \theta^{(k)}\right) - Q\left(\theta^{(k)} \mid \theta^{(k)}\right)\right| \tag{6-8}$$

6.1.2 基于页岩岩石物理模型约束的 TOC 含量反演

基于 EM 算法的页岩储层 TOC 含量反演技术，首先通过页岩岩石物理模型建立页岩储层 TOC 含量与弹性参数、各向异性参数之间的先验关系；然后，采用蒙特卡罗仿真模拟算法，获取先验关系的全区分布；之后，再利用复合贝叶斯公式求取 TOC 含量的后验概率分布，建立 TOC 含量与弹性参数、各向异性特征之间的关系；最终，基于 EM 算法实现 TOC 含量反演。该技术基于概率分布理论，能更好地表征确定的、不确定的误差因素的影响，对 TOC 含量反演结果进行分析，能够更为准确、有效地描述页岩储层中高 TOC 含量的地质"甜点"区域。同时，与传统 TOC 含量预测方法相比较，该技术具有如下优势。

（1）能够联合应用不同类型、不同精度的数据约束反演过程。
（2）能够定量描述反演结果的不确定性。
（3）通过多种弹性参数及岩石物理模型的综合约束，能够有效避免利用单一参数（如密度）计算 TOC 含量导致的不确定性。

该技术融合了概率统计理论、贝叶斯理论、蒙特卡罗仿真模拟和 EM 算法，方法原理比较复杂。实现步骤如图 6-1 所示，主要包括：①基于测井资料建立裂缝型页岩储层各向异性岩石物理模型；②基于蒙特卡罗仿真模拟算法对统计岩石物理模型进行随机采样，得到储层物性参数的全局分布；③基于弹性参数叠前地震反演得到储层岩石弹性参数空间分布；④应用 EM 算法计算储层物性参数的后验概率分布。

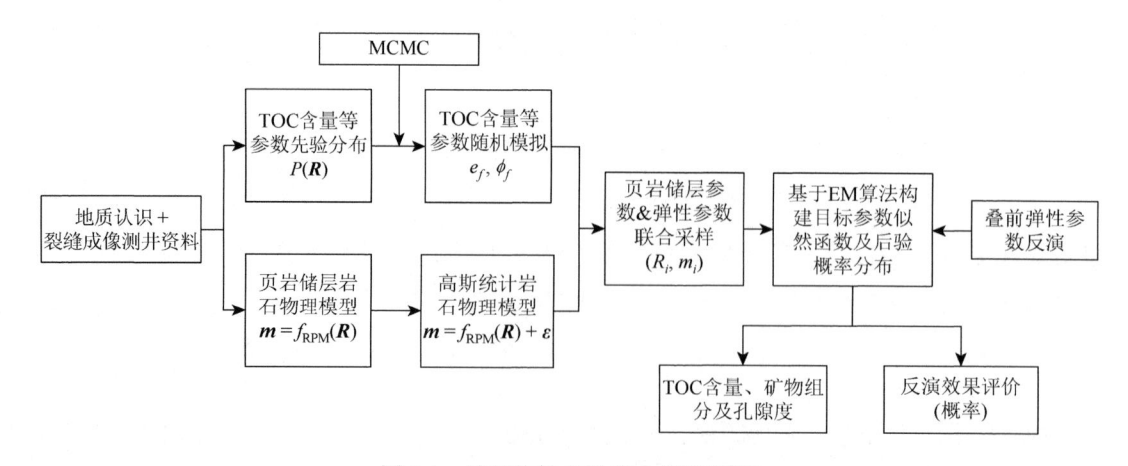

图 6-1 储层物性参数联合反演流程

为了方便阐述具体的实现原理，以 m 代表地震属性，包括纵横波速度、密度、阻抗、各向异性特征等；以纵横波阻抗和密度参数组合为例（$m = [I_P, I_S, \rho]^T$），R 代表岩石物理模型构建中的模型参数，设 TOC 含量及孔隙度模型参数为 $\boldsymbol{R}=[\text{TOC},\phi]^{\text{T}}$。基于贝叶斯理论框架，反演结果为页岩储层 TOC 含量及孔隙度的后验概率分布，即

$$P(\boldsymbol{R}|\boldsymbol{m})=\frac{P(\boldsymbol{m}|\boldsymbol{R})\times P(\boldsymbol{R})}{P(\boldsymbol{m})} \tag{6-9}$$

1. 统计岩石物理模型

地下储层条件是复杂多变的，确定性的岩石物理模型难以准确模拟地下储层情况。考虑到所有可能引起确定性岩石物理模型偏差的因素，包括不同的孔隙结构、矿物颗粒磨圆度、地层温度、压力条件的微弱变化以及泥质含量等因素的影响，给确定性的岩石物理模型加上随机误差，从而构成统计岩石物理模型。

统计岩石物理模型一个重要的作用，就是用来描述测井上没有体现的所有可能的储层条件实现。如果将所有变量视为随机变量，统计岩石物理模型为

$$\boldsymbol{m}=f_{\text{RPM}}(\boldsymbol{R})+\boldsymbol{\varepsilon} \tag{6-10}$$

式中，$f_{\text{RPM}}(\boldsymbol{R})$ 表示确定性岩石物理模型，可以是理论岩石物理模型或者经验岩石物理关系式；$\boldsymbol{\varepsilon}$ 是用来描述模型的精确程度的随机误差，通常为截断高斯分布。

假设反演目标页岩储层 TOC 含量的先验分布为多变量的高斯分布（GM），即不同分量的高斯分布的线性组合：

$$P(\boldsymbol{R})=\sum_{k=1}^{N_{\text{C}}}\alpha_k N\left(\boldsymbol{R};\mu_{\boldsymbol{R}}^k,\boldsymbol{\Sigma}_{\boldsymbol{R}}^k\right) \tag{6-11}$$

式中，N_{C} 为多变量 $\boldsymbol{R}$ 的维数；N 代表多变量 $\boldsymbol{R}$ 服从多变量高斯分布；$\mu_{\boldsymbol{R}}^k$ 为多变量高斯分布的均值；$\boldsymbol{\Sigma}_{\boldsymbol{R}}^k$ 为多变量高斯分布的协方差矩阵；α_k 为多变量线性组合的权系数，满足 $\sum_{k=1}^{N_{\text{C}}}\alpha_k=1$。

这样的假设，是出于两方面的考虑。首先，多变量高斯分布的先验分布将每个岩石物理属性视为混合高斯分布的一个分量，并从岩石物理属性中得到期望的流体类型。其次，这种方法便于分析，因为所有适合高斯分布的规律、特征都可以推广到混合高斯分布模型。当然，对于不同的靶区，根据测井统计结果，反演目标 TOC 含量的先验分布也会不同；除了多变量高斯分布，均匀分布作为一种最简单的分布，同时能很好地表征 TOC 含量的分布特点，也常常被用到。

建立统计岩石物理模型的核心问题，是建立适合特点储层岩石物理模型。即式（6-10）中的 $f_{\text{RPM}}(\boldsymbol{R})$，针对不同类型的储层，需要建立不同的岩石物理模型。本书针对深层页岩储层的特点，构建各向异性岩石物理模型，具体构建过程参见上一节。

2. 蒙特卡罗仿真模拟

蒙特卡罗仿真模拟（简称蒙特卡罗法）是一种基于统计理论的统计试验方法，主要通过随机采样的方式，求解数学或者物理问题的近似解。基本思想是，通过建立与待求

解问题具有某种相同特征的概率模型，对所得概率模型进行随机抽样模拟（或者称为反复试验）；然后，对抽样结果进行统计特征参数求取，这些统计特征，包括均值、期望或者方差等就是待求问题的解。蒙特卡罗法主要依据的理论是大数定理，实现的基本手段是随机抽样方法。

蒙特卡罗法可以概括为三个基本步骤：一是对待求问题进行分析，构建与该问题具有某种相同特征的概率模型；二是对构建的概率模型进行随机抽样；三是根据抽样结果求取各种概率统计量。该方法在近似求解数学或物理问题时，具有如下优点。

（1）通过以上三步描述，不难看出蒙特卡罗法程序结构及计算方法都较简单；因为，其计算核心是大量简单重复抽样，以及对抽样结果的统计量分析。

（2）收敛误差和速度与概率模型的维数无关。根据蒙特卡罗法的定义知道，该方法的误差仅与样本数量和样本标准差有关，与样本元素所在位置无关。其收敛速度不受概率模型维数的限制，在处理高维问题时，蒙特卡罗法具有其独特的优势。

（3）适应性强。蒙特卡罗法不仅可以求解随机性问题，还可以求解确定性问题；因此，受问题条件限制的影响较小。

（4）蒙特卡罗法对于具有随机性的问题求解非常方便，可以直接模拟随机过程，并求解相关统计量，所得结果更接近实际物理随机过程。

页岩储层 TOC 含量反演是基于贝叶斯理论框架的，问题的解是求解 TOC 含量的发生概率；而且 TOC 含量的后验分布是复杂的高维分布。蒙特卡罗法在求解这类问题上具有其独特的优势。

应用蒙特卡罗仿真模拟，结合岩石物理模型计算得到储层的弹性和各向异性参数，可以获取 TOC 含量的先验分布。假设统计岩石物理方程的误差项 ε 是零均值、协方差为 $\boldsymbol{\Sigma}_\varepsilon$ 的截断高斯分布，高斯分布参数可以从测井数据计算得到，即

$$P(\boldsymbol{m}|\boldsymbol{R}) = N(\boldsymbol{m}; \mu(\boldsymbol{R}), \boldsymbol{\Sigma}_\varepsilon) \tag{6-12}$$

式中，均值 $\mu(\boldsymbol{R}) = f_{\mathrm{RPM}}(\boldsymbol{R})$；协方差矩阵 $\boldsymbol{\Sigma}_\varepsilon$ 与 $\boldsymbol{R}$ 无关，只与误差项 ε 有关。

该方法引入蒙特卡罗仿真和条件概率估计，因此可以对 TOC 含量预测结果的不确定性给出定量评价。事实上，可以从 TOC 含量的先验分布 $P(\boldsymbol{R})$ 产生一系列 N_S 个裂缝参数离散采样点 $\{R_i\}_{i=1,2,\cdots,N_\mathrm{S}}$，应用岩石物理模型计算相应的储层弹性参数和各向异性参数：

$$\mu(R_i) = f_{\mathrm{RPM}}(R_i), \quad i = 1, 2, \cdots, N_\mathrm{S} \tag{6-13}$$

这样，就从正态分布 $N(\boldsymbol{m}; \mu(R_i), \boldsymbol{\Sigma}_\varepsilon)$ 又离散采样得到 N_S 个储层弹性参数、各向异性参数采样点 $\{m_i\}_{i=1,2,\cdots,N_\mathrm{S}}$。

从蒙特卡罗法离散采样得到的 N_S 个采样点 $\{(m_i, R_i)\}_{i=1,2,\cdots,N_\mathrm{S}}$，可以估计联合概率分布 $P(\boldsymbol{m}, \boldsymbol{R})$，假设联合概率分布也服从高斯分布，即

$$P(\boldsymbol{m}, \boldsymbol{R}) = \sum_{k=1}^{N_\mathrm{C}} \pi_k N\left([\boldsymbol{m}, \boldsymbol{R}]^\mathrm{T}; \mu_{[\boldsymbol{m},\boldsymbol{R}]}^k, \boldsymbol{\Sigma}_{[\boldsymbol{m},\boldsymbol{R}]}^k\right) \tag{6-14}$$

这样，条件概率模型 $P(\boldsymbol{m}, \boldsymbol{R})$ 也服从高斯混合分布。如果岩石物理模型 $f_{\mathrm{RPM}}(\boldsymbol{R})$ 是线性的，则联合分布可以从先验分布通过算术推导得到。通常，$f_{\mathrm{RPM}}(\boldsymbol{R})$ 不是线性的，则联

合分布 $P(\boldsymbol{m}, \boldsymbol{R})$ 可以借助蒙特卡罗随机采样的方法获取。

采用米特罗波利斯-黑斯廷斯（Metropolis-Hastings）随机采样方法，首先产生候选值 θ' 的建议分布 $p(\theta'|\theta)$；然后接受概率 $\alpha(\theta'|\theta)$；通过这两步，实现不断迭代更新。接受概率的计算公式为

$$\alpha(\theta'|\theta) = \min\left(1, \frac{q(\theta')p(\theta|\theta')}{q(\theta)p(\theta'|\theta)}\right) \quad (6\text{-}15)$$

算法的迭代过程如下。

（1）从 $p(\theta'|\theta)$ 中给出建议值 θ'。

（2）如果满足接受概率 $\alpha(\theta'|\theta)$，则接受 θ'。如果建议值 θ' 不满足接受概率，则保留前一状态 θ。因而，当 $\alpha(\theta'|\theta)$ 较小时，倾向于保持原始状态；当 $\alpha(\theta'|\theta)$ 较大时，则 θ' 接受为新的状态。

在基于 EM 算法的 TOC 含量反演中，结合实际情况，TOC 含量先验分布可以选择为高斯分布、均匀分布或者指数分布等，接受概率分布通常选择均匀分布，以等概率方式接受新的随机抽样点。

3. 地震测井采样尺度匹配

在实际应用中，需要充分考虑不同源数据（测井数据和地震数据）、不同域、不同分辨率的影响，必须进行尺度匹配。事实上，典型的岩石物理模型都是基于测井数据的，是深度域模型；但反演获得的储层弹性参数是时间域的，分辨率要低很多。尺度匹配的目的，就是用一般概率的方法来描述在不同尺度之间进行转换时产生的误差。理论上，在尺度匹配的过程中，需要考虑两个问题：不同尺度物理计算值之间的等价性，以及在尺度匹配过程中伴随的误差转移。

对于第一个问题，可以采用 Backus 平均方法解决；对于第二个问题，引入条件概率 $P(m^f|m^c)$，其中 m^f 为小尺度下的岩石弹性参数，m^c 为大尺度下的岩石弹性参数。在实际应用中，通常忽略误差传递的影响。

大多数尺度匹配方法，都是基于等效介质理论实现的。不同的等效介质理论，对各向异性介质内部的相互作用存在不同的近似。Backus（1962）假设介质是线性弹性、各向同性的，在忽略介质内部摩擦和黏滞性所造成的能量衰减的基础上，推导出了层状介质有效属性的精确解。

在进行尺度匹配，计算某一深度岩石弹性属性的等效属性时，需要引入移动窗口。首先，需要根据纵波速度计算纵波波长；然后，定义移动窗口长度等于地震波波长，窗口中心点为所要求等效属性的点。假设窗口内介质是各向同性的，通常测井采样率为 0.15m，而地震波波长则达到几十米，这意味着窗口内的点数量足够计算统计属性。

应用 Backus 平均方法，能够得到薄互层介质的等效弹性刚度张量。对于各向同性介质或者正交晶系弹性介质，其弹性刚度张量在每一层的方向是相同的，所以其解的形式如下：

$$\begin{bmatrix} a & b & f & 0 & 0 & 0 \\ b & a & f & 0 & 0 & 0 \\ f & f & c & 0 & 0 & 0 \\ 0 & 0 & 0 & d & 0 & 0 \\ 0 & 0 & 0 & 0 & d & 0 \\ 0 & 0 & 0 & 0 & 0 & m \end{bmatrix}, \quad m = \frac{1}{2}(a-b) \tag{6-16}$$

式中，a、b、c、d 和 f 是五个独立的弹性常数。经 Backus（1962）论证，在长波极限下，对于对称轴方向与层面垂直的横向各向同性层状介质，其等效刚度是等效各向异性的，形式为

$$\begin{bmatrix} A & B & F & 0 & 0 & 0 \\ B & A & F & 0 & 0 & 0 \\ F & F & C & 0 & 0 & 0 \\ 0 & 0 & 0 & D & 0 & 0 \\ 0 & 0 & 0 & 0 & D & 0 \\ 0 & 0 & 0 & 0 & 0 & M \end{bmatrix}, \quad M = \frac{1}{2}(A-B) \tag{6-17}$$

其中，

$$\begin{cases} A = \langle a - f^2 c^{-1} \rangle + \langle c^{-1} \rangle^{-1} \langle fc^{-1} \rangle^2, \quad B = \langle b - f^2 c^{-1} \rangle + \langle c^{-1} \rangle^{-1} \langle fc^{-1} \rangle^2 \\ C = \langle c^{-1} \rangle^{-1}, \quad D = \langle d^{-1} \rangle^{-1}, \quad F = \langle c^{-1} \rangle^{-1} \langle fc^{-1} \rangle, \quad M = \langle m \rangle \end{cases} \tag{6-18}$$

式中，$\langle \cdot \rangle$ 表示对括号内属性按体积比的加权平均，常被称为 Backus 平均。

4. 基于粒子群算法的叠前地震反演

叠前地震反演又称 AVO 反演，许多学者在 20 世纪 80 年代就开始了相关研究。比如，Kennett（1984）利用传播矩阵建立了基于反射系数模型的反演方法；Tarantola（1986）采用先验约束信息，对反演问题进行约束；Crase（1990）实现了实际地震数据的非线性弹性波波形反演，并采用四种最小化准则分别对目标函数进行最小化；Sen 和 Stoffa（1995）基于传播矩阵理论，在深度域采用回归反演法求解弹性波方程。然而，由于计算复杂、计算成本巨大，这些弹性波非线性反演方法仅在理论上比较成熟，在实际中并没有广泛应用。

策普里兹（Zoeppritz）方程的数学表达式较为复杂，实现起来较为困难。如果采用近似表达式，弹性波反演问题可简化为更为容易求解的问题。即根据振幅随入射角的变化关系（AVO），由实际地震道集记录估算岩石的地震参数。Smith 和 Gidlow（1987）采用 Gardner 等（1974）的经验关系式，将 Aki 和 Richards（1980）近似公式进一步简化为不含密度项的近似公式，利用最小二乘法进行迭代反演；Simmon 和 Backus（1996）研究了 AVO 波形反演，计算了波的旅行时，在反演中建立了参数协方差矩阵约束反演，获得了带限的纵横波阻抗与密度剖面；Connolly（1999）将声波阻抗和 AVO 反演推广到弹性波阻抗反演；Downton 和 Lines（2001）在动校前道集上做 AVO 稀疏脉冲波形反演，得

到反射系数剖面,提高了分辨率;Buland 和 Omre(2003)基于贝叶斯的理论,利用叠前地震数据由模型参数与观测数据的联合分布推导出纵横波速度及密度的反演方程;陈建江(2007)运用贝叶斯理论,将基于地质环境控制的鲁棒统计分析融入反演问题,建立了测井数据协方差约束反演,提高了反演问题的稳定性;Russell 等(2011)根据叠后波阻抗公式,推导出了 AVO 同步反演公式。经过近 30 年的发展,AVO 反演已成为应用叠前资料预测油气的有效方法,在裂缝检测、油藏动态监测、油气预测、储层非均质性描述等方面得到广泛应用。

粒子群优化(particle swarm optimization,PSO)算法,又称粒子群算法,是群智能算法的一种,最先是由美国学者 Kennedy 和 Eberhart(1995)提出。算法源于对鸟群捕食行为的研究,通过对简单社会系统的模拟,在多维解空间中构造"粒子群"。在粒子群中,每个粒子通过跟踪自己和群体所发现的最优值,修正自身前进方向和速度,从而实现寻优。群体中每个粒子表示问题的一个可行解,并具有与目标函数相关的适应度值。粒子在搜索空间中以一定的速度飞行,并根据自身的飞行经验以及当前最优粒子的状态,对速度进行动态调整。个体间通过协作与竞争,实现最优解的搜索。

在基本粒子群算法中,粒子向自身历史最佳位置和领域或群体历史最佳位置聚集,形成了粒子种群的快速趋同效应,容易出现陷入局部极值、早熟收敛或停滞现象。同时,它的性能也依赖于算法参数。为了克服上述不足,许多学者提出了各种改进措施,包括粒子群初始化、领域拓扑、参数选择以及混合策略等。如,Ratnaweera 等(2004)提出自适应时变调整策略;薛明志等(2005)采用正交设计方法对种群进行初始化;孙艳霞等(2008)提出一种不含随机参数、基于确定性混沌 Hopfield 神经网络群的粒子群模型。粒子群算法近年来发展很快,被成功地应用于函数寻优、神经网络训练、模式识别分类、模糊系统控制以及工程等众多领域。

在地震勘探领域,采用粒子群算法开展地震叠前反演,能够保留地震反射振幅随炮检距或入射角变化的特征,可以得到高精度的、能够反映储层横向变化的多种地层弹性参数,对于研究复杂储层的空间分布及复杂油气藏的精细描述具有十分重要的意义。

AVO 反演以 Zoeppritz 方程为理论依据,Aki 和 Richards(1980)给出了纵波反射振幅的近似表达式,即

$$R_{\mathrm{PP}} = \frac{1}{2}\left(1 - 4\frac{\beta^2}{\alpha^2}\sin^2\theta\right)\frac{\Delta\rho}{\rho} + \frac{\sec^2\theta}{2}\frac{\Delta\alpha}{\alpha} - 4\frac{\beta^2}{\alpha^2}\sin^2\theta\frac{\Delta\beta}{\beta} \qquad (6\text{-}19)$$

式中,R_{PP} 为纵波反射系数;α 为纵波速度;β 为横波速度;ρ 为密度;θ 为入射角。

$$\begin{cases} \Delta\alpha = \alpha_2 - \alpha_1, \ \Delta\beta = \beta_2 - \beta_1, \ \Delta\rho = \rho_2 - \rho_1 \\ \alpha = \dfrac{\alpha_1 + \alpha_2}{2}, \ \beta = \dfrac{\beta_1 + \beta_2}{2}, \ \rho = \dfrac{\rho_1 + \rho_2}{2}, \ \theta = \dfrac{\theta_1 + \theta_2}{2} \end{cases} \qquad (6\text{-}20)$$

式中,下标 1、2 分别表示第 1 层介质和第 2 层介质。$\dfrac{\Delta\alpha}{\alpha}$、$\dfrac{\Delta\beta}{\beta}$、$\dfrac{\Delta\rho}{\rho}$ 都比较小,所有的角度都是实数。

由于在式(6-19)中,α、β、ρ 及 $\Delta\alpha$、$\Delta\beta$、$\Delta\rho$ 这几个参数与纵波速度、横波速度以

及密度有关，对式（6-19）用粒子群算法进行迭代更新，可以得到纵波速度V_P、横波速度V_S以及密度ρ。将此叠前数据作为输入进行反演，以求解计算出的R_{PP}与实际地震记录之间的误差函数E最小作为目标函数。使用粒子群反演的方法，寻找满足目标函数最小的纵波速度、横波速度以及密度。

$$E = \|w(\theta) * R_{PP}(V_P, V_S, \rho, \theta) - d(\theta)\| \Rightarrow \min \tag{6-21}$$

式中，$d(\theta)$是实际地震记录；$R_{PP}(V_P, V_S, \rho, \theta)$利用式（6-19）得到，其中纵波速度$V_P$、横波速度$V_S$与式（6-19）中的$\alpha$、$\beta$表示相同的含义，只不过式（6-19）中的$\alpha$和$\beta$为地层界面分界处平均值。式（6-21）表示地震子波$w(\theta)$与反射系数的褶积（即卷积），得到理论记录。该记录与实际地震记录的差值范数，使得两者的差值最小。

6.1.3　页岩储层 TOC 含量定量预测数值实验

这里，以井研—犍为页岩气探区金页 1 井实测数据为基础，开展岩石物理正演模拟及岩石物理参数反演分析。

为验证页岩储层各向异性岩石物理模型的有效性和应用性，利用建立的页岩储层各向异性岩石物理模型与金页 1 井岩心资料及测井资料进行标定。可以利用岩心资料中测量的矿物含量、TOC 含量、孔隙度、含水饱和度参数，计算相应的纵波速度、横波速度以及密度，然后与测井曲线进行比较。如图 6-2 所示，图中黑色曲线为测井曲线，圆点为通过岩石物理模型和岩心数据计算的结果。正演模拟结果与实测纵波速度、横波速度和密度的交会图显示，通过岩石物理模型模拟得到的结果与测井有非常好的对应关系，验证了岩石物理模型的准确性。

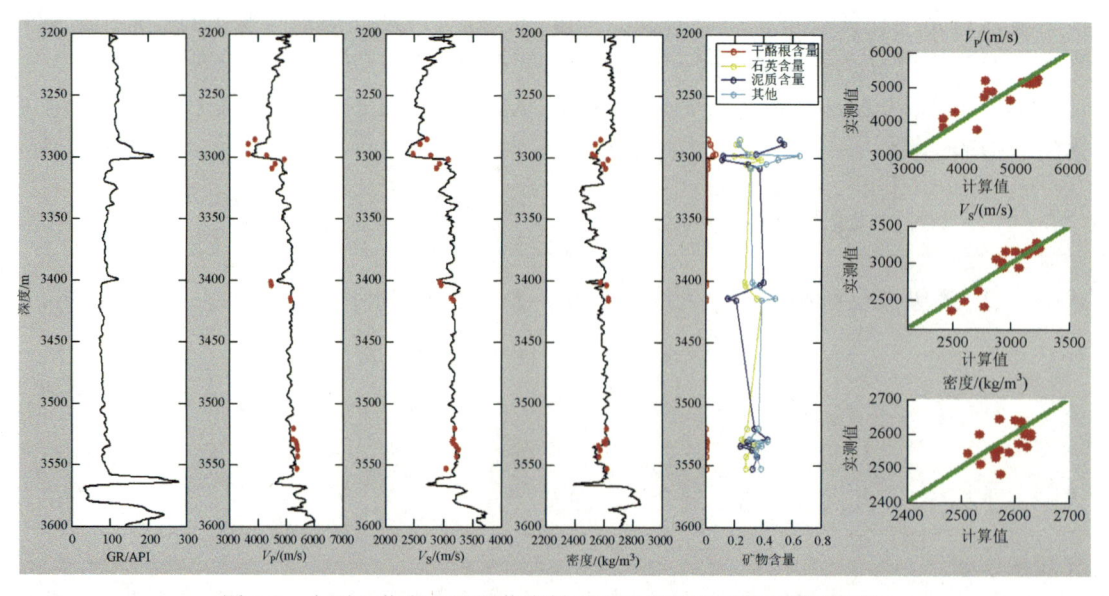

图 6-2　金页 1 井岩心及测井资料对页岩储层岩石物理模型标定

由此可见，这里建立的岩石物理模型较好地描述了井研—犍为地区页岩储层的岩石物理特征，可直接服务于井研—犍为筇竹寺组页岩储层岩石物理分析和储层预测。岩心测量的结果表明，筇竹寺组岩石矿物主要由石英、长石、碳酸盐类矿物和泥质构成，在页岩储层中含有一定量的干酪根有机质，岩心测量得到的 TOC 含量基本小于 10%。

图 6-3 显示了金页 1 井岩石物理参数的同时反演结果。由图可见，岩性反演结果同 GR 曲线具有很好的对应关系，砂岩富集段石英含量反演结果更高；相反，泥岩富集段黏土含量反演结果更高。整体而言，整个筇竹寺组硅质矿物含量比较稳定，第二段与第一段略高，碳酸盐矿物含量随深度的增加不断增加。TOC 含量在第三段中部和第一段顶、第二段底最发育，为主要的勘探目标层段。

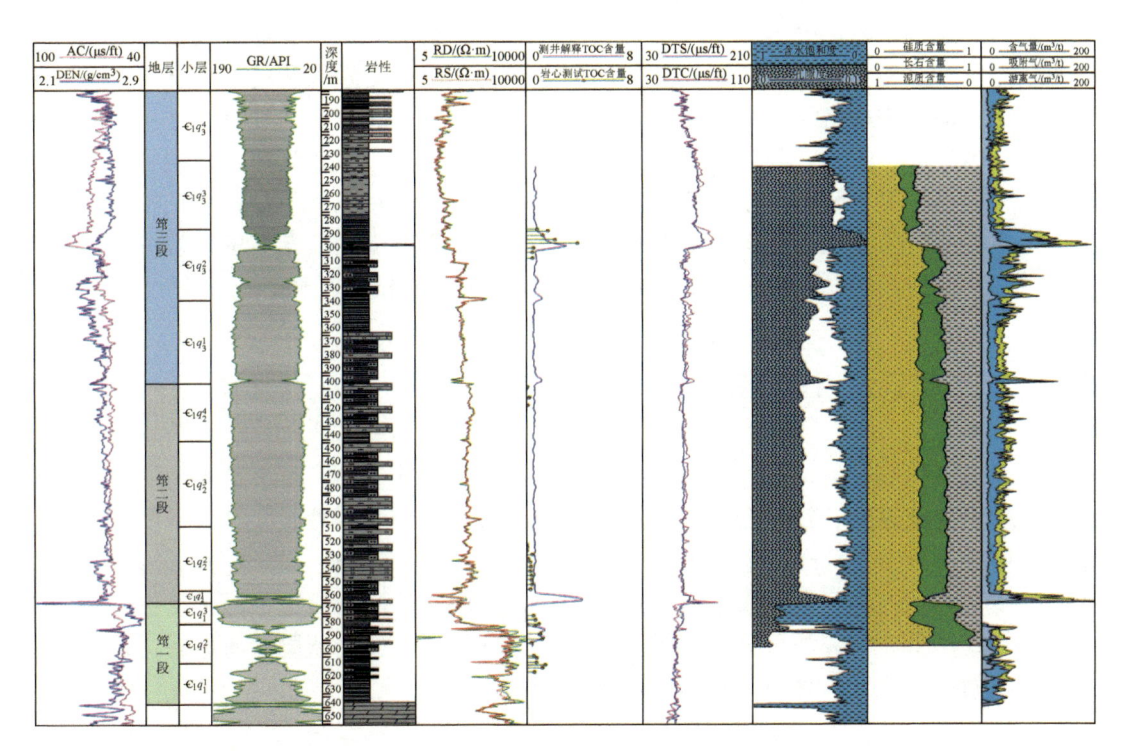

图 6-3 金页 1 井岩石物理参数同时反演结果

注：DTS 表示横波测井结果；DTC 表示声波测井结果

6.2 页岩储层多尺度裂缝预测技术

页岩生烃潜力是页岩气钻井获产的基础，而裂缝发育是页岩气获高产的关键。在低渗透储层中，裂缝发育可改善储层储集性能和渗滤能力，为油气运移提供良好的通道并控制着油气藏分布，对地层压力分布研究和油气开发具有重大意义。页岩储层中的微裂缝，尤其是发育均匀、呈网状的微裂缝体系，对页岩气水平井水力压裂改造至关重要，能够促使压裂改造形成大模型缝网体系，增加有效压裂改造体积；但是，大尺度的裂缝或者断层，则可能破坏页岩气的保存条件而造成不良影响。因此，需要结合地质地震基础资料，在区域应力场研究、构造精细解释基础上，运用各种裂缝预测方法技术进行深层页岩气多尺度裂缝综合预测。

6.2.1 钻井岩心裂缝识别与 FMI 测井裂缝分析

井筒数据是所有地质、地震研究的基础和硬约束。收集裂缝发育程度、裂缝充填特征和产状的岩心、薄片和钻录井资料，对裂缝进行分类，并总结不同类型裂缝特征，结合区域构造运动背景资料，研究裂缝发育期次与油气配套关系。

地层微电阻率扫描成像（formation microscanner image，FMI）测井，包括全井眼、四极板和倾角等三种测井方式，主要通过深度对齐、平衡处理、加速度校正、标准化等一系列处理，获得反映地层电阻率变化的静态平衡、浅侧向静态和动态加强等图像。通过观察这些图像中的电阻率变化情况，可以揭示地层结构、构造、裂缝、结核、粒序变化、层理等特征。因此，FMI 测井常用于构造与岩性识别、沉积环境与薄层分析、储层评价和裂缝描述等。其中，针对裂缝描述，FMI 测井可以用于天然裂缝和钻井诱导裂缝分析，包括应用于小尺度裂缝，包括裂缝密度、裂缝孔隙度、裂缝方位、裂缝倾角、裂缝开度等参数；同时，还可以用于检验地震裂缝预测结果的有效性。

6.2.2 地质构造成因裂缝模拟

地质成因裂缝模拟，通过对地层的构造发育历史进行反演，得出正确的三维地质模型；然后再根据正演计算每期构造运动对地层产生的应变量；与此同时，也能对解释方案进行检验。应用变量作为主控参数，同时考虑地层厚度、岩性、裂缝方向等四项参数，对裂缝发育带、方向及裂缝其他属性进行预测。在构造复原中假定了两个前提，即面积不变和体积不变。其算法可分成两类，即非运动学恢复，忽略断层几何形态；运动学恢复，考虑断层几何形状对上盘变形的影响。

1. 非运动学恢复算法

非运动学恢复算法主要包括弯曲去褶皱算法、"拼版"恢复算法。

1）弯曲去褶皱算法

弯曲去褶皱算法可以应用于平行褶皱，通过把褶皱顶层和内部的平行滑动系统恢复到水平基准面或假设的位置来完成。平行滑动系统用来控制其他褶皱层系的去褶皱，并作为层间联系和保持厚度变化。去褶皱时，钉线或钉面和与其相交的点不去褶皱或剪切，仅沿着钉线或钉面平移到基准面。钉面对应于褶皱的轴面，或垂直于地层；平行剪切分量随离开钉面距离增加而增加。

2）"拼版"恢复算法

"拼版"恢复算法是一种为了确定岩石体积亏损或过剩、定义断块移动方向、表述初始地史模型,而去除断距,进行地层恢复的快速方法。这种恢复类似于将"拼版"分片拼到一起。

2. 运动学恢复算法

运动学恢复算法主要包括斜剪切算法、弯曲滑动算法、断层平行流算法。

1) 斜剪切算法

斜剪切算法将断层上盘的变形特征与断层几何形态联系起来。斜剪切算法被用来模拟伸展构造变形中断层上盘的地层挠曲变形。斜剪切算法主要采用三个参数,即移动方向、剪切矢量和水平断距来控制构造复原。在正演时,通过上盘拉直展开、指定剪切矢量和位移量来进行。斜剪切算法假定变形仅发生在断层上盘,沿着平行剪切钉线发生。这些钉线与断层面斜交,变形大小由水平断距参数定义。在三维空间中,斜剪切算法根据不同水平断距,将上盘沿断层面向上复原到撕裂点。

2) 弯曲滑动算法

弯曲滑动算法主要用于模拟在褶皱逆冲带断弯褶皱的几何学和运动学特征。弯曲滑动算法应用于断层几何形态为断坪-断坡-断坪的构造样式。当一个断块在不平的断面上滑动时,肯定在断面上产生扭曲。在此假定算法中,变形只发生在断层面上块体中。对于断坡倾角≤30°情况,存在两种可能的褶皱轴面方向,因而存在两种不同的褶皱形态,即宽缓褶皱和倒转褶皱。后者具有较多的层间平行滑动量,不过前翼的体积小了,这表明能量的输入可能较小。对于断坡倾角＞30°情况,断弯褶皱模型遇到了问题。因为构建一个对称的尖顶褶皱,同时还要保持物质的体积不变是不可能的。为了保持前翼的体积,有两种可能,即倾斜简单剪切或者后部剪切。倾斜简单剪切为了保持体积不变将前翼变薄,后部剪切则会改变模型尾部边界的形状。

3) 断层平行流算法

断层平行流算法基于颗粒层流理论,将断层面分割成不连续的倾斜段,在每一个倾角变化点标记一个平分线,然后将不同平分线上的离断层面等距离的点连接起来就构成了褶皱流线。上盘地层的颗粒沿着这些与断层面线平行的流线运动。断层平行流算法主要针对褶皱逆冲带中的复杂断层形态构造复原问题,这类复杂断层构造变形多为层间平行剪切。同时,这一算法也同样适用于伸展构造环境,如犁状断层之上形成的宽缓滚动背斜。

通过非运动学恢复或运动学恢复,得到精确的三维地质模型。在构造正演过程中,得到地层受构造运动产生的应变量。以得到应变量为主控参数,同时考虑地层厚度、裂缝发育方向等参数,用随机模拟方法预测裂缝发育密度和方向。利用应变量预测裂缝时,通过随机模拟算法,以得到的应变量作为控制裂缝生长参数,应变强度越大则产生裂缝越多。裂缝方向可用地层产状来控制,也可用断层产状控制,需要对探区钻井、测井资料的裂缝统计结果进行分析。

从原理上而言,这种裂缝预测可获得研究目的层在不同地质历史时期的古构造形态及形变量,以预测不同期次的裂缝。但是,由于三维构造建模以及三维构造平衡恢复比较困难,因此通常采用基于地震属性约束方法进行裂缝模拟。

6.2.3 地震相干属性裂缝预测

地震相干属性常用于描述因地层破碎、错断等地质因素而引起的地震不连续反射。基本原理是在三维地震数据体中，对每一道、每个样点求得与周围数据的相干值，形成一个表征相干特征的三维数据体。地震相干属性可以用来识别断层、裂缝、特殊岩性体、河道等，也可以帮助解释人员迅速认识断层、河道等在整个工区的空间展布特征。

目前，地震相干算法已从互相关算法发展到相似性算法、矩阵本征结构算法，从时间域发展到频率域。此外，从相邻地震道的相似性、不相干性等不同侧重点，以及针对各地区不同解释精度的要求，是否引入倾斜延迟时差等方面，不同文献对于相干算法有多种形式的论述，主要有基于归一化的曼哈顿（Manhattan）距离相干算法、方差体算法等。作为一项成熟的地震解释技术，三维地震相干技术已对三维地震油气勘探产生了巨大影响。有关三维地震相干数据体生成方法的国内外文献很多，主要是根据资料的信噪比、算法的稳定性，发展了C1、C2、C3等相干算法，其特点和不足如下。

（1）C1相干算法计算相邻地震道的互相关函数，速度快，但是受噪声的影响大。

（2）C2相干算法计算任意多道地震数据的相似性系数，具有较好的抗噪性、垂直分辨率高，但是计算量大、横向分辨率低。

（3）C3相干算法通过多道地震数据构建协方差矩阵、计算矩阵本征值，利用最大本征值描述地震数据的相似性。该算法具有更好的稳健性、更高的分辨率，主要不足在于陡倾角地层适应性差。虽然经过改进，引入了倾角校正项，使C3算法可适用于高陡倾角的情况，即C3.5相干算法，但计算非常耗时，效率比较低。

6.2.4 地震曲率属性裂缝预测

曲率是微分几何学的概念，主要用于研究曲线和曲面的几何学特征。地震曲率属性主要用于描述地层的弯曲程度，表征地层倾角在空间上的变化率，是地震同相轴几何形态最直观的定量描述。

一般而言，采用空间三维曲线来研究曲面。假设某曲线 β 在某一点的切向量为 T，则曲线在该点的曲率定义为 $\kappa(s)=|T'(s)|$。显然，曲线越弯曲，则曲率越大。实际中，应用于地震领域的是法曲率。所谓法曲率，就是曲线上某点的曲率 K 和主法向量 N 的乘积，与曲面在该点切平面的法向量 n 的数量积，即

$$K_n = KN \cdot n \tag{6-22}$$

从式（6-22）可知，当为平面时，主法向量和切平面的单位法向量平行，此时法曲率为零；当为球面时，主法向量与切平面的单位法向量平行，此时法曲率固定为球半径的倒数。对于不规则曲面（正切角沿路径导数各向异性），某点的法曲率有无穷多个，且可由该点切平面中的两个单位互相正交特征向量来表示，即欧拉公式：

$$K_n = K_1 \cos^2 \theta + K_2 \sin^2 \theta \tag{6-23}$$

由欧拉公式的导函数 $\dfrac{\mathrm{d}K_\mathrm{n}}{\mathrm{d}\theta}=2(K_2-K_1)\sin\theta\cos\theta$ 可知，如果 $K_1\neq K_2$，在 $\theta=0$、$\theta=\pi/2$ 时有极值。于是称该方向为主方向，相应的法曲率 K_1、K_2 为主曲率。

在地震勘探领域中，地层被视作任意曲面，可以利用曲率来描述地层的起伏和连续状态。一般情况下，最有效的是曲率的一个子集——法（正交）曲率。在受构造作用强烈的区域，地层的形变、断裂等随之加剧，这一特点在地震数据上将表现为同相轴的曲率异常。曲率的数值及其空间变化不仅能够提供一个比较清晰的地质体形态特征，而且还对小尺度的构造解释、裂缝预测等有很好的指导作用。通过三维地震曲率体计算，可以提取诸如平均曲率、高斯曲率、最大曲率、最小曲率、极正曲率、极负曲率等多种地震曲率属性，为裂缝预测提供了丰富的基础信息。与其他属性相比，曲率能够反映精细断层和微小的裂缝特征。同时，使用曲率属性可以精确解释地质细节，且不需要预先解释层位，避免了解释偏差和偶然误差。

当然，地震曲率包含很多类型，不同的曲率类型可以描述相应的地质现象。常见的地震曲率主要有平均曲率、高斯曲率、最大最小曲率、最正最负曲率、欧拉曲率、倾向曲率、走向曲率、等值线曲率和弯曲度等。其中，最正、最负曲率是最常用的曲率，它们突出了地层边界，主要用于描述断层和裂缝。而最大正曲率和最大负曲率的联合应用，可以进行精细的小断层和微小裂缝的识别。

6.2.5 蚂蚁追踪算法裂缝预测

为了提高断裂识别效率，并克服断裂解释中的主观性，断裂自动识别逐渐成为重要研究内容。蚂蚁追踪算法，是目前应用最广泛的一种断裂自动识别技术。受蚂蚁觅食过程中选择路径方式的启发，Dorigo 等（1996）奠定了蚁群优化算法的基础。蚁群算法最早被应用于旅行商问题（traveling salesman problem，TSP）。

目前，蚁群算法主要包括 Ant-Q 算法、最大-最小蚂蚁系统（max-min ant system，MMAS）算法、AS 改进算法 AS_rank 和多群蚂蚁算法（multi colony ant algorithms，MCAS）。近几年，蚁群算法获得了进一步发展。有学者提出了分频蚂蚁追踪断裂识别，通过广义 S 变换，将地震数据分解为不同频率信号，并将单频数据体作为蚂蚁追踪的原始数据。也有学者提出基于多尺度体曲率，使用蚂蚁追踪算法在实际地震数据中进行了裂缝预测。蚂蚁追踪算法消除了人为主观性对断层解释的影响，基本实现了断层的智能识别。但是，每次更换地震属性体都要对参数进行调试。而调试参数需要人工进行，且重要参数需要多次调试。

6.2.6 纵波各向异性响应

在各向异性介质中，纵波振幅、走时、速度等均随方位角发生变化。纵波在通过裂缝体时其走时、振幅和速度表现出很强的方位各向异性特征，裂缝对纵波传播的影响程度取决于裂缝方位与测线之间的夹角及地下一定程度开启裂缝系统的存在。因此，利用宽方位的叠前地震数据研究纵波振幅和速度随方位角的变化与裂缝的关系，就可以进行裂缝的检测。

1. 纵波振幅和走时随方位角的变化

借鉴垂直裂缝物理模型实验来说明地震纵波振幅随方位变化。模型由一组平行排列的有机玻璃叠合而成，片与片之间的缝就是一组平行排列的裂缝。为直观观测垂直裂缝介质的方位各向异性，进行了定偏方位（10°增量）纵波观测，得到了定偏旋转观测记录及裂缝顶底反射波振幅、时间及速度曲线，其实验结果表明：

（1）纵波在通过垂直裂缝体时，表现出很强的方位各向异性特征，裂缝对纵波的回应影响主要取决于裂缝方位与观测测线走向之间的夹角。

（2）裂缝顶层的反射纵波旅行时不随方位角变化，振幅随方位角有微弱的变化，对各向异性反应不明显。

（3）裂缝体底层反射纵波表现出很强的方位各向异性，纵波反射振幅及旅行时与测线和裂缝方位有关，测线与裂缝平行时振幅最强、旅行时最短；随着测线与裂缝夹角的增大，振幅逐渐减弱、时间逐渐变长；至测线与裂缝方向垂直时，振幅最弱，时间最长。其振幅近似为周期为180°的正余弦曲线。

（4）纵波通过垂直裂缝体后，与均匀介质相比，均表现为振幅降低、速度减小、频率衰减、时差变长等综合响应特征。对裂缝模型施加不同的压力，呈现出纵波方位各向异性幅值的不同响应。压力较小时，裂缝内充有较多的液体，振幅、走时均表现出较明显的方位各向异性特征。

如图6-4所示，显示了在各向同性介质中纵波走时和振幅随方位角的变化。由图可见，在各向同性介质中纵波的走时和振幅没有方位变化，表现为一个圆形。如图6-5所示，显示了裂缝介质中纵波走时和振幅随方位角的变化。由图可见，纵波的走时和振幅表现出明显的方位各向异性特征。走时和振幅方位各向异性轨迹表现为一个椭圆特征，在平行于裂缝方向上，走时达到最小值，而振幅达到最大值；在垂直于裂缝方向上，走时达到最大值，而振幅达到最小值。

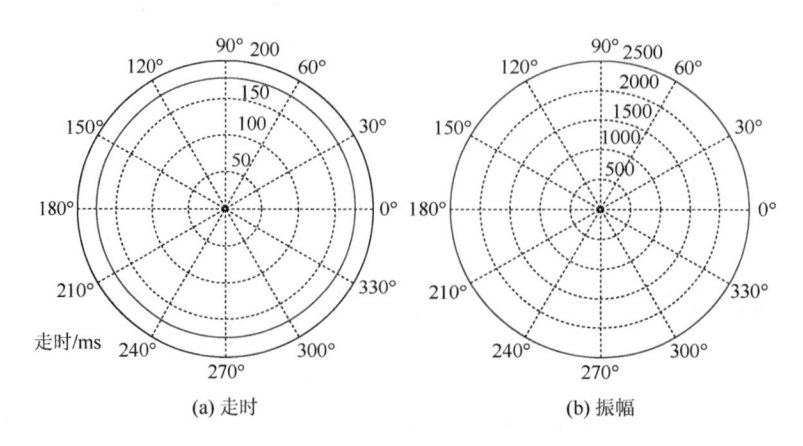

图6-4 各向同性介质纵波走时和振幅随方位角的变化

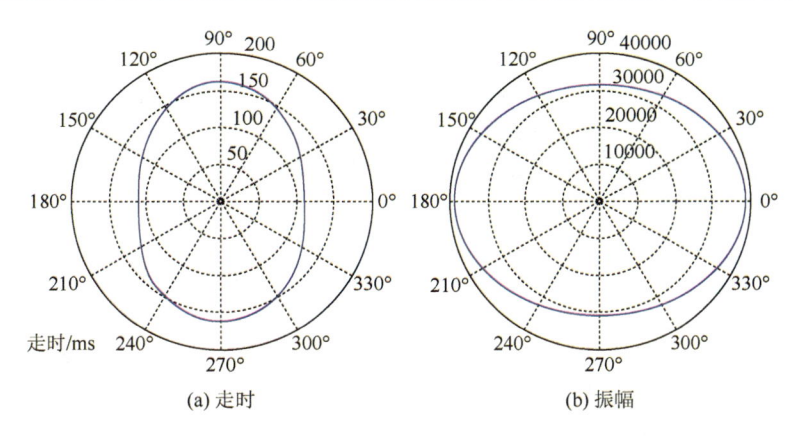

图 6-5 裂缝介质纵波走时和振幅随方位角的变化

2. 纵波速度随方位角的变化特征

利用克里斯托费尔（Christoffel）方程，可以模拟各向同性和各向异性介质中纵波的相速度随方位角的变化特征。如图 6-6 所示，显示了在各向同性、含气裂缝和饱和裂缝中纵波相速度随方位角的变化特征。由图可见，在各向同性介质中，纵波速度没有方位特征，其轨迹表现为一圆形；在含气裂缝介质中纵波速度表现为较强的方位各向异性特征，其轨迹表现为一椭圆形，椭圆长轴方向平行于裂缝走向，而短轴方向垂直于裂缝走向。

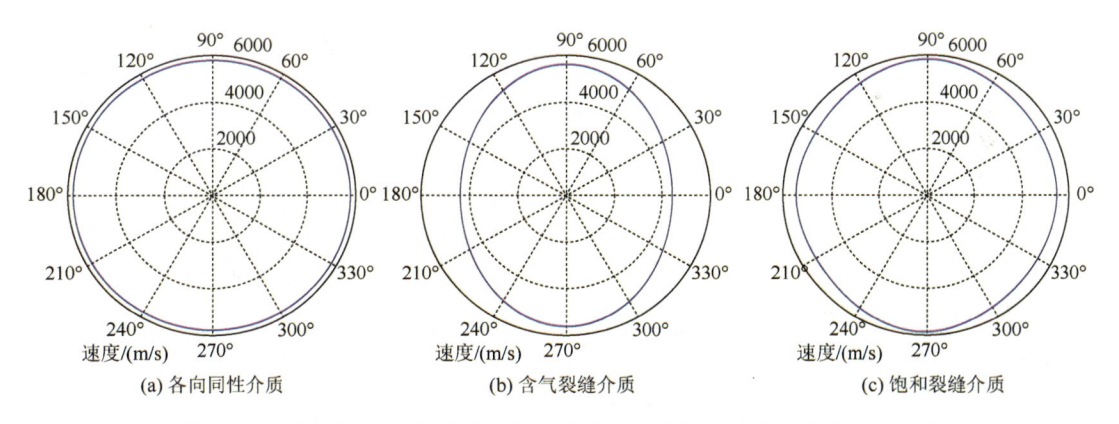

图 6-6 各向同性、含气裂缝和饱和裂缝介质中纵波速度随方位角的变化

6.2.7 纵波 AVAZ 裂缝预测

纵波方位各向异性，可以通过定偏移距（X 域）或一定入射角上的纵波振幅随方位角变化（amplitude variation with azimuth，AVAZ）的定量模拟来实现，这是利用宽方位地震观测进行纵波方位各向异性模拟的一种相对稳健的、简便的方法手段。如图 6-7 所示，显示了垂直裂缝纵波方位各向异性原理模型。

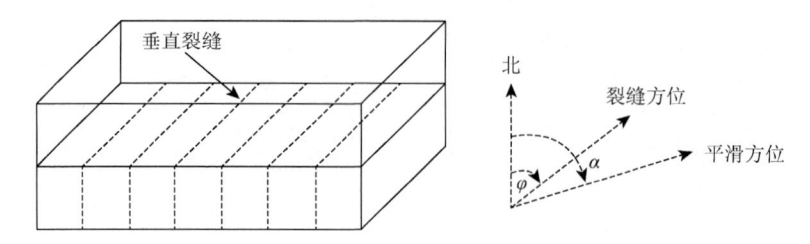

图 6-7 垂直裂缝纵波方位各向异性原理模型示意图

反射纵波通过裂缝介质时，对于固定炮检距，纵波反射振幅响应 R 与炮检方向和裂缝走向之间的夹角 θ 有如下关系：

$$R(\theta) = A + B \cdot \cos 2\theta \qquad (6-24)$$

式中，A 为与炮检距有关的偏置因子；B 为与炮检距和裂缝特征相关的调制因子；$\theta = \varphi - \alpha$ 为炮检方向与裂缝走向的夹角，φ 为裂缝走向与北方向的夹角，α 为炮检方向与北方向的夹角。仿照简谐振荡特征，A 可以看成均匀介质下的反射强度，B 可以看成定偏移距下随方位而变的振幅调谐因子，A、B 之间的比值关系是裂缝发育密度的函数。这种关系可近似用一椭圆状图形来表示，如图 6-8 所示。图中 R 表示任一方向 T 的方位反射振幅。当炮检方向平行于裂缝走向时（$\theta=0°$），振幅（$R=A+B$）最大；当炮检方向垂直于裂缝走向时（$\theta=90°$），振幅（$R=A-B$）最小。尽管可以得到横向各向同性介质中的纵波反射系数近似解，但这个近似解的数值精度却是未知的（特别是当两种介质之间的泊松比远大于它们泊松比的平均值时）。因此，可以预测这种近似方法无论怎么推广到横向各向异性（HTI）介质都可能导致一些不精确。而且，只有沿着平行或者垂直裂缝方向，这些近似才有效。但是，为了定量计算纵波反射振幅，还需要其他方向的解。理论上上述方程只要知道三个方位或三个方位以上的反射振幅数据就

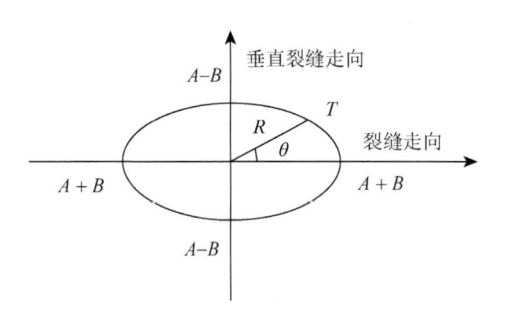

图 6-8 振幅或速度随方位角的变化示意图

可求解 A、裂缝方位角 θ 及与裂缝密度相关的综合因子 B，从而得到储层任一点的裂缝发育的方位和密度情况。

1）基于三个方位地震资料的精确解法

假设每个 CMP 在一定偏移距上有三个方位上的地震资料（或由三维分离出来），利用这些资料确定裂缝取向就是一个完全确定的问题。

假设有三个方位 $R(\theta)$、$R(\theta+\alpha)$、$R(\theta+\beta)$。θ 为第一个方位道集与裂缝走向之间的夹角，α 及 β 为第二、三方位道集与第一方位道集之间的夹角，那么，可得到下述方程组：

$$\begin{cases} R(\theta) = A + B\cos 2\theta \\ R(\theta+\alpha) = A + B\cos 2(\theta+\alpha) \\ R(\theta+\beta) = A + B\cos 2(\theta+\beta) \end{cases} \qquad (6-25)$$

解上述方程组是一个正定问题。根据三个方位道集上的振幅响应及方位道集、分选角精确求解裂缝方位角 θ 及 A、B 值，上述联合方程解为

$$\theta = \frac{1}{2}\left\{\arctan\left[\frac{[R(\theta)-R(\theta+\beta)]\sin^2\alpha - [R(\theta)-R(\theta+\alpha)]\sin^2\beta}{[R(\theta)-R(\theta+\alpha)]\sin\beta\cos\beta - [R(\theta)-R(\theta+\beta)]\sin\alpha\cos\alpha}\right] \pm n\pi\right\}$$
(6-26)

式中，$n = 0, 1, 2, \cdots$。

利用 CMP 位置的三个方位角的资料，式（6-26）给出了裂缝方向的唯一解。对于叠前三个方位的道集数据，可对每个炮检距（或部分炮检距叠加段）求取裂缝方向，再加权平均求得总裂缝方向；同样，为了抑制噪声，提高道集信噪比，可对三个方位的道集部分叠加或部分偏移距段及全部叠加，再用式（6-26）求裂缝方向。即当 N 为选定段道集的道集数时，可采用加权综合求解：

$$\frac{1}{N}\sum_{x=1}^{N}R_x = \frac{1}{N}\sum_{x=1}^{N}A_x + \frac{1}{N}\sum_{x=1}^{N}B_x\cos 2\theta$$
(6-27)

一旦知道了 θ，就可以从方程（6-27）中求得 A 和 B，对于 $\alpha = \pi/4$ 和 $\beta = \pi/2$，即对于每个 CMP 位置有一条纵测线、一条联络测线和一条 45°测线这种特殊情况，那么

$$\theta = \frac{1}{2}\arctan\left[\frac{R(\theta) - R(\theta + \pi/2) - 2R(\theta + \pi/4)}{R(\theta) - R(\theta + \pi/2)}\right]$$
(6-28)

当介质是方位各向同性的，则 $R(\theta + \alpha) = R(\theta + \beta) = R(\theta + \pi/4) = R(\theta + \pi/2)$。在这种情况下，分子和分母为零，$\theta$ 值是不确定的。

2）基于三维多方位地震观测数据的各向异性分析方法

对于三维宽方位采集的地震数据，如果炮检距-方位分布比较均匀，那么，在给定的 CDP 位置，就有多个方位角（大于 3）的地震观测资料，这时确定裂缝走向就变成一个超定问题。如果定义裂缝方位角 θ 自北按顺时针方向算起，按顺时针方向分选各观测方位地震道集（部分叠置段可选做滑动处理）α_i（$i = 1, 2, \cdots, n$），那么对应于方位角 α_i 处的地震反射振幅 r_i 就为

$$r_i = A + B\cos 2(\alpha_i - \theta)$$
(6-29)

当有多个方位角（$N > 3$）地震观测资料时，方程（6-29）变成一个超定方程。可用最小二乘法拟合计算 θ、A 和 B 值：

$$\begin{cases} M(A, B, \theta) = \sum_{i=1}^{N}[r_i - A - B\cos 2(\alpha_i - \theta)]^2 \\ \frac{\partial}{\partial A}M(A, B, \theta) = 0 \\ \frac{\partial}{\partial B}M(A, B, \theta) = 0 \\ \frac{\partial}{\partial \theta}M(A, B, \theta) = 0 \end{cases}$$
(6-30)

对于多个方位角的情况，式（6-30）中的 r_i 和 α_i 都是已知的。因此，能够根据多个方位的测量值的最小二乘法拟合计算 θ、A 和 B。将所有的偏移距计算出的 θ、A 和 B 进

行加权平均，将给出作为时间函数的 θ、A 和 B。然后，利用多方位叠后数据对每个方位的 CMP 数据进行叠加，并对每个同相轴拟合式（6-30），得到作为函数的 A、B 和裂缝方位角 θ。由于叠加数据的噪声比叠前数据小，所以简易地对叠加数据进行拟合，除了裂缝方位角外，还能够计算平均振幅 A 和振幅模量 B。最小平方裂缝地震记录显示能给出分析结果，裂缝地震记录显示作为时间函数的裂缝方位角 θ、平均振幅 A 和振幅模量 B。

上述纵波振幅随方位角变化（AVAZ）的数值模拟分析，可以定量揭示与地下定向排列垂直裂缝有关的方位及强度（密度）。这种分析，既可在方位叠前道集及方位叠后（或部分叠加）道集上进行，也可在定偏（或一定偏移距段）上和固定入射角（或一定入射角段）上进行，原则上宽方位大偏移距（入射角 150°~300°）资料对裂缝引起的各向异性较为敏感。

6.2.8 纵波 VVAZ 裂缝预测

由各向异性理论可知，裂缝介质中的纵波速度呈椭圆变化。利用这个特性，可以通过纵波传播速度的方位各向异性（velocity variation with azimuth，VVAZ）预测储层各向异性。虽然，VVAZ 不如 AVAZ 的纵向分辨率高；但是，由于其反映裂缝发育的宏观综合各向异性特征可靠，因而也是纵波各向异性预测的重要方法。

实现思路是，首先对不同的方位道集，扫描其均方根速度，再按层位转换成层速度；然后，利用各向异性椭圆计算裂缝走向、裂缝密度、快纵波速度三个参数。由于网状裂缝中传播的纵波速度总体低于单组裂缝或无裂缝的地层中纵波的传播速度，因而，利用 VVAZ 可以判别网状缝的存在。对不同的快波速度与快慢波速度差组合所代表的裂缝发育特征，可归纳为：

组合①："快波速度大 + 快慢波速度差小"，代表裂缝不发育。

组合②："快波速度大 + 快慢波速度差大"，代表单组裂缝发育，快波方位代表裂缝走向。

组合③："快波速度小 + 快慢波速度差小"，代表网状裂缝发育。

6.2.9 HTI 介质衰减各向异性裂缝预测

品质因子 Q 是表征地下介质中地震波衰减的参数。Q 不仅反映了介质的固有性质，还可用于储层各向异性的预测。与叠后地震数据相比，炮检距矢量片（OVT）叠前地震数据包含了详细的地层信息和储层数据，从 OVT 域地震数据提取 Q 参数，能提高衰减计算的准确性。同时，基于广义 S 变换（generalized S-transform，GST）和蒂格-凯塞（Teager-Kaiser，T-K）能量算子，能进一步提升 Q 值计算精度。首先，利用 GST 对叠前道集进行高精度时频分析；然后，计算地震波的单频 T-K 能量；最后，计算抽样波长距离内的相对衰减量，可以得到衰减拟 Q 值。

1. Q 值各向异性的研究意义

目前，AVAZ 分析已成功用于各向异性（微裂缝）预测，但只能提供储层界面附近裂缝性质的信息，而地震波的吸收衰减取决于储层的平均弹性参数，衰减随方位的变化可以更好地了解储层内部的各向异性（微裂缝）特征。Hosten 等（1987）通过超声波装置研究各向异性介质中的慢度与衰减系数，结果表明衰减系数存在较强的各向异性，并且其对称性与速度的对称性密切相关。Maultzsch 等（2007）利用垂直剖面（VSP）地震数据研究吸收衰减随方位的变化规律，发现地震波能量在裂缝型储层处衰减更严重，并且沿裂缝方向传播时衰减最弱。Ekanem 等（2009）通过物理模型方法研究定向排列的垂直裂缝对 Q 值的影响，证实垂直裂缝层的品质因子 Q 值随方位角变化而变化；其中，Q 值沿裂缝走向时最大，沿裂缝倾向时最小。在裂缝介质中，Q 值方位各向异性比速度方位各向异性更强。因此，利用 Q 值方位各向异性开展裂缝预测，有利于改善预测精度。

为了更好地描述 Q 的各向异性，Tsvankin（1997）引入了 Thomsen Q 各向异性参数，并研究了相速度和衰减系数与各向异性参数之间的关系。对于 HTI 介质，Chichinina 等（2006a，2006b）利用复值弱度推导了方位各向异性衰减表达式，并对油气水裂缝储层的敏感性进行了分析，结果表明衰减各向异性对气层更加敏感。

此外，Teager H M 和 Teager S M（1990）提出了 Teager 能量算子，用于跟踪信号的瞬时能量，Kaiser（1990）推导出其离散形式。因 T-K 能量算子具有良好的局部分析能力及考虑了频率特性，被引入地震勘探领域，并在 Q 值计算中发挥了重要作用。

2. Q 值计算原理

T-K 能量算子是运用差分运算跟踪信号瞬时能量的非线性算子，考虑了信号的频率特性，T-K 能量算子具有良好的局域特性及计算的简洁高效性。Kaiser（1990）给出离散时间信号在 $t = n\Delta t$ 处的 T-K 能量为

$$E_n = x_n^2 - x_{(n+1)}x_{(n-1)} \tag{6-31}$$

式中，x_n 是离散时间信号的采样。

利用式（6-31）计算地震信号的瞬时能量，且其对于单频信号是严格成立的。因此，考虑将广义 S 变换与 T-K 能量算子相结合，计算地震波的瞬时能量，展布地震波能量的时频分布特征。设窗口函数为

$$w(t,f) = \frac{\lambda |f|^p}{\sqrt{2\pi}} e^{\frac{-\lambda^2 f^2 p t^2}{2}} \tag{6-32}$$

式中，f 为频率；t 为时间；λ、p 为可调节参数，用于调节窗口函数的时宽和衰减趋势。

则非平稳信号广义 S 变换表达式为

$$\text{GST}(\tau,f) = \int_{-\infty}^{+\infty} h(t) \frac{\lambda |f|^p}{\sqrt{2\pi}} e^{\frac{-\lambda^2 f^2 p (\tau-t)^2}{2}} e^{-\text{i}2\pi f t} \text{d}t \tag{6-33}$$

式中，τ 为小波的时间位置。为了简便运算，将其转化为两个函数的褶积运算，即

$$\text{GST}(\tau,f) = \left[h(\tau)e^{-\text{i}2\pi f \tau}\right] * \left(\frac{\lambda |f|^p}{\sqrt{2\pi}} e^{\frac{-\lambda^2 f^2 p t^2}{2}}\right) \tag{6-34}$$

对窗口函数进行能量归一化，使 $\int_{-\infty}^{+\infty} |w(t,f)|^2 \text{d}t = 1$，则广义 S 变换是无损可逆的。

结合 T-K 能量算子和广义 S 变换计算离散地震信号的 Teager 能量，充分利用了广义

S变换的时频分辨能力和 T-K 能量算子的瞬时能量聚集性。因此，提取的低频衰减参数具有较高的能量瞬时性和分辨性，能够有效地压制非油气储层引起的强振幅异常，可实现油气水层的有效识别。

品质因子 Q 是表征地震波能量衰减的常用物理量。根据基本定义，对其进行改进，就可以由公式（6-35）计算抽样波长内的能量相对衰减量（$\lambda=vT$），得到拟 Q 值，即

$$\frac{1}{\hat{Q}} = \frac{E_0 - E_n}{2\pi E_0} \tag{6-35}$$

式中，$\hat{Q}$ 为似 Q 值；E_0 为参照点能量；E_n 为 n 点处的地震波瞬时能量。

3. 基于 HTI 介质理论的衰减各向异性预测方法

裂缝将导致储层表现出方位各向异性。如果这些裂缝被流体（油、水、气）充填，裂缝之间或裂缝内的流体流动或从裂缝到岩石孔隙的流体流动，将导致地震波随方位角的变化而衰减，即发生衰减各向异性。这种衰减各向异性现象，可以采用 HTI 介质理论进行描述。

无衰减的有效裂缝 HTI 介质的刚度矩阵中，引入复值法向切向弱度，可以得到描述衰减的 HTI 介质的复刚度矩阵。根据哈德森（Hudson）理论，可以构建弱度用裂缝参数表达的表达式，还可以得到 HTI 介质中纵波相速度 $\tilde{V}(\varphi)$ 沿法向角 φ 传播的速度表达式，即

$$\tilde{V}^2(\varphi) = V_P^2[1 - (\Delta_N - i\Delta_N^I)(1 - 2g\sin^2\varphi)^2 - \Delta_T g\sin^2 2\varphi] \tag{6-36}$$

式中，V_P 为纵波速度；$g = \left(\dfrac{V_S}{V_P}\right)^2$，$V_S$ 为横波速度；Δ_T 为切向弱度；$\Delta_N - i\Delta_N^I$ 为法向弱度。

采用 Carcione 等（1998）对 Q 的定义式：

$$\frac{1}{Q} = \frac{\mathrm{Im}(\tilde{V}^2)}{\mathrm{Re}(\tilde{V}^2)} \tag{6-37}$$

其中，

$$\begin{cases} \mathrm{Im}(\tilde{V}^2) = \Delta_N^I V_P^2 (1 - 2g\sin^2\varphi)^2 \\ \mathrm{Re}(\tilde{V}^2) = V_P^2[1 - \Delta_N(1 - 2g\sin^2\varphi)^2 - \Delta_T g\sin^2 2\varphi] \equiv V(\varphi)^2 \end{cases} \tag{6-38}$$

利用式（6-36）和式（6-37），可以推导出纵波方位变化衰减的表达式，即

$$\frac{1}{Q} = \frac{\Delta_N^I (1 - 2g\sin^2\varphi)^2}{[1 - \Delta_N(1 - 2g\sin^2\varphi)^2 - \Delta_T g\sin^2 2\varphi]^2} \tag{6-39}$$

用 α 表示入射角（相对于 z 轴），用 ϕ 表示方位角（对称轴 x 与测线的夹角），可以得到衰减关于 α 和 ϕ 的关系：

$$Q_P^{-1}(\phi, \alpha) = \frac{\Delta_N^I [1 - 2g(1 - \sin^2\alpha\cos^2\phi)]^2}{1 - \Delta_N[1 - 2g(1 - \sin^2\alpha\cos^2\phi)]^2 - 4g\Delta_T g\sin^2\alpha\cos^2\phi(1 - \sin^2\alpha\cos^2\phi)} \tag{6-40}$$

选择 Hudson 的流体衰减模型 II 来计算。对流体充填的薄裂缝,法向弱度 $\Delta_N \to 0$ 式(6-40)可近似为 $Q^{-1/2}$ 与 $\sin^2 \alpha$ 的线性关系,将 ϕ 表示为测线与坐标轴夹角 ϕ、裂缝对称轴与坐标轴夹角 ϕ_0 之差的形式,即

$$Q^{-1/2} \approx A_0 + B^\perp \cos^2(\phi - \phi_0)\sin^2 \alpha = A_0 + B(\phi)\sin^2 \alpha \tag{6-41}$$

如图 6-9 所示,显示了 $V_S/V_P = 0.5$、$\Delta_N = 0.35$、$\Delta_T = 0.21$、$\Delta_N^I = 0.0062$ 时,代入方程(6-41)计算得到的 HTI 介质衰减各向异性特征。由图可见,HTI 介质的逆品质因子 Q^{-1} 不仅随着入射角的变化而变化,而且也随方位角的变化而变化,说明了 Q^{-1} 具有十分明显的方位特征;而且,随着入射角的不断增大,逆品质因子的方位特征也会更为显著。因此,在当用地震数据进行储层各向异性预测时,一般需要大入射角、宽方位的地震数据,才能够较好地体现出地层的各向异性特征。

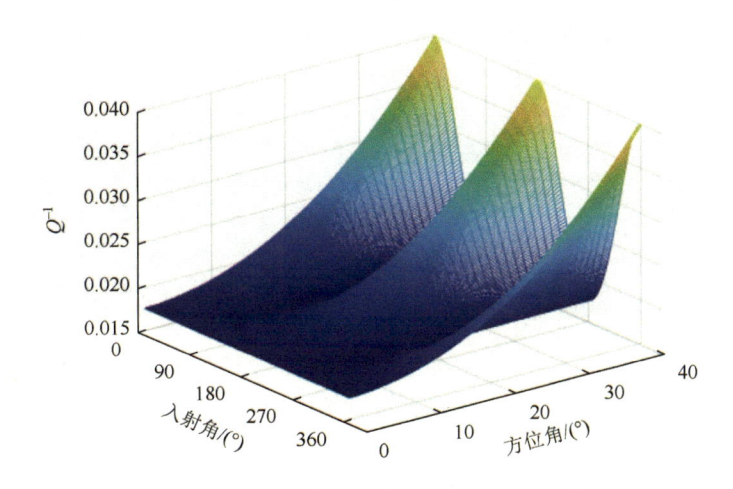

图 6-9 HTI 介质衰减各向异性(QVAZ)特征

方位角和入射角对裂缝储层的逆品质因子有显著影响。如图 6-10 所示,显示了逆品质因子随入射角和方位角的变化规律。由图 6-10(a)可知,逆品质因子随着入射角的增大而呈现出增大的趋势。同时,虽然不同方位角的逆品质因子随着入射角的变化呈现出的趋势基本上是一致的;但是,不同方位角的逆品质因子表现出的随入射角增大的程度却存在一定的差异。也就是说,在小入射角时,不同方位角的逆品质因子之间的差别较小;而随着入射角的增大,不同方位角的逆品质因子之间的差异也逐渐增大,表明了地震数据的各向异性方位特征增大入射角时更加显著。由图 6-10(b)可见,在裂缝对称轴方位(0°,180°)处逆品质因子最大,在裂缝方位(90°,270°)处最小,并且呈现出以 π 为周期的周期性变化的规律。在常规的反射数据中,入射角度范围一般为 0°~40°。逆品质因子也随偏移距增大而增大;在入射角为 40°时,逆品质因子最大;而对于较小的入射角,逆品质因子的大小变化较小。由图 6-10(c)可知,逆品质因子随着方位角的变化均呈现出近似椭圆形的规律,且入射角越大,逆品质因子的椭圆扁率会越大,也就说明了大入射角的方位特征更为显著。同时,逆品质因子分别在方位角为 0°、180°取得极大

值，在 90°和 270°时取得极小值，这也说明了在 0°和 180°时（垂直裂缝方向）衰减各向异性影响最大，在 90°和 270°时（平行裂缝方向）衰减各向异性影响最小。

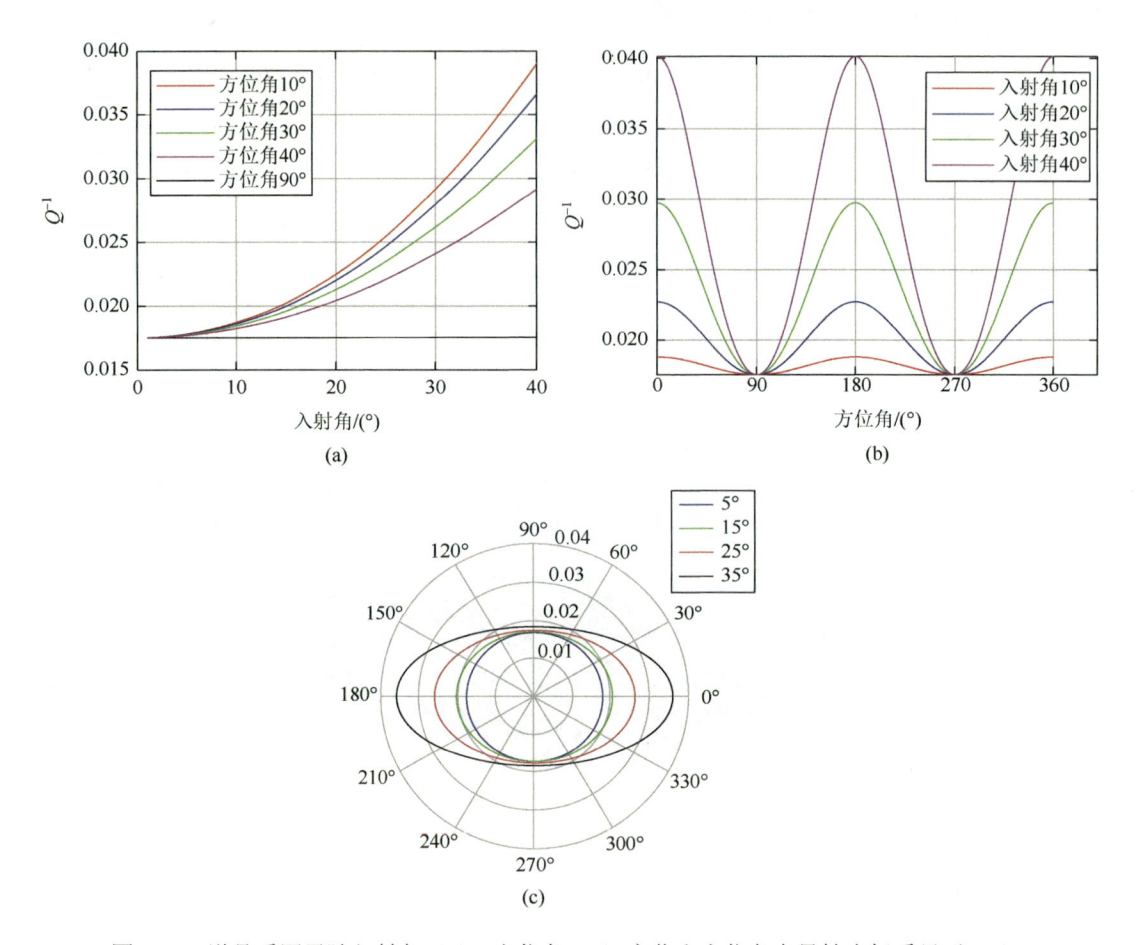

图 6-10 逆品质因子随入射角（a）、方位角（b）变化和方位各向异性坐标系显示（c）

这里，采用井旁地震道叠前道集，来分析逆品质因子分方位椭圆拟合法裂缝预测效果。首先，将叠前地震数据进行共炮检距共方位角叠加；经分析，1000～3000m 偏移距范围适合各向异性分析。然后，将井旁叠前道集按方位角进行叠加，形成 6 道叠加地震数据；如图 6-11（a）所示，显示了 0°～30°、30°～60°、60°～90°、90°～120°、120°～150°、150°～180°的分方位叠加地震道。显然，叠加后的地震道具有更高的信噪比，有利于后续各向异性分析。之后，利用 6 道地震数据提取逆品质因子；在进行逆品质因子椭圆拟合时，椭圆扁率代表各向异性（裂缝）强度。图 6-11（b）为井旁道地震记录，图 6-11（c）为广义 S 变换时频谱，图 6-11（d）为 T-K 能量谱，图 6-11（e）为单道逆品质因子，储层为目标层位于 $t=1600\text{ms}$ 处。由图 6-11（b）和（c）可知，在 $t=1600\text{ms}$ 附近振幅能量强；其中，T-K 能量谱的能量聚焦性更好，广义 S 变换与 T-K 能量相结合，能量聚焦性非常高，瞬时性也强，能够准确定位储层；逆品质因子在储层位置异常明显，说明该处各向异性较强。图 6-12 显示了井旁地震道随机选取的两个时刻两组逆品质因子椭圆拟合效果；由图可见，椭圆特征明显，各向异性显著。

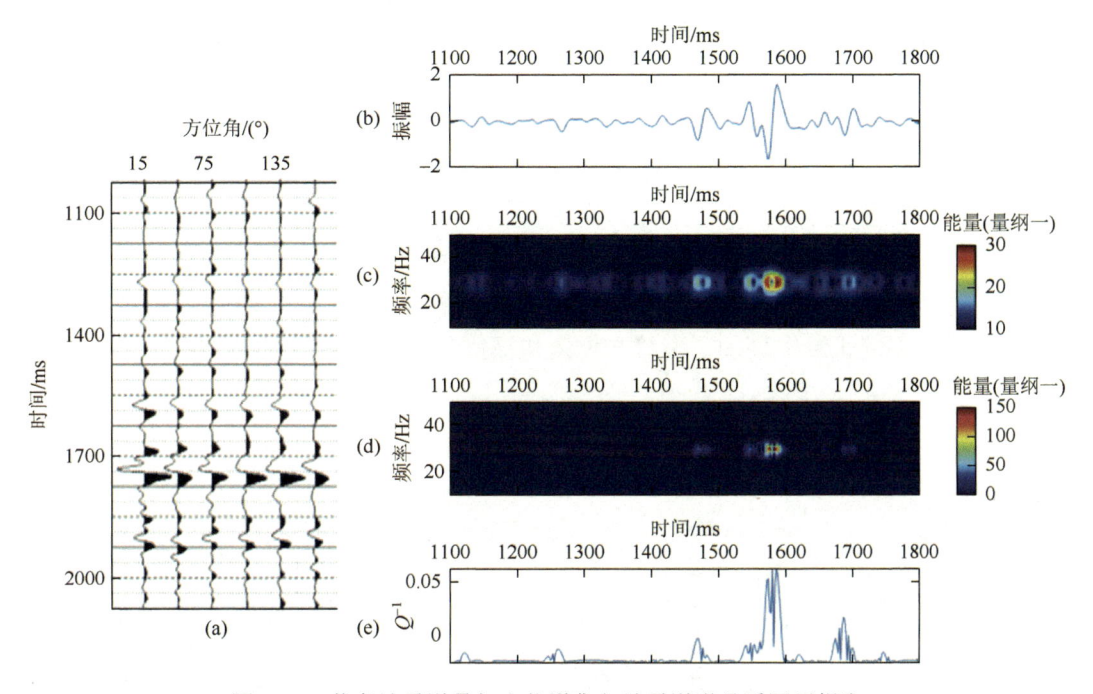

图 6-11　井旁地震道叠加方位道集与地震道逆品质因子提取

（a）分方位叠加道集；（b）井旁道地震记录；（c）广义 S 变换时频谱；（d）T-K 能量谱；（e）单道逆品质因子

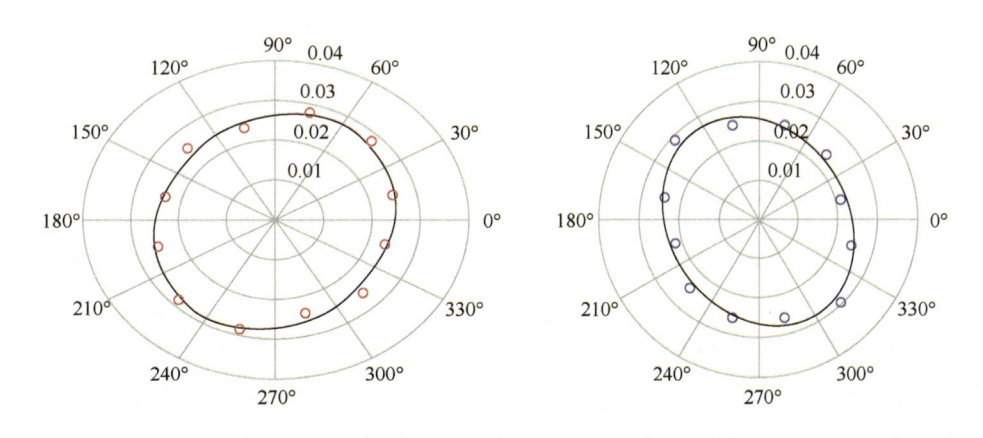

图 6-12　逆品质因子各向异性椭圆拟合效果

6.2.10　正交各向异性介质频散各向异性裂缝预测

1. Chapman 动态等效介质理论

考虑到实际储层通常发育有多组裂缝，查普曼（Chapman）将单裂缝模型扩展到了包含两组不同方向、大小和连通性的裂缝集，如图 6-13 所示。双裂缝模型证明了由两个特征频率（频散或衰减随频率变化最大时对应的频率）控制的频率相关各向异性，这两个特性频率由流体流动性和裂缝的长度尺度定义。与单个裂缝组的情况相比，裂缝相关的色散和衰减通常发生在更宽的频带上。当一组裂缝被建模为封闭时，速度和衰减的方位变化可能不同，最小衰减的方位角与开放裂缝组的走向一致。包含两组裂缝的频变刚度张量为

$$C_{ijkl}(\omega) = C_{ijkl}^0 - \phi C_{ijkl}^p(\omega) - \varepsilon_1 C_{ijkl}^{f1}(\omega) - \varepsilon_2 C_{ijkl}^{f2}(\omega) \tag{6-42}$$

式中，各向同性项 C_{ijkl}^0 和孔隙校正项 $C_{ijkl}^p(\omega)$ 与单裂缝模型一样。由于实际地层中微裂缝的孔隙度通常远小于孔隙，此处省略了微裂缝的作用。$C_{ijkl}^{f1}(\omega)$ 和 $C_{ijkl}^{f2}(\omega)$ 分别为两组裂缝的校正张量，裂缝张量中增加了裂缝方位角和极化角，用以控制裂缝形态。

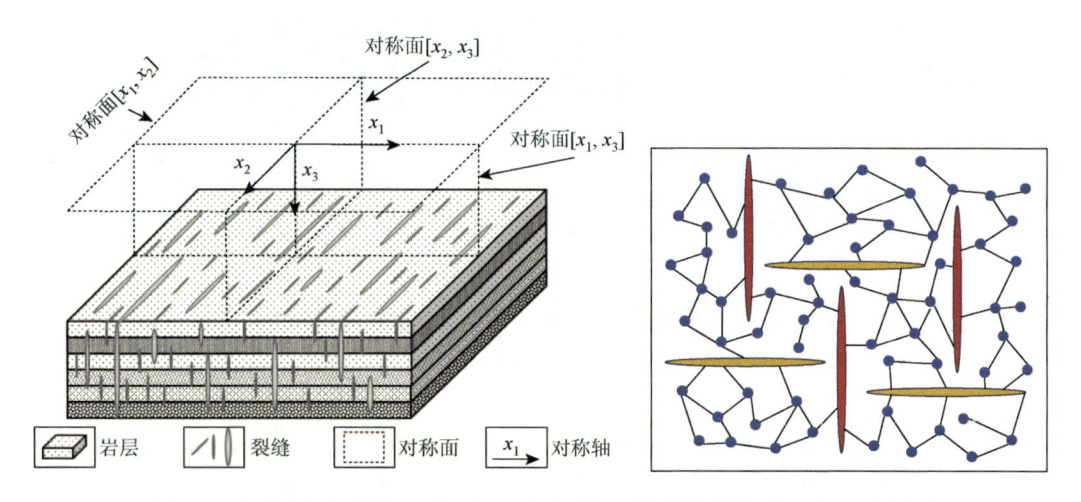

图 6-13　正交各向异性介质（左）及含两组正交裂缝的模型（右）示意图

注：x_1 为裂缝正交对称轴；x_2 为裂缝平行对称轴；x_3 为横向各向同性（TI）介质的对称轴

在 Chapman 模型中，最重要的两个参数分别是两种尺度下的弛豫时间，微观尺度下的弛豫时间由孔隙与微裂缝之间、不同方向微裂缝之间的流体流动引起，对应传统的喷射流频率（微观弛豫时间 τ_m），与流体黏度和渗透率有关；介观尺度下的弛豫时间，由裂缝与孔隙、微裂缝之间的流体流动引起，对应较低的特征频率（介观弛豫时间 τ_f），主要由裂缝尺度决定。两种弛豫时间有如下关系：

$$\tau_f = \left(\frac{a_f}{\varsigma}\right) \tau_m \tag{6-43}$$

式中，a_f 为裂缝半径；ς 为岩石颗粒尺度（微观尺度）。

通过式（6-42）得到矩阵张量 C 后，求解 Christoffel 方程，可得到具有频率依赖性的复相速度 $V(f)$。同时，根据以下公式可进一步得到实相速度 $V_P(f)$ 和逆品质因子 $Q_P^{-1}(f)$，即

$$\begin{cases} \tau_f = \left(\dfrac{a_f}{\varsigma}\right)\tau_m \\ Q_P^{-1}(f) = \dfrac{\mathrm{Im}\left(V_P(f)^2\right)}{\mathrm{Re}\left(V_P(f)^2\right)} \end{cases} \quad (6\text{-}44)$$

各向异性参数 δ 在两个对称平面内的分量 δ_x 和 δ_y 分别表示为

$$\begin{cases} \delta_x = \dfrac{(c_{13}+c_{55})^2 - (c_{33}-c_{55})^2}{2c_{33}(c_{33}-c_{55})} \\ \delta_y = \dfrac{(c_{23}+c_{44})^2 - (c_{33}-c_{44})^2}{2c_{33}(c_{33}-c_{44})} \end{cases} \quad (6\text{-}45)$$

依据 Chapman 模型进行了数值模拟，可以了解正交各向异性介质弹性参数的频变特性和流体敏感性。假设各向同性背景介质中的拉梅常数 $\lambda=31\mathrm{GPa}$，$\mu=13\mathrm{GPa}$，骨架密度为 $2.5\mathrm{g/cm^3}$，孔隙度为 0.1，两组裂缝的极化角分别为 0°和 90°，裂缝密度均为 0.02 条/m，平均裂缝半径为 1m。这里考虑了孔隙空间中分别充填水和气两种情况，以区分不同流体饱和下的频散程度。假设水饱和时的流体体积模量为 2GPa，流体密度为 $1\mathrm{g/cm^3}$，微观弛豫时间 $\tau_m = 3\times10^{-5}\mathrm{s}$；气饱和时的流体体积模量为 0.4GPa，流体密度为 $1000\mathrm{g/cm^3}$，微观弛豫时间 $\tau_m = 9\times10^{-7}\mathrm{s}$。

如图 6-14 所示，显示了纵波速度 V_P 和逆品质因子 Q_P^{-1} 分别在饱和水和气两种情况下随频率的变化（地震波入射角为零）。由图可见，纵波速度在饱和气与饱和水的情况下有很大差异；气饱和时，纵波速度随频率的增加从 2600m/s 增加到 2864m/s，特征频率为 28Hz，与逆品质因子 Q_P^{-1} 的特征频率一致；水饱和时，纵波速度和逆品质因子都几乎不随频率变化。图 6-14（c）显示了纵波速度关于频率的导数，可见饱和气时纵波速度的频散程度随频率先增大后逐渐减小，而饱和水时纵波速度频散程度随频率增加快速衰减为零，其曲线变化形态与逆品质因子相似。如图 6-15 所示，显示了两个各向异性参数分量 δ_x 和 δ_y 随频率的变化规律，其与频率导数的绝对值随频率变化的规律均与纵波速度类似。因此，与 δ_x 和 δ_y 有关的频散项可用于识别不同的流体类型。

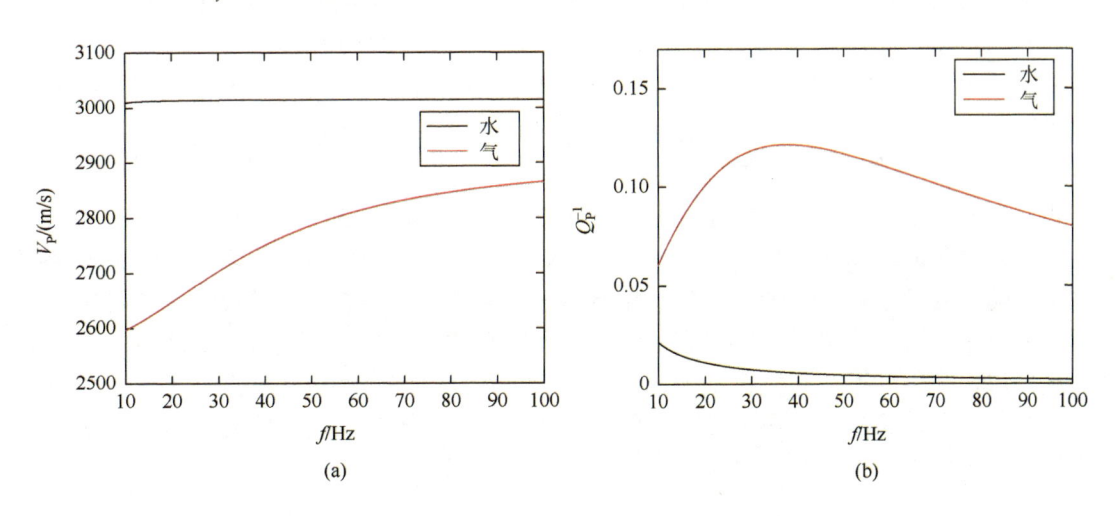

(a)

(b)

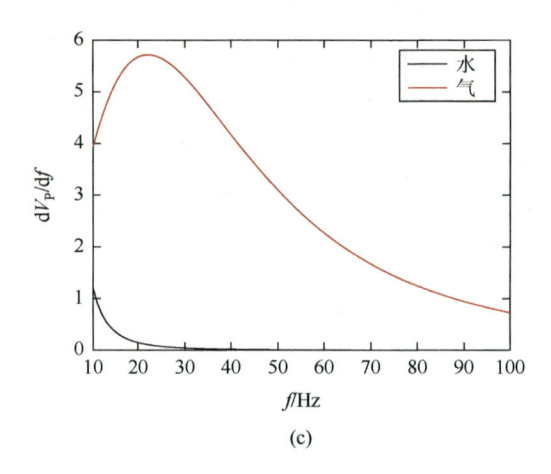

图 6-14 饱和气和饱和水情况下纵波速度（a）、逆品质因子（b）及纵波速度关于频率的导数（c）随频率的变化

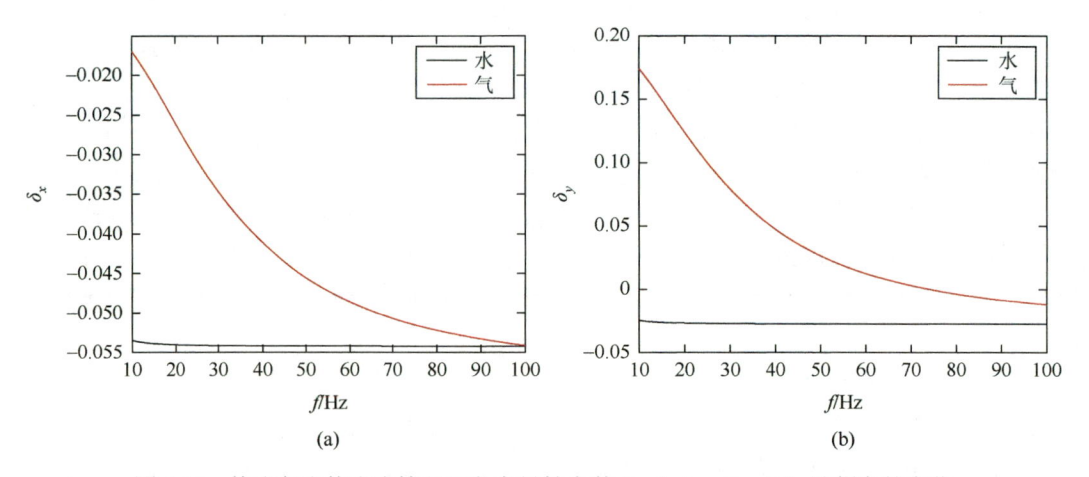

图 6-15 饱和气和饱和水情况下各向异性参数 δ_x（a）、δ_y（b）随频率的变化

不同入射角和方位角，对频散程度具有不同影响。采用 Chapman 模型可以证实。在上述 Chapman 模型中设垂直裂缝组的法向方位角为 0°，固定地震波方位角为 30°，入射角在 0°~90°范围内变化；选择频散现象较明显的饱和气模型，计算纵波速度随入射角和频率的变化。定义 $\Delta M(\theta) = V_P(f_{max}, \theta) - V_P(f_{min}, \theta)$、$\Delta N(\phi) = V_P(f_{max}, \phi) - V_P(f_{min}, \phi)$（其中，$\theta$ 和 ϕ 分别为入射角和方位角）来表示纵波速度在不同入射角和方位角时的频散程度。在正交各向异性介质中，纵波速度同时随频率和入射角发生变化；在频率较低时，纵波速度随入射角的变化更明显，如图 6-16 所示。从图 6-16（a）中可以看出，纵波速度频散程度随入射角的增大而减小。虽然随着入射角增大，地震波对水平裂缝的挤压作用减弱，而对垂直裂缝的挤压作用增强；但随着入射角的增大，地震波被反射回来的能量也逐渐增加，传入地下介质能量越来越少，从而导致地震波对裂缝整体的挤压作用减弱；流体流动变少，最后反映在地震响应中就是频散和衰减现象减弱。因此，各向异性频散属性反演过程中，选择的入射角不宜过大。

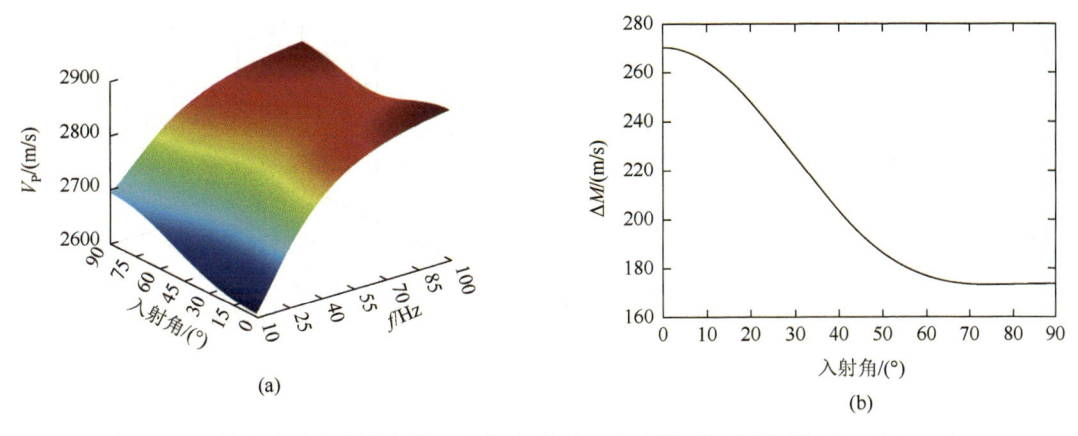

图 6-16 纵波速度随频率和入射角的变化（a）和频散程度随入射角的变化（b）

如图 6-17 所示，显示了纵波速度随频率和方位角、频散程度随方位角的变化。在图 6-17（a）中，纵波速度随方位角呈现周期性变化，且在低频时这种变化更剧烈。图 6-17（b）显示，纵波频散程度分别在 90°、270°和 360°时取得最大值，此时地震波传播方向与垂直裂缝的法向平行。说明若要提高反演效率，反演时的方位角范围，只需选择一个周期内（如 0°~180°）的数据，就可以获得速度、频散等方位变化特征。

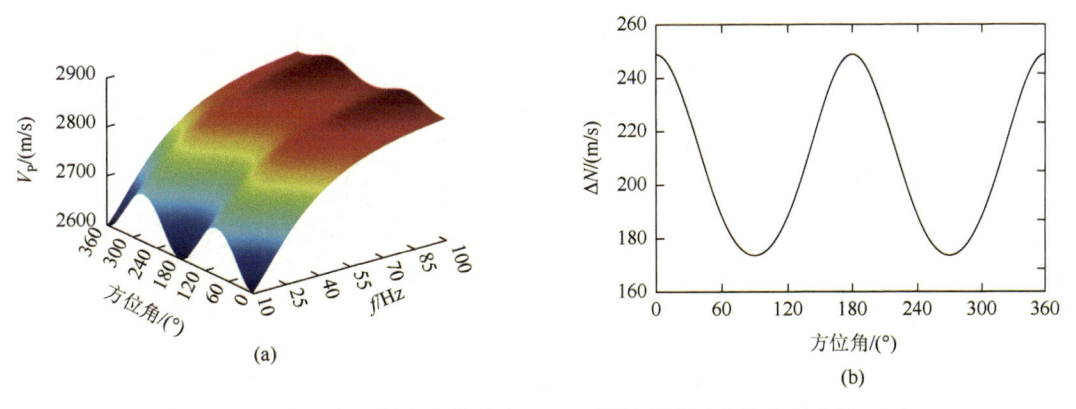

图 6-17 纵波速度随频率和方位角（a）、频散程度随方位角的变化（b）

2. OA 介质频变近似方程

在弱各向异性和界面连续的条件下，Pšenčik 和 Martins（2001）推导了任意各向异性和对称轴背景下的正交各向异性介质纵波反射系数近似方程。当正交各向异性模型与观测直角坐标系的坐标轴相同、入射角小于 30°时，方程中各向同性部分采用舒依（Shuey）形式的近似，该方程可简化为

$$\begin{cases} R(\theta,\phi) = R^{\text{iso}}(\theta) + R^{\text{ani}}(\theta, \phi - \phi_s) \\ R^{\text{iso}}(\theta) = P + G\sin^2\theta \\ R^{\text{ani}}(\theta,\phi) = \left[\Gamma_x \cos^2(\phi - \phi_s) + \Gamma_y \sin^2(\phi - \phi_s) \right] \sin^2\theta \end{cases} \quad (6\text{-}46)$$

式中，P、G分别为各向同性部分的截距；θ为纵波入射角；ϕ是OVT道集在观测坐标系下的方位角；ϕ_s是裂缝对称轴在观测坐标系下的方位角；Γ_x为各向异性参数在对称面$[X_1,X_3]$内的分量；Γ_y为各向异性参数在对称面$[X_2,X_3]$内的分量。采用$\Delta(\cdot)$表示上下层介质参数的差值，一般为下层参数减上层参数；$\overline{(\cdot)}$表示上下层介质参数的平均值，则

$$\begin{cases} P = \dfrac{1}{2}\dfrac{\Delta I_P}{\overline{I_P}} \\ G = \dfrac{1}{2}\left[\dfrac{\Delta\alpha}{\overline{\alpha}} - \left(\dfrac{2\overline{\beta}}{\overline{\alpha}}\right)^2 \dfrac{\Delta(\rho\beta^2)}{\overline{(\rho\beta^2)}}\right] \\ I_P = \alpha\rho \\ \Gamma_x = \dfrac{1}{2}\left(\Delta\delta_x - 8\dfrac{\overline{\beta}^2}{\overline{\alpha}^2}\Delta\gamma_x\right) \\ \Gamma_y = \dfrac{1}{2}\left(\Delta\delta_y - 8\dfrac{\overline{\beta}^2}{\overline{\alpha}^2}\Delta\gamma_y\right) \\ \delta_x = \dfrac{A_{13} + 2A_{55} - \alpha^2}{\alpha^2} \\ \delta_y = \dfrac{A_{23} + 2A_{44} - \alpha^2}{\alpha^2} \\ \gamma_x = \dfrac{A_{55} - \beta^2}{2\beta} \\ \gamma_y = \dfrac{A_{44} - \beta^2}{2\beta} \end{cases} \quad (6\text{-}47)$$

式中，ρ为密度；α和β分别为背景介质的纵波速度和横波速度；$A_{ij}=C_{ij}/\rho$为密度归一化的正交弹性刚度。

研究表明，地震频散与流体饱和度具有很强的相关性。特别是在含有丰富流体的岩石中，可能存在相当大的地震频散。因此，地震各向异性频散特性可以用来识别裂缝性储层中的流体。基于Wilson等（2009）提出的将反射系数拓展到频率域的思路，可以建立一种基于正交各向异性介质的频变AVAZ（可简称为FDAVAZ）反演方法，来获得正交各向异性频散属性。

假设公式中的$R(\theta,\phi)$、P、G、Γ_x和Γ_y是频率的函数，则可以将方程（6-46）拓展到频率域：

$$R(\theta,\phi,f) = P(f) + G(f)\sin^2\theta + \Gamma_x(f)\cos^2(\phi-\phi_s)\sin^2\theta + \Gamma_y(f)\sin^2(\phi-\phi_s)\sin^2\theta$$

$$(6\text{-}48)$$

将式（6-48）关于某一参考频率f_0对P、G、Γ_x和Γ_y进行泰勒级数展开，并省略高阶项，整理得

$$R(\theta,\phi,f) \approx R(\theta,\phi,f_0) + (f-f_0)\left(I_a + I_b\sin^2\theta + I_c\cos^2(\phi-\phi_s)\sin^2\theta + I_d\sin^2(\phi-\phi_s)\sin^2\theta\right)$$
(6-49)

这里，
$$R(\theta,\phi,f_0) \approx P(f_0) + G(f_0)\sin^2\theta + \Gamma_x(f_0)\cos^2(\phi-\phi_s)\sin^2\theta + \Gamma_y(f_0)\sin^2(\phi-\phi_s)\sin^2\theta$$
(6-50)

且
$$\begin{cases} I_a = \dfrac{\mathrm{d}}{\mathrm{d}f}(P(f)) \\ I_b = \dfrac{\mathrm{d}}{\mathrm{d}f}(G(f)) \\ I_c = \dfrac{\mathrm{d}}{\mathrm{d}f}(\Gamma_x(f)) \\ I_d = \dfrac{\mathrm{d}}{\mathrm{d}f}(\Gamma_y(f)) \end{cases}$$
(6-51)

式中，I_a为纵波截距频散属性；I_b为各向同性梯度频散属性；I_c和I_d是不同对称面内的各向异性梯度项Γ_x和Γ_y关于频率的导数，代表了各向异性参数的频散程度，称为各向异性梯度频散项。

方程（6-49）可以被进一步简化为
$$\Delta R(\theta,\phi,f) = I_a(f-f_0) + I_b(f-f_0)\sin^2\theta + I_c(f-f_0)\cos^2(\phi-\phi_s)\sin^2\theta \\ + I_d(f-f_0)\sin^2(\phi-\phi_s)\sin^2\theta$$
(6-52)

式中，$\Delta R(\theta,\phi,f) = R(\theta,\phi,f) - R(\theta,\phi,f_0)$。方程（6-52）即为反演的目标方程，包含了参考频率f_0、各频率分量$f=(f_1,f_2,\cdots,f_k)$。其中，方位角和入射角为已知量，而I_a、I_b、I_c和I_d是待反演参数。参考频率f_0和各频率分量$f=(f_1,f_2,\cdots,f_k)$可以通过对地震数据进行频谱分解得到。参考频率f_0的选择对频散反演解释结果至关重要，若选择不当，可能导致反演结果淹没在噪声中。通过反演正交各向异性频散属性，可以识别含气性储层并表征流体饱和储层中的有效裂缝。

为了降低地震资料解释的多解性，提出各向异性频散属性的组合因子的方法。该方法主要基于正交各向异性频散属性I_c和I_d构建高灵敏度流体识别因子。考虑了以下几种频散属性因子的组合形式：
$$\begin{cases} I_{ani} = I_d - I_c \\ I_{ani} = I_d + I_c \\ I_{ani} = I_d^2 + I_c^2 \end{cases}$$
(6-53)

3. OA 介质频变反演

OVT 域叠前地震数据包含了空间（x、y）、时间（z）、入射角和方位角共五个维度的数据，空间上某一道振幅数据表示为$R(t,\theta,\phi)$（其中，t为时间采样点，θ和ϕ分别为入射角和方位角）。采用合适的时频分析方法（如连续小波变换、广义 S 变换等），可以将 $R(t,\theta,\phi)$ 转换为一系列不同频率的振幅谱 $S(t,\theta,\phi,f)$，且包括参考频率 f_0，即

$$R(t,\theta,\phi) \rightarrow S(t,\theta,\phi,f) \tag{6-54}$$

然而，由于地震子波的影响，不同频率之间的 $S(t,\theta,\phi,f)$ 能量分布并不均衡，此现象称为"子波叠印"。为了消除子波引起的能量分布不均，Wilson 等（2009）提出了一种权重函数来消除子波的叠加，以平衡不同频率分量的振幅谱，称为谱均衡，即

$$M(t,\theta,\phi,f) = S(t,\theta,\phi,f) * W(\theta,\phi,f) \tag{6-55}$$

式中，$M(t,\theta,\phi,f)$ 为谱均衡后的振幅谱；$W(\theta,\phi,f)$ 为谱均衡的权重函数，计算公式为

$$W(\theta,\phi,f) = \frac{\max[S(\theta,\phi,f_0)]}{\max[S(\theta,\phi,f)]} \tag{6-56}$$

式中，$\max[S(\theta,\phi,f_0)]$ 为参考频率 f_0 时振幅谱的最大值；$\max[S(\theta,\phi,f)]$ 为分解频率 f 时振幅谱的最大值。将式（6-55）和式（6-56）代入式（6-52）可得

$$\begin{aligned}\Delta M(\theta,\phi,f) = & I_a(f-f_0) + I_b(f-f_0)\sin^2\theta + I_c(f-f_0)\cos^2(\phi-\phi_s)\sin^2\theta \\ & + I_d(f-f_0)\sin^2(\phi-\phi_s)\sin^2\theta \end{aligned} \tag{6-57}$$

式中，$\Delta M(\theta,\phi,f) = M(\theta,\phi,f) - M(\theta,\phi,f_0)$。利用最小二乘法求解方程（6-57），在得到频散属性 I_c 和 I_d 后，计算其组合因子 I_{ani} 用于裂缝流体识别。

4. 模型效果

设计三层理论模型，分析 OA 介质频散各向异性。第一层为各向同性介质。第二层分为三部分，依次为各向同性层、饱和水裂缝层、饱和气裂缝层。裂缝层的参数与上文理论模型一致。第三层的性质与第一层相同。模型详细的参数如表 6-1 所示。

表 6-1　OA 介质模型参数

地层		纵波速度/(m/s)	横波速度/(m/s)	密度/(kg/m³)	厚度/m
第一层		3500	1750	2200	120
第二层	各向同性层	3000	1540	1900	40
	饱和水裂缝层	频散速度	频散速度	1900	40
	饱和气裂缝层	频散速度	频散速度	1800	40
第三层		3500	1750	2200	120

基于 Chapman 模型和反射率法计算一系列不同频率、方位角和入射角的反射系数后，与主频为 35Hz 的里克（Ricker）子波褶积合成叠前方位地震数据（方位角为 15°、45°、75°、105°、135°、165°；入射角为 10°、20°、30°）。如图 6-18 所示，显示了方位角 15°、入射角 30°时模型的叠前方位地震数据。其中，裂缝层部分出现"低频阴影"现象，且在饱和气的部分更为明显。

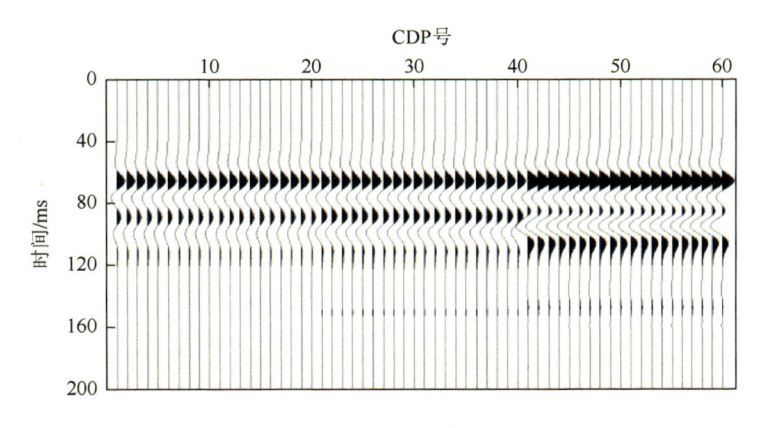

图 6-18 模型的地震 AVAZ 响应（方位角 = 15°，入射角 = 30°）

对模型数据进行 OA 介质频散各向异性反演时，采用的分解频率为 10Hz、20Hz、30Hz、40Hz、50Hz，参考频率为 35Hz，得到模型的正交各向异性频散属性 I_{ani}，如图 6-19 所示。从 I_{ani} 属性图中可以很明显地区分出三种储层；其中，各向同性部分没有裂缝，各向异性频散程度表现最弱；中间饱和水的裂缝层发育两组正交裂缝，但其中流体流动较慢，弛豫时间较长，频散程度较低；而饱和气的裂缝层弛豫时间较短，在地震频带的频散程度较高。

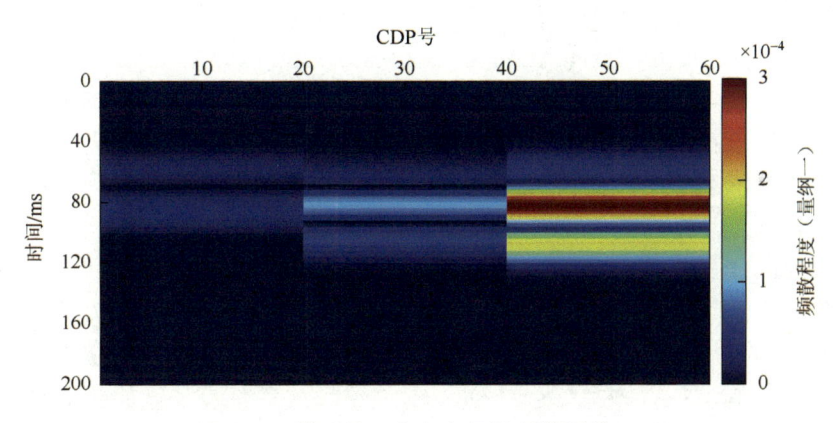

图 6-19 模型的正交各向异性频散属性 I_{ani}

6.2.11 基于储层力学性质的裂缝预测

目前，针对天然裂缝的发育密度、尺度、走向、倾角等特征属性，已经从地质、地震、测井等角度形成了多种识别方法。归纳起来，主要包括：露头、岩心、薄片裂缝分析法；测井裂缝识别法，有补偿中子（CNL）、声波时差（AC）、密度（DEN）和双侧向电阻率（DLL）等常规测井法，以及地层微电阻率成像（FMI）、层析扫描（CT）和井下电视等特殊测井法；地震裂缝预测法，有相干、曲率、蚂蚁追踪、最大似然、倾角方位角、边缘检测、纵波或转换波方位各向异性（AVAZ/VVAZ）、横波分裂、构造滤波、灰关联、关联维、分形分维、传统神经网络、深度学习、构造应力数值模拟、位错裂缝模型模拟等方法。在这些方法中，地震裂缝预测法能够实现大面积天然裂缝三维空间发育特征预测，且大多数方法都是基于叠前或叠后地震反射数据，依据振幅、能量、相位、频率、速度、波形等响应特征，从地震波的动力学、运动学、几何学和统计学等角度间接推测天然裂缝的发育情况。其中，仅构造应力数值模拟法直接分析了地应力与天然裂缝的发育关系，位错裂缝模型模拟法在格里菲斯（Griffith）强度准则和库仑（Coulomb）强度准则下直接考虑了地应力、岩石力学性质与天然裂缝的形成机制。

其实，大量的理论研究与实践证实，诱导储层产生天然裂缝的因素非常多，而地应力状态和岩石力学性质尤为重要。在产生天然裂缝（构造缝、重力破裂缝、差异压实缝、收缩缝、卸载缝、剪裂缝、张裂缝、缝合线等）的过程中，储层遭受的地应力作用属于外因，而岩石力学性质则属于内因。关于天然裂缝的形成机理，McQuillan（1973）发现构造缝与断层具有相同的成因，岩石的破裂受霍克-布朗（Hoek-Brown）强度准则、Coulomb 强度准则或 Griffith 强度准则约束；Nelson（2001）和曾联波等（2004）认为，剪裂缝与上覆岩层压力、最大地应力和最小地应力及岩石力学性质等密切相关。显然，岩层的上覆重力变化、构造挤压强弱变化、深埋藏压实变化、孔隙流体压力变化及抬升剥蚀变化等，以及褶皱、拉伸、隆起、拗陷等地质作用，均是使岩石承受的地应力状态发生改变和力学性质遭受破坏的主要根源。可见，天然裂缝是岩石力学性质在遭受外部地应力破坏后，岩石内部颗粒发生了位移，表现出自然层序或层理产生了碎裂。地应力诱导岩石产生天然裂缝，天然裂缝将促使岩石力学性质发生变化，而岩石力学性质对天然裂缝的发育规模、尺度、走向等具有控制作用。

在不同的地质年代，岩石力学性质的演化，控制着天然裂缝的形成时期。也就是说，岩石力学性质在不同构造时期伴随地应力的演化特征，决定了天然裂缝的形成时间。自沉积成岩以来，岩石将受到不同地质演化时期的古地应力和现今地应力的先后作用。在古地应力的作用下，若古岩石力学性质遭受破坏，将产生古天然裂缝；同样，在现今地应力的作用下，若岩石力学性质遭受破坏，也将导致现今（新）天然裂缝的产生。因此，在油气圈闭中，储层力学性质是岩石先后遭受古地应力和现今地应力双重作用之后，表现出的弹性、强度、脆性等现今力学特征。现今力学性质是古岩石力学性质的演化和残余，若因遭受破坏而产生了裂缝，岩石力学性质将表现出包含裂缝信息的力学响应特征。因此，通过分析储层承受的现今地应力，在研究现今岩石力学性质的基础上，能够评估岩石的稳定性、脆性、弹性、强度等力学性质异常，可为天然裂缝的预测提供直接依据。

因此，基于莫尔-库仑（Mohr-Coulomb）强度准则、太沙基（Terzaghi）有效地应力原理和安德森（Anderson）地应力关系的确立模式，利用泊松比、杨氏模量等弹性参数和最大水平地应力、最小水平地应力等参数，推导内摩擦角、黏聚力和脆性指数等岩石力学性质表征参数的数学公式；在综合考虑水平地应力差异系数、孔隙流体压力、破裂压力、内摩擦角、抗张强度、脆性、稳定性等裂缝影响因素的基础上，构建反映裂缝发育概率的岩石破裂指数计算公式，能建立一种储层裂缝发育特征预测新方法。结合岩心力学测试、测井、地质、地震等信息，可为油气运聚空间预测、储层压裂横向选区与纵向选段等提供基础支撑。

1. 岩石力学性质表征参数计算

在岩石力学中，岩石力学性质是指岩石在一定的应力条件下表现出来的硬度、强度、弹性、塑性、弹塑性、脆性、断韧性、稳定性、流变性、发热等力学性质。在油气领域，重点关注弹性、强度、脆性、断韧性和稳定性等岩石力学性质；尤其在油气勘探开发过程中，进行钻井、完井和储层压裂等工程设计与施工作业之前，岩石的弹性、强度、脆性、断韧性和稳定性是储层综合评价的核心内容。

在岩石力学试验和油气勘探开发实践中，主要采用抗压强度、抗剪强度、抗张强度、黏聚力、内摩擦角、脆性指数等参数来表征岩石力学性质。在一定条件下，这些表征参数可以基于 Mohr-Coulomb 强度准则，利用莫尔圆和库仑线性方程进行求解计算。由于岩石在产生剪切、纯剪切、张剪和脆性剪切等破坏的过程中，满足 Mohr-Coulomb 强度准则，剪切应力和轴向应力之间的数学关系遵守库仑线性方程，故

$$\tau = C + \sigma \tan\varphi \quad \text{或} \quad \sigma_1 = 2C\frac{\cos\varphi}{1-\sin\varphi} + \sigma_3\frac{1+\sin\varphi}{1-\sin\varphi} \tag{6-58}$$

式中，τ 为剪切应力，MPa；σ 为轴向应力，MPa；σ_1 为轴向压力，MPa；$\sigma_3(\sigma_2=\sigma_3)$ 为侧向围压，MPa；C 为黏聚力，MPa；φ 为内摩擦角，$\varphi \in [0°, 90°]$。

根据莫尔圆线性包络线力学参数几何关系，在岩石三轴应力状态（含 $\sigma_3=0$ 的单轴应力状态）下，由式（6-58）可以推导出岩石黏聚力 C 和内摩擦角 φ 的表达式，即

$$C = \sigma_1\frac{1-\sin\varphi}{2\cos\varphi} - \sigma_3\frac{1+\sin\varphi}{2\cos\varphi} \tag{6-59}$$

依据式（6-59）表述的 Mohr-Coulomb 强度准则，当岩石承受应力大于 σ_1 或小于 σ_3 时，岩石将失去平衡而产生破裂。在即将产生破裂的临界状态，岩石的抗压强度和抗张强度计算公式为

$$\sigma_c = 2C\frac{\cos\varphi}{1-\sin\varphi} \tag{6-60}$$

$$\sigma_t = 2C\frac{\cos\varphi}{1+\sin\varphi} \tag{6-61}$$

式中，σ_c 为抗压强度（compressive strength），MPa；σ_t 为抗张强度（tensile strength），MPa。

通过岩石实验测试分析，Altindag（2002，2003）在岩石力学性质——脆性特征研究方面取得了重要进展，利用岩石抗压强度和抗张强度建立了脆性指数计算公式，即

$$B = \frac{\sigma_c \times \sigma_t}{2} \tag{6-62}$$

式中，B 为脆性指数，MPa^2。

利用式（6-60）和式（6-61），可以将脆性指数计算公式（6-62）变换为黏聚力 C 或轴向应力 σ_1、σ_3 和内摩擦角 φ 的函数，即

$$B = 2C^2 \quad \text{或} \quad B = 2\left(\sigma_1\frac{1-\sin\varphi}{2\cos\varphi} - \sigma_3\frac{1+\sin\varphi}{2\cos\varphi}\right)^2 \tag{6-63}$$

由式（6-62）和式（6-63）可知，岩石的脆性指数与抗压强度、抗张强度、黏聚力和

内摩擦角存在数学关系，利用轴向应力、内摩擦角、黏聚力等可以计算岩石的脆性指数。由于内摩擦角与岩石的颗粒粗细、孔隙度、饱和度等相关，且轴向应力 σ_1、σ_3 与岩石的埋藏深度、沉积构造环境、孔隙度、各向异性等因素相关，大量的研究文献显示，岩石的矿物颗粒类型、粒径长度、孔隙度大小、应力-应变状态、各向异性及沉积环境、埋藏深度、地热温度等多种因素对岩石脆性具有重要影响。因此，从影响岩石脆性指数的因素分析，发现脆性指数计算公式 [式（6-62）、式（6-63）] 利用抗压强度、抗张强度、黏聚力和内摩擦角等岩石力学参数为载体，隐含了丰富的地质影响因素，反映的岩石脆性特征必然更加接近客观实际。

在三轴实验条件下，利用岩心样品测试的轴向应力 σ_1、σ_3 和泊松比 v，结合式（6-58）～式（6-62）就能够计算出内摩擦角 φ、黏聚力 C、抗压强度 σ_c、抗张强度 σ_t 和脆性指数 B。然而，受岩心样品采集难度大、经济成本高、无法大面积采样、制作工艺复杂等因素的制约，实验测试数据难以满足大工区三维空间岩石力学性质的高精度评价需求。因此，需要结合地质、地震、测井等手段，实现原地应力（in-situ stress）条件下岩石力学性质预测。

基于有效地应力原理（Terzaghi，1943；Thiercelin and Plumb，1994；Ostadhassan et al.，2012），在原地应力条件下，提出了最大水平地应力 σ_H 和最小水平地应力 σ_h 计算方法，即

$$\begin{cases} \sigma_H = \dfrac{v}{1-v}(G - \alpha P_f) + \alpha P_f + \dfrac{E_s}{1-v^2}(\varepsilon_y - v\varepsilon_x) \\ \sigma_h = \dfrac{v}{1-v}(G - \alpha P_f) + \alpha P_f + \dfrac{E_s}{1-v^2}(\varepsilon_x - v\varepsilon_y) \end{cases} \quad (6\text{-}64)$$

式中，σ_H 为最大水平地应力，MPa；σ_h 为最小水平地应力，MPa；v 为泊松比；E_s 为静态杨氏模量，MPa；α 为毕奥（Biot）系数，$\alpha \in [0,1]$；ε_x 和 ε_y 分别为 σ_H 和 σ_h 方向的应变；P_f 为岩石孔隙流体压力，MPa；G 为上覆岩层压力，MPa。

岩石孔隙流体压力 P_f 的计算方法为

$$P_f = G - (G - P_w)\left(\dfrac{V_p}{V_n}\right)^N \quad (6\text{-}65)$$

式中，P_w 为静水压力，MPa；V_p 为纵波速度，km/s；V_n 为正常压实速度，km/s；N 为伊顿（Eaton）指数。

上覆岩层压力 G 和静水压力 P_w 的计算公式，分别为

$$G = \int_0^H \rho(h) g \mathrm{d}h \quad (6\text{-}66)$$

$$P_w = \int_0^H \rho_w(h) g \mathrm{d}h \quad (6\text{-}67)$$

式中，ρ 为岩石密度，g/cm³；ρ_w 为静水密度，g/cm³；h 为埋藏深度，$h \in [0, H]$，m；g 为重力加速度，m/s²。

根据安德森（Anderson）三轴地应力关系的确立模式，通过比较最大水平应力 σ_H、最小水平地应力 σ_h 和上覆岩层压力 G 之间的大小关系，可以确定轴向应力 σ_1 和 σ_3。之后，将相应的 σ_1 和 σ_3 代入式（6-63）～式（6-67），就能够计算出地层原位应力条件下岩石的黏聚力 C、抗压强度 σ_c、抗张强度 σ_t 和脆性指数 B 等岩石力学性质的表征参数。

当然，除了黏聚力、抗压强度、抗张强度和脆性指数等岩石力学性质表征参数之外，还有泊松比、剪切模量、体积模量、杨氏模量等用于描述岩石弹性的表征参数。通过这些弹性参数，还可以评价岩石的稳定性。岩石的稳定性越差，发育天然裂缝的概率越高。岩石的稳定性由稳定系数表征，该系数采用岩石弹性参数可以计算，即

$$R = K \times S \tag{6-68}$$

式中，R 为岩石稳定系数，MPa^2；K 为体积模量，MPa；S 为剪切模量，MPa。

此外，结合弹性参数、原地应力和抗张强度，还可以计算岩石破裂压力参数。该参数表征岩石能够承受的压力极限性，超过极限值就将产生破裂而发育天然裂缝。岩石破裂压力的计算公式为

$$F = \left(\frac{2v}{1-v} - \xi \right)(G - P_\mathrm{f}) + P_\mathrm{f} + \sigma_\mathrm{t} \tag{6-69}$$

式中，F 为破裂压力，MPa；v 为泊松比；ξ 为地质构造应力系数。

2. 基于岩石力学性质的储层裂缝预测

在诸多诱导储层产生天然裂缝的因素中，地应力状态和岩石力学性质尤为重要。其中，岩石力学性质是控制裂缝形成和发育模式的主要因素。尽管，矿物成分、粒度及颗粒接触关系、胶结形态、温度、围压、孔隙度、孔隙流体、微裂缝等皆为岩石力学性质的影响因素；但是，岩石承受的地应力状态将改变岩石颗粒的接触关系、孔隙度、微裂缝等内部特征，进而导致岩石力学性质产生变化。不同区域、不同岩层段，或者不同的构造演化时期，岩石承受地应力的大小、方向等状态均可能存在差异。当岩石承受的地应力（可能是张应力、压应力、剪应力或复合应力）超过破裂压力而达到岩石的抗压强度、抗张强度、抗剪强度极限时，岩石的稳定性被逐渐破坏，将引起岩石中的隐伏微裂缝起裂、扩展、积聚和贯通，形成张性、压性、剪性或复合性的天然裂缝。由于不同的构造类型及不同的构造部位，岩石承受的地应力状态和岩石力学性质均可能存在差异，因此岩石产生天然裂缝的概率也存在差异。在地应力集中且岩石力学性质较脆弱的背斜顶端、向斜底部及其他褶皱转折端、断层附近等区域，以及脆性薄层、高孔隙和微裂缝发育带，产生天然裂缝的概率较高。

综合储层的稳定系数、破裂压力、脆性指数、内摩擦角、黏聚力、抗压强度和抗张强度等岩石力学性质表征参数，可以建立天然裂缝发育的概率指数（简称破裂指数），即

$$\begin{aligned}\Omega &= \sum \left(B\uparrow, \varphi\uparrow, R\downarrow, F\downarrow, C\downarrow, \sigma_\mathrm{c}\downarrow, \sigma_\mathrm{t}\downarrow \right)\uparrow \\ &= \frac{1}{7}\left[B_N + \varphi_N + (1-R_N) + (1-F_N) + (1-C_N) + (1-\sigma_{\mathrm{c}N}) + (1-\sigma_{\mathrm{t}N}) \right] \times 100 \end{aligned} \tag{6-70}$$

式中，Ω 为天然裂缝的破裂指数，量纲一；↓和↑分别为高值和低值符号；下标 N 为参数归一化处理标识符号。B↑表示脆性指数越大、φ↑表示内摩擦角越大、R↓表示岩石的稳定系数越小、F↓表示破裂压力越小、C↓表示黏聚力越小、σ_c↓表示抗压强度越小、σ_t↓表示抗张强度越小，则 Ω 值越大，天然裂缝发育的概率越高；反之，若 Ω 值越小，天然裂缝发育的概率越低。

总之，产生天然裂缝的机理非常复杂，岩石力学性质与天然裂缝的发育特征具有非常密切的关系。在地应力的作用下，岩石遭受破坏而产生天然裂缝，天然裂缝将导致岩石力学性质发生改变；而岩石力学性质对天然裂缝的发育规模、尺度、走向等具有控制作用。此外，天然裂缝可能是岩石在不同地质时期遭受古地应力或现今地应力的破坏作用而产生的，且自天然裂缝产生之时起，必然就一直不断地影响着岩石力学性质的演化。因此，如果岩石中存在天然裂缝，利用原位（现今）地应力计算的岩石力学性质表征参数，就包含了天然裂缝的响应信息。基于岩石力学性质表征参数构建的破裂指数，本质上是岩石力学性质的综合描述；其高值异常分布范畴，指示了天然裂缝高概率发育的空间展布特征。

基于上述裂缝预测方法，利用威远工区目标页岩储层的地质、地震、测井、岩心等综合信息，对纵波速度、横波速度、密度、泊松比和杨氏模量等叠前储层弹性参数进行反演；之后，在计算页岩目标储层上覆岩层压力、最大水平地应力、最小水平地应力等参数的基础上，计算出抗压强度、抗张强度、黏聚力、内摩擦角、脆性指数、稳定系数等反映岩石力学性质的表征参数及破裂指数。结合威远工区的沉积、构造、断层等基础地质条件，综合分析页岩储层的弹性、稳定性、脆性等岩石力学性质，可评估页岩储层的破裂概率，实现威远工区目标页岩储层裂缝发育特征的有效预测。

受控于沉积与构造环境的现今地应力是古地应力的演化和残余，与岩石力学性质的关系十分密切，直接影响着岩石的稳定性和破裂概率。就是说，地应力可以改变岩石力学性质；而岩石力学性质的改变，也可以改变岩石的地应力状态，最终导致构造运动的产生。例如，上覆岩层压力的增加可以使岩石更致密、更硬，黏聚力增强，抗压和抗张强度增大；然而，当上覆岩层压力超越抗压或抗张强度极限时，孔隙和裂缝增加，岩石发生破裂，使黏聚力、抗压和抗张强度减弱。威远工区五峰组—龙马溪组—五峰组地层的古地应力和现今地应力的先后作用，促成了 TS 页岩储层与围岩之间抗压强度、抗张强度、黏聚力、内摩擦角、脆性和稳定性等岩石力学性质（图 6-20 和图 6-21）。在纵向上，对比储层与围岩，TS 页岩储层内摩擦角较大，脆性较强，稳定性较差，产生破裂的概率较高。在横向上，低凹构造中心和东南缘受上覆岩层重力压实，抗张能力相对较强；而在高孔隙流体压力的作用下，内摩擦角较大和脆性较强的储层，岩石稳定系数和破裂指数分别表现出显著的低值和高值异常（红色），显示储层的稳定性较差、发育裂缝的概率较高。

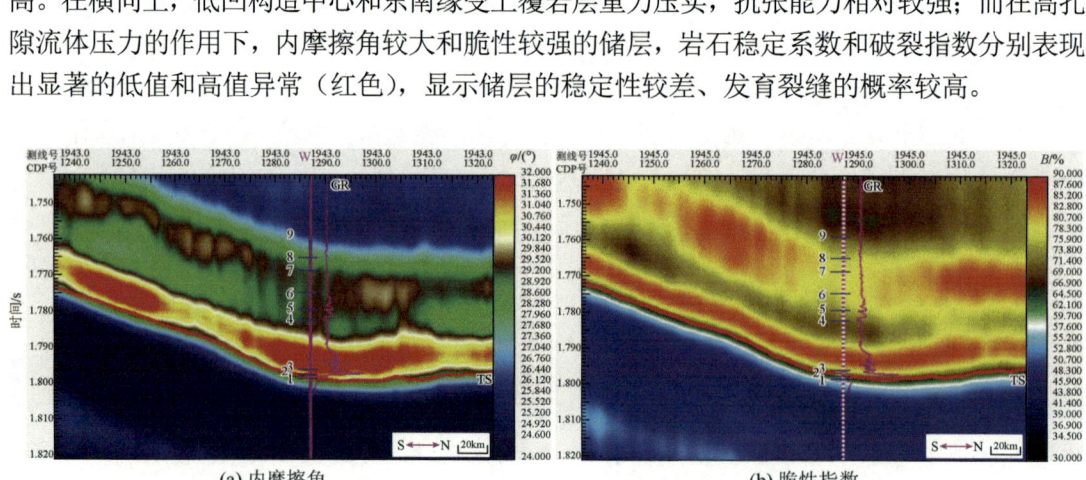

(a) 内摩擦角　　　　　　　　　　　　(b) 脆性指数

(c) 稳定系数

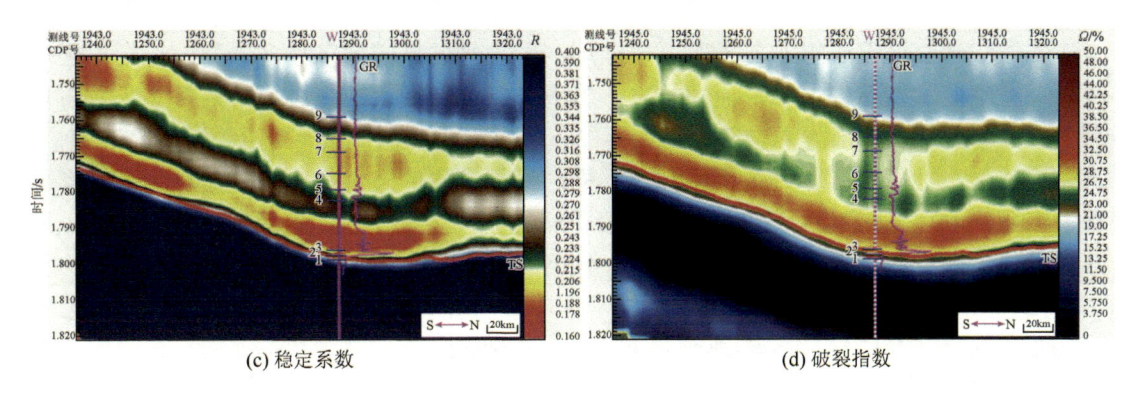

(d) 破裂指数

图 6-20　威远工区过 W 井线（南北向）岩石力学性质、稳定系数和破裂指数剖面特征

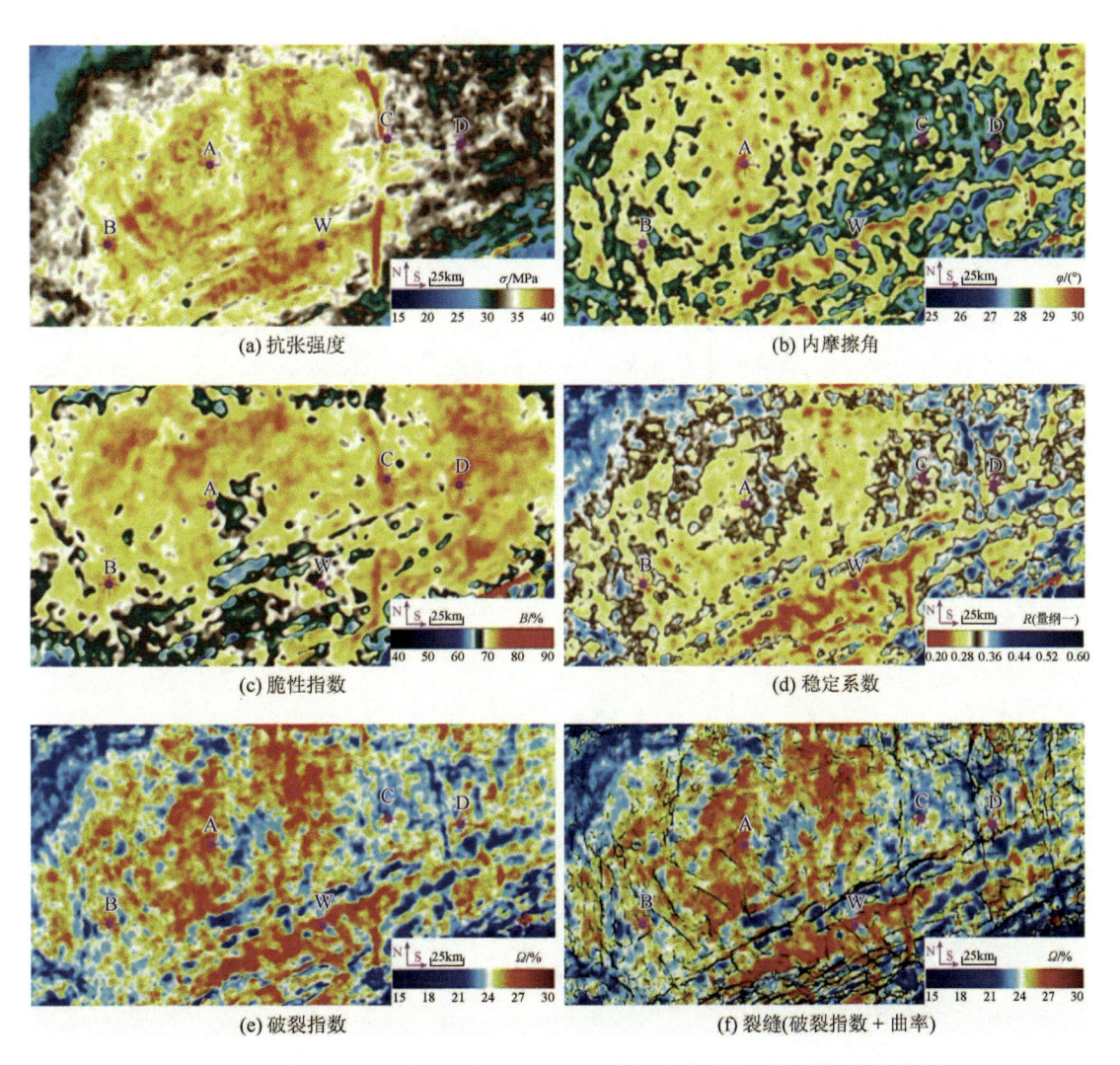

(a) 抗张强度

(b) 内摩擦角

(c) 脆性指数

(d) 稳定系数

(e) 破裂指数

(f) 裂缝(破裂指数+曲率)

图 6-21　威远工区五峰组—龙一段 TS 页岩储层力学性质与裂缝分布特征

注：A、B 等字母表示不同气井

诱导威远工区五峰组—龙一段页岩储层产生裂缝的原因是多种多样的，包括储层厚度、埋藏深度、构造部位、地应力状态、岩石力学性质及沉积环境等；概括起来，可以划分为内部因素和外部因素两种类型。其中，储层厚度、岩石力学性质等属于内部因素，而构造部位、地应力状态等则属于外部因素；储层产生的裂缝是内、外两种因素相互作用的综合表现。如图6-21（f）所示，五峰组—龙一段页岩储层的破裂指数与地震曲率属性（黑色，表征显性裂缝）的融合，有效地表征出了裂缝的沿层分布特征。

6.2.12 基于SRGAN深度学习的裂缝智能预测

人工智能是当前许多领域的研究热点，许多人工智能方法在断裂信号增强和裂缝预测方面取得了不错的成绩。反向传播（back propagation，BP）神经网络、支持向量机、生成式对抗网络、聚类、卷积神经网络等人工智能算法都已被用于断层和裂缝的智能识别。在高信噪比的地震资料中应用人工智能方法，往往能够得到令人满意的结果，但是对低信噪比资料的处理结果不尽如人意。未来，随着人工智能与地震勘探的发展，断层与裂缝的智能预测一定会更加准确和高效。

1. 联合相干、曲率和PCA的裂缝预测

主成分分析（principal component analysis，PCA）是一种基于多元统计分析的降维方法，通过线性变换、协方差矩阵和矩阵对角化将高维数据投影到低维空间，使复杂数据简单化，以挖掘出高维数据最主要的特征成分。基于高分辨地震数据计算的相干体和曲率体，对断层和裂缝空间展布具有明显优势，采用PCA提取二者的主成分信息，能进一步剔除冗余和噪声干扰，更精细地刻画断层、破碎带和裂缝带等特征。

利用长度为N的相干、曲率等样本数据，可以构建成M组高维数据$z_j = \{z_{ij}\}$。则z_j的均值$\bar{z}_j$和协方差矩阵C为

$$\begin{cases} \bar{z}_j = \dfrac{1}{N}\sum_{i}^{N} z_{ij} \\ C = \dfrac{1}{N-1}\sum_{i=1}^{N}(z_{ij} - \bar{z}_j)(z_{ij} - \bar{z}_j)^{\mathrm{T}} \end{cases} \quad (6\text{-}71)$$

式中，N、i分别为样本的长度和序号；$i = 1, 2, \cdots, N$，$j = 1, 2, \cdots, M$；M、j分别为数据组数和序号；z_j、$\bar{z}_j$和z_{ij}分别为样本矩阵、平均值向量和样本值；C为协方差矩阵；T为转置符号。

协方差矩阵C是用于度量各组数据z_j之间的维度关系矩阵。C主对角线上的值为所有维度的方差，非对角线上的值为可度量各维度之间相关性的协方差。求解C的特征值，利用每一行的特征向量可构建投影矩阵ω，之后可计算出对角矩阵，实现C的对角化，即

$$\boldsymbol{\Gamma} = \boldsymbol{\omega} \boldsymbol{C} \boldsymbol{\omega}^{\mathrm{T}} \quad (6\text{-}72)$$

式中，$\boldsymbol{\omega}$为投影矩阵；$\boldsymbol{\Gamma}$为对角矩阵。

对 C 进行对角化处理后，非对角线上的值将达到最小。在此条件下，若只取 Γ 对角线上特征值较大的维度，就可以剔除 z_j 中的冗余信息，实现高维数据的降维处理；同时，z_j 剩余维度之间的相关性也将最小，噪声干扰也将被压制。这样，将 Γ 对角线的特征值按大小依次排序，再利用投影矩阵作线性变换，就可以获得主成分分析（PCA）降维处理后的矩阵。

利用 ω 对 z_j 作线性变换，可得

$$\Psi_j = \omega(z_j - \overline{z}_j) \tag{6-73}$$

式中，Ψ_j 为线性变换后的样本值，量纲一。同时，Ψ_j 各变量互不相关，且按照方差的大小依次排列。例如，当 $j = 1,2,3$ 时，对应的 Ψ_1、Ψ_2 和 Ψ_3 分别为 PCA 的第一、第二和第三主成分，三者互不相关，且它们的方差大小关系为 Ψ_1 最大、Ψ_2 次之、Ψ_3 最小。

在断层或裂缝预测中，采用相干、曲率等地震几何属性相关性最强的 PCA 第一主成分，即可表征裂缝的主体特征，实现断层、滑动破碎带和诱导裂缝带精细刻画。

2. 基于 SRGAN 地震信号重建的裂缝预测及实现流程

虽然，相干体和曲率体等地震几何属性能够提取三维地震数据的结构和细节特征，对裂缝预测具有显著优势，但对地震数据的信噪比和分辨率等品质却具有严重的依赖性。也就是说，在噪声干扰和分辨率不足的条件下，利用地震数据提取的相干体和曲率体等地震几何属性均可能产生地层断裂假象，干扰裂缝预测精度。同时，由于在尽力压制剩余噪声与有效保护构造信息之间往往存在相互矛盾的关系，若利用带通滤波、反褶积、插值加密、数据平滑等传统方法提高地震数据信噪比和分辨率处理时，方法选择、流程制定或参数设置等环节存在不准确或其他复杂因素考虑不全面，则可能导致因地震数据过度平滑、同相轴连续性欠真实、高频分量不足等问题，而损失小断距微断层、微裂缝等信息。因此，高信噪比和高分辨率的地震数据，是实现断层或裂缝精确预测的重要前提。

SRGAN（super resolution generative adversarial networks，超分辨率生成对抗网络）是当前图像处理领域的人工智能新方法，可以低分辨率的图像重构成高分辨的图像。图像的低分辨率，是由于信息的大量缺失造成的。插值、稀疏学习、随机森林等传统的图像超分辨率重构方法，需要通过增加先验信息来恢复缺失信息，实现高分辨率图像重建。SRGAN 包含一个生成器和一个判别器，判别器的主体是 VGG（visual geometry group，即牛津大学视觉几何组提出的网络模型）网络。其中，生成器由 residual block 构成，同时加入了 subpixel 模块。SRGAN 基于卷积神经网络（convolutional neural network，CNN），采用生成对抗网络（generative adversarial networks，GAN）对图像进行训练，以实现图像的超分辨率重建。

基于 SRGAN 地震信号重建的裂缝预测，从提高地震信号的信噪比和分辨率的角度出发，可通过以下步骤实现裂缝预测。

第一步，预处理地震数据，开展常规分辨率的地震数据训练，并利用 SRGAN 重建高分辨地震数据。

第二步，基于高分辨地震数据，计算相干体和曲率体等地震几何属性，获取裂缝的地震响应特征。

第三步，基于相干体、曲率体等地震几何属性，利用 PCA 方法提取裂缝的主体特征。

第四步，综合测井、地质、相干、曲率、PCA 等数据，实现裂缝精确预测。

总之，与传统方法相比较，基于 SRGAN 地震信号重建的裂缝预测方法简化了方法筛选、流程制定和参数设置等复杂环节；采用 SRGAN 重建高信噪比和高分辨率地震信号，在不改变原始地震信号保真度和断裂响应特征的基础上，利用深度学习方法强大的非线性特征信息提取优势，学习原始地震信号的反射规律，并恢复弱势地震信号，过滤噪声干扰，增强断裂地震响应。在此基础上，利用高分辨率地震数据计算的相干体、曲率体等地震几何属性，能更加客观、真实地反映裂缝的地质特征；同时，提取相干和曲率等数据的 PCA 信息，将消除噪声干扰和断裂假象，获取裂缝主体特征，更有利于裂缝的精确识别。

6.2.13 基于 DexiNed 深度学习的裂缝智能预测

DexiNed（dense extreme inception network for edge detection，极稠密初始边缘检测网络）是一种用于图像边缘检测的密集极端初始网络，能够得到比其他方法更清晰和更细的边缘，是一种非常好的边缘检测算法。结合相干体、曲率体等地震几何属性，利用 DexiNed 可以形成一种新的裂缝智能方法。如图 6-22 所示，显示了 DexiNed 的网络结构。其由两个子网络组成，密集的极端初始网络（Dexi）和上采样网络（USNet）。Dexi 输入的是三原色（RGB）图像，其网络结构中包含六个块。每个块各产生一个特征映射提供给单独的 USNet，以创建中间的边缘映射。所有由 USNet 产生的边缘图都被连接起来，以提供位于网络最末端的学习滤波器堆栈，最后产生一个融合的边缘映射。

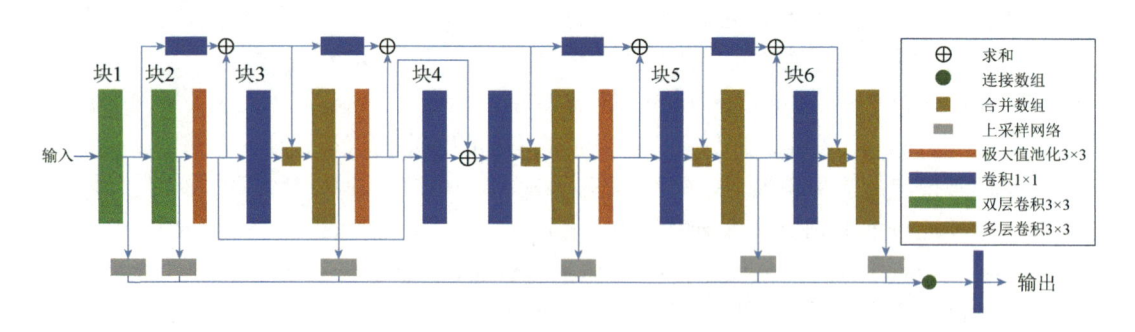

图 6-22 DexiNed 的网络结构

DexiNed 的提出者泽维尔（Xavier）等同时也创造了一个新带有仔细注释的边缘的数据集，用于感知边缘检测的巴塞罗那图像集（Barcelona images for perceptual edge detection，BIPED）。该数据集的特点是，对边缘的标注十分仔细，确保了物体内部与跨过物体的边缘都被标注。因此，在最新数据集——BIPEDv2 训练 DexiNed，得到的 DexiNed-BIPEDv2 对新场景具有鲁棒性。因此，可以使用 BIPEDv2 训练得到的 DexiNed-BIPEDv2 网络对相干数据进行处理。

经过 DexiNed-BIPEDv2 网络得到的断裂图像中的线条宽度较大，不能清晰描述断裂位置，需要进行边界细化。首先，将图像二值化为黑白图像，其中有效点为黑色，背景点为白色；然后，在改进的图纹细化算法（one-pass thinning algorithm，OPTA）基础上，采用修改后细化算法对断裂图像进行细化。该算法的实现方法是，先对图像进行补边操作，再遍历新图像中对应的原图像的所有点；根据目标点周围的点判断其是否应该删除，以得到细化后的图像。

p0	p1	p2	p3	p4
p5	p6	p7	p8	p9
p10	p11	p12	p13	p14
p15	p16	p17	p18	p19
p20	p21	p22	p23	p24

图 6-23　5×5 的模板

其中，需要设置如图 6-23 所示的 5×5 模板，假定像素点 p12 是目标点，则 N(p12)代表以 p12 为中心的八邻域中有效值的个数；T(p12)代表以 p12 为中心的八邻域中白色突变到黑色的个数。则该目标点对应的判断条件是：

（1）$2 \leqslant N(\text{p12}) \leqslant 6$。
（2）$T(\text{p12}) = 1$。
（3）p7×p11×p13 = 0 或 T(p7) ≠ 1。
（4）p7×p11×p17 = 0 或 T(p11) ≠ 1。

若目标点满足上述所有条件，则将该点改为背景点白色，否则保留该点。重复该过程直至图像中没有目标点可以删除。

如图 6-24 所示，显示了基于 DexiNed 深度学习的裂缝智能预测效果。首先利用地震数据计算相干属性，如图 6-24（a）所示；然后，采用 DexiNed 算法对相干属性进行边缘增强处理，如图 6-24（b）所示，经过边缘增强处理后，图像的断裂线条明显变得更加清晰和连续，有助于识别出目的层中的断裂，一些在相干数据中表现不显著的断裂，在经过边缘增强后，能够变得更加容易分辨（矩形框）。但是，DexiNed 算法产生的线条较粗，对断裂的刻画不够精细，使得断裂的位置不够具体，需要进行细化处理，如图 6-24（c）所示，细化处理后目的层断裂刻画更加清晰。由此可见，边缘检测算法和细化算法结合，能够提高断裂预测的分辨力。

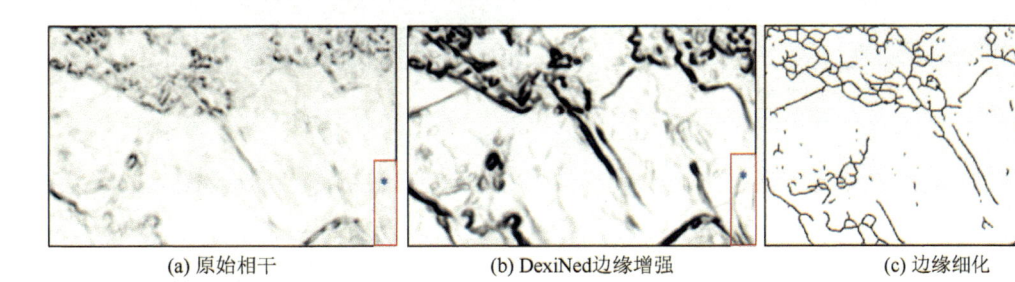

(a) 原始相干　　(b) DexiNed边缘增强　　(c) 边缘细化

图 6-24　基于 DexiNed 深度学习的裂缝智能预测

6.2.14　多尺度裂缝综合预测

按照裂缝延展长度和发育规模的差异，通常将裂缝定义为大、中、小、微等多种尺度。针对不同尺度的裂缝，有的需要从野外露头、井中岩心识别，有的需要利用测井数据预测，有的则采用地震数据预测。根据裂缝预测需求，将采用相应的预测方法。

这里，以四川盆地丁山地区龙马溪组为例，阐述页岩储层多尺度裂缝综合预测效果。根据丁山地区三维地震资料条件，采用地震叠后裂缝预测（包括增强型相干属性、曲率属性、蚂蚁追踪）、地质构造属性裂缝模拟、纵波叠前方位各向异性裂缝预测等方法，实现了不同尺度的裂缝综合预测。

1. 基于相干、曲率和蚂蚁追踪的大尺度裂缝预测

通过反复试验，发现地震第三代相干体（C3.5）算法在分辨率和抗噪性方面具有明显的优势，更有利于储层大尺度裂缝预测。地震第三代相干体实质上是从道间波形特征的相似性角度展现了地层的非均质性，反映与断裂有关的信息，主要反映了大尺度的断裂和构造的空间分布。如图6-25所示，分别显示了增强型相干属性与最大正曲率属性。对比表明，二者更能够清晰反映工区内发育的NNE、NNW走向大断裂以及伴生小断层的横向展布形态。此外，曲率还可以清晰反映由大断裂与小断层诱导潜在发育产生的微小尺度裂缝（椭圆内）。

(a) 增强型相干属性　　　　　　　　　　(b) 最大正曲率属性

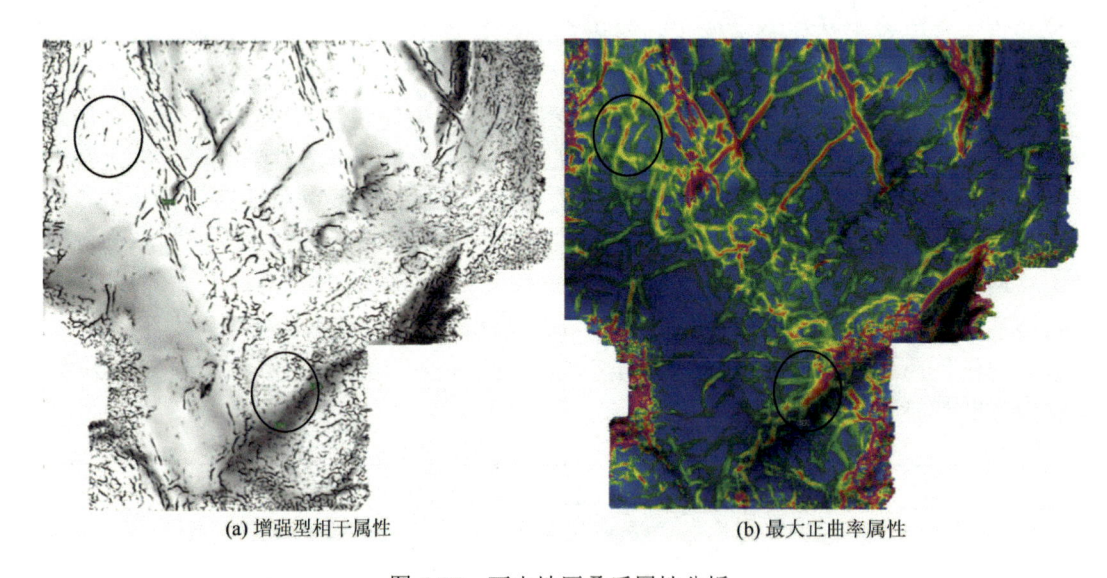

图6-25　丁山地区叠后属性分析

2. 基于地质构造属性的中等尺度裂缝模拟

基于地质构造属性，结合岩心、测井等先验地质信息和地震属性数据，可以实现中等尺度的裂缝模拟，为裂缝的空间展布预测提供依据。如图6-26所示，显示了四川盆地丁山地区龙马溪组页岩地层基于裂缝模拟以及与井上发育裂缝对比效果。分析表明，裂缝发育以NNE与NNW走向为主，与工区内断层走向一致；裂缝发育主要分布在构造形变剧烈位置（黄色表示最大正曲率属性异常区域，即地层弯曲形变较大区域），与断层具有一定伴生状态。此外，丁页2井有成像测井资料，解释的裂缝走向也主要是NNE、NNW向，与地质模拟预测的裂缝走向一致，表明预测结果可靠。

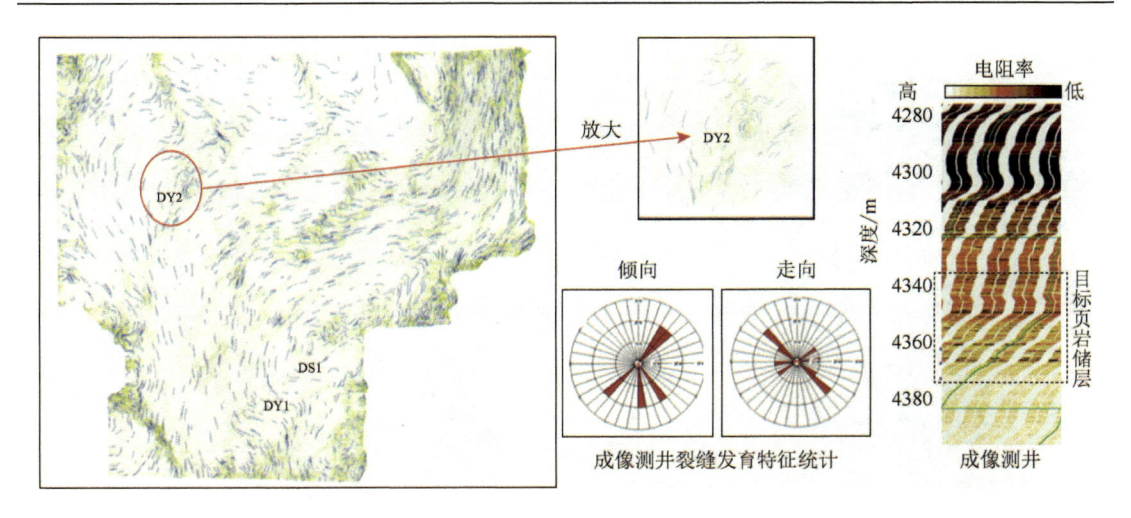

图 6-26　丁山地区龙马溪组页岩地层裂缝模拟

3. 基于叠前方位各向异性的小微尺度裂缝预测

在进行叠前方位各向异性裂缝属性参数反演之前，必须首先详细分析叠前道集方位角-偏移距分布，以获得合理的分方位角叠加扇区。通过分析丁山地区 CMP 道集面元方位角-偏移距分布特征发现，区内面元尺寸为 20m×20m，覆盖次数最高达到 251 次；最小偏移距 1.414m，最大偏移距为 5999.75m；横纵比为 0.582，各方位角的偏移距、覆盖次数分布比较均匀；CMP 道集基本满足方位各向异性分析条件。但是，由于东西向方位角最大偏移距可达到 6000m，而南北向方位角最大偏移距仅为 4000m，在分方位叠加处理时必须注意这些数据特征。

根据工区道集方位角-偏移距分布特征，进一步将道集分成六个部分叠加方位，分别为：0°~70°、50°~80°、70°~100°、80°~110°、100°~130°、110°~180°。为了使得各个方位角内覆盖次数均匀，采用不规则的中心角叠加模式，获得六个方位中心角分别为：35°、65°、85°、95°、115°、145°。分析表明，按照这种方式进行部分叠加后，各个方位角内覆盖次数相对比较均匀。最终，利用上述六个方位的叠加地震数据体进行各向异性椭圆拟合反演获得裂缝发育密度与方位。如图 6-27 所示，显示了丁山地区龙马溪组底界提取显示的裂缝发育矢量与构造图。分析表明，裂缝发育方位主要为近南北方位，与区域断层发育方位比较近似。从裂缝发育与构造（图 6-27）对比显示可见，裂缝发育主要分布在整个丁山鼻状构造根部，邻近盆缘，受构造应力作用大且形变剧烈，表明构造应力为裂缝发育主要控制因素；往北西向深入盆地内部，裂缝总体不太发育，局部发育于断层附近，表明为断层诱导产生的微裂缝。此外，工区四周各向异性异常大可能受地震资料品质影响，不具有地质分析意义。

图 6-28 显示了丁山地区龙马溪组底界纵波各向异性与相干属性叠合效果。分析表明，二者具有很好的相似性，微裂缝主要分布于低相干断层发育附近区域，表明裂缝发育受断层伴生和诱导作用显著。

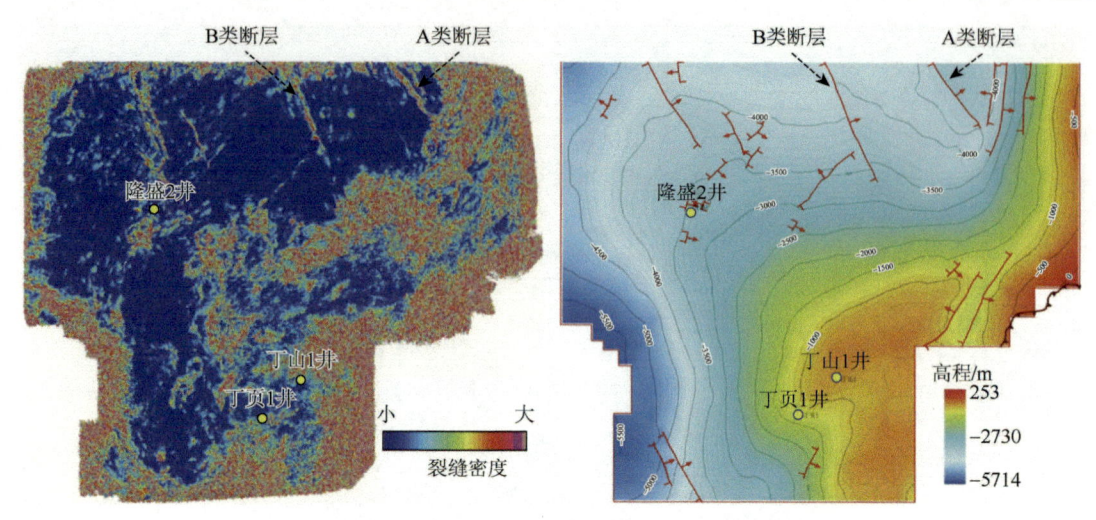

图 6-27 丁山地区龙马溪组底界裂缝发育（左）及构造图（右）

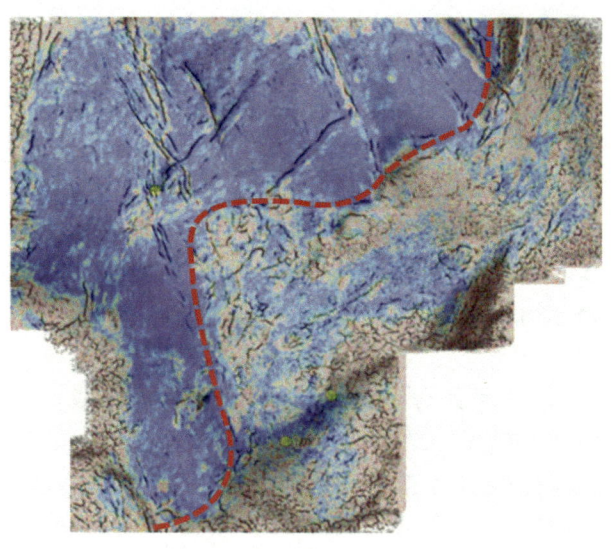

图 6-28 丁山地区龙马溪组底界纵波各向异性与相干属性叠合显示
注：彩色，各向异性；黑白，相干属性

4. 多尺度裂缝综合评价

在叠后地震几何属性、地质裂缝模拟、方位各向异性等方法开展裂缝预测的基础上，需要结合前期地震资料开展综合评价分析，剔除地震资料信噪比因素等造成的虚假异常。这里，将不同尺度裂缝发育情况，划分为三类进行评价，即显裂缝、微裂缝、构造缝，如图 6-29 所示。由图可见，显裂缝主要发育在盆缘推覆地带以及盆内大尺度断层附近，主要受断层控制；受地震资料品质等不可控因素影响，能圈定的微裂缝发育区比较小，微裂缝主要发育在丁山背斜翼部构造陡倾位置；构造缝主要指褶皱伴生裂缝，发育在丁山地区背斜翼部构造形变大但未发育断层位置。分析丁页 2 井与丁页 3 井的成像测井资料，结果表明两口井微裂缝比较发育，均位于所评价的微裂缝和构造缝发育区域内。

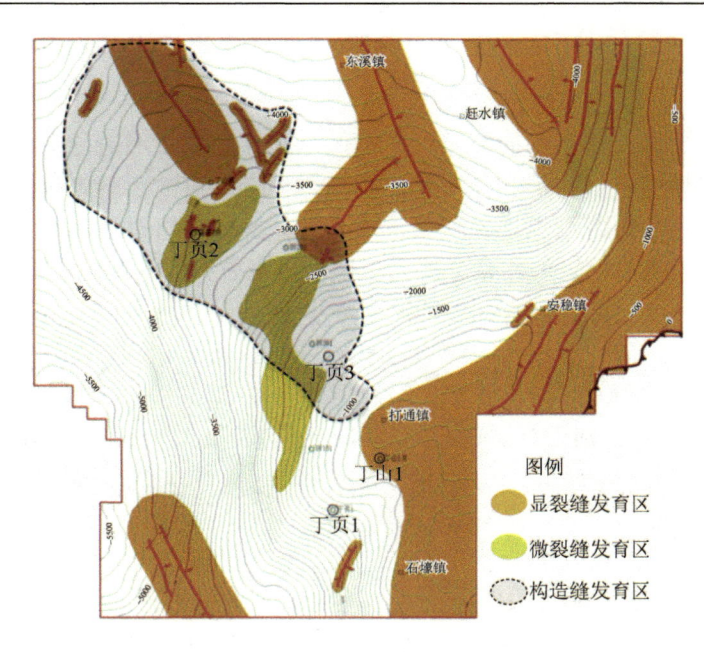

图 6-29　丁山地区龙马溪组裂缝综合评价

6.2.15　基于三维稳态饱和流动方程的裂缝连通性评价

对于油气的储存及运移来说，当断裂（断层和裂缝）局限于储层时，可以提高产量；当断裂与附近的含水层相连时，则会妨碍产量。除了作为地下含水层和钻井地质灾害的潜在输水通道外，断裂和塌陷特征通常为流体流动提供导水性。在地下储层中，天然裂缝和断层的存在控制着流体的流动，因为流体沿着这些裂缝流动的速度和距离比流经基质的速度快得多。因此，连通性是表征储层断层与裂缝是否具有流通能力的重要属性。

对于裂缝以及断层连通性的研究，Jafari 和 Babadagli（2012）结合分形理论，利用不同的裂缝长度、裂缝方向和裂缝位置，建立适合天然裂缝二维描述的物理模型，定量描述分形裂缝的复杂程度。Sanderson 和 Nixon（2015，2018）认为裂缝网络的连通性取决于其几何结构和拓扑结构，其特征可能是系统中节点和分支的类型，定义了无量纲强度 P_{22} 和 B_{22}，每条裂缝的连接数 C_L，每条分支的连接数 C_B，根据每个参数的大小，综合描述和评价裂缝网络连通性。Rafael（2017）提出了基于稳态流动方程的断层动态导水率的简化近似，利用地震相干属性作为水力传导率的代替，通过计算绝对流量值来描述断层是否连通，以突出可能与构成潜在地质灾害的附近含水层相连的断层。虽然裂缝连通性能够很好地评价区域内的油气储存及流通能力，但是容易掩盖一些微小地质特征，单独使用连通性技术在断层、裂缝识别方面的效果并不理想。因此，连通性是表征储层断层与裂缝流通能力的重要属性，储层中的裂缝以及断层大量发育并相互交错为储层的储集与运移能力提供了基础。为了进一步识别断层和评价储层断裂的连通性，需要联合基于三维稳态饱和流动方程的断层连通性评价方法、基于最大正曲率的孔隙度预测方法、测井响应特征对储层的连通性进行综合分析。

1. 裂缝连通性评价原理

假设在地震数据上观察到的裂缝将充当两组地层之间的渗透通道,绘制流量图就足以突出连接两组地层(含水层和储层)的裂缝,而未连接的裂缝则应具有较弱的响应。假设地震相干属性等边缘检测属性代表渗透系数。因此,可以使用这些属性作为导水率的替代,来模拟两个层位之间的稳态流动。该导水率方案的两组地层是:含水层和储层。首先计算流体高差 h,使用三维稳态饱和流动方程:

$$\frac{\partial}{\partial x}\left(K_x \frac{\partial h}{\partial x}\right)+\frac{\partial}{\partial y}\left(K_y \frac{\partial h}{\partial y}\right)+\frac{\partial}{\partial z}\left(K_z \frac{\partial h}{\partial z}\right)+W=S\frac{\partial h}{\partial t} \quad (6\text{-}74)$$

式中,K_x、K_y 和 K_z 分别为介质在 x、y 和 z 坐标方向的渗透系数;W 为单位体积的体积通量;S 为介质的流体储量;t 为时间。该方程通常用于地下水流动建模。

接下来,将使用以下公式计算绝对流量 q:

$$q = q_x\hat{x} + q_y\hat{y} + q_z\hat{z} = -K_x\frac{\partial h}{\partial x}\hat{x} - K_y\frac{\partial h}{\partial y}\hat{y} - K_z\frac{\partial h}{\partial z}\hat{z} \quad (6\text{-}75)$$

式中,$\hat{x}$、$\hat{y}$ 和 $\hat{z}$ 分别为 x、y 和 z 方向的单位向量。由于最终目标是绘制连接两组不同地层的水力传导率较高的区域,可以假设方程(6-74)中的时间导数为零,即系统处于平衡状态,h 不会随时间变化。在稳定状态下,由于所有地层都是完全饱和介质,连接两层的路径上的绝对流量将更高。假设一个具有比周围岩性更高水力传导率的裂缝连接了两个具有不同饱和度的地层,则大部分流体将流经更高传导率的区域。因此,与其他区域相比,连接两个层位的裂缝将呈现更高的绝对流量 q。

2. 裂缝连通性评价思路

在实现储层裂缝连通性评价过程中,采用以下步骤:首先,对原始地震数据进行构造导向滤波处理,以抑制地震振幅数据的随机噪声并增强断裂特征;其次,利用原始和滤波后的地震数据计算倾角、方位角等地震属性,获得断层和裂缝的基础数据,并计算得出地震相干属性和最大正曲率;再次,对地震相干属性做断层增强、细化、锐化等处理,提升水平向和垂直向信噪比与分辨率,凸显微、小断裂特征;最后,利用三维稳态饱和流动方程断裂连通性评价方法,计算断裂绝对流量,凸显连通断裂的小断层和裂缝,并计算基于最大主曲率的孔隙度,结合两者判断断层是否连通。最终,联合以上计算所得到的属性,综合评价断裂的连通性。

基于三维稳态饱和流动方程的裂缝连通性评价方法,通过计算绝对流量的大小来表征断裂的连通性,由断裂增强和细化后的属性可以识别出裂缝;若是断裂连通,则会在连通性计算结果中被加强显示。如图 6-30 所示,显示了四川盆地威远工区五峰组—龙马溪组页岩储层裂缝连通性评价效果。其中,图 6-30(a)显示了页岩储层断裂引起的孔隙度变化特征;图 6-30(b)显示页岩储层裂缝连通性沿层特征;图 6-30(c)显示了页岩储层裂缝连通性的剖面特征。通过分析页岩储层裂缝连通性分布特征,可以很明显地识别出连通与未连通断裂;在断裂连通的区域,绝对流量的值明显更高,表明连通性更好。同时,绝对流量的结果平衡了较小和较弱断层,突出了可能被忽略的地质特征。在垂直向上,绝对流量计算结果连接了在相干属性中不相交的小断层(橙色箭头所指),并穿过储层的断裂将储层上下连通(红色箭头所指)。

(a) 基于最大主曲率的孔隙度预测(沿层特征)

(b) 储层裂缝连通性沿层特征

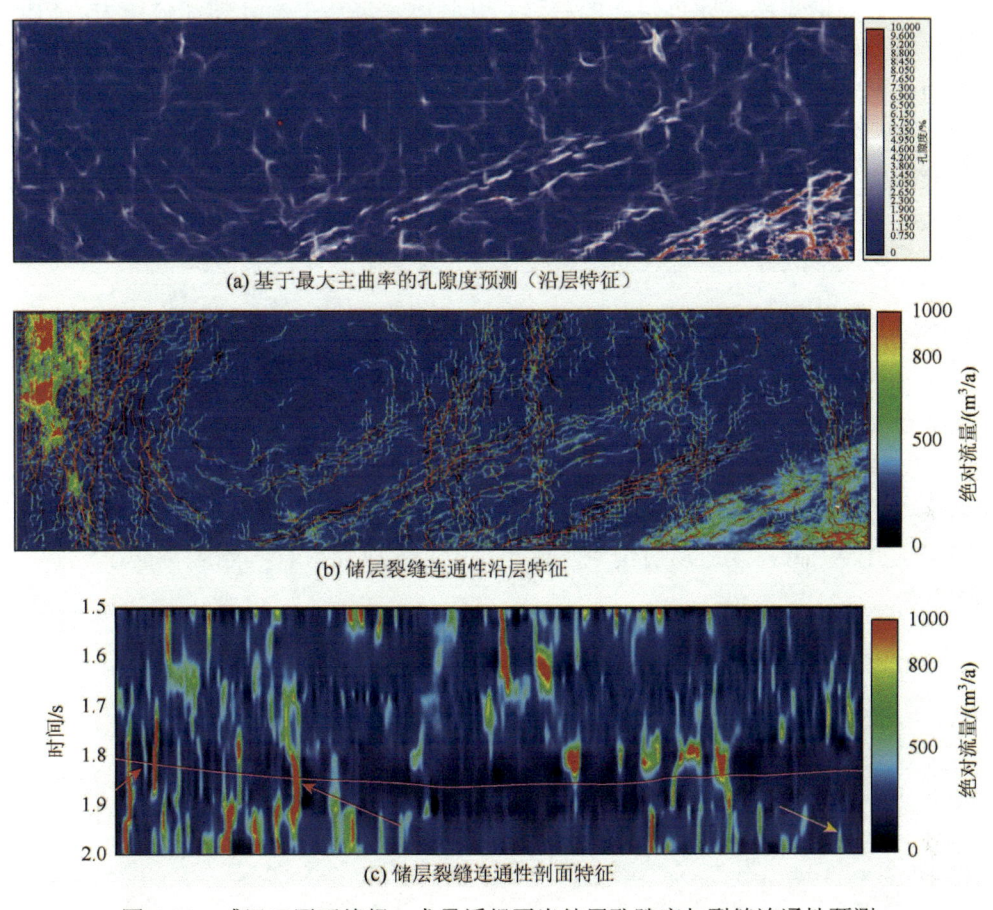

(c) 储层裂缝连通性剖面特征

图 6-30　威远工区五峰组—龙马溪组页岩储层孔隙度与裂缝连通性预测

联合孔隙度与裂缝综合分析,发现基于最大主曲率的孔隙度预测主要是针对断裂带的孔隙度,断裂带在储层中连接形成的网络的孔隙度在 3%～6%,明显高于未连通区域的孔隙度,连通性的计算结果与孔隙度预测结果相对应。从连通性的计算结果和孔隙度结果可以得到:绝对流量在 800～1000m^3/a 的红色高值区域的连通性最好,对应区域的孔隙度高,是天然气的主要储集空间与流通通道;绝对流量在 500～800m^3/a 的绿色区域的连通性一般,对应的孔隙度较低,可以作为次要的天然气储集空间;绝对流量在 500m^3/a 以下的蓝色区域,连通性较差,对天然气的流通贡献小。

6.3　页岩储层含气量预测技术

6.3.1　地震频变敏感属性含气性预测

页岩气属于典型的自生自储非常规连续性气藏,页岩既是烃源岩也是储集层。显然,页岩气是一类烃源与天然气（烃的一种）同时共存的气藏模式。

目前，针对这类源烃共存模式的气藏开展的流体识别研究并不多见。源烃共存模式下的页岩气，其储集层（即页岩）的层理、孔隙度、渗透率、孔隙流体压力、构造应力等条件，必然对地震波的传播产生重要影响。页岩样品的实验测试及分析表明，地震波在页岩中传播时也发生能量衰减，其速度、频率、衰减系数等与页岩的层理、孔隙度、渗透率、应力状态等密切相关。Wyllie 等（1962）提出了地震波在地下介质中传播时产生能量衰减，岩石骨架引起的衰减与颗粒摩擦和频率相关，而孔隙流体引起的衰减仅与频率相关。利用这些研究和认识，在源烃共存模式下，通过对理论模型正演数据分析和实际应用，可以形成针对页岩气的源烃共存模式频变敏感属性流体识别方法。

1. 模型数据计算

图 6-31 为页岩气正演地质模型示意图，其地层参数见表 6-2。其中，地层①层、②层和⑥层为泥岩，③层、④层和⑤层为页岩，⑦层为孔隙度为 4% 的含气页岩。正演模拟时，以主频为 25Hz 的里克子波为震源，利用道间距 5m 的观测系统，以采样率 1ms 进行采样，获得正演地震剖面如图 6-32 所示。可以观察到，由于含气页岩的波阻抗比上覆页岩和下伏页岩的低，地震反射记录呈现出"下拉"强反射含气响应特征。

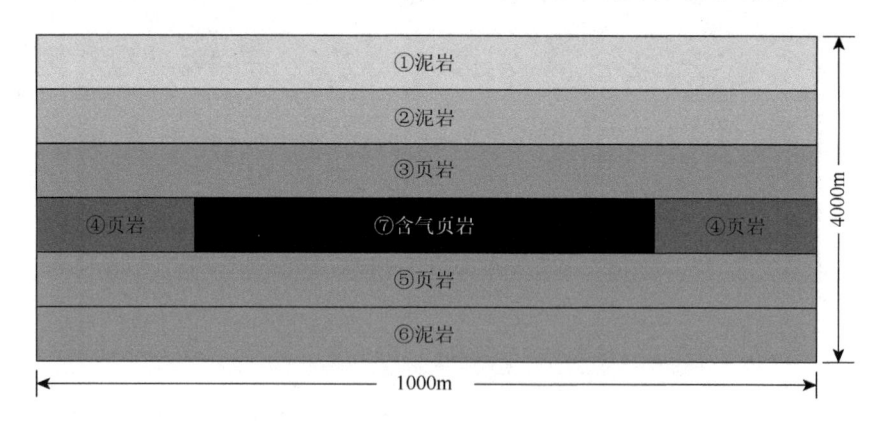

图 6-31 正演地质模型示意图

表 6-2 正演地质模型及地层参数

地层编号	岩性		纵波速度/(m/s)	横波速度/(m/s)	密度/(g/cm³)	孔隙度/%	厚度/m
①	泥岩		3800	2010	2.31	—	2500
②	泥岩		4100	2150	2.45	—	100
③	页岩		4250	2190	2.55	—	100
④	页岩		4350	2280	2.57	—	100
⑤	页岩		4470	2390	2.61	—	100
⑥	泥岩		4650	2390	2.66	—	1100
⑦	页岩	骨架	4350	2150	2.55	4	100
		混合气体	800	—	0.0009		

(a) 正演数值模拟地震反射剖面

(b) 第40道、110道和160道频变能量剖面

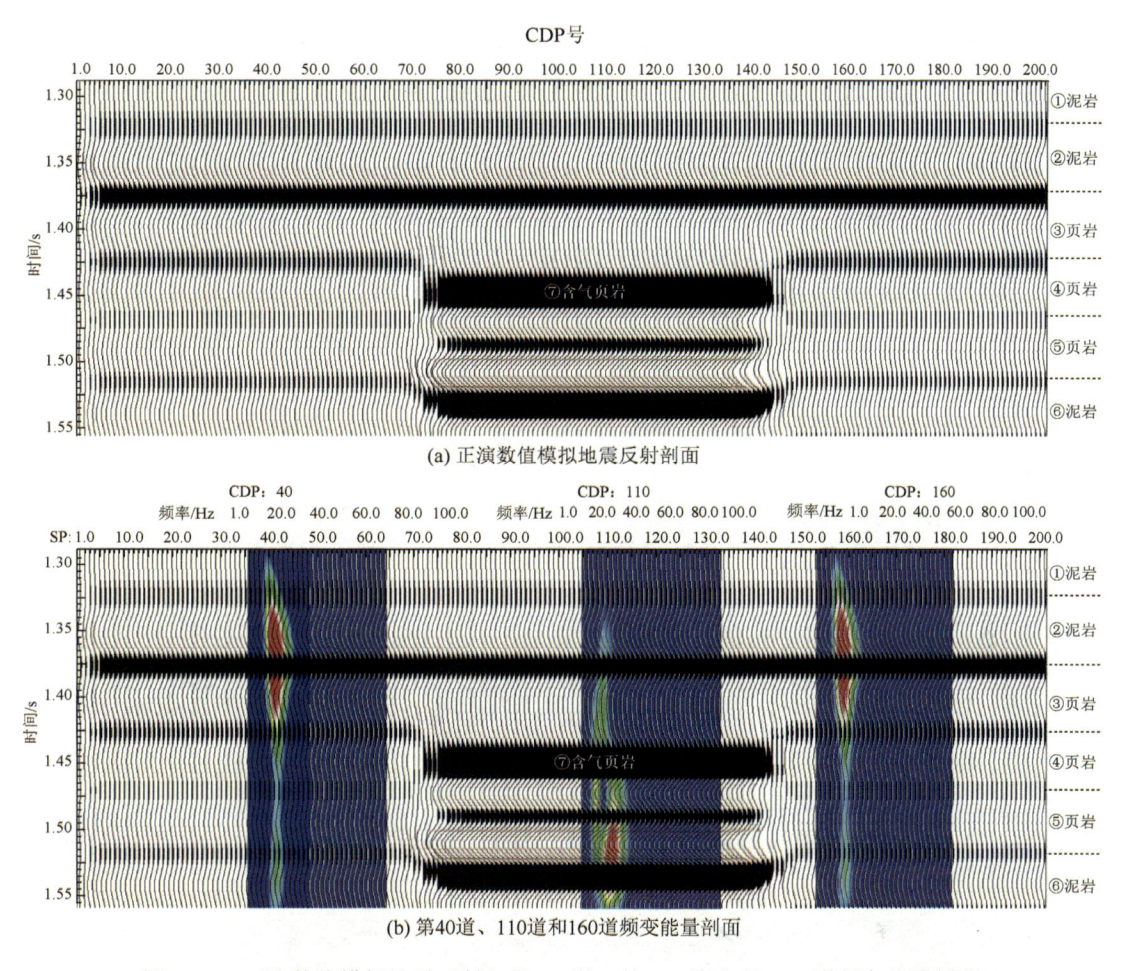

图 6-32　正演数值模拟地震反射与第 40 道、第 110 道和第 160 道频变能量剖面

如图 6-32 所示，显示了正演数值模拟地震反射和第 40 道、第 110 道和第 160 道单道地震记录的频变能量剖面。可见，第 40 道和第 160 道 CDP 频变能量剖面上（无含气页岩层），强能量主要集中在②层和③层的泥岩与页岩之间，且强能量分布于 20Hz 左右的较高频端。在第 110 道频变能量剖面上（包含了含气页岩层），强能量主要集中在⑤层和⑥层的页岩与泥岩之间，强能量分布于 20Hz 左右的较高频端；③层、④层和⑦层为页岩层，能量相对较弱，且能量主要分布在 14Hz 左右的较低频端。

总之，通过正演模型的地震数值模拟试验发现，含气页岩具有"低频强能量"的频变地震响应特征。据此，可以应用于实际地下页岩气含气性识别。

2. 川南深层页岩气识别

1) 井研—犍为地区筇竹寺组页岩气识别

四川盆地南部地区的下寒武统筇竹寺组为主力生烃源岩，属于源烃共存模式的页岩气藏。桐湾运动造成震旦系灯影组顶部剥蚀，筇竹寺组底部与灯影组不整合接触，顶部与沧浪铺组整合接触。在筇竹寺组沉积时期，四川盆地发生最大规模海侵，形成盆地南部相对缺氧

的深水陆棚沉积环境，黑色页岩、深灰色-灰黑色粉砂质页岩广泛发育并呈由北向南逐渐增厚的趋势，在四川盆地西南地区的长宁构造厚度最大，达到650m。筇竹寺组TOC含量为0.5%～25.7%，平均等效镜质体反射率为3.5%，脆性矿物含量大于40%，平均孔隙度为2.44%，平均渗透率为0.046mD，裂缝较发育。井研—犍为地区区域构造位于四川盆地川西南低陡带，构造平缓，沉积较稳定，筇竹寺组沉积期为川南深水陆棚沉积环境，富有机质页岩（TOC含量大于2%）广泛发育，埋深约为3000m，厚度为40～100m，脆性矿物平均含量大于60%，裂缝和微孔隙发育，平均等效镜质体反射率为3.26%。区内JY1井、JS1井等钻井成功获得工业气流，进一步揭示了筇竹寺组优质页岩良好的含气性及广阔的勘探开发前景。

A. 页岩地层的地震反射同相轴特征

井研—犍为地区的二维地震资料能够观察到页岩地层的地震响应特性。受围岩与页岩地层的物性、TOC含量、含气性、脆性矿物含量等因素的作用，筇竹寺组页岩地层地震同相轴整体较强、反射较稳定，主频约为40Hz，频宽为10～75Hz。自然伽马值较高的部分（图6-33中绿色曲线，紫色矩形框内对应优质页岩区域；而框下部自然伽马值较高区域属于筇竹寺组底部较好页岩，但由于埋藏深度较大、规模不大等原因，不属于本次研究重点；下同），对应了相对较优质的页岩地层，也对应了较强的地震反射同相轴。

优质页岩储层受岩石骨架、孔隙度、孔隙流体、有机质成分等多种因素的影响，较非优质页岩的密度更低，纵波速度更慢，纵波阻抗低值异常，为识别筇竹寺组黑色优质页岩和粉砂质页岩提供了依据。与上覆沧浪铺组和下伏灯影组相比，筇竹寺组纵波阻抗整体较低，尤其在优质页岩层段，纵波阻抗低值特征非常明显（图6-33）。因此，在地震强反射同相轴和纵波阻抗低值叠合区，发育优质页岩的概率更高。

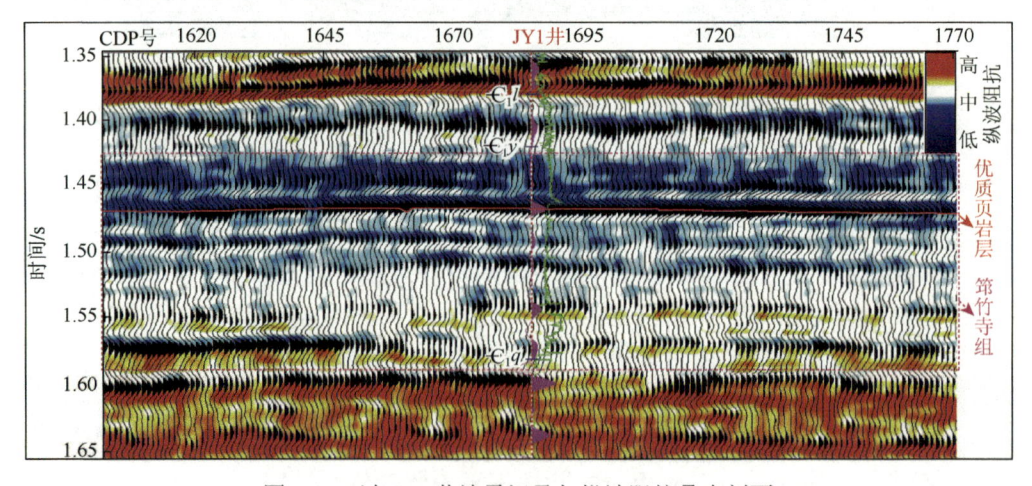

图6-33 过JY1井地震记录与纵波阻抗叠合剖面

筇竹寺组优质页岩地层具有强瞬时振幅特征，如图6-34（a）所示。瞬时振幅是地震反射强度的度量，反映地震波能量发生了很大变化，突出了该段页岩地层地震反射强度大、与上下围岩波阻抗差异大的特殊响应。同时，具有相对较高的瞬时频率，如图6-34（b）所示，说明筇竹寺组页岩地层厚度较大且分布稳定，而且在优质页岩地层，低、中-高值瞬时频率变化不明显，显示了页岩地层岩性变化不明显、地层结构稳定的特征。

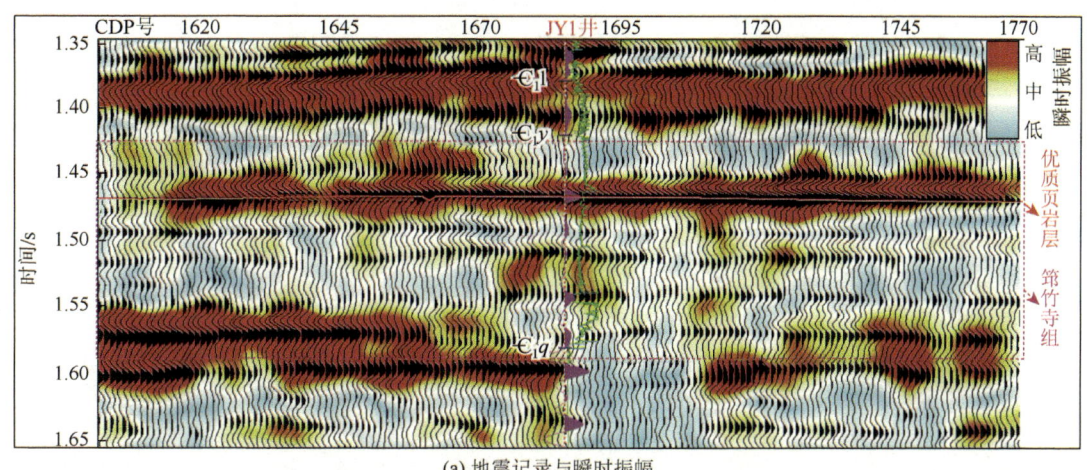

(a) 地震记录与瞬时振幅

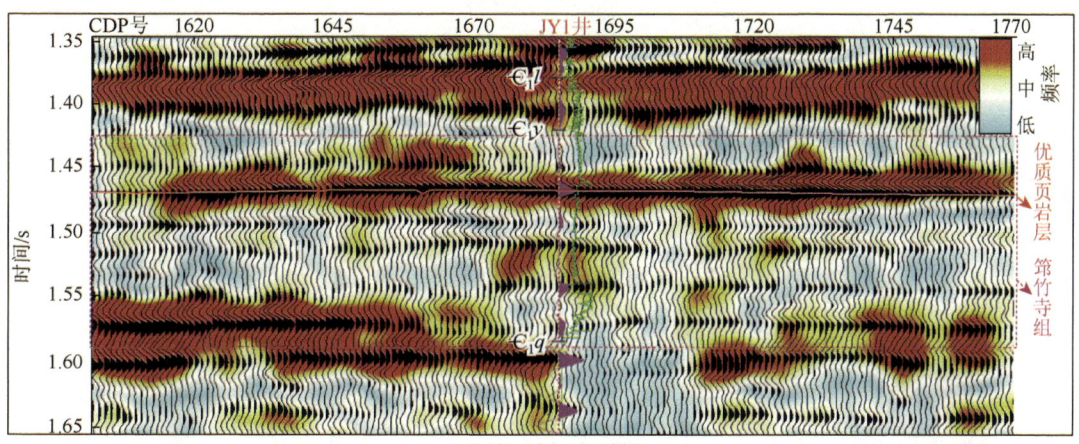

(b) 地震记录与瞬时频率

图 6-34　过 JY1 井地震记录与瞬时属性叠合剖面

综合地震反射同相轴、纵波阻抗、瞬时振幅、瞬时频率等信息，可以预测研究区筇竹寺组优质页岩地层以厚度较大、连续性较好的黑色富有机质页岩为主，为气藏的最终形成提供了可靠的烃源供给基础和良好的保存条件。

B. 优质页岩储层的地震频变响应

受页岩的有机组分（有机碳、残碳等）和无机组分（泥质、石英、白云石、黄铁矿等）影响，构成页岩的骨架包括无机骨架和有机骨架，孔隙也相应包括无机质孔隙（充填烃类、水等）和有机质孔隙（充填吸附气、游离气等）。地震波在页岩中传播时，影响其频率的不仅包括无机骨架和无机孔隙流体，还包括有机骨架和有机孔隙流体。可见，页岩地层对地震频率的响应具有鲜明的特点。过 JY1 井地震记录的分频属性显示，30Hz 低频和 60Hz 高频剖面中，筇竹寺组页岩地层地震能量很弱；而在 40Hz 和 50Hz 的中高频剖面中，筇竹寺组页岩地层地震能量很强（图 6-35）。由此可见，随着频率的变化，页岩地层中地震能量也产生变化，此即为页岩地层的地震频变响应，可用于页岩识别。

(a) 30Hz单频能量

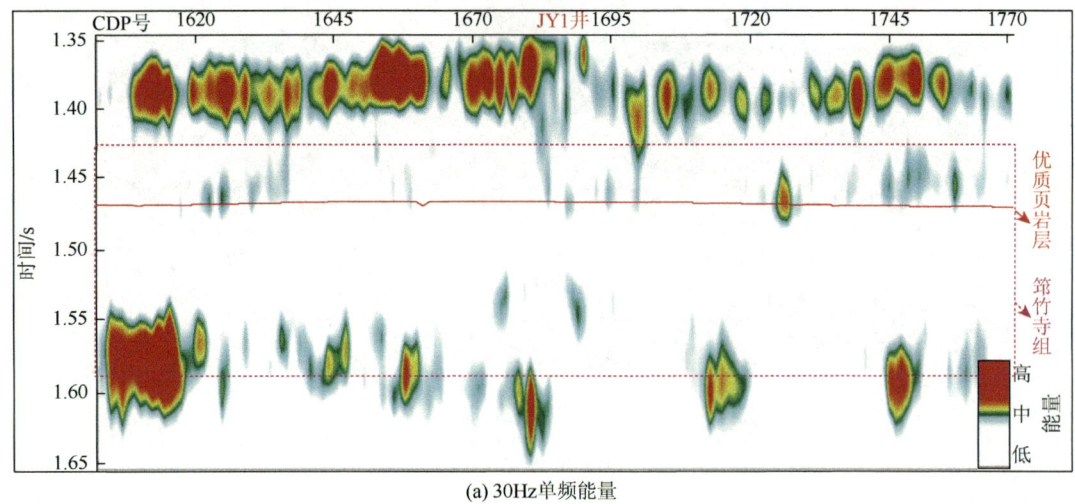

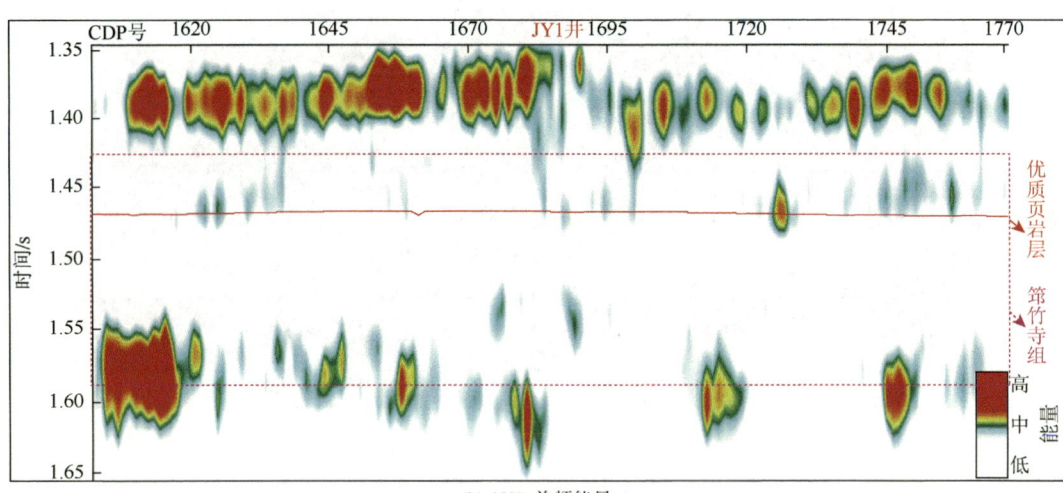

(b) 40Hz单频能量

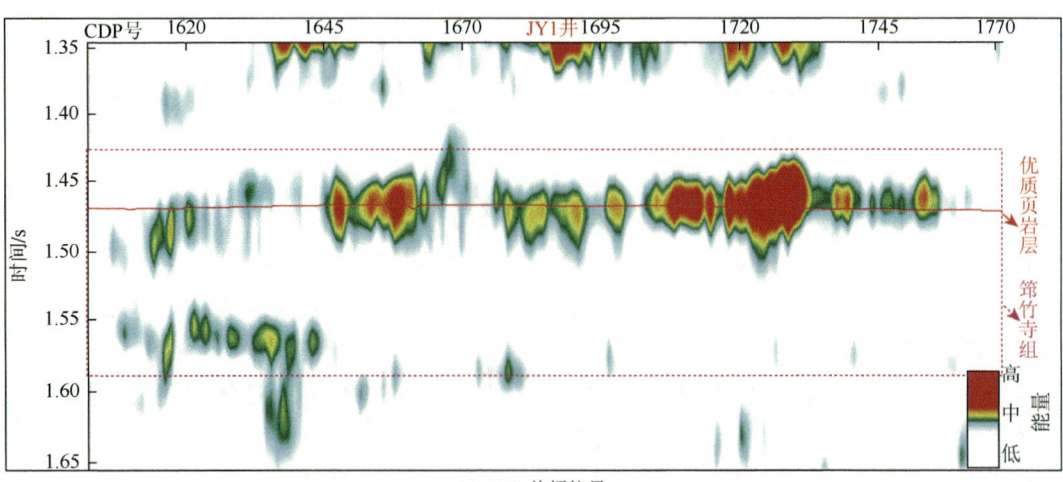

(c) 50Hz单频能量

(d) 60Hz单频能量

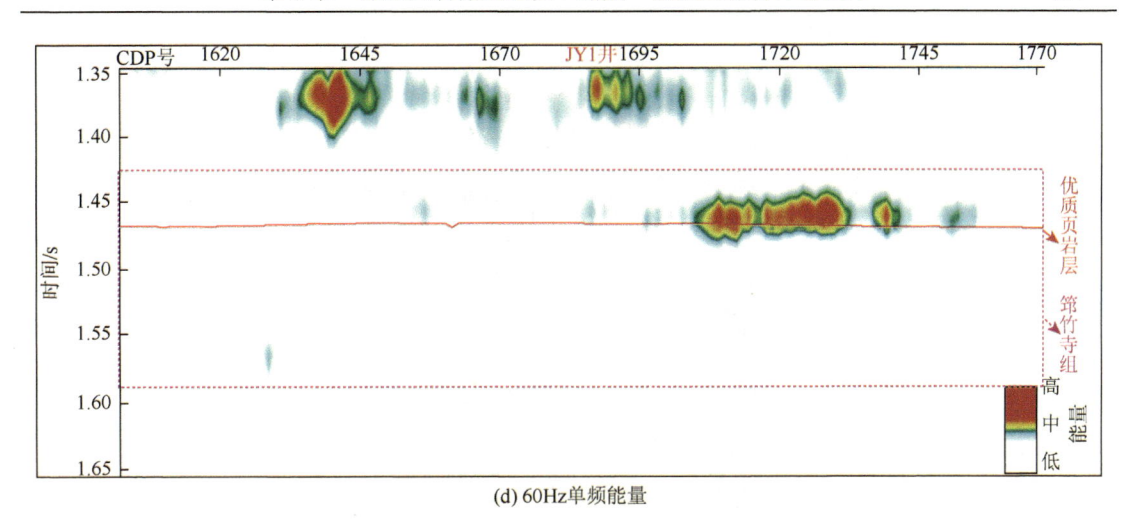

图 6-35 过 JY1 井地震记录的分频属性

研究区筇竹寺组优质页岩地层地震能量主要集中在 35～55Hz，该频带可视为研究区优质页岩的敏感频带（图 6-36）。在敏感频带范围内，地震波的低频段能量较弱、较高频段能量强，这就是研究区筇竹寺组优质页岩的频变响应特征。

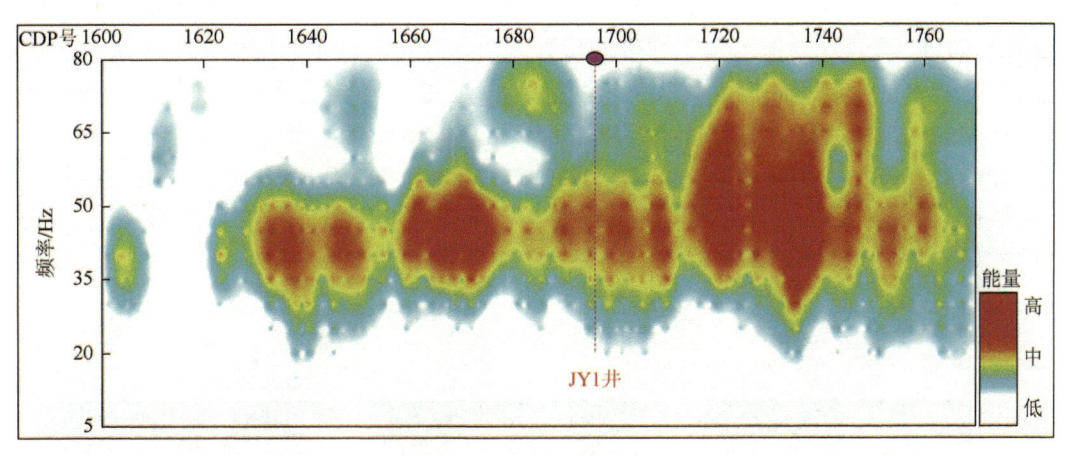

图 6-36 筇竹寺组优质页岩地层地震频变响应

JY1 井沧浪铺组地震强能量对应较宽的频带，中心频率约为 25Hz；筇竹寺组及下伏灯影组地震强能量对应的频带相对较窄，中心频率高于 25Hz（前者约为 40Hz，后者约为 35Hz）。在筇竹寺组内，优质页岩地层地震能量最强，中心频率约为 45Hz，频变响应特征更加鲜明（图 6-37）。

2）威远工区五峰组—龙马溪组页岩气识别

威远工区五峰组—龙马溪组底部页岩层全区广泛分布，①～④号层优质页岩厚度介于 25～39m，整体上呈现西厚东薄的特点。西部页岩厚度相对较大区域位于威页 23 井区及以南位置，均大于 37m，最厚处可达 39m。东部页岩厚度最薄位置位于威页 11 井以东，仅有 25m。威远工区五峰组—龙马溪组底部①～④号页岩 TOC 含量整体较高，2.5%～3.5%，同厚度分布规律类似，呈现西高东低的特点。西边凹陷区 TOC 含量大，

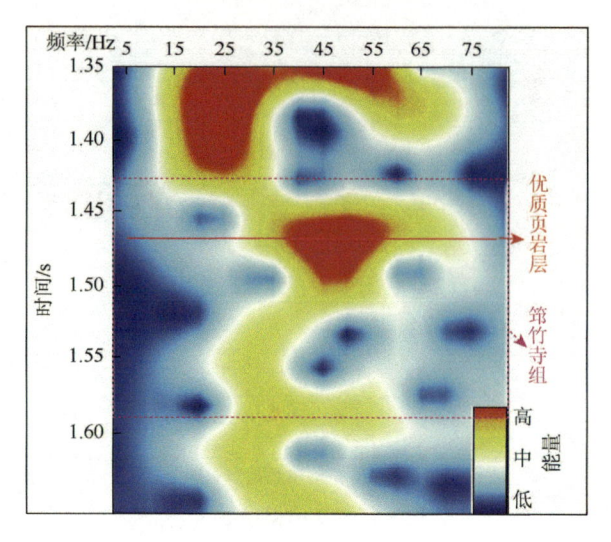

图 6-37 JY1 井筇竹寺组地震频变响应

最大值位于威页 23 井附近（TOC 含量为 3.5%）；东边凹陷区 TOC 含量变小，威页 11 井处 TOC 含量为 2.7%。①~④号层 TOC 含量可能也与古沉积地貌密切相关。古地貌低，水体深，TOC 含量高。东部水下古隆起位置，水体变浅，沉积的页岩厚度变薄，TOC 含量略有降低。页岩储层的厚度和 TOC 含量的高低，必然影响天然气的含量。同时，地震波在这样的传播环境中，其运行学、动力学、几何学等特征也具有相应的响应。

如图 6-38 所示，显示了过 WY23-1HF 井、WY9-1HF 井和 WY11-1HF 井的地震频变响应特征。可见，地震产气层段能量相对较强、能量分布的频带更宽，在 14Hz 以下仍有较强能量分布。

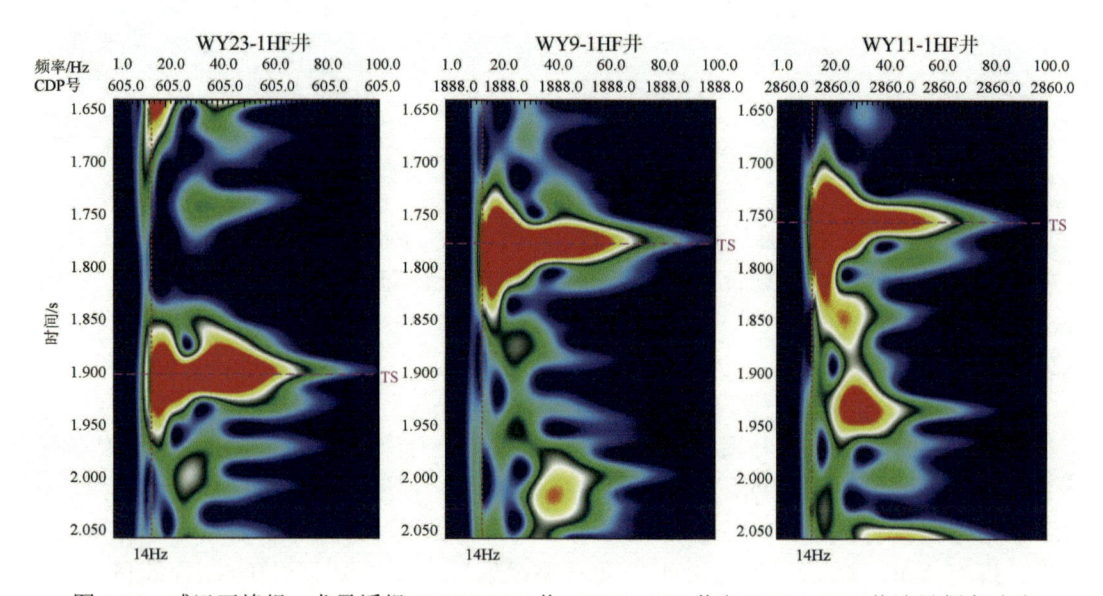

图 6-38 威远五峰组—龙马溪组 WY23-1HF 井、WY9-1HF 井和 WY11-1HF 井地震频变响应

总之，通过对川南井研—犍为和威远工区深层页岩气识别表明，含气性较好的页岩地层，反射能量分布在较宽的地震频带范围，低频段能量相对较强。可以认为，页岩气这类源烃共存模式的非常规气藏，地震能量和频率属性具有相对敏感性，简单描述为"低频强能量""宽频强反射"等特征。

6.3.2 基于多尺度吸收属性的含气性预测

双相介质理论证实，油气储层由固体骨架和孔隙流体组成，疏松骨架和孔隙流体的黏滞性将引起地震波的衰减。Biot（1962）研究了地震波衰减的特性，骨架的衰减一方面由固体摩擦引起，另一方面与频率有关；而孔隙流体的衰减完全是由频率引起的。在地震勘探中，固体骨架和孔隙流体的衰减特征由地震波的吸收属性描述，使用的参数主要有吸收系数、衰减因子、对数衰减率和品质因子等。这些参数均与频率有关，对它们的研究也由来已久。获取这些参数的方法虽然较多，但基于小时窗的傅里叶（Fourier）变换计算高频衰减存在时窗宽度不易把握、局部化特征很差、难以用于微观分析等问题。因此，他提出在小波域分频计算瞬时振幅，然后，利用高低频来计算高频衰减。其方法利用小波分析局部化优异的特点，同时，计算出瞬时拟吸收系数，不存在平均效应，能准确地刻画出每一砂层高频衰减特征。

小波理论享有"数学显微镜"的美誉，在信号分析、量子物理、模式识别、图像处理、奇异性检测、谱估计等方面获得广泛应用。在地质学与地球物理学方面，小波理论能准确刻画地球物理信号在指定时间里的频率、振幅、相位及能量分布等属性特征。此外，在地震数据压缩、去噪、提高分辨率、地震属性分析、地震波场分析、边缘检测、层序地层划分、断层识别、时频分析、谱分解、频谱反演、匹配追踪、偏移成像等方面正在发挥越来越重要的作用。

小波函数局部化特征良好，特别是其时间域和频率域具有较高分辨率的特性备受青睐，非常适合于地震波频率特征分析。由于频率是物质的固有属性，不同的物质对入射波具有独特的吸收频段和反射频段。20 世纪 70 年代，地球物理学家发现，含有烃类的储层反射频率会明显降低。当地震波在地层中传播时，地下岩石弹性黏滞性的存在，将引起地震波高频成分消失、振幅按指数规律衰减，这种现象称作地震波的吸收。基于小波理论，分析地震波在地质体中传播引起的频率与振幅衰减特征成为一种直接检测含油气性的方法手段。实践证明，通过对地震资料进行频率衰减属性分析，能预测储层的岩性及砂泥岩的分布、识别尖灭点、较精细地勾画出油气藏轮廓，在优良的地质条件下甚至可以直接预测油气藏的存在。因此，分析地震波的频率吸收衰减异常，对油气藏的预测具有重要意义。基于薄层地震反射的调谐原理与小波理论，视地震信号为非平稳信号并运用希尔伯特（Hilbert）变换将其转化为解析信号，在小波域提取反映地震波频率特性的最佳尺度信息，可以实现含油气性的综合分析与预测。

多尺度吸收（multi-scale absorption，MSA）属性，是揭示地震波能量衰减变化的一种新计算方法，主要利用小波函数在时间域和频率域均具有较高分辨率的优势，克服了常规方法提取吸收属性过程中受计算时窗影响的局限，已经在致密砂岩气藏、碳酸盐岩气藏的勘探开发中取得了良好的应用效果。页岩气与常规油气藏的地震波吸收属性类似，可以利用地震波的吸收属性描述页岩物性变化及油气充填特征。

1. 多尺度吸收属性计算原理

频率与地震信号传播能量的关系十分密切，然而，目前尚无明确描述地震信号频率与能量的解析表达式。小波函数［式（6-76）为小波的定义式］具有良好的时间域与频率域局部化特征，对 Aki 和 Richards（1980）提出的振幅式（6-77）进行小波变换［式（6-78）］，获得小波变换系数 $F_A(\sigma,\tau)$、小波尺度 σ 与品质因子 Q 之间的数学关系式（6-79），可以用于描述地震信号随传播时间和频率的变化而产生的能量变化。

$$\psi(t) = e^{i\omega_0 t} e^{-\frac{1}{2}(ct)^2} \tag{6-76}$$

$$A(\omega,t) = A(\omega,0)e^{i\omega t - \frac{\omega t}{2Q}} \tag{6-77}$$

$$F_A(\sigma,\tau) = \langle A(\omega,t), \psi_{\sigma,\tau}(t) \rangle = \int_{-\infty}^{\infty} A(\omega,t) \frac{1}{\sqrt{\sigma}} \psi^*\left(\frac{t-\tau}{\sigma}\right) dt \tag{6-78}$$

$$F_A(\sigma,\tau) = \frac{1}{\sigma\sqrt{\pi}} \exp\left\{-\frac{\omega_0 t}{\sigma Q} + \left(\frac{ct}{2\sigma Q}\right)^2 - \left[\frac{c(t-\tau)}{\sigma}\right]^2\right\} \tag{6-79}$$

在地震信号的振幅和主频已知的前提下，利用式（6-78）计算出小波尺度 σ 和相应的小波变换系数 $F_A(\sigma,\tau)$，然后将 $F_A(\sigma,\tau)$、σ 和 ω_0 代入式（6-79），就能计算出品质因子 Q。Q 是反映地震信号能量衰减程度的参数，Q 值越大，能量衰减越小，反之则衰减越大。小波尺度 σ 与角频率 ω_0 成反比，即 ω_0 越小，σ 越大；ω_0 越大，σ 越小。因而，利用不同的小波尺度 σ 就能计算出不同频率下的品质因子 Q，获得不同频率下地震信号的能量衰减特征。由此，定义该方法计算的 Q 为地震信号的多尺度吸收属性。

页岩储层中 TOC 含量和天然气含量较高时，岩石密度降低、黏弹性增强，地震波的传播速度降低、能量衰减发生异常。据此，将地震信号的多尺度吸收属性推广应用到非常规页岩储集层的含气性识别中，进一步拓展地震油气识别技术的应用领域。

2. 模型数据计算

利用正演模型数据，获得了如图 6-39 所示的页岩气正演模型多尺度吸收属性。在图示紫色框中，红-黄色为提取的地震波多尺度吸收属性强值异常。该异常区域与地质模型中含气页岩空间位置吻合良好，表明地震信号经过含气页岩传播后，产生了强烈的能量吸收衰减，地震信号的多尺度吸收属性能够用于页岩含气性识别。

3. 实际应用

利用多尺度吸收属性对井研—犍为地区筇竹寺组页岩气进行了含气性识别研究，并获得了良好的应用效果。这是由于优质页岩中地震波较强的能量衰减现象可以用多尺度吸收属性进行描述，利用该属性可以反推页岩中 TOC 含量、密度、黏弹性的变化，进而实现页岩这类自生自储非常规岩层含气量的预测。

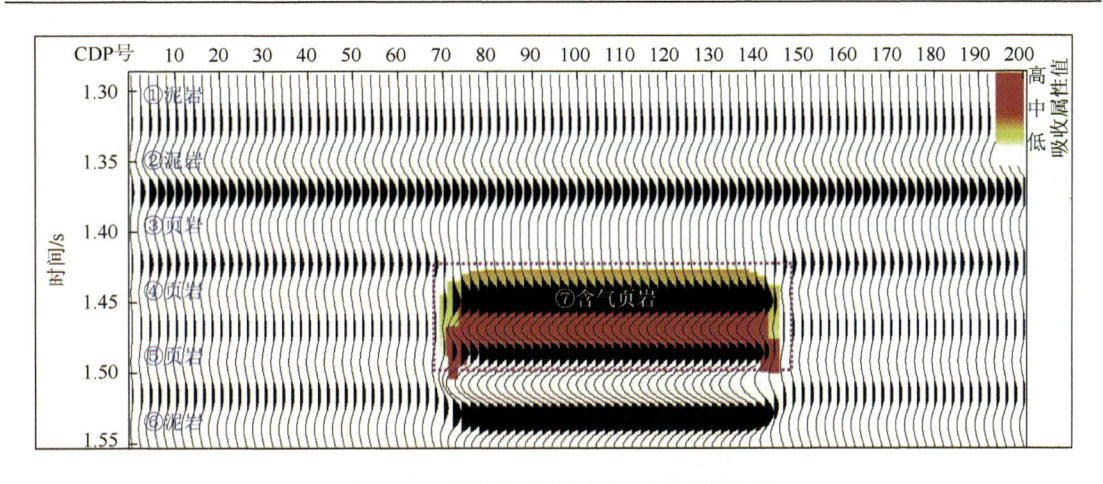

图 6-39　正演地震记录及多尺度吸收属性

如图 6-40 所示，显示了地震反射较强的优质页岩层段出现了较强的多尺度吸收属性异常现象。该异常分布范围与纵波阻抗低值范围重叠较多，说明在该异常范围内的页岩密度和地震波传播速度相对较低。可以推测，由于页岩中 TOC 含量较高，在一定的热成熟度和生物化学作用下发生分解、降解、转换等物理化学反应，产生天然气、其他烃类和残碳，页岩中孔隙扩大或增多，孔隙流体压力和含气总量不断增加，增加了吸附气向游离气转换及运移成藏的概率，也导致了优质页岩地层密度和速度的显著降低、地震反射同相轴的增强。对比地震频变响应较强的优质页岩层分布范围，图 6-40 所示多尺度吸收属性强异常的分布范围（红色）基本重合，说明该范围内优质页岩含气量可能最高，而其他区域（黄色）则相对较低。

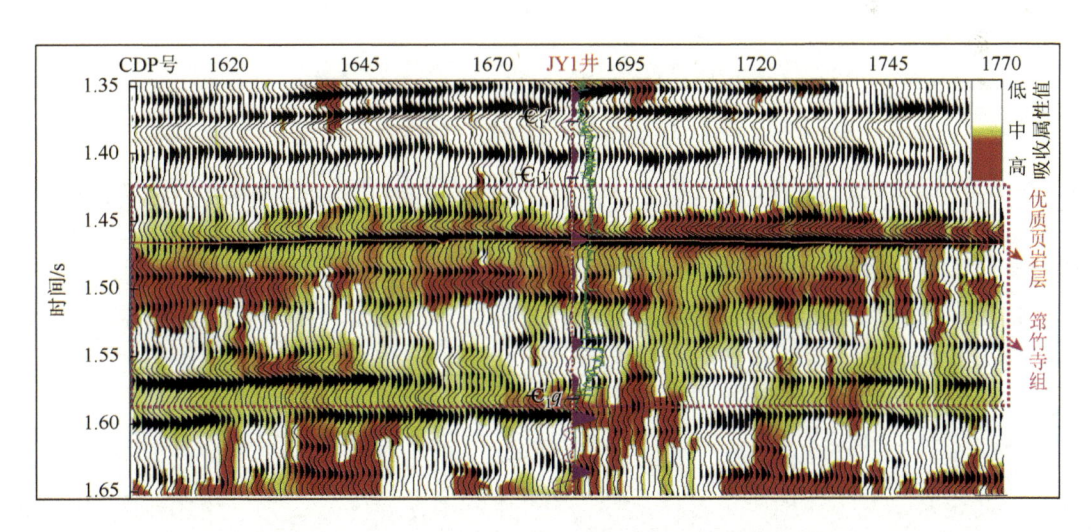

图 6-40　过 JY1 井地震记录及多尺度吸收属性叠合剖面

基于井研—犍为地区的地质概况、地震反射特征、优质页岩的地震频变响应和多尺度吸收属性异常现象等信息，能够实现综合分析和实际钻井结果对比验证。研究区内筇竹寺组页岩地层具有较强的地震反射同相轴和较低的纵波阻抗特征，优质页岩储集层具有更低的纵波阻抗和更强的地震频变响应，含气性较好的优质页岩储集层可以观测到较强的多尺度吸收属性异常现象。这些异常现象分布较广泛，预示了研究区良好的天然气勘探开发前景。这些认识与 JY1 井的岩性、物性、含气性、天然气产量（约 $6\times10^4\mathrm{m}^3/\mathrm{d}$）等实际钻井情况吻合良好。

6.3.3 基于经验公式的含气量预测

目前，利用经验公式法预测页岩储层含气量时，多数都是基于测井参数计算总有机碳（TOC）含量之后，再计算含气量。比如，根据 Passey 等（1990）提出的 $\Delta \log R$ 方法预测 TOC 含量，再结合兰氏体积模型、质量守恒定律等，可建立储层含气量计算模型。如式（6-80）所示：

$$\begin{cases} \Delta \log R = \lg(R/R_{\text{baseline}}) + 0.02 \times (\Delta t - \Delta t_{\text{baseline}}) \\ \text{TOC}含量 = \Delta \log R \times 10^{(2.297-0.1688R_o)} \end{cases} \quad (6\text{-}80)$$

式中，R 为实测电阻率；R_{baseline} 为基线对应电阻率；Δt 为实测声波时差；$\Delta t_{\text{baseline}}$ 为基线对应声波时差；0.02 为叠合系数。

Langmuir 于 1918 年通过等温吸附实验提出了 Langmuir 模型，定量评价了压力与吸附气含量的关系，精度较高、应用较广（Ji et al.，2015）。通过分析温度、压力和 TOC 含量对兰氏体积的影响，结合兰氏体积模型，建立研究区吸附气含量的理论模型（黄科等，2015），如下：

$$\begin{cases} P_L = a\exp(bT_1) \\ P = cH + d \\ V_L = eR_o^2 + fR_o + g \\ A_{\text{gas}} = V_{\text{FC}}V_L P / (P_L + P) \end{cases} \quad (6\text{-}81)$$

式中，P_L 为 Langmuir 压力；T_1 为井下温度；P 为地层压力；H 为埋藏深度；V_L 为 Langmuir 体积；R_o 为镜质组反射率；a、b、c、d、e、f、g 为拟合系数；V_{FC} 为工业组分中固定碳的体积分数；A_{gas} 为吸附气含量。

根据页岩储层富有机质页岩岩石体积物理模型、质量守恒定理和气体状态方程，建立计算页岩储层游离态气含量的数学模型，如下：

$$\begin{cases} V_K = V_2/V_1 = P_1 T_2 / (P_2 T_1 Z_g) \\ F_{\text{gas}} = V_K \varphi (1 - S_w)/\rho_b \end{cases} \quad (6\text{-}82)$$

式中，P_1 和 P_2 为井下和地面压力；T_1 和 T_2 为井下和地面温度；Z_g 为气体偏差系数；φ 为孔隙度；S_w 为含水饱和度；ρ_b 为密度；F_{gas} 为游离气含量。

最后，由吸附气含量和游离气含量得页岩储层的总含气量 T_{gas} 为

$$T_{\text{gas}} = A_{\text{gas}} + F_{\text{gas}} \quad (6\text{-}83)$$

6.3.4 基于多元回归的含气量预测

利用两个或两个以上自变量回归分析一个因变量，发现其中的线性关系，称为多元线性回归。其多元线性回归方程矩阵形式为

$$\hat{Y} = X\beta + \varepsilon \tag{6-84}$$

式中，$\hat{Y}$ 为预测变量列向量；X 为自变量矩阵；β 为自变量系数列向量；ε 为随机误差列向量，其分为可解释误差和不可解释误差，需服从正态分布，满足无偏性假设、共同方法性假设和独立性假设。其中，$\hat{Y}$、X、β、ε 分别如下所示：

$$\hat{Y} = (\hat{y}_0, \hat{y}_1, \cdots, \hat{y}_n)^{\mathrm{T}} \tag{6-85}$$

$$X = \begin{pmatrix} 1 & x_{11} & x_{12} & \cdots & x_{1p} \\ 1 & x_{21} & x_{22} & \cdots & x_{2p} \\ \vdots & \vdots & \vdots & & \vdots \\ 1 & x_{n1} & x_{n2} & \cdots & x_{np} \end{pmatrix} \tag{6-86}$$

$$\beta = (\beta_0, \beta_1, \cdots, \beta_p)^{\mathrm{T}} \tag{6-87}$$

$$\varepsilon = (\varepsilon_1, \varepsilon_2, \cdots, \varepsilon_n)^{\mathrm{T}} \tag{6-88}$$

式中，p 为自变量个数；n 为样本组数。

为减小预测值与真实值之间的误差，利用最小二乘法求解，即

$$Q = \sum_{i=1}^{n}(y_i - \beta_0 - \beta_1 x_{i1} - \cdots - \beta_p x_{ip})^2 \tag{6-89}$$

式中，y_i 为自变量真实值。

求 Q 关于 b_0、b_1、$\cdots$、b_p 的偏导，令所有等式为 0，并化简得

$$\beta = (X^{\mathrm{T}}X)^{-1}X^{\mathrm{T}}\hat{Y} \tag{6-90}$$

6.3.5 基于支持向量回归的含气量预测

支持向量回归（support vector regression，SVR）通过引入松弛参数、数据映射等实现数据特征的回归拟合。对于传统意义上的回归拟合，预测值和真实值一致，即为预测准确，不再修正预测过程；而 SVR 则只需预测值在偏离真实值的一定范围内则算准确，不作惩罚。SVR 利用核函数，将非线性可分的数据映射到另一个高维空间，达到线性可分后映射回低维空间。

设置预测含气量和真实岩心含气量偏差，一旦预测含气量与实测含气量超过此范围，则更新损失函数。如公式（6-91）所示：

$$\min_{w,b} \frac{1}{2}\|w\|^2 + \mathrm{Loss} \tag{6-91}$$

式中，左侧为正则化项，为预测结构风险，用于描述模型性质；右侧为落入预设范围之

外所产生的损失,为预测经验风险,用于衡量模型与训练数据之间的拟合程度。可通过引入拉格朗日算子,对拉格朗日函数的四个参数遍历求导,化为对偶问题求非线性规划最优解,得到预测值。

SVR 拟合的效果,主要受核函数、Gamma 和惩罚因子等因素的影响。利用 SVR 预测页岩含气量时,因将低维映射到高维空间会增大计算量,可能出现过拟合,所以,采用核函数取代线性方程中线性项实现非线性化,在升维的同时拟合非线性函数。常用的核函数包括线性、多项式和高斯三种。其中,高斯核函数的映射函数为

$$k(x_i,x_j)=\exp\left[-\left\|x_i-x_j\right\|^2\big/(2\sigma^2)\right] \quad (6\text{-}92)$$

式中,σ 为高斯核带宽,若其值太小,每一个点被单独线性分割,容易出现过拟合,若太大则会映射到高维空间而不可分,出现欠拟合。

Gamma 由高斯核带宽 σ 决定,表述如下:

$$\text{Gamma}=1/(2\sigma^2) \quad (6\text{-}93)$$

惩罚因子用于权衡拟合能力和预测能力。其值越大,对样本预测容忍度越低,可提升训练数据的拟合效果,但也可能出现过拟合;其值越小,模型复杂度越低,但可能会出现欠拟合。

通过调整核函数、Gamma 和惩罚因子,就可以利用 SVR 预测岩心含气量。

6.3.6 基于决策树回归的含气量预测

决策树(decision tree,DT)是树形算法的基础,根据需要处理数据的类型和目标,可完成分类和回归任务。DT 由节点和有向边组成。其中,有向边连接层与层之间不同的划分单元;节点分为内部节点和叶节点,前者表示划分的特征或属性,后者表示预测值。利用 DT 进行回归拟合时,从根节点开始,对样本的各个特征逐一测试;根据测试结果划分单元,形成各自对应特征的子节点;最后,递归分配样本,直至划分至叶节点,并获得预测值。

基于式(6-94),在测井参数的切分点利用最小二乘法,将特征空间不断划分为不同单元,直至预测含气量和岩心含气量均方误差满足需求时,才确定叶节点单元,形成决策树回归,并输入验证数据得到预测值含气量。

$$\min_{j,s}\left[\min_{c_1}\sum_{x\in R_1(j,s)}(y_i-c_1)^2+\min_{c_2}\sum_{x\in R_2(j,s)}(y_i-c_2)^2\right] \quad (6\text{-}94)$$

$$\begin{cases} R_1(j,s)=\{x\,|\,x^{(j)}\leqslant s\} \\ R_2(j,s)=\{x\,|\,x^{(j)}\geqslant s\} \\ c_1=\text{ave}(y_i\,|\,x\in R_1(j,s)) \\ c_2=\text{ave}(y_i\,|\,x\in R_2(j,s)) \end{cases} \quad (6\text{-}95)$$

式中,$x^{(j)}$ 为第 j 个特征变量;s 为使两个划分区域平方误差和最小的 $x^{(j)}$ 的值;R_1 和 R_2

分别是使式（6-94）最小的划分区域；c_1 和 c_2 分别为两个区域预测参数平均值；y_i 为预测参数值。

6.3.7 基于随机森林的含气量预测

基于随机森林（random forest，RF）通过训练多个决策树（DT）弱模型组成强模型，是 DT 的集成算法。RT 可以降低过拟合风险，提升含气量的预测性能。

在随机森林训练过程中，从 n 个样本中多次随机抽取一定数量的样本，同时提取一些特征，减少影响较大的特征对影响较小的特征的覆盖。由于引入了两个随机性，所以不容易陷入过拟合。

算法具体流程如下。

（1）从筛选后的数据训练集中根据 bootstrap，对 n 个样本有放回随机抽样 n 次，生成 bootstrap 样本；并抽取 K 个特征，构建 M 个数据集。

（2）M 个数据集作为 M 个决策树输入，对每个节点利用最小二乘法分裂，得到不需修剪的各个决策树，形成随机森林。

（3）输入验证集，取 M 个决策树的平均值作为含气量预测值，验证模型性能。

6.3.8 基于神经网络的含气量预测

反向传播（BP）是一种多层的前馈神经网络，依靠信号前向传播，可实现含气量特征参数的提取。如下式：

$$\text{GAS} = W_1 \text{ReLU}\left(\sum_{j=0}^{2} W_{01} X_j + b_0\right) + b_1 \tag{6-96}$$

式中，GAS 为前向传播输出；$\text{ReLU}(\cdot)$ 为激活函数；W_1、W_{01} 分别为输入层到隐藏层、隐藏层到输出层之间各神经元连接权重；b_0、b_1 分别为第 1 层、第 2 层神经元偏置；X_j 为输入的测井参数。

利用 BP 神经网络预测含气量时，根据损失函数均方误差 MSE，由输出层经隐藏层后传入输入层进行反向传播，利用梯度下降法实现梯度更新，修正神经元的权重和偏置，直至误差在可接受的范围内。

6.3.9 基于 Caffe 深度学习框架的含气量预测

针对页岩气的勘探开发，利用钻井、测井、地质等资料可以较准确地获得井孔附近小范围内目标层段的含油气信息，但难以描述井间和其他区域的页岩游离气情况。而地震资料包含丰富的储层物性信息，页岩气在横向上具有很好的连续性，采用地震技术进行页岩气的识别是比较理想的方法。针对页岩气通常是利用地震属性的方法技术来识别，但是由于目标大多受构造、岩性等多种地质因素的影响，在利用地震属性进行流体预测的过程中，存在两个问题：一是信号源是非理想规则信号，二是含气识别存在多解性。

为更好地解决信号源问题，以及解释过程中的主观性及结果的多解性，可以利用深度学习的技术思路来解决。

1. Caffe 的基本原理

Caffe（convolutional architecture for fast feature embedding）是一种用于特征提取的卷积架构，也是一种常用的深度学习框架，在视频、图像以及数据处理方面应用较多。基于 Caffe 的页岩气预测原理，主要采用 Caffe 深度学习的框架，设计出多层的 LSTM（long short-term memory，长短期记忆）和 GRU（gated recurrent unit，门控循环单元）深度学习网络，通过对目标层的地震数据学习，从页岩气的几万种表征特性中找到不同，而不同于以往从单独的某种方法和某种特征的角度来进行页岩气预测。

所谓深度学习，由辛顿（Hinton）等于 2006 年提出，来源于人工神经网络的研究，是一种含多隐层的多层感知器学习结构。深度学习通过组合低层特征形成更加抽象的高层表示属性类别或特征，以发现数据的分布式特征表示。

Caffe 学习框架的最大优点是速度快，针对海量地震数据比较适用。Caffe 学习框架由 Blob（数据）和 Layer（层）组成 Net（网络）构成，采用 Slover（求解器）求解。

RNN（recurrent neural network），即循环神经网络。Caffe 主要是一个深度学习框架，在这个框架下，主要采用 RNN 进行训练学习。RNN 是一种节点定向连接成环的人工神经网络。这种网络的内部状态可以展示动态时序行为。与神经网络不同之处在于，RNN 可以利用它内部的记忆来处理任意时序的输入序列，这让它可以更容易处理如不分段的手写识别、语音识别等。RNN 是包含循环的网络，允许信息的持久化。如图 6-41 所示，显示了 RNN 包含循环神经网络的模块。其中，A 正在读取输入 x_t，并输出 h_t，循环可以使得信息从当前步传递到下一步。RNN 可以被看作是同一神经网络的多次复制，每个神经网络模块会把消息传递给下一个。所以，可以将这个网络展开。

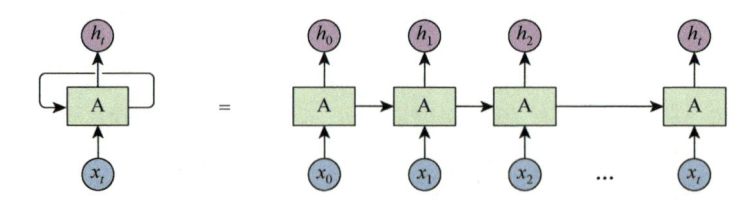

图 6-41　RNN 的原理示意图

链式的特征揭示了 RNN 本质上是与序列和列表相关的。RNN 在语音识别、语言建模、翻译、图片描述等问题上已经取得一定成功，并且这个列表还在增长。在 RNN 基础上衍生出各种变体的网络结构，如 LSTM 和 GRU。其中，LSTM 是一种特别的 RNN，比标准 RNN 在很多的任务上都表现得更好。之所以会产生 LSTM，是因为 RNN 存在长期依赖（long-term dependencies）问题，LSTM 是 RNN 特殊的类型，可以学习长期依赖信息。LSTM 由 Hochreiter 和 Schmidhuber（1997）提出，并在后来被格雷夫斯（Alex Graves）改良和推广。LSTM 经过刻意的设计来避免长期依赖问题。记住长期的信息在实践中是

LSTM 的默认行为，所有 RNN 都具有一种重复神经网络模块的链式的形式。在标准的 RNN 中，这个重复的模块只有一个非常简单的结构，例如 Tanh 层，如图 6-42 所示。

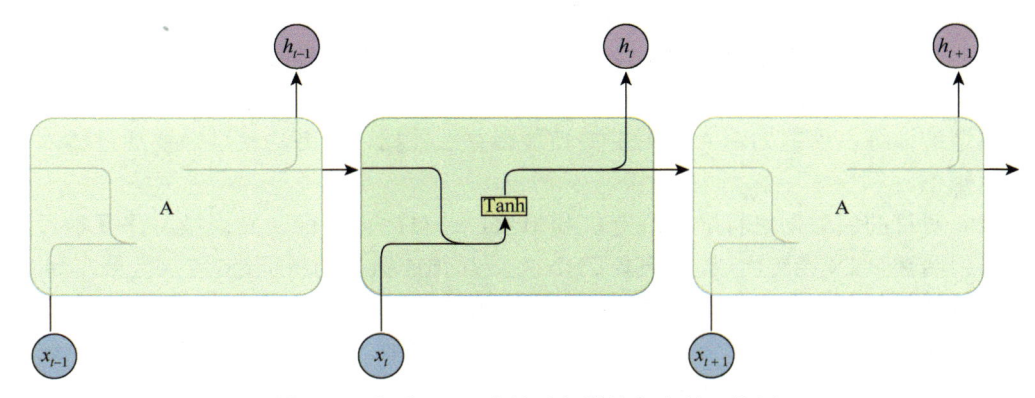

图 6-42　标准 RNN 中的重复模块包含单一的层

LSTM 同样是这样的结构，但是重复的模块拥有一个不同的结构。不同于单一神经网络层，这里是有四个，以一种非常特殊的方式进行交互，如图 6-43 所示。

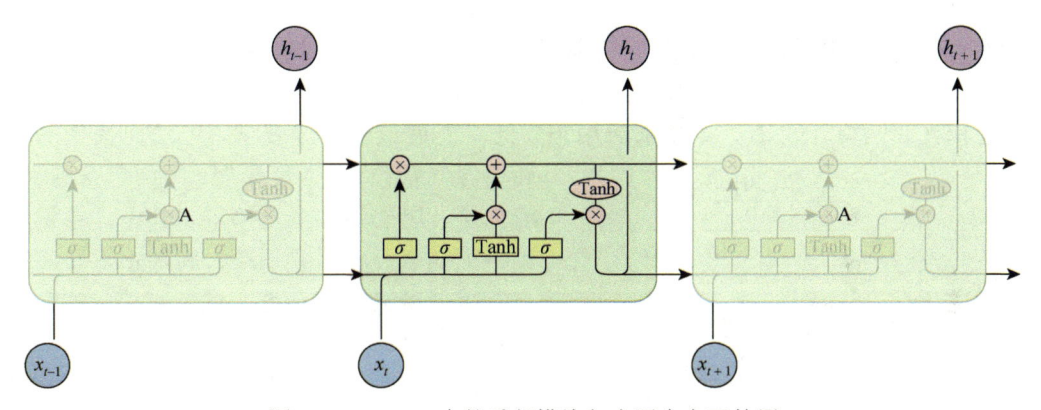

图 6-43　LSTM 中的重复模块包含四个交互的层

GRU 由 Cho 等（2014）提出，GRU 将忘记门和输入门合成了一个单一的更新门，如图 6-44 所示。同样还混合了细胞状态和隐藏状态，和其他一些改动。最终的模型比标准的 LSTM 模型要简单，是一种非常流行的 RNN 变体。

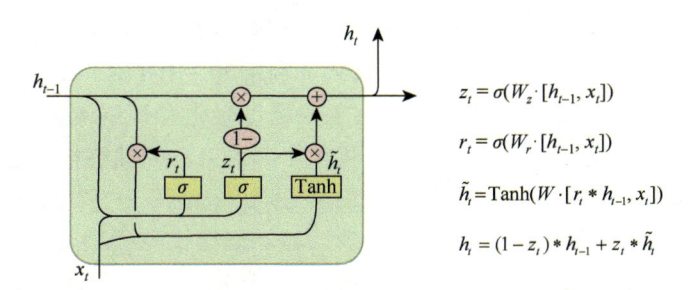

$$z_t = \sigma(W_z \cdot [h_{t-1}, x_t])$$
$$r_t = \sigma(W_r \cdot [h_{t-1}, x_t])$$
$$\tilde{h}_t = \text{Tanh}(W \cdot [r_t * h_{t-1}, x_t])$$
$$h_t = (1 - z_t) * h_{t-1} + z_t * \tilde{h}_t$$

图 6-44　GRU 网络结构

2. 基于 Caffe 的页岩气预测思路

基于 Caffe 的页岩气预测的主要思路，遵循以下几点。

(1) 对地震数据进行预处理后，进行地震数据流体特征训练。由于采取深度学习的方法来实现页岩气预测，因此在进行页岩气预测之前需要通过大量的地震数据进行流体特征模型的训练。训练的输入数据主要是地震叠后数据，训练的模型需要通过输入数据不断地修正。

(2) 对目的层数据进行非线性寻优和拟合，通过流体特征建立模型。深度学习网络主要采用两套 CNN 连接而成，第一套 CNN 主要对地震数据的特征进行拟合，第二套 CNN 主要对特征进行学习和分类，最终将输出流体预测的概率分布。

(3) 循环训练，改善地震数据流体特征的数据模型。由于页岩从物理原理上来说是稳定的，因此对于训练结果可以通过多个不同数据进行修正，防止过拟合的情况出现，利用参数范数惩罚、数据增强及提前终止等方法进行模型的修正。

(4) 通过模型实现页岩气预测。通过大量测井和地震数据进行训练后的模型，具较强的适用性，可以利用地震数据预测页岩气含量。

6.3.10 基于卷积神经网络的含气量预测

卷积神经网络（CNN）是目前应用最广泛、发展最快的深度学习方法。搭建的页岩储层含气量预测 CNN 模型，主要包含卷积层、池化层、展平层和全连接层。其中，卷积层用于特征提取，利用卷积核、局部感知和参数共享等降低网络的复杂度，保证网络的稀疏性，防止过拟合；池化层包含最大池化层和平均池化层，前者提取特征最大值，后者提取平均值，二者使模型重点关注特征的存在性而非具体位置，且池化作用可减少下一层的输入参数、缩小计算量，一定程度上防止过拟合；全连接层则对特征做加权求和，输出含气量预测值（图 6-45）。

这里，以利用纵波速度（V_P）、横波速度（V_S）和密度（RHOB）预测含气量为例，阐述 CNN 模型参数和训练流程。如图 6-45 所示，将大小为 1×3 的训练样本传递给卷积层，卷积层采用"same"补丁方式，以 0 填充训练样本，减小原始信息的损失，利用 16 个大小为 1×2 的卷积核与训练样本卷积，得到 16 个 1×3 的特征，输入 16 个大小为 16×1×2 的卷

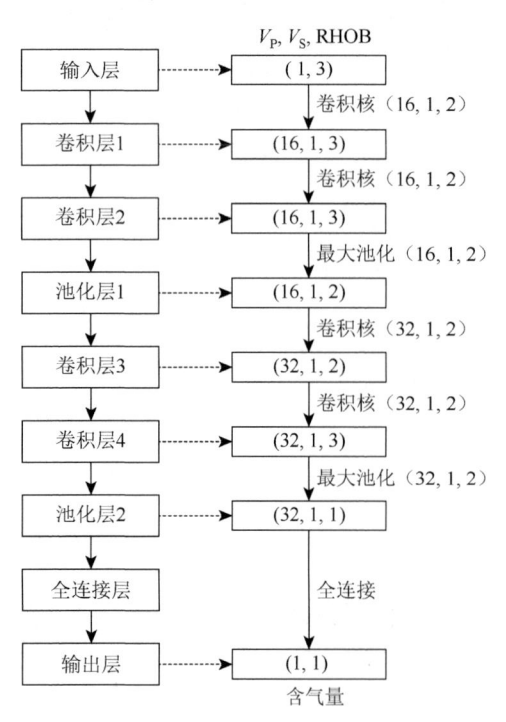

图 6-45 CNN 预测含气量示意图
（以 V_P、V_S 和 RHOB 为例）

积层。同样，采用"same"补丁方式，得到 16 个 1×3 的特征，输入大小为 1×2 的池化层，得到 16 个 1×2 的特征。接着，输入含 32 个卷积核的两个卷积层和一个池化层中，将输出传递给下一个"flatten"层展平后输入全连接层，计算含气量预测值和真实值的最小均方误差损失，并反馈给隐藏层神经元，修正参数，直至误差在允许范围内。

由于在输入参数和含气量之间，可能存在非线性关系，而输入数据和卷积核进行卷积线性操作只是线性的映射；因此，需要利用激活函数，增加 CNN 的非线性特征提取能力。目前，常用的激活函数有 Sigmoid、Tanh 和 ReLU 三种。其中，Sigmoid 函数使用范围最广泛，在物理意义上更接近神经元；但是，Sigmoid 函数具有严重饱和性，且 Sigmoid 函数的输出均值大于 0。Tanh 函数比 Sigmoid 函数收敛速度更快，且输出以 0 为中心，但不能克服 Sigmoid 函数由于饱和性产生的梯度消失问题。ReLU 函数又称为修正线性单元（rectified linear unit），能克服 Sigmoid 函数和 Tanh 函数的梯度消失问题。因此，采用 ReLU 为激活函数，能保证权值更新中梯度不会消失，三种激活函数的表达式为

$$\begin{cases} \text{Sigmoid}(x) = 1/(1+e^{-x}) \\ \text{Tanh}(x) = (e^{x}-e^{-x})/(e^{x}+e^{-x}) \\ \text{ReLU}(x) = \max(0,x) \end{cases} \quad (6\text{-}97)$$

CNN 模型训练与预测结果，需要进行精度评价和验证分析。传统的验证方法将数据集分为训练集和验证集，有可能出现测试（或训练）的数据特征不具有代表性；特别是在数据量较小时，不能充分利用数据特征训练模型。留一交叉验证法可利用所有数据点，将数据集分成 n 份大小为 $n-1$ 的训练集和只含一个数据的测试集，经过 n 次训练和预测，得到最终 n 个预测值，更能反映模型泛化能力。通过留一交叉验证法可以评价含气量预测的精度，采用均方误差 MSE 和决定系数 R^2（也称拟合优度）评估模型预测效果（Lena and Margara，2010），即

$$\begin{cases} \text{MSE} = \dfrac{1}{n}\sum_{i}(\hat{y}_i - y_i)^2 \\ R^2 = 1 - \sum_{i}(\hat{y}_i - y_i)^2 \Big/ \sum_{i}(\overline{y}_i - y_i)^2 \end{cases} \quad (6\text{-}98)$$

式中，$\hat{y}_i$ 为预测含气量；y_i 为实测岩心含气量；$\overline{y}_i$ 为平均含气量；n 为样本总数。

6.3.11 基于 TOC 含量的页岩储层含气性定量预测

判别页岩储层品质的标准之一，便是页岩储层的含气性。优质页岩储层，最直接的表现就是含气量高。当然，页岩储层的含气量是由多种因素决定的，几乎包含了页岩气所有的富集成藏条件，即埋藏深度、TOC 含量、热成熟度（镜质体反射率 R_o）、页岩厚度、地层压力、保存条件等。在多种成藏条件的共同影响下，游离气的聚集和吸附气的解析，共同决定了页岩储层的含气性。研究表明，含气量与 TOC 含量线性相关性极强，而 TOC 含量可由地震反演、经验公式等方法定量计算；因此，通过 TOC 含量与含气量的交会分析，可以求取页岩储层的含气量。例如，从威远工区已完钻页岩气井测井解释

含气量与 TOC 含量的交会关系，可以拟合出：含气量 = 0.2757×TOC 含量 + 0.5967。利用 TOC 数据体，能计算出含气量，如图 6-46 所示。

从含气量反演剖面看，纵横向变化与 TOC 含量变化基本一致，低密度及含气量高优质储层主要集中在①~⑥号小层，含气量 0~5m³/t。沿层来看，低密度及含气量高优质储层分布与 TOC 含量预测基本一致，西部略好于东部，含气量 3~5m³/t。

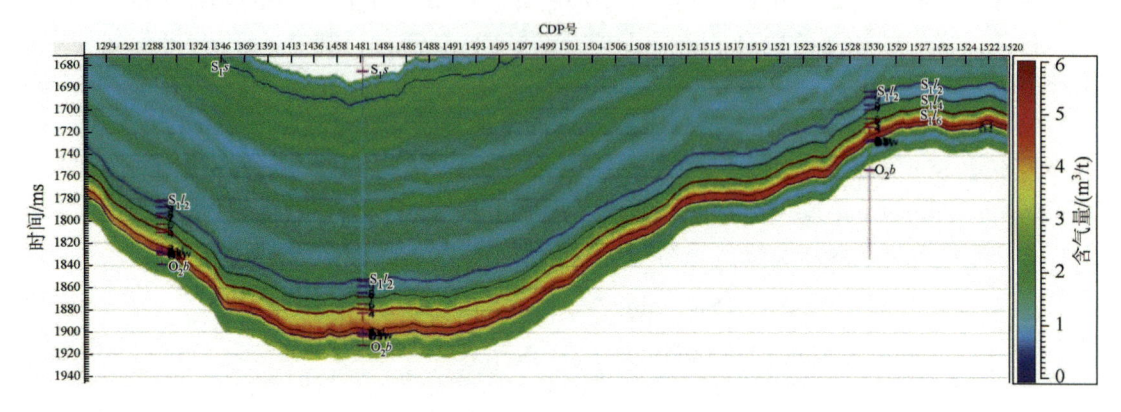

图 6-46　威远工区目标页岩储层含气量剖面

6.4　页岩储层孔隙流体压力预测技术

四川盆地深层页岩气勘探开发实践表明，深水陆棚优质页岩发育是海相页岩气富集的基础，良好的保存条件是海相页岩气富集高产的关键。同时，川东南志留系海相页岩气钻井还揭示，后期保存条件较好、地层压力高，能为页岩气的高产提供足够的能量，有利于页岩气藏的高产、稳产，高产井的页岩气层均存在异常高压。低产井和微含气井页岩气层一般都为常压或异常低压，页岩气产量与压力系数呈正相关关系。地层压力系数是页岩气保存条件评价的综合判别指标，统计发现，四川盆地及周缘下古生界页岩气井产量与压力系数呈对数正相关关系，选区评价时，认为压力系数＞1.2 时，页岩气保存条件好。

许多学者已对页岩气保存条件做过大量研究，影响页岩气保存条件的地质因素主要是顶底板条件和构造作用，顶底板条件是基础，构造作用是关键。同时，建立了 5 种页岩气逸散破坏模型。对保存条件进行定性评价，认为具有适中的埋深、良好的顶底板条件、远离开启断裂及抬升剥蚀区、逸散破坏时间短且构造样式良好的地区，具有良好的页岩气保存条件。利用地震数据进行地层压力预测，可对页岩储层保存条件进行定量评价。目前，利用地震数据进行孔隙流体压力预测主要有两类方法，即图解法和公式计算法。其中，图解法包括等效深度图解法、比值法或差值法和量板法；公式计算法包括等效深度公式计算法、Eaton 法、菲利蓬（Fillippone）法、刘震法、斯通（Stone）法、马丁内斯（Martinez）法等。公式法又可分为依赖正常压实趋势线的公式法（等效深度法、Eaton 法等），以及不依赖正常压实趋势线的公式法（Fillippone 法）。等效深度法及 Eaton 法，是目前应用最广且技术相对成熟的方法。

6.4.1 孔隙流体压力基础理论

Terzaghi（1925）有效地应力原理指出，地层的岩石骨架和孔隙流体分担了上覆岩层压力；岩石骨架承担的部分压力称为有效应力，流体承担的部分压力称为孔隙流体压力。

在正常压实的地质环境中，孔隙流体压力与静水压力相等。在某些情况下，如果岩石骨架承担的有效应力减少了，流体将承担更多的上覆岩层压力，导致孔隙流体压力变高，这样就产生了异常高压；相反，则将产生异常低压。当然，异常孔隙流体压力的成因比较复杂，包括欠压实、构造作用、胶结作用、烃类生成、温度变化、矿物转换、流体运移、渗透作用等（谭峰，2016）。Rieke 和 Chilingarian（1974）围绕体积的变化，将孔隙流体压力异常的成因分为三类，包括岩石孔隙空间变化、孔隙内流体体积变化、流体压力的变化和运动。其中，流体体积变化引起的孔隙流体压力异常，与渗透作用密切相关。这是因为，石油、天然气、水等密度较小的流体，在渗透作用下，将由高浓度向低浓度一侧运移，导致流体因体积变化而产生孔隙流体压力异常。因此，在油气领域，孔隙流体压力直接影响石油与天然气的运移和聚集，是油气成藏的主要动力。当孔隙流体压力大于地层破裂压力时，地层就会产生能让油气通过的缝隙通道，使油气发生渗透和运移，孔隙流体压力降低。当孔隙流体压力足够低时，地层将再次封闭。

1. 有效应力原理

Terzaghi（1925）研究发现，充满流体的孔隙介质与连续固体介质在应力状态上存在巨大区别：作用于充满流体的孔隙介质某截面上的总应力，由固体颗粒间的有效应力与孔隙液体的压力两部分组成，可以表示为

$$P = P_e + P_p \tag{6-99}$$

式中，P 为总应力，MPa；P_e 为固体颗粒间的有效应力，MPa；P_p 为孔隙流体压力，MPa。

Biot（1941）研究发现，若固体介质带有渗透性，那么式（6-99）应修正为

$$P = P_e + \alpha P_p \tag{6-100}$$

式中，α 为等效孔隙流体压力系数，介于 0~1。

Hubbert 和 Rubey（1959）将有效应力定理引入地质学，沉积岩也是含流体多孔介质，由岩石骨架和孔隙流体组成。固体颗粒间的有效应力对应岩石骨架上的基岩应力，一般简称有效应力。孔隙中液体的压力称为孔隙流体压力，上覆岩层压力对应垂直方向上的总应力。岩石骨架与孔隙中的流体共同承担上覆岩层压力，如图 6-47 所示。

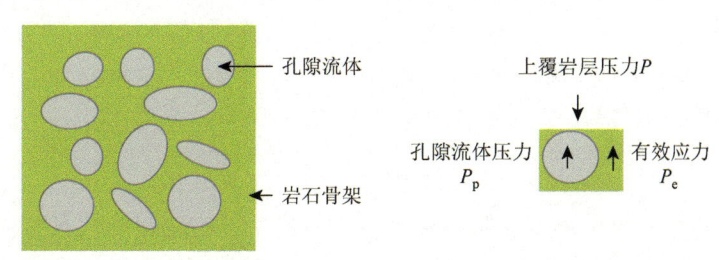

图 6-47 上覆岩层压力、孔隙流体压力与有效应力的关系示意图

岩石骨架带有渗透性时，流体受到的力会驱使流体以某个速率从骨架的缝隙中渗透出去，使流体实际承受的应力并不等于上覆岩层压力，式（6-100）就是对这种状态的数学描述。

2. 孔隙流体压力

一般来说，岩石可以视为一个含流体的多孔介质，孔隙中的流体主要包括地层水、天然气和石油。孔隙中流体受到的压力，称为孔隙流体压力，也称地层压力。

在地层被正常压实时，地层中的孔隙连通地表，此时地层孔隙流体压力就是此处地层的静水压力。静水压力不受上覆地层或连通通道形状的影响，一般可用如下公式计算：

$$P_w = \rho_w g h \times 10^{-3} \tag{6-101}$$

式中，P_w 为静水压力，MPa；ρ_w 为地层水密度，g/cm³；g 为重力加速度，m/s²；h 为地层深度，m。

在某些地质环境中，孔隙流体压力会高于或者低于静水压力，称之为异常压力。

3. 上覆岩层压力

一般情况下，可以用三轴应力状态来描述地应力。在三个主方向上，包含垂直方向上的垂直地应力、水平方向上的最大水平地应力和最小水平地应力。

其中，垂直地应力主要来自地层重力。对世界上多个实测垂直地应力的测量与统计表明，油气钻探所在的岩石圈范围内，垂直地应力基本等于上覆岩层压力。从力学上看，压实过程主要由垂直地应力控制完成，是地应力产生的主要原因。一般情况下，在计算地层孔隙流体压力的过程中，仅考虑垂直方向的地应力，并且与上覆岩层压力相等。陆地上的总应力或者说上覆岩层压力为

$$P_0 = 10^{-3} \int_0^h \rho g \mathrm{d}h \tag{6-102}$$

式中，ρ 为地层密度，g/cm³；g 为重力加速度，m/s²；h 为地层深度，m。

值得注意的是，地层密度一般是无法取得整段上覆岩层密度的，往往会缺少浅部地层密度数据，这个时候是无法直接计算上覆岩层压力的。一般的解决方法是拟合浅部地层的密度，然后使用该密度计算上覆岩层压力。一个比较典型的主流经验拟合公式（Sayers，2010），即

$$\rho = \rho_0 + a h^b \tag{6-103}$$

式中，h 为地层深度，m；ρ 为深度为 h 的地层的估算密度，g/cm³；ρ_0 为深度为零的地层密度，g/cm³；a 和 b 为无量纲经验参数。

樊洪海（2016）也提出了一个经验拟合公式，即

$$\rho = a + b h - c e^{-dh} \tag{6-104}$$

式中，a、b、c 和 d 为无量纲经验参数；ρ 为深度为 h 的地层的估算密度，g/cm³；h 为地层深度，m。

如果地层相隔较远，或者存在不同构造，那么，上覆岩层密度很可能是不一样的，需要分别确定上覆岩层密度。

4. 有效应力

岩石骨架的固体颗粒会承担一部分上覆岩层压力，因为这种力的变化会引起岩石力学性质的变化，所以往往称之为有效应力。有效应力定义式（6-99）就是这种力的数学公式描述，有效应力与孔隙流体压力共同承担上覆岩层压力，并且有效应力与孔隙流体压力之和等于上覆岩层压力。

5. 正常压实趋势

Athy（1930）对正常压实作用进行了研究，认为在正常压实下，孔隙度能直接反映压实程度，并且与深度存在指数关系，即

$$\varphi = \varphi_0 e^{-ch} \tag{6-105}$$

式中，φ_0 为泥质沉积物最大的原始孔隙度，%；h 为地层深度，m；c 为无量纲经验参数；φ 为深度为 h 的地层的孔隙度，%。

Wyllie 等（1956）提出了地层声波时差与孔隙度之间的关系为

$$\varphi = \frac{DT - DT_{ma}}{DT_w - DT_{ma}} \tag{6-106}$$

式中，φ 为地层孔隙度，%；DT 为地层声波时差实测值，μs/m；DT_{ma} 为岩石骨架声波时差，μs/m；DT_w 为地层孔隙中流体的声波时差，μs/m。

在岩性确定、地层水性质变化不大的地层中，DT_w 和 DT_{ma} 有着相对固定的数值，且 DT_{ma} 数值较小可以忽略。此时，可以认为地层声波时差 DT 与孔隙度 φ 呈正比关系。因此，在正常压实的地层中，可以导出形式上类似于式（6-105）的公式，即

$$DT = DT_0 e^{-ch} \tag{6-107}$$

式中，DT 为深度为 h 的地层的声波时差，μs/m；DT_0 为深度为零的地层的声波时差，μs/m；c 为一个无量纲经验参数；h 为地层的深度，m。

式（6-107）即为声波时差正常趋势线公式。对该式取对数，可得

$$\ln(DT) = a + bh \tag{6-108}$$

式中，DT 为深度为零的地层的声波时差，μs/m；a 和 b 为无量纲经验参数；h 为地层深度，m。

不难看出，在半对数坐标上，以时差 DT 对数作为横坐标，深度 h 作为纵坐标，绘制出的声波时差正常趋势线会是一条直线。在相当长的时期中，正常压实趋势线都是以此为基础计算的。但现实中正常压实趋势线不太可能恰好会是一条直线，Zhang（2011）给出了一种正常压实趋势线公式，成为当前主流使用的拟合公式之一，即

$$DT_N = DT_m + (DT_{ml} - DT_m) e^{-ch} \tag{6-109}$$

式中，DT_N 为正常压实趋势声波时差，μs/m；DT_m 为地层孔隙度为零时的声波时差，μs/m；DT_{ml} 为深度为零的地层的声波时差，μs/m；h 为地层的深度，m。

6. 异常压力成因

1) 异常压力

正常压实环境中,岩石骨架和孔隙中的流体分担了上覆岩层压力,岩石骨架承担了有效应力,流体承担了孔隙流体压力,并且孔隙流体压力与静水压力相等,如图 6-48 所示。在某些情况下,如果岩石骨架承担的垂直有效应力减少了,那么孔隙流体将承担更多的上覆岩层压力,导致孔隙流体压力变高,这样就产生了异常高压。类似的,如果因为某些原因,岩石骨架承担了比正常压实下更多的上覆岩层压力,上覆岩层压力是额定不变的,那么孔隙流体压力就会变低,产生异常低压。在特殊的地质环境中,孔隙流体压力低于或者高于静水压力的情况,被称为异常孔隙流体压力。

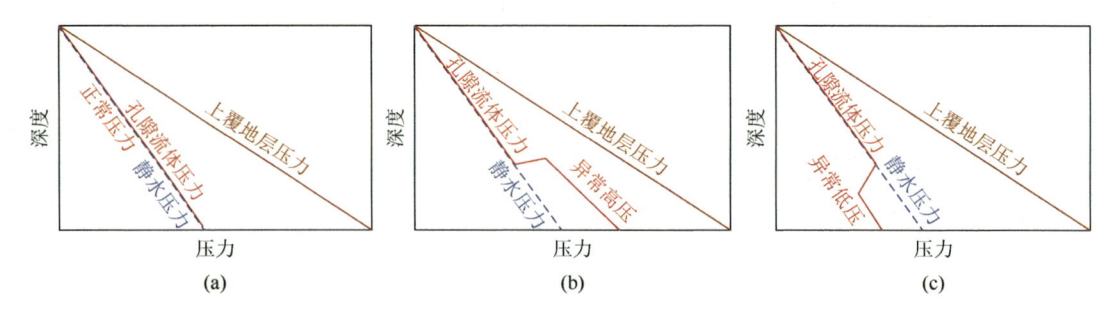

图 6-48 正常压力(a)、异常高压(b)和异常低压(c)示意图

压力系数是实际的地层孔隙流体压力和理论的静水压力的比值。压力系数用于衡量地层中某一点的地层孔隙流体压力数值与正常压实下的孔隙流体压力数值的偏差程度,计算公式为

$$\alpha = \frac{P_p}{P_w} \quad (6-110)$$

式中,α 为压力系数;P_p 为孔隙流体压力,MPa;P_w 为静水压力,MPa。

由于应用环境及评价标准存在差异,基于压力系数的大小,国内外有多种不同的地层压力状态分类方式。一种常用的分类方式见表 6-3。

表 6-3 孔隙流体压力状态分类表

压力系数	<0.75	0.75~0.9	0.9~1.1	1.1~1.5	>1.5
分类	超低压	低压	常压	高压	超高压

资料来源:樊洪海,2016。

2) 异常压力成因

异常孔隙流体压力的成因比较复杂,并且不同的异常压力成因往往是共存的。异常压力成因的相关研究是非常丰富的,有大量的研究成果。Rieke 和 Chilingarian(1974)围绕体积变化,将异常高压的成因归集到岩石孔隙空间的变化、孔隙内流体体积变化与流体压力的变化和运动三大类。这种基于体积变化分类异常高压的方式，是目前主流使用的异常压力成因分类方式。如表6-4所示，简要总结了这种异常压力分类的形成机制。

表6-4 异常压力成因类型表

类型	成因	过程简述
岩石孔隙空间的变化	欠压实作用	地层快速沉积，泥质充填孔隙通道，孔隙中的流体来不及排出，形成异常高压
	构造作用	岩层的水平构造挤压使得孔隙体积减小，局部和区域性断裂、皱褶、横向滑移和滑动，断块下降导致挤压、底辟、砂或泥移动、地震等
	胶结作用	硫酸钙、白云石和硅石等作为封闭遮挡物，导致密封储层内晶体生长，孔隙空间减少，孔隙流体压力增加
孔隙内流体体积变化	烃类的生成与裂解	封闭空间中烃类生成与裂解，产生了油气，在有限的空间中流体增多了，进而产生了异常高压
	温度作用	地层温度增高导致流体体积膨胀，孔隙流体压力因此增大
	流体运移	流体沿着断层等通道向上运移，使得上层形成超压
	矿物转换	矿物转化过程中产生了流体，例如蒙脱石和混层黏土转化为伊利石、石膏脱水转化为硬石膏
流体压力的变化和运动	渗透作用	地层流体中盐水浓度差能使流体穿过半渗透膜进行转换
	密度差	气柱重量和流体柱（油或水）重量之间的差异
	油田生产操作	储层岩石二次开发注水加压

资料来源：谭峰，2016。

A. 岩石孔隙空间的变化

（1）欠压实作用是异常地层孔隙流体压力成因中被高度关注的成因之一，在大量的沉积地层中欠压实都是引起异常高压的主要原因。在地层快速沉积的过程中，岩石骨架中的孔隙通道被沉积物填充；同时，上覆岩层压力迅速增大，压缩了岩石骨架，导致流体被封闭在了孔隙之中无法转移。封闭空间中无法排出的流体承担了更多的上覆岩层压力，因此产生了异常高压。这种异常高压是被研究得比较深入的一种异常高压，等效深度法、Eaton法等都是有效的针对欠压实成因异常高压的计算方法。

（2）构造挤压作用。构造挤压作用也是一种重要的异常孔隙流体压力。构造作用往往会导致地层的应力状态发生变化，比如横向挤压产生褶皱的过程中，对封闭的孔隙空间产生的压力会传递给流体，进而产生了异常高压。

（3）胶结作用。在密闭孔隙空间中，因为流体的物理变化或化学变化，产生了胶结作用，流体变为了固体，孔隙空间减小，剩余的流体被挤压，产生了异常高压。胶结作用尽管广泛存在，但一般来说影响较小，不是造成异常孔隙流体压力的主要原因。

B. 孔隙内流体体积变化

（1）烃类的生成与裂解。烃类的生成与裂解亦是油气形成的过程。在富含干酪根的地层中，如果物理化学条件合适，干酪根会开始生成油气。在封闭的孔隙空间中，当温度超过90℃时，富集的干酪根生成烃类，导致孔隙空间中流体增加，产生异常高压。在140℃以上的温度下，烃类进一步裂解为气体，填充孔隙空间，产生高压。

（2）温度作用。在某些地质条件下，地层会有更高的温度。温度的升高会使得流体产生热膨胀，在密闭孔隙空间中，热膨胀的流体就产生了异常高压。对于富含干酪根的地层，因为温度是烃类生成与裂解的主要影响因素，所以烃类的生成与裂解和温度作用往往会一起出现。

（3）流体运移。部分流体，比如烃类气体，密度较小，在地层中存在垂向通道的时候可能会沿着垂向通道移动，导致该地层的流体体积发生变化，进而产生异常孔隙流体压力。流体运移作用因为比较复杂，变化范围较大，对其的认识相对有限。

（4）矿物转化。在地层中，岩石的某些物理化学变化造成了流体的体积变化。比如，蒙脱石在较高的温度下，其结构中的水分子会被排出，重新变为流体，挤压了密闭的孔隙空间，导致了孔隙流体压力的变化。

C. 流体压力的变化和运动

（1）渗透作用。地下水的矿化度可能会有很大的差别，如果作为半渗透膜的地层两侧存在较高的盐水浓度差异，盐水中离子的交换会使得更高浓度地下水的一侧流体体积增加，进而产生异常孔隙流体压力。

（2）密度差。在封闭孔隙空间中，如果存在密度差异较大的不同流体，会导致流体分布不均匀，影响孔隙流体压力分布，产生局部的异常压力。比如在油气藏顶部，因为烃类气体的聚集往往顶部会有更高的异常压力。

（3）油田生产操作。油田生产操作会对地层的应力状态造成比较大的影响。比如二次开采时对地层进行大量注水，导致异常高压。

7. 孔隙流体压力对油气藏的影响

在油气勘探中，正常孔隙流体压力、异常高压和异常低压储层不存在特定的分布规律。根据一份对超过 100 个油田的研究统计，正常压力油气储层占 37.5%，高压油气储层占 47.7%，低压油气储层占 14.8%。可见大部分油气储层是处于异常压力状态的，特别是高压油气储层，占了最大的比例。因此，异常高压长期以来都是关注的重点。

石油天然气资源以流体的方式存在于地层缝隙中，其移动、成藏等各个环节都会直接受到地层压力的影响。地层压力在探究石油天然气资源的过程中是一个关键因素，在很大程度上决定了油气藏的形成过程和最终的储集情况，其影响主要体现在以下几个方面。

1）孔隙流体压力是油气运聚的主要动力

孔隙流体压力直接影响油气的运移和聚集。例如，在封闭空间发生了烃类的生成和裂解，油气大量聚集，孔隙流体压力变大。当压力大于地层破裂压力时，地层就会产生能让油气通过的缝隙通道，油气发生运移，孔隙流体压力降低。当孔隙流体压力足够低时，地层再次封闭。

2）高压能促进烃类分解并减少孔隙压实损失

主流观点认为，在大分子烃类热演化分解为液态烃类的过程中，高压能产生促进的作用，并且会抑制液态烃类裂解为气态液态烃类的过程。除此之外，异常地层高压意味着流体承担了更多的上覆岩层压力，减少了有效应力，地层原生孔隙会受到更少的压实作用，为油气的生成或储集提供了更多的空间。

3）异常高压可以提高盖层的封闭性

盖层的封闭性可以分为两种：物性封闭和物理封闭。其中，物理封闭主要指因高压而产生的盖层封闭性。物理封闭能够有效封闭油气，但是过高的地层压力会使得地层破裂，反而破坏了封闭性，所以从这个方面来看，异常高压对于油气藏的保存并不绝对是正面的。

在钻井油气开采工程中，孔隙流体压力是指导施工方案设计的数据基础。准确的压力预测使得工程能够选择合适的参数用于钻井施工，极大地减少井喷和井漏等钻井事故的风险，保证施工人员的生命安全，也保证了物资机械的安全。所以地层压力预测从理论研究到油气开采工程施工，都处于重要地位。

6.4.2 测井孔隙流体压力计算

在地球物理学中，一般根据钻井的时间前后将孔隙流体压力预测方法分为钻前地震资料预测方法与钻后测井资料计算方法两个大类。钻前地震资料预测方法能够在很大的区域上预测孔隙流体压力，对更加昂贵的测井资料需求较少，但相较于钻后测井资料计算方法，其准确性往往更低。钻后测井资料计算方法是最直接、可靠的方法，精度较高。但这一类方法是在钻后进行计算，并不是对孔隙流体压力的预测，难以为制定钻井施工方案提供帮助。

1. 等效深度法

Foster（1966）认为，在黏土矿物颗粒最初沉积的时候，包含有大量的伴生水，当黏土矿物颗粒被压实成岩时，一部分伴生水被挤压出黏土沉积层，孔隙度随之减小，而剩余的孔隙体积则与黏土矿物骨架上受到的应力有关。因此，具有相同孔隙度的两个泥岩层，其骨架承受的垂直有效应力是相同的，并且与各自的埋藏深度无关。等效深度法的一个特点就是可以直接利用垂直有效应力定理计算孔隙流体压力，这使得其适用范围比较广泛。

在等效深度法的假设下，存在 A 点和 B 点，其中 A 点处于正常压实段，B 点处于异常高压段；A 点的垂直有效应力、上覆岩层压力、孔隙流体压力和深度分别为 P_{ea}、P_{oa}、P_{pa} 和 h_a；B 点的垂直有效应力、上覆岩层压力、孔隙流体压力和深度分别为 P_{eb}、P_{ob}、P_{pb} 和 h_b。

根据垂直有效应力的数学关系，可得

$$\begin{cases} P_{ea} = P_{oa} - P_{pa} \\ P_{eb} = P_{ob} - P_{pb} \end{cases} \tag{6-111}$$

等效深度法假设，若 A 点与 B 点具有相同的孔隙度，那么 A 点与 B 点的垂直有效应力也是一样的，即

$$P_{ea} = P_{eb} \tag{6-112}$$

由于 A 点在正常压实段上，由静水压力公式可得

$$P_{\mathrm{pa}} = \rho_{\mathrm{w}} g h_{\mathrm{a}} / 1000 \tag{6-113}$$

式中，P_{pa} 为 A 点处的静水压力，即 A 点在正常压实下的孔隙流体压力，MPa；ρ_{w} 是地层水密度，g/cm^3；g 是重力加速度，m/s^2；h_{a} 是 A 点地层深度，m。

联合式（6-111）～式（6-113），可以得到等效深度法计算公式，即

$$P_{\mathrm{pb}} = P_{\mathrm{ob}} - P_{\mathrm{oa}} + \rho_{\mathrm{w}} g h_{\mathrm{a}} / 1000 \tag{6-114}$$

式中，P_{pb} 为 B 点的孔隙流体压力，MPa；P_{ob} 为 B 点的上覆岩层压力，MPa；P_{oa} 为 A 点的上覆岩层压力，MPa。

等效深度法可以看作是正常压实趋势理论的延伸，其应用条件比较宽松，可应用于不同地区，但其预测准确性相对较低。

2. Eaton 法

该法是 Eaton（1972）提出的一种基于正常压实趋势线计算孔隙流体压力的方法，是目前油气勘探中应用最为广泛的孔隙流体压力预测方法之一。Eaton 在对墨西哥湾地区进行深入研究与分析后，提出了一个有效应力、正常压实电阻率和实测电阻率之间的关系式：

$$P_{\mathrm{e}} = (P_0 - P_{\mathrm{w}})\left(\frac{R}{R_{\mathrm{N}}}\right)^{1.5} \tag{6-115}$$

式中，P_{e} 为有效应力，MPa；P_0 为上覆岩层压力，MPa；P_{w} 为计算点深度的静水压力，MPa；R_{N} 为计算点深度对应的地层正常压实电阻率，$\Omega\cdot\mathrm{m}$；R 为计算点地层实测电阻率，$\Omega\cdot\mathrm{m}$；1.5 为 Eaton 指数，是一个经验数值。

结合有效应力定理，可计算孔隙流体压力：

$$P_{\mathrm{p}} = P_0 - (P_0 - P_{\mathrm{w}})\left(\frac{R}{R_{\mathrm{N}}}\right)^{1.5} \tag{6-116}$$

式中，P_{p} 为孔隙流体压力，MPa。

Eaton 于 1975 年发表的文章补充了该理论，给出了更为常用的，由声波时差计算孔隙流体压力的公式，即

$$P_{\mathrm{p}} = P_0 - (P_0 - P_{\mathrm{w}})\left(\frac{\mathrm{DTN}}{\mathrm{DT}}\right)^3 \tag{6-117}$$

式中，DTN 为计算点深度对应的地层正常压实声波时差，$\mu\mathrm{s/m}$；DT 为计算点地层实测声波时差，$\mu\mathrm{s/m}$；3 为 Eaton 指数，是一个经验数值。

需要注意，在墨西哥湾地区基于电阻率和基于声波时差计算的 Eaton 公式中 Eaton 指数是不一样的。除此之外，不同地区的地层，其适用的 Eaton 指数往往也是不一样的，其一般形式为

$$P_{\mathrm{p}} = P_0 - (P_0 - P_{\mathrm{w}})\left(\frac{\mathrm{DTN}}{\mathrm{DT}}\right)^N \tag{6-118}$$

式中，N 为 Eaton 指数。有效应力为

$$P_e = (P_0 - P_w)\left(\frac{\text{DTN}}{\text{DT}}\right)^N \tag{6-119}$$

声波时差与纵波速度之间的关系为

$$V = \frac{1000000}{\text{DT}} \tag{6-120}$$

式中，V 为地层纵波速度，m/s；DT 为声波时差，μs/m。

由式（6-119）与式（6-120）可得

$$P_e = (P_0 - P_w)\left(\frac{V}{V_N}\right)^N \tag{6-121}$$

式中，V_N 为计算点深度对应的地层正常压实纵波速度，m/s。

Eaton 法的准确性主要决定于正常压实趋势线以及 Eaton 指数 N 的准确性。Eaton 指数 N 在不同地区、不同的地质条件下都会有所不同，需要根据工区情况具体分析。一方面，应尽可能确保正常压实趋势线的准确性；另一方面，需根据实测孔隙流体压力值计算 Eaton 指数 N 以确定计算区域 N 的取值。

式（6-121）可以变形为

$$N = \frac{\ln(P_0 - P_p) - \ln(P_0 - P_w)}{\ln(\text{DTN}) - \ln(\text{DT})} \tag{6-122}$$

将实测孔隙流体压力值等数据代入式（6-122），就能计算得到 Eaton 指数 N。

3. 鲍尔斯（Bowers）法

Bowers（1995）认为，引起异常孔隙流体压力的原因可以主要归结为欠压实和流体膨胀。在压实作用下，地层中大部分孔隙度的减小都是永久性的。假设地层仅受到压实作用的影响，随着地层变深，压实作用变强，地层速度变大。有效应力与地层速度所遵循的数学关系式称为原始加载曲线，可表述为

$$V = 5000 + aP_e^b \tag{6-123}$$

式中，V 为计算点地层声波速度，ft/s（1ft/s≈0.3m/s）；P_e 为计算点处的垂直有效应力，psi（1psi≈6.89×10³Pa）；a 与 b 为由实测数据计算得到的经验参数。

地层在压实作用下，如果出现了流体膨胀，有效应力将会降低，地层速度虽然也会随之变小，但是，由于孔隙度无法完全复原，地层速度不会按照原始曲线变小，地层速度会沿着一条新的曲线变小，该曲线称为卸载曲线，可表示为

$$V = 5000 + a\left[P_{\max}\left(\frac{P_e}{P_{\max}}\right)^{1/U}\right]^b \tag{6-124}$$

式中，U 为卸载系数；$P_{\max}$ 为卸载开始时的最大有效应力，psi，即

$$P_{\max} = \left(\frac{V_{\max} - 5000}{a}\right)^{1/b} \tag{6-125}$$

式中，$V_{\max}$ 为卸载开始时对应的声波速度，ft/s。

通过区分原始加载曲线与卸载曲线，Bowers 法较准确地描述了有效应力与声波速度的关系，如图 6-49 所示。

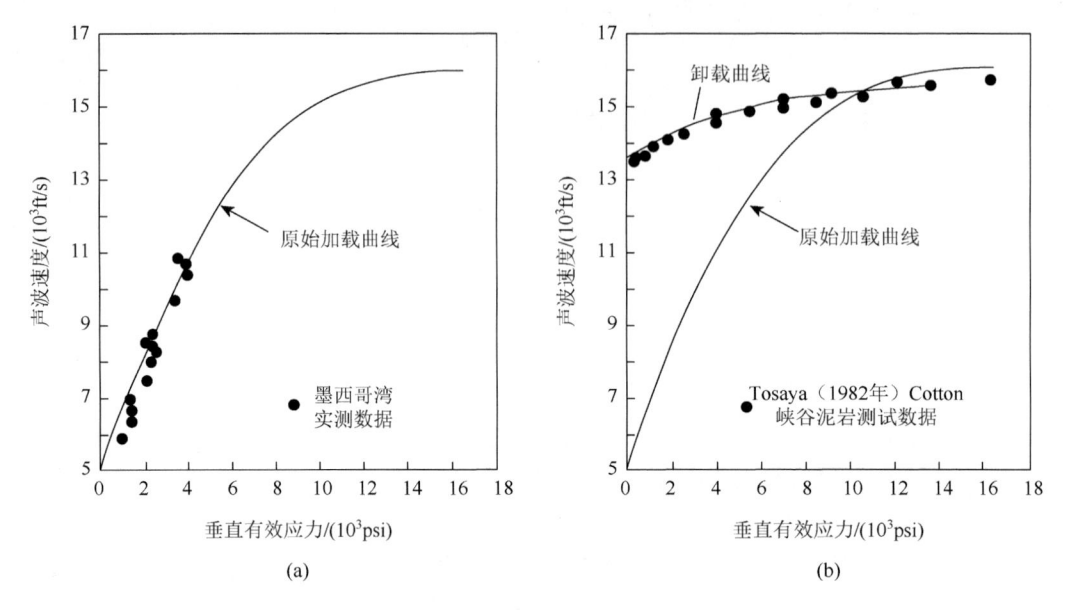

图 6-49　墨西哥湾地区原始加载曲线（a）与卸载曲线（b）
（Bowers，1995）

使用 Bowers 法时，需要分析异常压力成因。如果某段地层存在主要由流体膨胀引起的异常压力，那么声波速度会明显降低。Bowers 将这种声波曲线会明显降低的地层段称为速度回降区。在速度回降区，流体膨胀是引起异常压力的主要因素，使用卸载曲线公式（6-125）来计算垂直有效应力；在欠压实是主要异常压力成因的地层使用加载曲线公式（6-123）来计算垂直有效应力。最后，由有效应力定理式（6-99）计算得到孔隙流体压力。

Bowers 法有非常良好的应用效果，并且相较于更早期的 Eaton 法，考虑了欠压实以外的异常高压形成机制，其适用范围更广。

4. 综合解释法

岩石骨架主要受到有效应力的影响，多年来研究人员对此做了大量的实验与探索，尝试了多种模型和公式，取得了丰富的研究成果。Han 等（1986）对大量砂泥岩岩心进行了室内力学与声学特性实验，研究了孔隙度、泥质含量对声波速度的影响情况。Eberhart-Phillips 等（1989）对 Han 等（1986）的研究成果进行了进一步的分析，认为影响砂泥岩波速的主要因素是孔隙度、泥质含量以及有效应力，并给出了波速的经验公式，即

$$V = 5.77 - 6.94\varphi - 1.73\sqrt{V_{sn}} + 0.446\left(P_e - e^{-16.7P_e}\right) \quad (6\text{-}126)$$

式中，V 为纵波速度，km/s；φ 为孔隙度，$0 \leqslant \varphi \leqslant 1$；$V_{sn}$ 是泥质含量，$0 \leqslant V_{sn} \leqslant 1$；$P_e$ 为垂直有效应力，kbar（$1\text{bar} = 10^5\text{Pa}$）。

樊洪海（2002）在以上研究的基础上，提出了一个波速、密度、孔隙度、泥质含量和垂直有效应力之间的经验模型，该经验模型适用范围广、精度较高，取得了良好的应用效果，被命名为综合解释方法。波速经验模型为

$$V = A + B\rho + C\varphi + D\sqrt{V_{sn}} + E\left(P_e - e^{-FP_e}\right) \tag{6-127}$$

式中，ρ 为地层体密度，g/cm³；A、B、C、D、E 和 F 为由实测值计算得到的经验参数。

该方法主要适用于砂泥岩，不受欠压实成因的限制，不要求连续沉积地层，也不需要建立正常压实趋势线；但需要的测井资料较多，需要确定多个经验参数。在计算区域的综合解释法模型被确定后，就能由地层速度计算得到有效应力，再由有效应力定理即可计算孔隙流体压力。

6.4.3 地震孔隙流体压力预测

相较于测井孔隙流体压力计算方法，地震孔隙流体压力预测方法能提前预测孔隙流体压力的三维空间分布。地震孔隙流体压力预测方法基本都是围绕层速度展开的，其准确性高度依赖于层速度的准确性，与测井预测法相比较，其预测精度有一定的差异。

1. Fillippone 法

Fillippone（1982）通过分析泥岩地层压力，提出了一种基于地层速度预测孔隙流体压力的方法，计算公式为

$$P_p = \frac{V_{max} - V}{V_{max} - V_{min}} P_0 \tag{6-128}$$

式中，V_{max} 是孔隙度近似为零时的岩石纵波速度，m/s；V_{min} 是岩石刚性近似为零时的纵波速度，m/s；V 是地层速度，m/s；P_0 是上覆岩层压力，MPa；P_p 是预测孔隙流体压力，MPa。

刘震等（2000）发现孔隙流体压力与速度差之比并不完全是线性关系，因此将原始的 Fillippone 法公式修改为

$$P_p = \frac{\ln\left(V_{max}/V\right)}{\ln\left(V_{max}/V_{min}\right)} P_0 \tag{6-129}$$

该方法不需要建立正常压实趋势线，直接通过层速度预测孔隙流体压力。同时，其准确性几乎完全依赖于层速度的准确性。因此，在使用 Fillippone 法时，往往重点关注层速度的准确性。

2. Eaton 法

Eaton 法同样可以基于地震数据预测孔隙流体压力，并且是主流的预测方法之一。Eaton 法应用于地震数据预测孔隙流体压力时，其计算公式以及各个计算参数的含义并没有特别的区别。

一般情况下，Eaton 法首先需要对计算区域中的测井资料进行分析与计算，通过一定

的方法确定最适用于计算区域正常压实趋势线以及 Eaton 指数 N。基于地震资料，可以得到计算区域的波速以及密度，进而预测上覆岩层压力、静水压力及孔隙流体压力。

6.4.4 改进的 Eaton 法孔隙流体压力预测

Eaton 法因其良好的应用效果，多年以来一直是应用最广泛的孔隙流体压力预测方法之一。相较于 Bowers 法、综合解释法等，Eaton 法的计算参数比较简单，对资料的丰富程度要求较低，容易应用于地震孔隙流体压力预测。然而，利用 Eaton 法预测孔隙流体压力时，存在以下不足。

1. 仅适用于欠压实成因的泥页岩

原始的 Eaton 法是基于欠压实成因泥页岩研究得出的经验公式，直接应用于其他异常压力成因的地层，计算效果不理想。造成这种不适的主要原因，可以归结为流体膨胀的影响（Bowers，1995）。

在仅有压实作用的地层中，Eaton 法与 Bowers 法的加载曲线可以视为两种方法分别对正常压实过程的拟合，将取得相近的计算结果。但是，当地层受到流体膨胀的影响后，Bowers 法将模型转换为卸载曲线以正确描述受力状态，Eaton 法却依然依循原来的基本等效于原始加载曲线的模型。从图 6-49 可见，原始加载曲线和卸载曲线之间存在明显的数值差异；如果地层受到了流体膨胀的影响，那么 Eaton 法往往会低估地层速度，导致计算结果存在明显的偏差。

对于这个问题，Weakley（1989）提出，可以通过主动提高正常压实趋势速度来解决低估地层速度的问题。此外，Bowers（1995）也提出可以提高 Eaton 指数，使得 Eaton 公式能够模拟卸载曲线，达到有效预测孔隙流体压力的效果。

2. Eaton 指数以及正常压实趋势线不易确定

Eaton 指数以及正常压实趋势线，是影响 Eaton 法计算精度的主要因素。地下环境往往是复杂多变的，不同地区的 Eaton 指数以及正常压实趋势线往往是不一样的。在常规的 Eaton 法计算流程中，通过对计算区域中的测井资料进行分析与计算，综合各方面的因素确定最适用于该计算区域的正常压实趋势线以及 Eaton 指数，将正常压实趋势线和 Eaton 指数直接应用于整个地区。不难看出，这种做法是假设了同一地区的 Eaton 指数和正常压实趋势线变化不会很大，将局部的计算结果用于整体，这不是一种考虑了不同地区经验参数不同的精确计算方法。但即使是按照这样的流程，如何从测井资料中提取出最合适计算区域的经验参数，也依然是一个难题。

受沉积环境、成岩作用、构造运动等地质因素的影响，地下环境在纵向和横向均展现出了岩性、物性、渗透性、地应力、孔隙流体压力等变化及各向异性、非均质性等不确定性的特征。在此环境中，Eaton 指数将随着地层环境而变化，计算地层正常压实趋势的相关参数也不能使用同一参数，否则必然影响孔隙流体压力计算精度。

1) 正常压实趋势优化方法

在常规的正常压实趋势线建立中，往往是通过分析测井曲线，人工选择合适的数据后进行拟合，必要的时候进行微调。对于某个已经建立好正常压实趋势线的井或者地区，可以认为：

（1）同一片地区不同点位的正常压实趋势线往往存在区别，但是差异不会很大。

（2）正常压实趋势线附近的数据应当是正常压实处的数据，或者即使将其用于计算正常压实趋势线也不会使得计算结果有明显变化。

基于上述两点，对已经建立好正常压实趋势线的某个地区或者井，如果适当地将其中的经验参数变为范围，正常压实趋势也将变成一个范围，通过这个范围就能反过来筛选出正常压实数据。

Zhang（2011）给出了一种正常压实趋势线公式，即

$$DTN = DT_m + (DT_{ml} - DT_m)e^{-ch} \tag{6-130}$$

式中，DTN 是正常压实趋势声波时差，μs/m；DT_m 是地层孔隙度为零时的声波时差，μs/m；DT_{ml} 是深度为零的地层的声波时差，μs/m；h 是地层的深度，m。

将筛选出的先验正常压实数据代入式（6-130）中，得到超定方程组：

$$\begin{cases} DT_m + (DT_{ml} - DT_m)e^{-ch_1} - DTN_1 = 0 \\ DT_m + (DT_{ml} - DT_m)e^{-ch_2} - DTN_2 = 0 \\ \cdots\cdots \\ DT_m + (DT_{ml} - DT_m)e^{-ch_i} - DTN_i = 0 \end{cases} \tag{6-131}$$

式中，DTN_i 是第 i 个正常压实数据的声波时差，μs/m；h_i 是第 i 个正常压实数据的深度，m；DT_m、DT_{ml} 与 c 是所求的经验参数。

使用模拟退火法解式（6-131），即可得出井或者某个地震道对应的正常压实趋势线。引入自适应控制的思想，系统应当具备两个主要的机制，即根据预设的声波时差范围筛选出正常压实数据以及解超定方程组。

一般来说，建立的正常压实趋势线，并非绝对精确。一方面，正常压实曲线本身就是一个经验公式；另一方面，实际测量值也不可能绝对精确。因此，正常压实趋势总是带有一定主观性、允许一定误差的，只要达到了足够的准确度，那么计算结果也会足够准确。

引入自适应思想的正常压实趋势计算方法，计算误差虽然不可避免，但是将其限制在足够小的范围中，就能得到足够好的结果。只需要预先确定好经验参数的范围，就可以利用测井数据或者地震数据获取正常压实趋势线，计算过程全部由自适应系统完成。这样，将减少人为干预，提高正常压实趋势线的计算精度和区域适应性。

2）Eaton 指数优化方法

对于同一地区而言，Eaton 指数 N 的变动是比较小的，所以传统的 Eaton 法一般通过对计算区域的测井数据进行计算分析，确定一个最合适的 N 值用于该区域的孔隙流体压力计算。

其实，在 Eaton 法孔隙流体压力计算公式中，隐含了关系：

$$V = K(P_\mathrm{e})^{1/N} \tag{6-132}$$

式中，P_e 是地层实际有效应力，MPa；V 是地层实际纵波速度，m/s；N 是 Eaton 指数；K 是经验参数。

在正常压实条件下，有

$$V_\mathrm{N} = K(P_{N_\mathrm{e}})^{1/N} \tag{6-133}$$

式中，P_{N_e} 是正常压实时的有效应力，MPa；V_N 是正常压实纵波速度，m/s。

利用筛选正常压实数据的方法，得到正常压实数据后代入式（6-133）中，可得超定方程组：

$$\begin{cases} 10^6 K^{-1}(P_{01}-P_{w1})^{-1/N} - \mathrm{DTN}_1 = 0 \\ 10^6 K^{-1}(P_{02}-P_{w2})^{-1/N} - \mathrm{DTN}_2 = 0 \\ \cdots\cdots \\ 10^6 K^{-1}(P_{0i}-P_{wi})^{-1/N} - \mathrm{DTN}_i = 0 \end{cases} \tag{6-134}$$

式中，DTN_i 是第 i 个正常压实数据的声波时差，μs/m；P_{0i} 是第 i 个正常压实数据的上覆岩层压力，MPa；P_{wi} 是第 i 个正常压实数据的静水压力，MPa；i 的最大值是正常压实数据的总个数。

使用模拟退火法解式（6-134），即可计算出 Eaton 指数 N。

3）改进 Eaton 法测井孔隙流体压力计算

利用声波测井、中子测井等数据，在对比分析地层正常压实趋势下的速度、孔隙度特征的基础上，可以实现改进 Eaton 法测井孔隙流体压力计算。首先，通过模拟退火法求解 Eaton 指数超定方程组并获取具有空间变化特征的 Eaton 指数和精确的正常压实速度趋势；然后，采用 Eaton（1972）经典孔隙流体压力公式精确计算地下孔隙流体压力；最后，结合自然伽马（GR）、电阻率、中子等实际测井数据和地质构造、断层、岩心测试等综合信息，深入分析可能导致孔隙流体压力异常的原因，建立测井 Eaton 优化参数孔隙流体压力计算方法。详细的实现步骤如下。

第一步，对测井数据进行分析，按照常规方法基于式（6-130）建立起对应的正常压实趋势线。如果有实测地层压力，也可以由式（6-134）计算 Eaton 指数 N。

第二步，根据测井数据的特点，确定 Eaton 指数 N 与正常压实趋势线的经验系数范围。经验系数范围内的值，将使基于式（6-130）的正常压实趋势声波时差获取声波时差范围。在此声波时差范围内的数据，就是用于计算 Eaton 指数 N 与正常压实趋势线的数据。

第三步，将上一步中取得的正常压实数据代入式（6-130）中，得到超定方程组（6-131），使用模拟退火算法解该超定方程组，就能获得 Eaton 指数 N 与正常压实趋势线。

第四步，利用 Eaton 法孔隙流体压力计算公式（6-118），计算测井孔隙流体压力。

4）改进 Eaton 法地震孔隙流体压力计算

基于地震叠前反演和 Eaton（1972）孔隙流体压力预测方法，可以实现改进 Eaton 法地震孔隙流体压力计算。通过地震叠前反演，在获取高精度的地层纵波速度、横波速度、密度等关键参数之后,可在三维空间精确求解 Eaton 指数和正常压实速度趋势。在此基础上,结合测井孔隙流体压力预测、构造特征、地层欠压实特征、烃类存在的概率及静水压力分布特点,可以进一步提高三维空间孔隙流体压力计算精度。详细的实现步骤如下。

第一步,对计算区域的测井数据进行分析,按照常规方法基于式(6-130)建立起该地区的正常压实趋势线。如果有实测地层压力,可由式(6-134)计算 Eaton 指数 N。

第二步,根据测井数据的特点,筛选 Eaton 指数 N 与正常压实趋势线的经验系数范围。基于正常压实趋势声波时差确定一个筛选规则,在合适范围的测井数据才参与后续计算。

第三步,按照上一步筛选规则,逐道筛选正常压实相关的地震数据。将选出的地震数据代入式(6-130)中,得到形如式(6-134)所示的超定方程组。使用模拟退火算法求解该超定方程组,获得 Eaton 指数 N 与正常压实趋势线。

第四步,使用 Eaton 法孔隙流体压力计算式(6-118),计算地震孔隙流体压力。

6.4.5 岩石物理模型法孔隙流体压力预测

Pervukhina 等(2008,2013)与 Han 等(2014)提出一种名为 CPS(clay plus silt,湿黏土-砂质混合物)的泥页岩岩石物理模型,并通过实际应用证明了该模型可用于求取正常压实情况下的声波时差,且相对于基于数据拟合得到的地区压实趋势线,具有更高的压力预测精度。然而,CPS 模型是针对普通泥页岩建立的,模型中并未考虑生烃物质(有机质)的影响。有机质的存在不仅会大大降低岩石的硬度,而且其定向排列的空间分布形态,往往会进一步加强岩石的各向异性。若要将这种利用岩石物理模型来构建压实趋势线的思路用于富含有机质的页岩储层中,需改进 CPS 模型,使之适用于实际地层的孔隙流体压力预测。

CPS 模型能计算正常声波时差,其理论基础在于:模型假设岩石孔隙均与黏土相关,孔隙流体与黏土颗粒构成"湿黏土"混合物。实验数据表明,湿黏土混合物的弹性张量与湿黏土孔隙度(湿黏土中流体的体积含量)呈线性负相关,而与黏土的矿物组分无关。因此,湿黏土的弹性张量可由湿黏土孔隙度单一确定,整个泥页岩的弹性张量可由湿黏土孔隙度和砂质混合物(除黏土以外的其他矿物组分)的体积含量共同确定。与此同时,孔隙流体压力的变化只会影响岩石中软孔隙的开启和关闭,而软孔隙对总孔隙度的影响可忽略不计,故影响泥页岩弹性张量的两个因素均不受异常压力的影响,模型可计算出正常压实情况下岩石的速度或时差。

对 CPS 模型进行改进,依然假设黏土与孔隙流体构成湿黏土混合物,而石英、长石、方解石、黄铁矿等硬性矿物组成砂质混合物;不同的是,模型的构成组分由原来的湿黏土-砂质混合物两相变为湿黏土-砂质混合物-有机质三相。将改进的新模型称为 CSO(clay-silt-organic,湿黏土-砂质混合物-有机质)模型。相比原模型中采用微分等效介质(differential effective medium, DEM)理论模型来求取两相混合物的等效弹性张量,CSO 模型中选用 Backus 平均公式来求取湿黏土-砂质混合物-有机质三相所构成的等效介质。而 Backus 平均公式,由于其具有显式表达形式,较需要迭代求解的 DEM 模型具有更高的计算效率，已被用于富含有机质页岩的岩石物理建模流程中。

基于 CSO 模型的页岩气单井孔隙流体压力预测流程，具体步骤如下。

（1）用经验公式计算湿黏土弹性张量：

$$\kappa = \frac{\phi}{f_\text{c} + \phi} \tag{6-135}$$

$$\boldsymbol{C}_{ij} = \boldsymbol{C}_{ij}^0 (0.5 - \kappa) \tag{6-136}$$

式中，ϕ 与 f_c 分别代表岩石总孔隙度和黏土的体积分数；κ 为湿黏土孔隙度，即孔隙流体在湿黏土中的体积分数；$\boldsymbol{C}_{ij}$ 为湿黏土的弹性张量，通过与湿黏土孔隙度 κ 和纯黏土弹性张量 $\boldsymbol{C}_{ij}^0$ 的经验公式求取。模型假设黏土具有横向各向同性的对称性，其弹性张量可由五个独立的参数表征为

$$\boldsymbol{C}_{ij} = \begin{bmatrix} C_{11} & C_{11} - 2C_{66} & C_{13} & 0 & 0 & 0 \\ C_{11} - 2C_{66} & C_{11} & C_{13} & 0 & 0 & 0 \\ C_{13} & C_{13} & C_{33} & 0 & 0 & 0 \\ 0 & 0 & 0 & C_{44} & 0 & 0 \\ 0 & 0 & 0 & 0 & C_{44} & 0 \\ 0 & 0 & 0 & 0 & 0 & C_{66} \end{bmatrix} \tag{6-137}$$

$\boldsymbol{C}_{ij}^0$ 中各独立参数的取值为

$$C_{11}^0 = 46.4\text{GPa}，\ C_{33}^0 = 29.9\text{GPa}，\ C_{13}^0 = 17.9\text{GPa}，\ C_{44}^0 = 6.7\text{GPa}，\ C_{66}^0 = 11.2\text{GPa} \tag{6-138}$$

（2）用沃伊特-罗伊斯-希尔（Voight-Reuss-Hill）模型，计算砂质混合物弹性张量：

$$\boldsymbol{M}_\text{H} = \frac{\boldsymbol{M}_\text{V} + \boldsymbol{M}_\text{R}}{2} \tag{6-139}$$

式中，$M_\text{V} = \sum_{i=1}^{N} f_i M_i$，$\dfrac{1}{M_\text{R}} = \sum_{i=1}^{N} \dfrac{f_i}{M_i}$，$f_i$ 为第 i 种成分的体积分数；M_i 为第 i 种成分的弹性模量（体积模量 K 或剪切模量 μ）。Voight-Reuss-Hill 模型分别提供了等效岩石模量的上限 M_V 和下限 M_R，对上下限进行算术平均得到 M_H。获得弹性模量后，砂质混合物的弹性张量可表示为

$$\boldsymbol{C}_{ij} = \begin{bmatrix} K + 4/3\mu & K - 2/3\mu & K - 2/3\mu & 0 & 0 & 0 \\ K - 2/3\mu & K + 4/3\mu & K - 2/3\mu & 0 & 0 & 0 \\ K - 2/3\mu & K - 2/3\mu & K + 4/3\mu & 0 & 0 & 0 \\ 0 & 0 & 0 & \mu & 0 & 0 \\ 0 & 0 & 0 & 0 & \mu & 0 \\ 0 & 0 & 0 & 0 & 0 & \mu \end{bmatrix} \tag{6-140}$$

(3) 用 Backus 平均公式计算湿黏土-砂质混合物-有机质构成的等效页岩的弹性张量：

$$\begin{cases} C_{11} = \langle c_{11} \rangle + \langle c_{33}^{-1} c_{13} \rangle^2 \langle c_{33}^{-1} \rangle^{-1} - \langle c_{33}^{-1} c_{13}^2 \rangle \\ C_{33} = \langle c_{33}^{-1} \rangle^{-1} \\ C_{12} = C_{11} - \langle c_{11} \rangle + \langle c_{12} \rangle \\ C_{13} = \langle c_{33}^{-1} c_{13} \rangle \langle c_{33}^{-1} \rangle^{-1} \\ C_{44} = \langle c_{44}^{-1} \rangle^{-1} \\ C_{66} = \langle c_{66} \rangle \end{cases} \quad (6\text{-}141)$$

式中，C_{ij} 表示等效页岩的弹性刚度分量；c_{ij} 为每一相的弹性刚度分量；$\langle \cdot \rangle$ 表示对其内属性按体积比进行加权平均。

(4) 将等效页岩的张量元素转化为声波时差：

$$\begin{cases} V_P = \sqrt{\dfrac{C_{33}}{\rho}} \\ DT = \dfrac{1}{V_P} \end{cases} \quad (6\text{-}142)$$

式中，ρ 为岩石密度；DT 为等效页岩的声波时差，将其视为正常压实情况下的声波时差。

(5) 用 Eaton 方程计算地层压力：

$$P_P = P_{OV} - (P_{OV} - P_{HY})(\Delta t_n / \Delta t)^N \quad (6\text{-}143)$$

式中，P_P、P_{OV} 和 P_{HY} 分别代表地层压力（或孔隙流体压力）、上覆岩层压力和静水压力；Δt 和 Δt_n 为地层实测声波时差和该深度点在正常压实情况下的声波时差；N 为 Eaton 常数，一般取值 3.0。

上覆岩层压力 P_{OV} 和静水压力 P_{HY} 均可通过密度积分求取。$P_{OV} = g \int_0^h \rho(z) \mathrm{d}z$，其中 g 为重力加速度；h 为埋深；$\rho(z)$ 为深度 z 处的地层水或岩石密度。

为了对比基于 CSO 模型计算出的正常压实趋势线（NCT-model）与通过实测数据拟合出的正常压实趋势线（NCT-fit）的压力预测效果，这里以焦石坝为例进行阐述。焦石坝目的层龙马溪组底部—五峰组实测压力系数为 1.2~1.55，选择钻遇目的层的焦页 1 井作为校正井，假设该井目的层压力系数正好为 1.2~1.55，通过极值点 1.2 和 1.55 来校正正常压实趋势线表达式，使得预测出的地层压力与实测数据误差达到最小。如图 6-50 所示，经实际压力系数校正后的 NCT-fit 与 NCT-model，相对 NCT-fit 采用的过于简化的表达式，NCT-model 可以反映更多的岩性变化信息。图 6-50（b）和（c）分别是采用上述两种正常压实趋势线计算出的地层压力与地层压力系数。可见，即使在最佳拟合的情况下，采用 NCT-fit 计算出的地层压力数据点依然有部分偏离了实测压力系数区间，相反，NCT-model 计算的压力数据点变化范围与实测压力区间非常匹配。

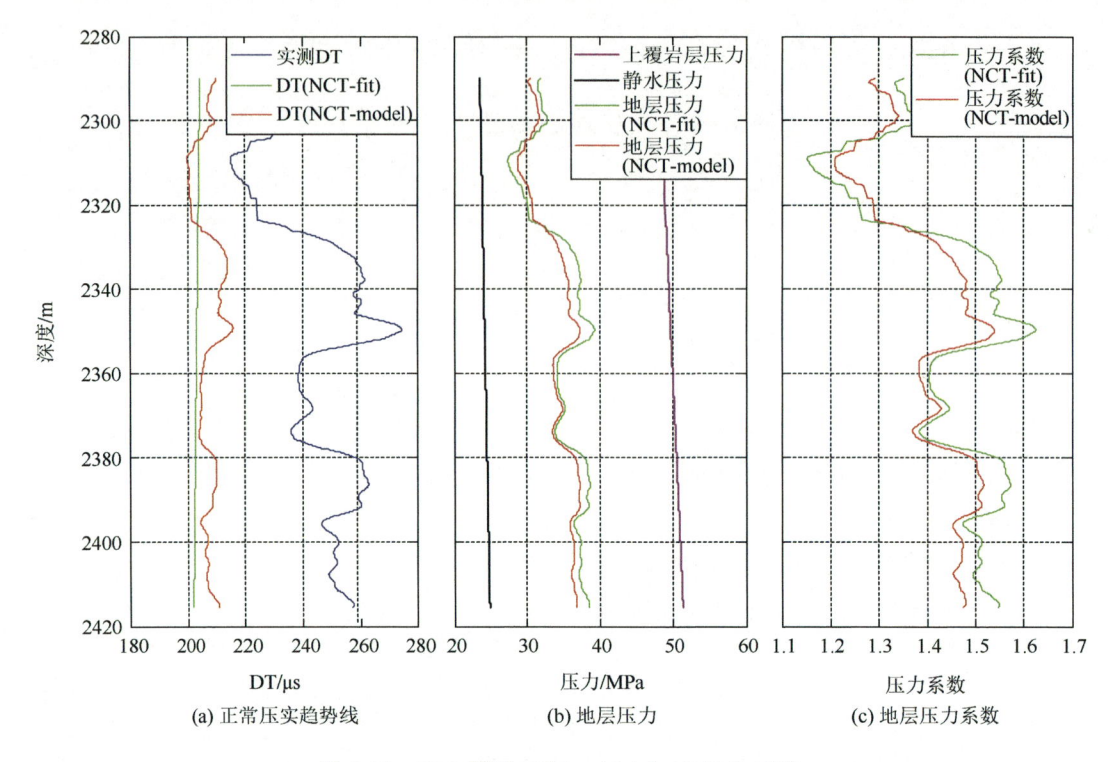

图 6-50 CSO 模型 NCT-model 与 NCT-fit 对比

6.4.6 基于改进 RT 法的孔隙流体压力预测

常规的孔隙流体压力钻前预测方法，大多数基于速度谱或者地震层速度资料，其预测机理是基于泥岩正常压实趋势，具有分辨率低的特点，不适用于页岩内部异常孔隙高压预测。基于叠前地震反演获得的纵波速度和密度资料进行地层孔隙流体压力预测的方法，通常会受到密度参数反演结果不准确的影响，密度参数不准确就不能准确地求取上覆岩层压力，从而影响地层孔隙流体压力预测结果。而基于阻抗信息直接进行孔隙流体压力预测的方法，同时兼具地震资料分辨率高的特点，且还可以克服基于叠前反演获得密度参数不准确的问题，能够获得稳定可靠的地层压力预测结果。

Rasolofosaon（2009）提出的基于波阻抗的孔隙流体压力预测方法，简称 RT 法，是解决页岩储层孔隙流体压力钻前预测的有效手段。RT 法具有以下优势：

（1）孔隙流体压力与纵波阻抗具有良好的相关性。
（2）基于地震资料获取纵波阻抗（拟声阻抗）的技术成熟、手段丰富、分辨率高。
（3）实现流程不同于 Fillippone 法，是基于有效应力原理。

基于深度域测井数据 Well(z)（这里 z 代表深度域，单位为 m 或者 ft）和时间域地震数据 Seis(x,y,t)（这里 x、y 代表每个地震道对应的空间位置，可以是 x、y 坐标，也可以是纵横测线号；t 代表时间域，单位为 s 或者 ms），通过以下步骤实现地层孔隙流体压力 $P_{\text{pore}}(x,y,t)$ 预测：

(1) 基于叠后地震数据体 Seis(x,y,t)，通过叠后波阻抗反演，获取纵波阻抗 $I_P(x,y,t)$。

(2) 基于测井数据 Well(z)，通过时深转换和数据分析，获取基于测井资料的地层有效应力 $P_{\text{diff}}(t)$ 和纵波阻抗 $I_P(t)$ 的关系 $P_{\text{diff}}(t)=g(I_P(t))$。

测井数据 Well(z) 包含纵波速度 $V_P(z)$、密度 $\rho(z)$ 和孔隙流体压力 $P_{\text{pore}}(z)$。

为了将深度域测井数据同时间域的地震数据匹配起来，首先需要对深度域测井数据进行时深转换，通过如下关系式将深度域测井数据转换为与地震数据匹配的时间域数据，即

$$t=\int_0^z \frac{2\mathrm{d}z}{V_P(z)} \tag{6-144}$$

经过时深转换后，可以获得时间域的测井数据：纵波速度 $V_P(z)$、密度 $\rho(t)$ 和孔隙流体压力 $P_{\text{pore}}(t)$。

基于测井资料的纵波阻抗 $I_P(t)$，可以通过密度和速度的乘积计算得到，即

$$I_P(t)=\rho(t)\cdot V_P(z) \tag{6-145}$$

基于测井资料的上覆岩层压力 $P_0(t)$，实际上等效于上覆地层的重力，即

$$P_0(t)=\int_0^z \rho(z)g\mathrm{d}z=\int_0^t \rho(t)g\frac{V_P(z)}{2}\mathrm{d}t \tag{6-146}$$

基于测井资料的地层有效应力 $P_{\text{diff}}(t)$，可以利用 $P_0(t)$ 和 $P_{\text{pore}}(t)$ 计算，即

$$P_{\text{diff}}(t)=P_0(t)-P_{\text{pore}}(t) \tag{6-147}$$

对纵波阻抗 $I_P(t)$ 影响最为直接的一个因素，是地层有效应力 $P_{\text{diff}}(t)$，而不是上覆岩层压力 $P_0(t)$ 和孔隙流体压力 $P_{\text{pore}}(t)$。因此，可以将 $I_P(t)$ 表示为 $P_{\text{diff}}(t)$ 的函数，即

$$I_P(t)=f(P_{\text{diff}}(t))=I_{P0}+cP_{\text{diff}}(t)^b \tag{6-148}$$

对方程进行重新推导，将 $P_{\text{diff}}(t)$ 表示成 $I_P(t)$ 的函数：

$$P_{\text{diff}}(t)=g(I_P(t))=\left[(I_P(t)-I_{P0})/c\right]^{1/b} \tag{6-149}$$

式中，I_{P0}、c 和 b 是常数，需要根据实际测井数据经过交会图分析和线性回归的方法获得。

(3) 基于步骤 (1) 获得的纵波阻抗 $I_P(x,y,t)$ 和步骤 (2) 获得的关系式 $P_{\text{diff}}(t)=g(I_P(t))$，计算地层有效应力 $P_{\text{diff}}(x,y,t)$。

步骤 (1) 基于叠后波阻抗反演能够获得高精度的纵波阻抗 $I_P(x,y,t)$，步骤 (2) 建立起了 $I_P(t)$ 和 $P_{\text{diff}}(t)$ 之间的关系 $P_{\text{diff}}(t)=g(I_P(t))$。将步骤 (1) 获得的纵波阻抗 $I_P(x,y,t)$ 代入上面关系式，即可计算得到与波阻抗数据范围大小一致的地层有效应力数据体。

$$P_{\text{diff}}(x,y,t)=g(I_P(x,y,t))=\left[(I_P(x,y,t)-I_{P0})/c\right]^{1/b} \tag{6-150}$$

(4) 基于步骤 (1) 获得的纵波阻抗 $I_P(x,y,t)$，确定上覆岩层压力 $P_0(x,y,t)$。

上覆岩层压力又称地静压力，是指覆盖在该地层以上的岩石及岩石孔隙中流体的总重量造成的压力。地下某一深处的上覆岩层压力就是指该点以上至地面岩石的重力和岩石孔隙内所含流体的重力之和施加于该点的压力。因此，上覆岩层压力可以等效地表示成纵波阻抗的积分形式：

$$P_0(x,y,t) = \int_0^t \frac{1}{2} I_\mathrm{P}(x,y,t)g\mathrm{d}t \tag{6-151}$$

式中，g 为重力加速度。

（5）基于步骤（3）获得的地层有效应力 $P_{\mathrm{diff}}(x,y,t)$ 和步骤（4）获得的上覆岩层压力 $P_0(x,y,t)$，计算地层孔隙流体压力 $P_{\mathrm{pore}}(x,y,t)$。

地层孔隙流体压力指地层孔隙中流体（油、气、水）所具有的压力，地层孔隙流体压力可以表示成上覆岩层压力 $P_0(x,y,t)$ 和地层有效应力 $P_{\mathrm{diff}}(x,y,t)$ 之间的差，即

$$P_{\mathrm{pore}}(x,y,t) = P_0(x,y,t) - P_{\mathrm{diff}}(x,y,t) \tag{6-152}$$

为了更好地适应页岩储层的应用，更好地与单井地层压力预测模型结合，可以将上述 RT 法流程进行优化。将基于 CPS 模型构建的正常压实趋势下的声波时差，基于拟声阻抗反演或者克里金插值的方法，构建常压条件下的背景趋势阻抗信息。然后结合改进的 Eaton 公式计算目标层孔隙流体压力及压力系数。

在实际应用过程中，如何准确获得静水压力和上覆岩层压力对准确计算地层压力及压力系数非常关键。常用的孔隙流体压力钻前预测方法为 Eaton 法和 Fillippone 法。Eaton 法的孔隙流体压力预测公式为

$$P = P_{\mathrm{OV}} - (P_{\mathrm{OV}} - P_{\mathrm{HY}})(v/v_{\mathrm{nct}})^N \tag{6-153}$$

式中，P_{OV} 为上覆岩层压力；P_{HY} 为静水压力。

Fillippone 法的孔隙流体压力预测公式为

$$P = \frac{v_{\max} - v_{\mathrm{int}}}{v_{\max} - v_{\min}} P_{\mathrm{OV}} \tag{6-154}$$

式中，P_{OV} 为上覆岩层压力。

可以看出，无论采用何种方法，上覆岩层压力 P_{OV} 和静水压力 P_{HY} 的准确估算，对于获得可靠的地层压力预测结果都非常关键。

静水压力是指与岩石表面及地表连通的开放体系下的水柱压力。静水压力相当于目的层到水源水柱的垂直高度。静水压力的计算公式为

$$P_{\mathrm{HY}} = 0.0098\rho_{\mathrm{w}} \cdot h \tag{6-155}$$

式中，P_{HY} 为静水压力，$\mathrm{kg/cm^2}$；ρ_{w} 为地层水的密度，$\mathrm{g/cm^3}$；h 为水柱高度，m。

上覆岩层压力是指覆盖在某一深度地层以上的地层基岩和岩石孔隙中流体的总重量所造成的对这个地层的压力，即

$$P_{\mathrm{OV}} = 0.0098\rho_{\mathrm{b}} \cdot h \tag{6-156}$$

式中，P_{OV} 为上覆岩层压力，$\mathrm{kg/cm^2}$；ρ_{b} 为岩石的体密度，$\mathrm{kg/cm^3}$；h 为地层的深度，m。对于整个沉积层段来说，沉积岩的体密度不是固定不变的。

分析静水压力和上覆岩层压力的计算公式可知，获取岩石的体密度和地层水密度以及获得地层精确深度，是计算上覆岩层压力和静水压力的关键。但事实上，由于地表起伏的影响，很难获得准确的地层深度。另外，通常测井工程师并不是从起始深度开始测量，造成密度测井曲线在起始深度段缺失。这些因素，都将增加上覆岩层压力和静水压力的计算困难。

针对难以获得准确的上覆岩层压力和静水压力问题，通过构建目标地层顶界面静水压力和上覆岩层压力等效趋势面，结合地震反演获得的纵波阻抗信息，可以实现对目标层内静水压力和上覆岩层压力进行精确预测。

显然，计算准确的静水压力和上覆岩层压力，是精确预测孔隙流体压力的前提。然而，受地表起伏的影响，难以获得准确的地层深度；同时，通常测井也并不是从起始深度开始测量，造成密度测井曲线在起始深度段缺失。常规基于密度资料从零时间开始积分的方法，容易造成累积误差，难以获得准确的静水压力和上覆岩层压力。利用井震标定获得的时深关系，结合单井计算的静水压力和上覆岩层压力，采用地质建模的思路，可以构建出目标层顶界面静水压力和上覆岩层压力的等效趋势面。然后，通过叠后波阻抗反演结果，获得目标层内静水压力和上覆岩层压力。

基于深度域测井数据 Well(z)（这里 z 代表深度域，单位为 m 或者 ft）和时间域地震数据 Seis(x,y,t)（这里 x、y 代表每个地震道对应的空间位置，可以是 x、y 坐标，也可以是纵横测线号；t 代表时间域，单位为 s 或者 ms），通过以下步骤实现上覆岩层压力 $P_{OV}(x,y,t)$ 和静水压力 $P_{HY}(x,y,t)$ 预测：

（1）基于深度域测井数据计算单井静水压力 $P_{HY}(z)$ 和上覆岩层压力 $P_{OV}(z)$。其中，$P_{HY}(z) = 0.098\rho_w \cdot z$（其中，$\rho_w$ 为地层水密度），$P_{OV}(z) = 0.098\rho_b \cdot z$（其中，$\rho_b$ 为岩石体密度）。测井并不是从起始深度开始测量，造成密度测井曲线在起始深度段缺失，可以采用 Amoco 公式计算密度，即

$$\rho_b = \rho_{\text{mudline}} + A \cdot z^B \tag{6-157}$$

式中，ρ_{mudline} 为泥岩线密度；A 和 B 为经验系数。

（2）重复步骤（1）得到所有井的静水压力 $P_{HY}(z)$ 和上覆岩层压力 $P_{OV}(z)$。

（3）基于已知井井震标定获得的时深关系和步骤（2）得到的静水压力 $P_{HY}(z)$ 和上覆岩层压力 $P_{OV}(z)$，通过数据内插或地质建模，构建目标层顶界面静水压力 $P_{HY}(x,y,t_0)$ 和上覆岩层压力 $P_{OV}(x,y,t_0)$ 的等效趋势面（其中，t_0 为目标层顶界面层位时间）。

通常，从零时间开始积分计算静水压力 $P_{HY}(x,y,t)$ 和上覆岩层压力 $P_{OV}(x,y,t)$ 的方法，容易造成误差累积。通过步骤（3）获得目标层顶界面静水压力 $P_{HY}(x,y,t_0)$ 和上覆岩层压力 $P_{OV}(x,y,t_0)$ 的等效趋势面之后，可以保证在目标层顶界面获得完全准确的静水压力和上覆岩层压力。

（4）基于叠后地震数据体 Seis(x,y,t)，通过叠后波阻抗反演，获取纵波阻抗信息 $I_P(x,y,t)$，并基于获得的纵波阻抗进行目标层内静水压力 $P_{HY}(x,y,t)$ 和上覆岩层压力 $P_{OV}(x,y,t)$ 精确计算。

在深度域内，静水压力和上覆岩层压力的计算公式分别为

$$P_{HY}(z) = \int_0^z \rho_w(z)g\,dz \tag{6-158}$$

$$P_{OV}(z) = \int_0^z \rho(z)g\,dz \tag{6-159}$$

将时深转换式（6-144）代入式（6-158）和式（6-159），可得

$$P_{HY}(t) = \int_0^t \rho_w(t)g\frac{V_P(z)}{2}dt \tag{6-160}$$

$$P_{\text{OV}}(t) = \int_0^t \rho(t)g\frac{V_{\text{P}}(z)}{2}\text{d}t = \int_0^t \frac{1}{2}I_{\text{P}}(t)g\text{d}t \tag{6-161}$$

将地震反演获得的纵波阻抗 $I_{\text{P}}(x,y,t)$ 代入上述公式，即可以得到目标层内精确的静水压力 $P_{\text{HY}}(x,y,t)$ 和上覆岩层压力 $P_{\text{OV}}(x,y,t)$：

$$P_{\text{HY}}(x,y,t) = P_{\text{HY}}(x,y,t_0) + \int_{t_0}^t \rho_{\text{w}}(t)g\frac{V_{\text{P}}(z)}{2}\text{d}t = P_{\text{HY}}(x,y,t_0) + \int_{t_0}^t \frac{1}{2}I_{\text{P}}(t)\text{d}t \tag{6-162}$$

$$P_{\text{OV}}(x,y,t) = P_{\text{OV}}(x,y,t_0) + \int_{t_0}^t \rho(x,y,t)g\frac{V_{\text{P}}(x,y,t)}{2}\text{d}t = P_{\text{OV}}(x,y,t_0) + \int_{t_0}^t \frac{1}{2}I_{\text{P}}(x,y,t)g\text{d}t \tag{6-163}$$

6.4.7 基于曲率属性的孔隙流体压力构造校正

构造作用是形成异常孔隙流体压力的重要因素之一。例如，四川盆地龙马溪组黑色页岩层异常高压的成因研究表明，异常高压受欠压实、生烃作用、矿物成岩作用及构造作用综合影响，尤其在复杂构造区，挤压构造对地层压力的影响不容忽视。

虽然构造抬升作用倾向于形成异常低压地层，但是构造挤压作用对超压地层的形成颇为重要。比如，四川盆地从中三叠世开始，由相对稳定的克拉通裂陷向挤压环境下的前陆盆地转化，燕山运动和喜马拉雅运动进一步加强了构造挤压作用的影响。在此期间，四川盆地遭受了龙门山构造带、大巴山构造带、米仓山构造带和雪峰山构造带的强烈推覆、挤压作用，加之页岩储集层普遍低孔、超低渗，孔隙中的流体处于封闭状态，因此地层易形成异常高压。但是，构造挤压作用也可以产生地层破裂，形成裂缝或断层，使地层泄压。寒武系筇竹寺组与志留系龙马溪组相比，页岩地层压力较低，原因在于其顶底板裂缝发育。因此，构造挤压作用对异常高压的影响分析，需要考虑岩石的力学性质。

构造应力的作用在地质体中非常普遍，作为有效的超压机制，构造应力引起的异常流体压力十分常见。国内外很多学者曾探讨过构造挤压应力作用造成超压的机制。尽管构造应力作用，一直被认为是一种非常重要的超压机制，前人也进行过构造应力与沉积地层变形关系的定量分析，但是，目前对这种异常压力机制研究还不够深入，基本上停留在定性描述和估算的水平。

在地壳构造活跃期，局部和区域断层、褶皱、侧向滑动和滑脱、断块下降等构造活动所产生的水平挤压应力，与欠平衡压实一样，将导致孔隙体积减小。由于排水不完全，而在泥质岩中产生超压或将泥质岩中的孔隙间水挤进相连储层，形成超压。

构造成因的超压机理，可用单元立方体模型来解释。若挤压作用是由构造的水平挤压应力产生的（如褶皱作用），则最大地应力方向是水平的，且与最小地应力方向是垂直的。对于一般的沉积压实作用而言，垂直向上的上覆岩层压力可被分解为由岩石骨架承担的有效应力和由流体承担的孔隙流体压力。如果流体部分承担了本应由岩石骨架承担的力，此时沉积物表现为欠压实，孔隙流体压力表现为超压。发生挤压构造作用后，构造应力将引起岩石的侧向压实，使岩石骨架压缩和流体压力增加，流体压力增量的大小，则视水动力体系的封闭开放程度而定。

在挤压构造地区的地应力大小不是一成不变的，是随地层深度而发生变化的。大量的钻探实践和研究表明，对于挤压应力严重的地区，浅层的地应力变化幅度要比深度地层大。挤压构造应力随深度的变化规律表示为

$$\sigma_T = \sigma_{Tmax} e^{a(h-h_0)} \tag{6-164}$$

式中，σ_T 为挤压构造应力，MPa；σ_{Tmax} 为最大构造应力，MPa；h 为深度，m；h_0 为临界深度，m；a 为系数。

目前，研究地应力的方法有很多，比较常用的确定地应力大小的方法有：
（1）利用凯塞（Kaiser）效应法确定单点地应力大小。
（2）利用微压裂法或油田地漏实验数据确定单点水平地应力的大小。

确定地应力方向的方法有：
（1）利用井壁崩落椭圆法确定最小水平地应力方位。
（2）应用压裂井井下电视法确定最小水平地应力方位。

通过对挤压构造应力的分析发现，挤压构造应力直接作用于地层上，主要有两方面的作用：

（1）挤压构造应力加剧了地层压实度和排水间的不平衡，促进了地层内异常压力的产生。

（2）挤压构造应力使得上部地层的压实程度增加，增加了上覆负荷，从而造成下伏地层压实欠平衡程度进一步增加，产生了更高的异常孔隙流体压力。

针对挤压构造应力的作用，引入构造压力因子 K 和挤压构造应力 σ_T，对目前使用的地层压力预测模型进行修正，即

$$P_m = K \cdot P + a \cdot \sigma_T \tag{6-165}$$

式中，P_m 为模型修正后的地层压力预测值；P 为常规考虑欠压实成因的地层压力预测值；σ_T 为挤压构造应力；a 为挤压构造对地层压力的贡献率，可以等效用曲率属性代替。

采用曲率属性近似替代 a 的依据为：①曲率属性用于描述地质体的几何变化，对岩层的弯曲、褶皱和裂缝、断层等反应敏感；曲率属性绝对值较大时地层弯曲程度大，地层受到的挤压应力也较大。②曲率属性基于构造解释层位提取，容易获取、精度较高。

构造应力对孔隙流体压力的作用，可视为侧向的压力作用。侧压作用使孔隙体积降低，岩石的渗透能力因孔隙度的减小而降低。因此，将构造压力因子 K 定义为孔隙度的函数，即

$$K = \exp(b - \phi) \tag{6-166}$$

6.5 基于深度学习的页岩储层"甜点"参数智能预测技术

深度学习具有强大的特征提取优势，在页岩储层"甜点"参数预测中发挥重要作用。这里，重点介绍采用一维卷积神经网络（1D-CNN）实现"甜点"参数预测。在实际应用中，由于测井数据纵向分辨率远高于地震数据，使用图像卷积神经网络或循环神经网络时，需保证测井与地震数据纵向一致性。采用深度域-时间域转换方法实现测井数据与地震数据的匹配，在很大程度上减少了样本数量，损失特征映射关系，进而影响模型预测

效果。而 1D-CNN 可兼顾深度域测井数据与时间域地震数据的参数预测，充分利用测井数据特征信息。

6.5.1 页岩储层"甜点"参数智能预测原理

在 1D-CNN 中，输入为"甜点"参数敏感特征，如纵波速度（V_P）、横波速度（V_S）、密度（RHOB）等参数组成的向量。输出为目标"甜点"参数，如总有机碳含量（TOC 含量）、孔隙度（PHI）、含气量（GAS）。输入参数经卷积层与池化层提取高层次特征，通过更新网络权值，实现准确提取测井数据的特征信息。

1. 一维卷积与池化

一维卷积原理示意图，如图 6-51 所示。长度为 3 的一维卷积核，对长度为 7 的向量进行卷积，对应单元值相乘再累加得到卷积后的数值。对向量首尾补零（padding）再进行卷积，可使卷积后特征长度不变。适当加大卷积核移动的步长（strides），在卷积的同时大幅减小特征长度。

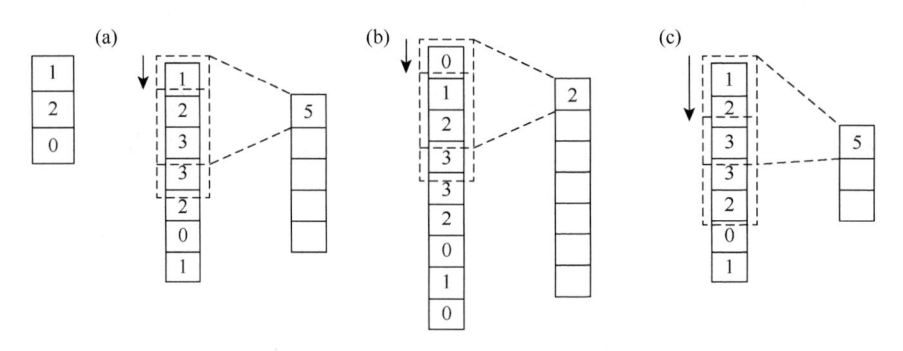

图 6-51 一维卷积原理示意图

卷积层输出经过非线性激活函数，使模型学习非线性特征。所用激活函数有两种：ReLU 函数 $f(x) = \max\{0, x\}$ 和 Sigmoid 函数 $f(x) = \dfrac{1}{e^{-x} + 1}$。

ReLU 函数特性在于稀疏激活，忽略负值，从而减小过拟合。其梯度仅为 0 或 1，解决了由激活函数引起的梯度消失问题。Sigmoid 函数将单元输出值控制在（0, 1），缺点在于当输入值过小或过大时，易产生梯度消失问题，网络应避免大量使用 Sigmoid 激活函数。

卷积神经网络中，池化层可以快速减小特征尺寸，提高网络训练速度。常见的池化方法有平均池化和最大池化，平均池化实质上是一种权值相等的卷积操作；最大池化则是选取池化窗口内最大值作为输出，可增强非线性。目前，卷积神经网络一般使用最大池化。如图 6-52 所示，采用长度为 3 的最大池化核对长度为 7 的向量进行池化，步长为 2，输出长度为 3 的向量。

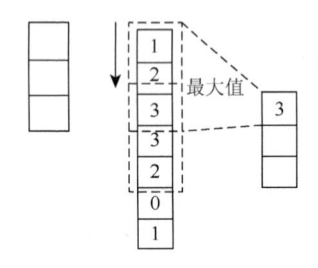

图 6-52 一维池化原理示意图

2. 损失函数

损失函数，即当前输出值与真值之间的误差，其作为网络权值更新的依据。输入特征经隐藏层得到输出，计算损失函数的过程为正向传播过程。回归任务常用的损失函数为均方误差或平均绝对值误差，定义为

$$\text{MSE} = \frac{1}{n}\sum_{i=1}^{n}(y_i - \hat{y}_i)^2 \quad (6-167)$$

$$\text{MAE} = \frac{1}{n}\sum_{i=1}^{n}|y_i - \hat{y}_i| \quad (6-168)$$

式中，MSE 为均方误差，又称 L2 损失；MAE 为平均绝对值误差，又称 L1 损失；n 为样本数量；$\hat{y}_i$ 为第 i 个样本所得预测值；y_i 为第 i 个样本真值。

MSE 损失函数优势在于其曲线连续光滑、处处可导，便于梯度下降算法的计算。但当预测值与真值相差较大时，平方项会进一步增大误差。若样本数据存在异常值，模型将变得不稳定。MAE 损失函数可以增强对异常值的鲁棒性，而其缺点在于梯度固定，不随误差的减小而减小。因此，MAE 损失函数常与变化的学习率搭配使用，在误差逐渐减小时适当降低学习率。理论上，MAE 损失函数更适合基于测井数据的模型训练。

诸如测井曲线预测的回归任务，常使用决定系数（R^2）评价预测精度，即

$$R^2 = 1 - \frac{\sum_{i=1}^{n}(y_i - \hat{y}_i)^2}{\sum_{i=1}^{n}(y_i - \bar{y}_i)^2} \quad (6-169)$$

式中，y_i 为第 i 个样本真值；$\hat{y}_i$ 为第 i 个样本预测值；$\bar{y}_i$ 为样本均值。R^2 能够很好地描述模型对数据的拟合程度，其最大值为 1，越接近 1 表示预测越准确，整体拟合效果越好；若 R^2 为负数，则预测结果不可靠，需重新考虑模型。R^2 去除量级和量纲的影响，以 1 为标准线，被称为最好的衡量线性回归准确率的指标。

3. 误差反向传播

以损失函数为依据，利用梯度下降算法更新网络权值的过程为反向传播过程。根据复合函数的链式法则，计算损失函数对各神经元的权值偏导数。神经元减去偏导数与学习率的乘积，得到修正的网络权值。正向与反向传播反复进行，直至网络收敛。

简单的梯度下降算法如批量梯度下降法（batch gradient descent，BGD）和随机梯度下降法（stochastic gradient descent，SGD），易出现陷入局部极小值或模型无法收敛的问题。在此基础上，Momentum 优化引入了一阶动量思想，在更新权重时，考虑上一次权值更新的方向，缓解陷入局部最优解的问题。Nesterov 梯度加速法首先使用历史梯度，再用当前梯度进行修正，实现了算法的加速。自适应学习率算法——AdaGrad（adaptive gradient，自适应梯度）算法利用迭代次数和梯度累积，对学习率进行自动衰减。RMSprop 算法在 AdaGrad 算法的基础上对梯度累积加入衰减因子，解决某些迭代梯度过大，导致

自适应梯度无法变化的问题。Adam 优化器结合动量更新及自适应学习率的思想,基本解决了梯度下降的一系列问题,是目前常用的权值更新算法。

6.5.2 卷积神经网络结构设计

在研究一维卷积神经网络(ID-CNN)基础上,根据测井与地震的预测目标设计网络框架。如图 6-53 所示,显示了 4 个测井参数作为输入特征的网络架构。网络输入长度为 4 的向量,经过两个一维卷积层,分别包含 64 个和 32 个长度为 2 的卷积核,得到 32 个长度为 2 的高层次特征图。再经过最大池化层,特征长度减小一半,此时特征长度为 1。将特征展平(flatten)得到长度为 32 的向量,经过含有 15 个单元的全连接层,实现特征与目标参数的复杂映射。最终到达输出层,对应 TOC 含量、PHI、GAS 或其他目标参数。一维卷积层与全连接层均采用 ReLU 激活函数,并利用批处理归一化(batch normalization)提高网络性能。输出层使用 Sigmoid 激活函数,使输出值在 (0, 1),以便反归一化。

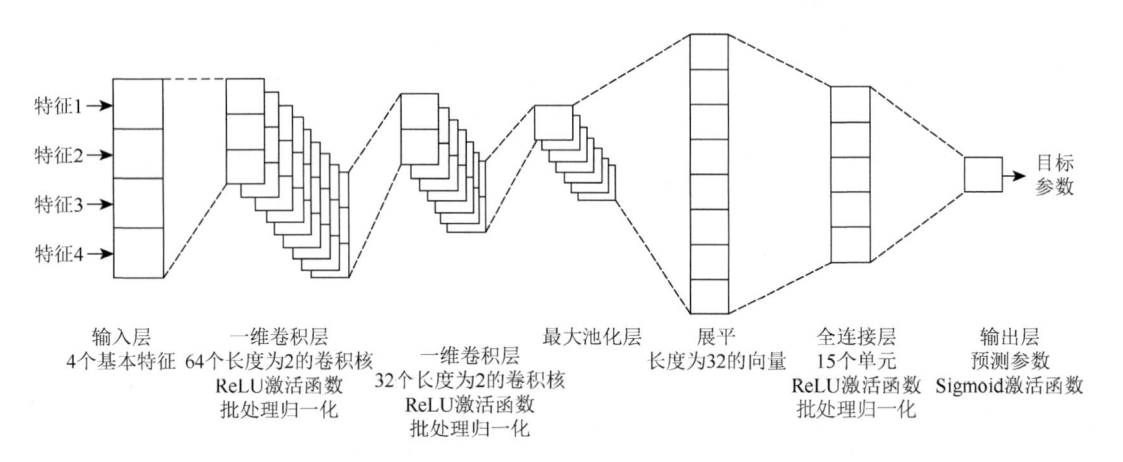

图 6-53 网络框架

根据上节对损失函数及反向传播的分析,预测模型采用误差和 Adam 优化器。

6.5.3 页岩储层"甜点"参数智能预测流程

页岩储层"甜点"预测流程,可以概括为数据预处理、预测模型训练与调优、参数三维地震预测等步骤。

数据预处理包括数据清洗、"甜点"参数敏感性特征分析、数据归一化等。测井数据经预处理,划分为训练集与验证集,分别用于网络的训练与验证,训练中适当使用丢弃(dropout)与早停止(early stopping)方法防止模型过拟合。根据损失函数下降情况及预测效果调整模型参数,达到精度要求。重新划分训练集与验证集,测试网络稳定性,并保存模型。地震数据经预处理,输入模型,预测相应储层"甜点"参数,生成三维数据以考察"甜点"分布情况。流程概括如图 6-54 所示。

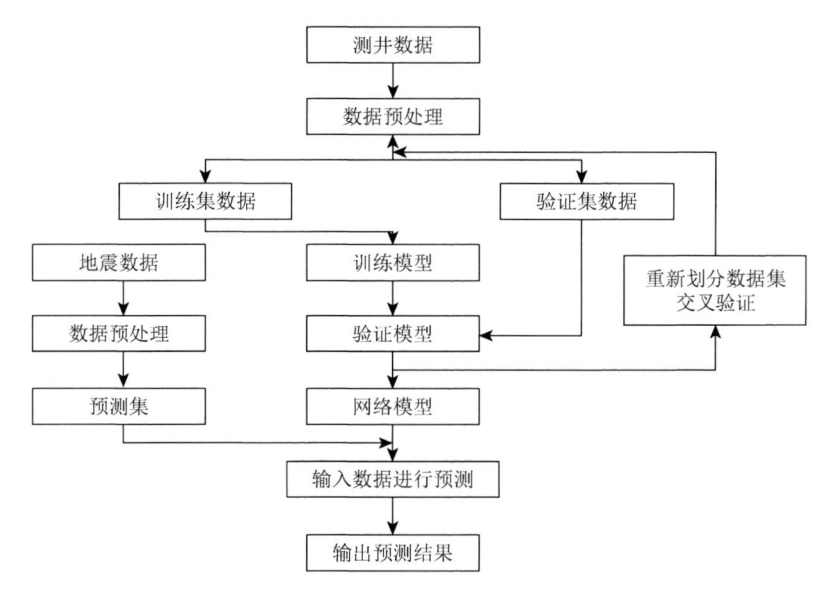

图 6-54 页岩储层"甜点"参数智能预测流程

6.5.4 页岩储层"甜点"参数智能预测

这里，以四川盆地威远工区为例，阐述页岩储层"甜点"参数智能预测效果。

威远工区页岩储层主要分布在威远构造东南翼白马镇向斜的奥陶系五峰组—志留系龙马溪组，埋深 3550～3880m，孔隙流体压力系数 1.94～2.06，属深层、异常高压连续型页岩气藏。区内五峰组—龙马溪组页岩储层品质优良，厚 25～39m，TOC 含量与含气量较高，开发潜力较大；但存在储层"甜点"预测方法少、"甜点"评价精度和单井产量亟须进一步提升等问题。因此，结合测井"甜点"信息和高精度叠前地震反演数据，针对威远工区五峰组—龙马溪组页岩储层开展基于机器学习的"甜点"参数预测，探索TOC 含量、含气量和孔隙度等高精度智能预测方法，对区内页岩储层"甜点"目标优选、压裂改造等具有重要意义。

1. 页岩储层"甜点"敏感性参数优选

根据所研究区测井分析含气量（GAS）、总有机碳含量（TOC 含量）、孔隙度（PHI）等参数的敏感特征，确定预测模型的输入。以 WY29 井为例，对 GAS 参数与密度（RHOB）、纵波速度（V_P）、横波速度（V_S）进行交会分析，如图 6-55 所示。根据 WY29 井已知页岩储层特征，将测井数据划分为储层和非储层，优质储层具有高 GAS 值。GAS 与密度有明显负相关关系，高 GAS 值对应低密度，储层与非储层区分明显 [图 6-55（a）]；GAS 与纵波速度没有明显的线性关系，但储层与非储层点得以划分，储层高 GAS 值点主要分布于 3300～3900m/s 的纵波速度区间，低 GAS 值的非储层点则聚集于 3750～4300m/s 的纵波速度 [图 6-55（b）]；GAS 与横波速度在交会图中没有明显的分布规律 [图 6-55（c）]，但可能具有一些复杂、隐性的特征信息。

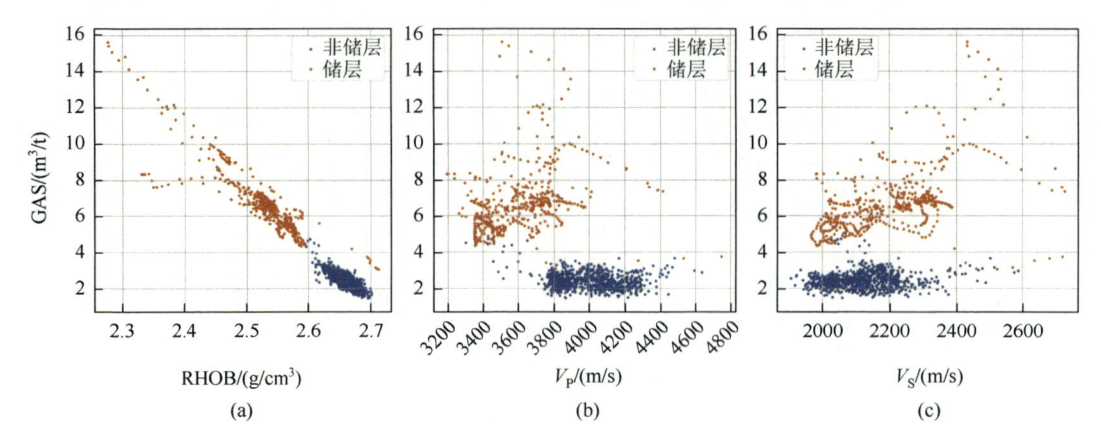

图 6-55 含气量与密度、纵波速度、横波速度等测井参数交会图

使用已有参数计算测井的泊松比、体积模量、杨氏模量等岩石力学参数，分析与 GAS 的特征关系。计算公式为

$$\begin{cases} \nu = \dfrac{0.5(V_P/V_S)^2 - 1}{(V_P/V_S)^2 - 1} \\ K = \rho V_P^2 - \dfrac{4}{3}V_S^2 \\ E = \dfrac{\rho V_S^2 (3V_P^2 - 4V_S^2)}{V_P^2 - V_S^2} \end{cases} \quad (6\text{-}170)$$

式中，ν、K、E 分别为泊松比、体积模量和杨氏模量；ρ、V_P、V_S 分别为密度、纵波速度和横波速度。

GAS 与泊松比、体积模量、杨氏模量的交会关系，如图 6-56 所示。由图可知，GAS 与泊松比具有一定程度的负相关关系，高 GAS 对应较低泊松比，储层与非储层区分明显 [图 6-56（a）]；GAS 与体积模量交会图中，储层与非储层可分性较好 [图 6-56（b）]；而 GAS 与杨氏模量没有明显的特征关系 [图 6-56（c）]，因此，不使用杨氏模量。

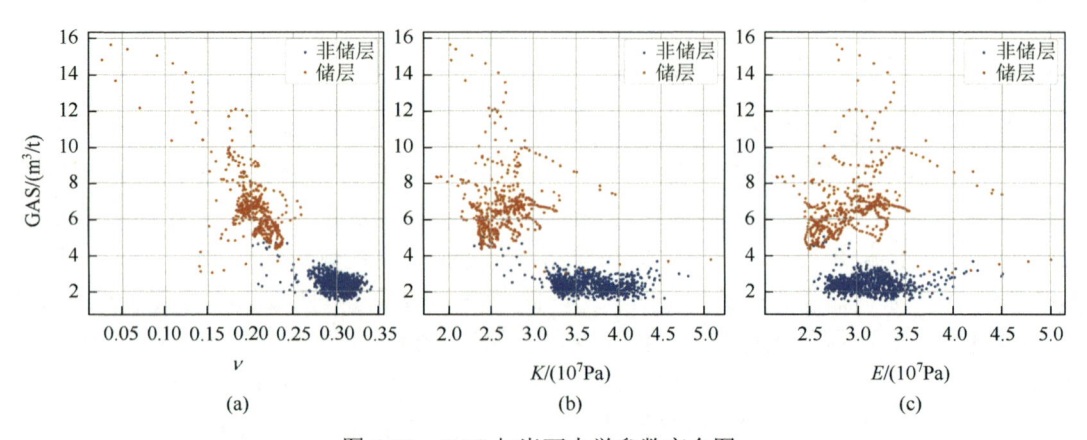

图 6-56 GAS 与岩石力学参数交会图

综上，密度、纵波速度、泊松比、体积模量为 GAS 预测的优选输入特征。在 TOC 含量、PHI 的敏感特征分析中，TOC 含量、PHI 与密度的负相关关系更强；纵波速度、泊松比、体积模量也对储层和非储层有较好可分性。因此，可采用密度、纵波速度、泊松比、体积模量四个特征参数，预测 GAS、TOC 含量、PHI。测井数据每个深度域采样点对应一个样本，包含尺度为 4 的输入特征和目标参数。

2. 基于测井数据的储层"甜点"参数预测模型训练

数据标准化预处理在深度学习中具有重要意义。样本数据经过合适的预处理，保证模型训练正确进行，以及提高模型预测性能。

首先，去除无效测井数据以及异常值。根据测井与地震数据深度-时间对应关系，选择与地震数据相同地层范围的测井数据，保证地层一致。利用式（6-170）计算测井泊松比与体积模量参数，与密度、纵波速度共同组成输入特征。

样本数据的数值不在同一个量级将导致网络权值发生数值问题，致使模型无法收敛。因此，对数据集进行归一化，去除量纲影响，统一量级。常用的变换有标准化和最值归一化，计算公式为

$$\begin{cases} x_{\text{std}} = \dfrac{x - \bar{x}}{\sigma} \\ x_{\text{scaled}} = \dfrac{x - x_{\min}}{x_{\max} - x_{\min}} \end{cases} \quad (6\text{-}171)$$

式中，x_{std} 为标准化后的数值；x_{scaled} 为最值归一化后的数值；x、$\bar{x}$、σ、$x_{\min}$ 和 $x_{\max}$ 分别为原始数值、样本均值、样本标准差、样本最小值与样本最大值。标准化使样本数据服从均值为 0、标准差为 1 的正态分布；最值归一化将每个样本数据的数值归一化在（0，1）范围内。

在实验中发现，使用单一的标准化或最值归一化处理样本数据无法得到理想的训练结果。不同测井的数据数值范围差异较大。如，WY23 井 GAS 范围为（0.67，15.68），WY11 井 GAS 范围为（0，5.54）；二者同时进行最值归一化，WY23 井 GAS 值映射到（0.05，1）范围内，而 WY11 井 GAS 值在（0，0.36）范围内，两口测井数值不平衡。差异较大的数值在网络训练中，对权值更新的贡献度不同；因此，不能直接将所有数据归一化。考虑到不同井数据差异性，若对每口井数据分别进行最值归一化，将失去井数据之间的可比较性，导致数值混乱。因此，需要对数据进行标准化处理。对每口井数据分别标准化，使其均值为 0、方差为 1，可保留数据的可比较性。但标准化后的数据，数值范围仍有较大差异。如，WY23 井标准化后的密度在（-6，1.3）范围内，而 GAS 值介于（-1，6.7），不利于神经网络权值更新。因此，将单独标准化的测井数据同时最值归一化，使其数值范围为（0，1）。

实验中发现，先对井数据单独标准化，进而对多井数据最值归一化，得到样本数据比较可靠，训练所得模型具有最好的预测效果。测井数据经预处理，划分训练集与验证集，输入网络模型进行训练，得到满足精度及稳定性要求的储层"甜点"参数预测模型。

3. 储层"甜点"参数预测模型的验证

以 WY23 井的 TOC 含量、PHI、GAS 参数预测为例，验证模型预测效果。如图 6-57

所示，显示了 PHI 预测模型的损失（loss）以及决定系数（R^2）曲线，在 120 次迭代后达到稳定。图 6-58 显示了 PHI 的预测值与实际值对比，预测值与原始值基本吻合，R^2 达 0.99。

(a) PHI模型loss曲线

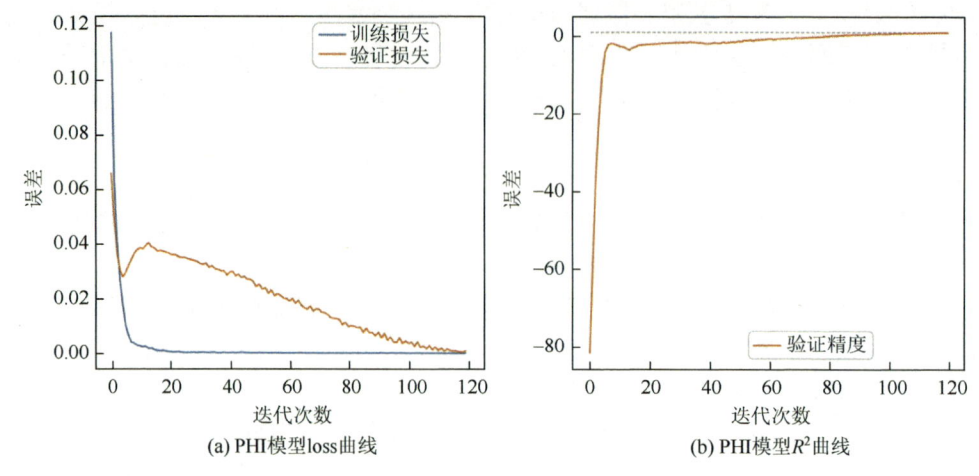

(b) PHI模型R^2曲线

图 6-57　测井 PHI 预测模型训练曲线

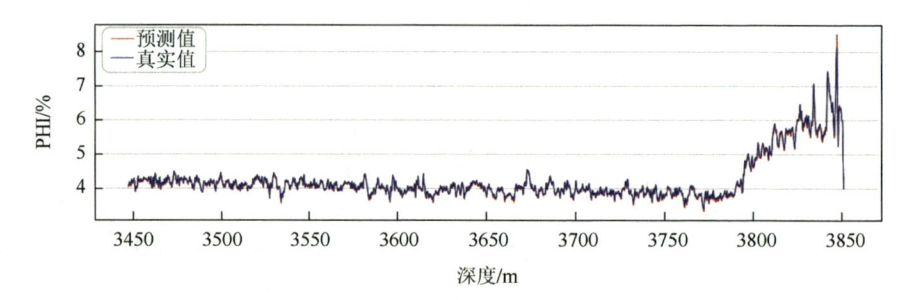

图 6-58　测井 PHI 预测值与真实值对比

图 6-59 显示了 TOC 含量预测模型的 loss 及 R^2 曲线，在 125 次迭代后模型收敛。图 6-60 显示了 TOC 含量预测值与真实值对比，预测值与原始值吻合度极高，R^2 达 0.99。

(a) TOC模型loss曲线

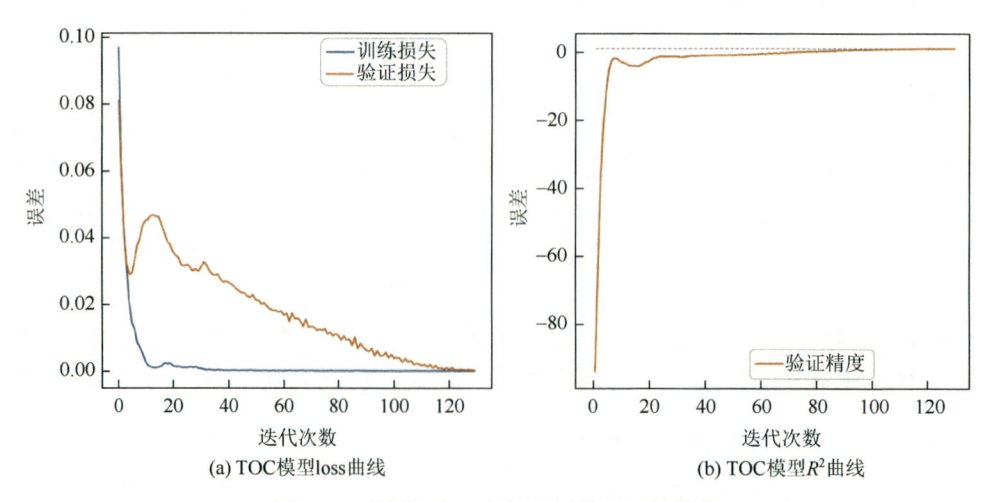

(b) TOC模型R^2曲线

图 6-59　测井 TOC 含量预测模型训练曲线

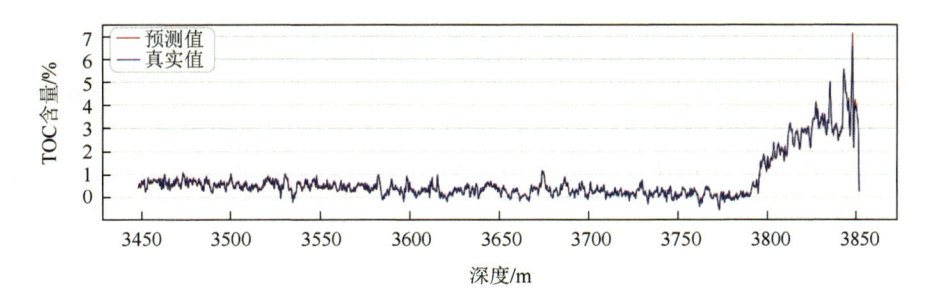

图 6-60　测井 TOC 含量预测值与真实值对比

图 6-61 显示了 GAS 预测模型 loss 与 R^2 曲线，在 140 次迭代后模型收敛。图 6-62 显示了 GAS 预测值与真实值拟合情况，R^2 指标达到 0.97。

(a) GAS模型loss曲线

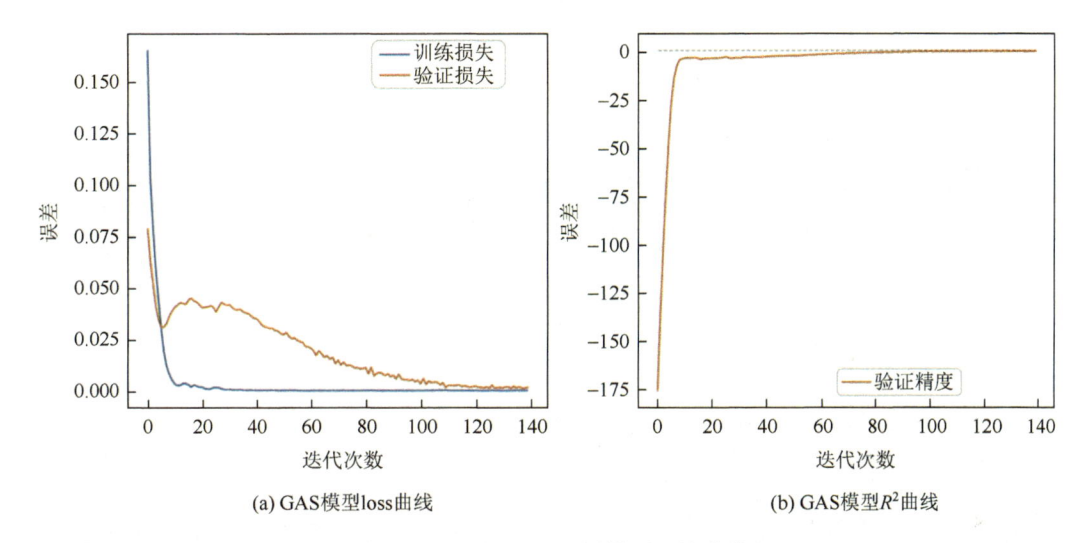

(b) GAS模型R^2曲线

图 6-61　测井 GAS 预测模型训练曲线

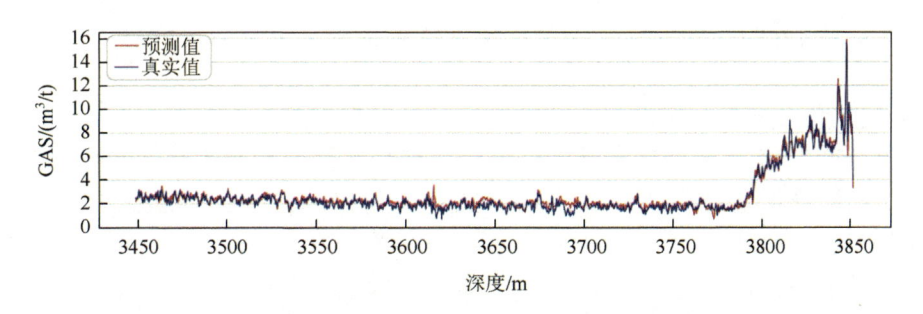

图 6-62　测井 GAS 预测值与真实值对比

综上，利用 1D-CNN 模型，能够根据密度、纵波速度、泊松比与体积模量准确预测测井 TOC 含量、PHI、GAS 曲线。经多次实验，记录预测值与真实值的 MSE、MAE 与 R^2 指标，并与其他机器学习方法进行对比。如表 6-5 所示，对于所使测井数据集，相较于 BP 神经网络（BP）、支持向量回归（SVR）及 K 最近邻回归（KNN），本方法（1D-CNN）

预测结果具有最高的 R^2 和最低的 MAE、MSE 值，预测精确度高。此外，模型对 PHI 和 TOC 含量的预测能力强于 GAS，因为 PHI 和 TOC 含量与密度参数的负相关关系强，更容易得到好的拟合效果。GAS 受更多因素影响，与输入特征非线性关系更强，因此预测精度略低于 TOC 含量与 PHI，但仍能达到 97%以上。可见，1D-CNN 预测方法精度高、模型稳定性强，可用于不同参数的预测，具有可靠性。

表 6-5　1D-CNN 与 BP、SVR、KNN 方法预测精度对比

参数	评价指标	1D-CNN	BP	SVR	KNN
PHI	MSE	0.0000395	0.0000812	0.000332	0.0000682
	MAE	0.00312	0.00656	0.0139	0.00413
	R^2	0.994	0.989	0.956	0.991
TOC 含量	MSE	0.0000679	0.000177	0.000282	0.0000952
	MAE	0.00729	0.0115	0.0128	0.00983
	R^2	0.991	0.975	0.961	0.987
GAS	MSE	0.000201	0.000299	0.000265	0.000374
	MAE	0.0104	0.0128	0.0124	0.0137
	R^2	0.974	0.962	0.966	0.953

4. 基于地震数据的"甜点"关键参数预测

在测井数据训练预测模型基础上，基于地震数据预测工区 TOC 含量、PHI、GAS 参数，从三维空间维度预测区内"甜点"参数的分布情况。地震数据预处理与测井数据类似，对每一个地震道，首先去除空值；其次，根据计算泊松比和体积模量参数，与密度、纵波速度组成输入特征；然后，对输入特征先标准化后最值归一化，最终得到特征数据集。

将特征数据集输入 1D-CNN 模型进行预测，可得到"甜点"模型输出值。对输出值反归一化，顺序与数据预处理相反，先经最值反归一化，再反标准化，得到单道"甜点"参数预测结果。预测结果写入地震数据对应位置，得到相应参数三维地震数据。图 6-63～图 6-65 分别显示了威远工区过 WY23 井五峰组—龙马溪组页岩储层 TOC 含量、PHI、GAS 参数预测剖面。在目标页岩储层，TOC 含量、PHI 和 GAS 均表现出明显的高值异常，厚度约 20m，横向连续性好。高 TOC 含量值揭示储层具有较好的生烃条件，高 PHI 值利于油气储藏，为页岩气提供了良好的储集空间，GAS 出现了高值异常。

图 6-66～图 6-68 分别显示了威远工区五峰组—龙马溪组页岩储层 TOC 含量、PHI、GAS 三个"甜点"参数的沿层分布特征。图中，GAS、TOC 含量和 PHI 的沿层分布特征相似性较高，符合区内页岩气分布规律。在 WY23、WY29 和 WY35 井区域，GAS、TOC 含量和 PHI 均较高，显示了生烃好、储集能力强和含气量高等优势，三口井分别取得了

28×10^4/d、18×10^4/d 和 23×10^4/d 的较高无阻页岩气流，预测结果与页岩气实钻产量吻合度较高。

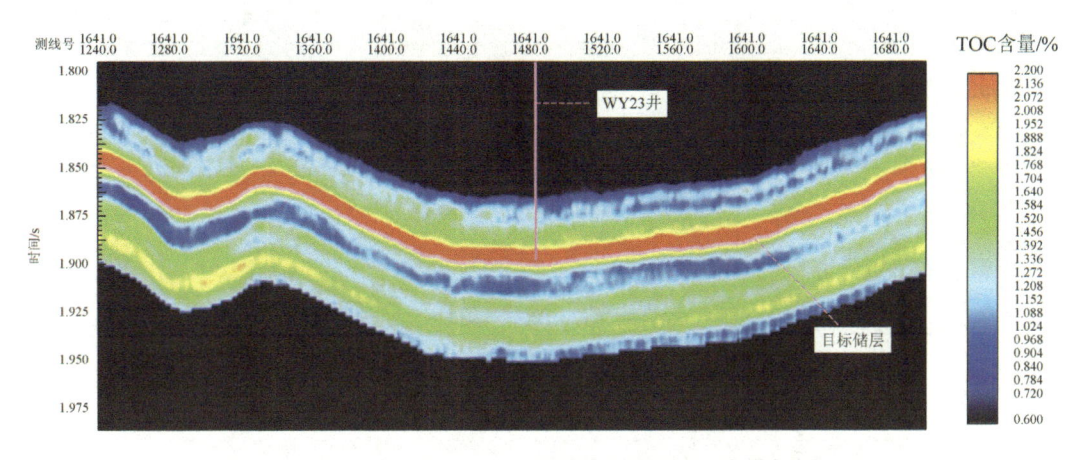

图 6-63　威远工区五峰组—龙马溪组 TOC 含量剖面

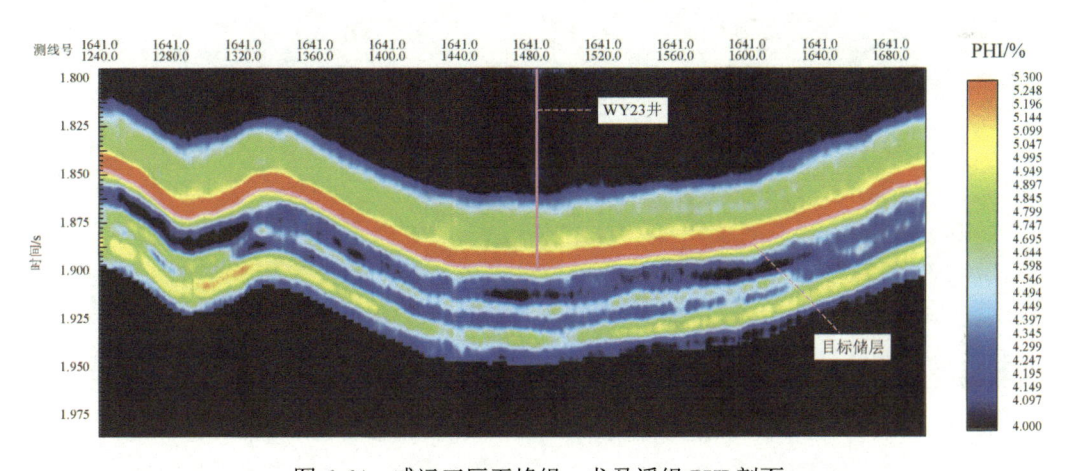

图 6-64　威远工区五峰组—龙马溪组 PHI 剖面

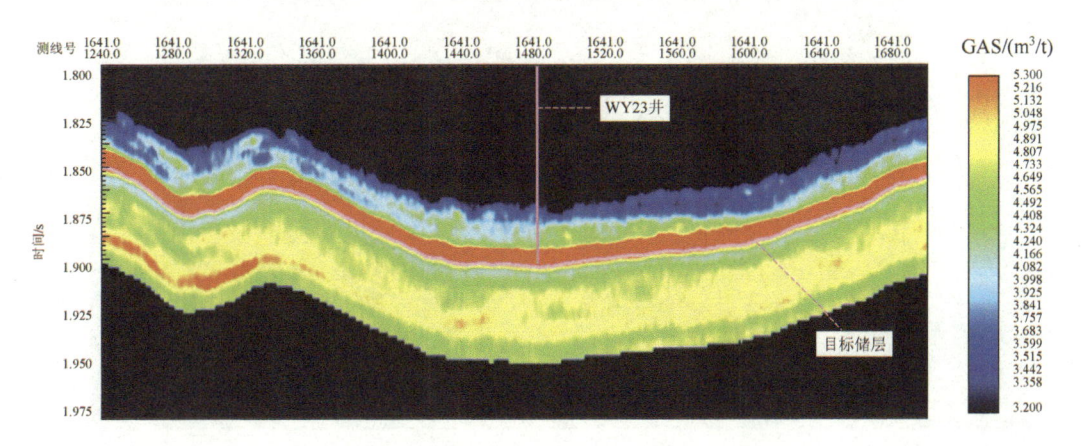

图 6-65　威远工区五峰组—龙马溪组 GAS 剖面

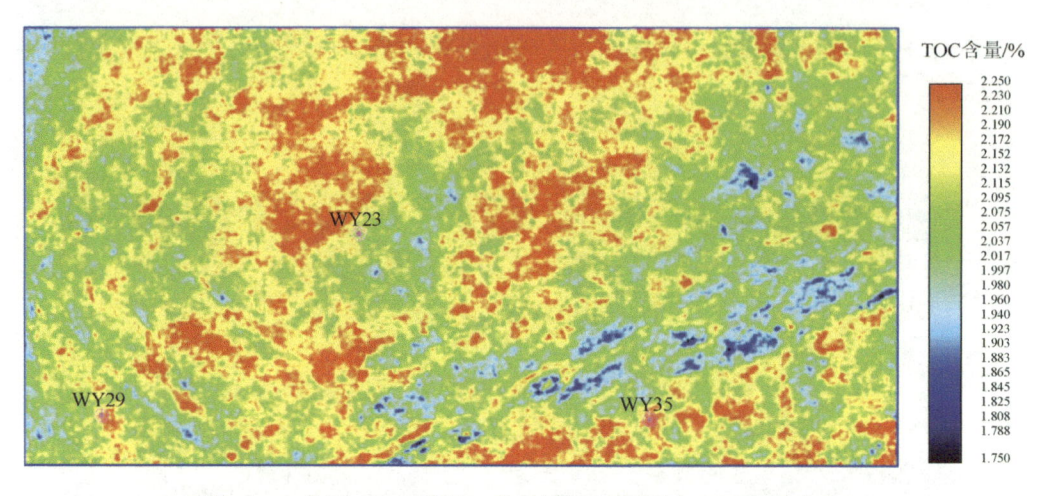

图 6-66　威远工区五峰组—龙马溪组页岩储层 TOC 含量分布

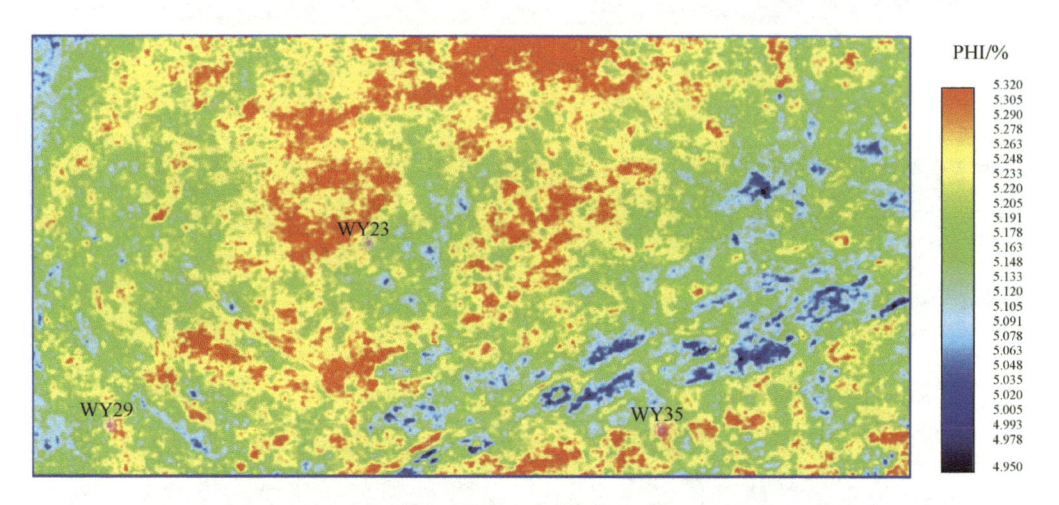

图 6-67　威远工区五峰组—龙马溪组页岩储层 PHI 分布

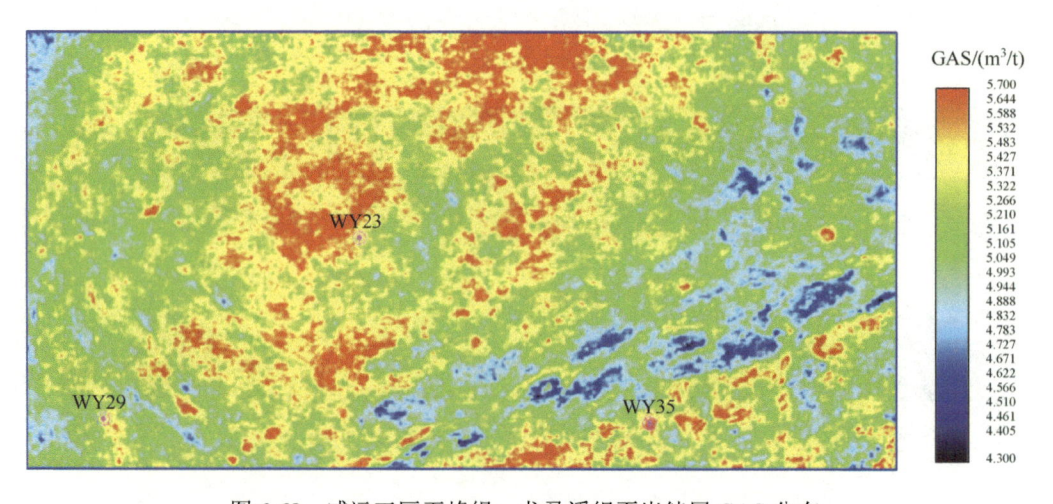

图 6-68　威远工区五峰组—龙马溪组页岩储层 GAS 分布

总之，基于 1D-CNN 深度学习方法，通过储层"甜点"参数优选、测井"甜点"参数建模和地震反演结合"甜点"参数预测，充分发挥了测井、地震、地质等数据的优势，能精确预测储层"甜点"空间展布特征，且井震吻合良好，证实了预测方法的有效性。同时，可以得到如下认识。

（1）基于 1D-CNN 的储层"甜点"关键参数预测方法，能发挥卷积神经网络非线性表征能力强、不易陷入局部最优解的优势。对于监督学习，样本数据及其预处理对模型性能起关键作用。因此，首先分析"甜点"参数模型敏感性特征，确定预测方案。针对测井数据特点，提出先对单井数据做标准化、再对多井数据最值归一化的方法，提高数据与模型契合度。训练中使用 dropout、early stopping 等优化技术，使模型达到最优训练状态。

（2）基于测井数据训练"甜点"参数预测模型，验证精度高、稳定性强、泛化能力强，TOC 含量与 PHI 的 R^2 指标达 99%，GAS 的 R^2 指标达 97%，相对 BP 网络、SVR、KNN 等方法具有更高的预测精度。模型可实现多种参数的预测，泛化能力强，可用于地震数据的页岩储层"甜点"参数预测。

（3）基于威远工区叠前反演地震数据和测井"甜点"参数预测模型，能准确预测"甜点"关键参数，在 TOC 含量、PHI 和 GAS 值较高的区域，获得了较高的工业页岩气流，证实基于卷积神经网络的页岩储层"甜点"参数预测方法可靠度较高，在页岩气勘探开发目标优选、提高单井产量等方面发挥重要作用。

6.6 深层页岩气保存条件分析技术

保存条件是页岩气商业性高产的关键因素，良好的保存条件包括较高的压力系数、较大的页岩厚度、合适的埋深、强破坏性断裂不发育、良好的顶底板封堵条件。

6.6.1 断裂破坏性评价

大断层对储层具有一定破坏作用，小断层附近裂缝相对较发育。裂缝可以改善储层储集条件，特别是渗透条件。裂缝和不整合面，既可为页岩气提供聚集空间，也可为页岩气的生产提供运移通道。页岩气生产与裂缝密切相关，由于页岩极低的渗透率，开启的或相互连通的多套天然裂缝能增加页岩储层的产量。

断层对页岩气的保存影响比较大。断裂作用对保存条件的影响，主要体现在活动的强度和性质上。盆外断裂构造比较发育，而断裂构造作用对盖层的破坏及断层封闭性的好坏，对页岩气保存条件具有直接影响。如图 6-69 所示，对川东南丁山地区油气保存影响比较大的断裂作用，是长期活动的主干断裂及燕山晚期—喜马拉雅期的断层活动。主干断裂切割层位深，延伸规模长，有些已断至基底，具有长期活动的特点。前燕山期，自上震旦统直至三叠系，丁山地区以垂直升降运动为主，对下志留统龙马溪组页岩影响较小。而自白垩世开始的燕山晚期至喜马拉雅期，丁山地区及其周缘发生大规模褶皱、冲断，其后抬升剥蚀，对目的层段改造较为严重。

随着与断裂距离的增大，岩层破裂的程度是逐渐降低的，岩层侧向与断层连通的可能性是逐渐减小的。如图6-69所示，在丁山地区，当距离大于2km时，断层伴生裂缝密度小于0.03条/m，接近于0。为了将断层影响范围更加细化，考虑断层级别（断距以及延伸长度）对断裂破碎带影响范围，可将断层分成三个级别分别计算评价其横向影响范围，从而使得断层破坏范围评价更加精细。丁山地区五峰组—龙马溪组保存条件较为典型。丁山工区位于川东南构造褶皱带上，由于经历多期构造运动的影响对本区奥陶系五峰组—志留系龙马溪组的构造样式进行了多期改造，形成了目前以隔挡式褶皱构造样式为主的构造形态。多期构造活动造成本区断裂系统非常发育，特别是工区北部及北西部的几组NW向和NE向大断裂，构造陡峭、断距较大，对页岩的形态及后期页岩储层的形成有较大的影响，所以盆地内几组断裂发育区是较为不利的构造部位。

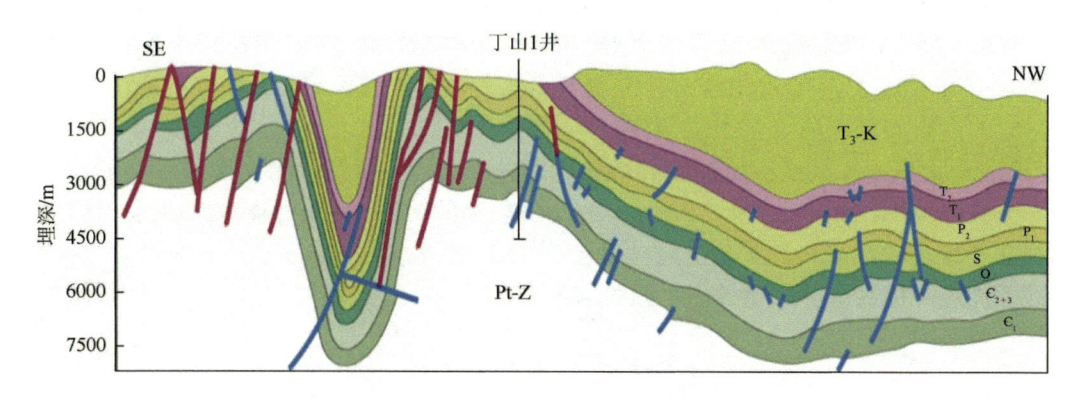

图 6-69　川东南 SE-NW 向过丁山 1 井构造剖面

如图6-70所示，显示了志留系龙马溪组底地层断裂纲要图，部分断层地震响应如图6-71所示。断层共28条，其中，断至三叠系以上的断层7条，定义为A类断层；断至二叠系以下的断层共计21条，定义为B类断层。分析本区页岩成藏史，本区烃源岩共有两次生油期，一次是奥陶系及志留系时期，本区页岩进入初次生油期，后进入石炭及白垩期，页岩生油停滞；二叠系以后，本区页岩进入第二次生油期。与生油期对应，初次生油期圈闭高点在丁山1井附近，而进入二次生油期，油气圈闭高点则东移至酒店垭背斜附近。因此，分析断层是否对油气保存有利，需要考虑断层形成时期是否对油气的生成环境造成破坏。A类断层纵向延伸距离长，断至新地层，对两次生油期都有破坏；B类断层纵向延伸距离小，断至二叠系之前的地层，对初次生油期有破坏，但是对于二次生油期地层破坏较小，油气得以完好保存。对于丁山地区，A类断层主要分布在西南部和东北部，由四面山和七曜山控制，位于工区的边部，对页岩气的保存破坏较小，不是主要的页岩气"甜点"储层评价区。B类断层则主要分布在丁山地区的北部和西北部，位于丁山鼻状构造带的鼻尖前展区和鼻翼；该分布区是有利页岩的主要分布区，页岩对应TOC含量、含气量高，厚度大，是分析页岩保存条件的主要地区。同时，该区构造相对宽缓，纵向目标地层平行或亚平行，而且对应斜坡构造（除破碎带外）构造角度适中，这些条件对于页岩气的富集比较有利。

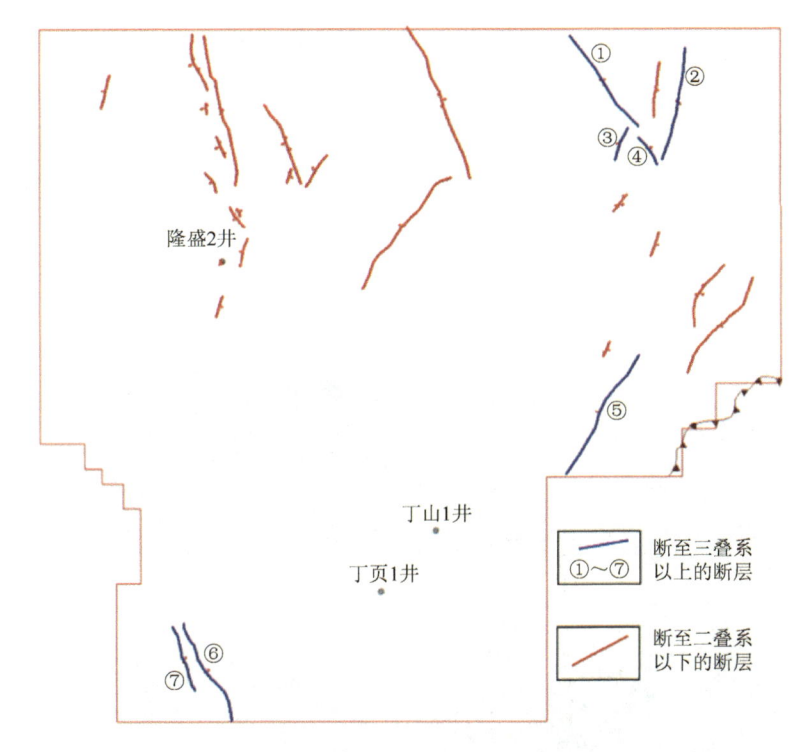

图 6-70 丁山地区五峰组—龙马溪组底地层断裂纲要图

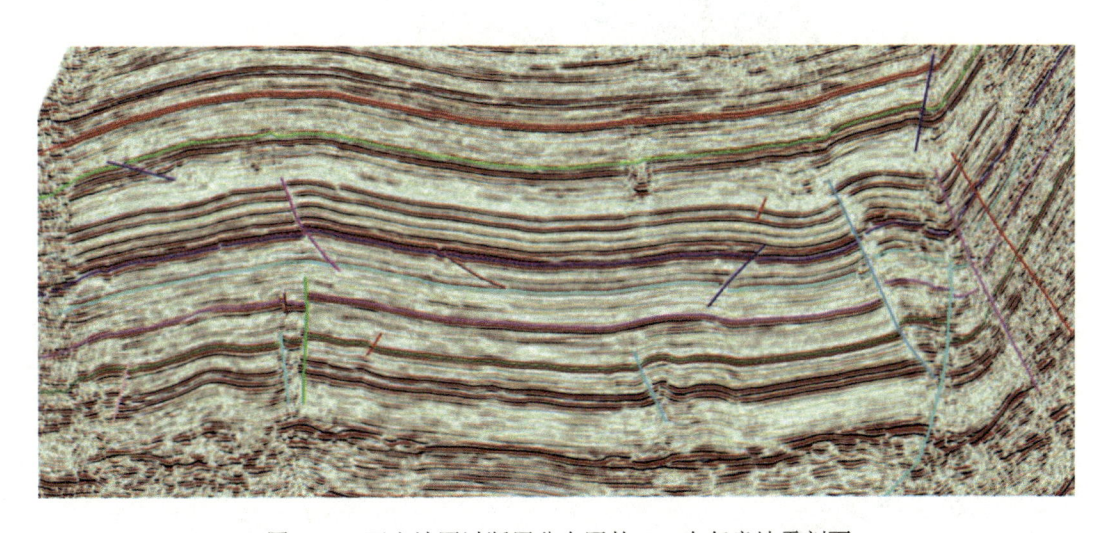

图 6-71 丁山地区过断层分布区的 EW 向任意地震剖面

利用基于方位各向异性裂缝检测技术预测的五峰组—龙马溪组底裂缝密度，如图 6-72 所示。由图可见，受地震资料品质影响，在资料信噪比比较低的工区边部及灰岩地表发育区，裂缝密度预测效果差；对于构造的主体部位，地震资料品质相对较好，裂缝密度预测效果较好。因此，主体部位裂缝密度一方面与断层有关，另一方面则与页岩层相关。由于大断层对于页岩气的保存是不利的，需要对与断层相关的裂缝密度或断层影响范围进行研究。在丁山地区选择两组 A 类、B 类断层，统计出断层与裂缝密度之间的关系。如图 6-73 所示，显示了 A 类、B 类断层与裂缝密度衰减的距离关系。统计得出 A 类断层影响裂缝密度变化距离较大，一般可以达到 464m，之后裂缝密度衰减较快；B 类断层影响裂缝密度变化距离相对较小，可以达到 365m，之后裂缝密度衰减较快。因此可以认为，丁山地区 A 类断层影响页岩保存条件的距离为 470m 左右，B 类断层影响页岩保存条件的距离是 370m 左右。

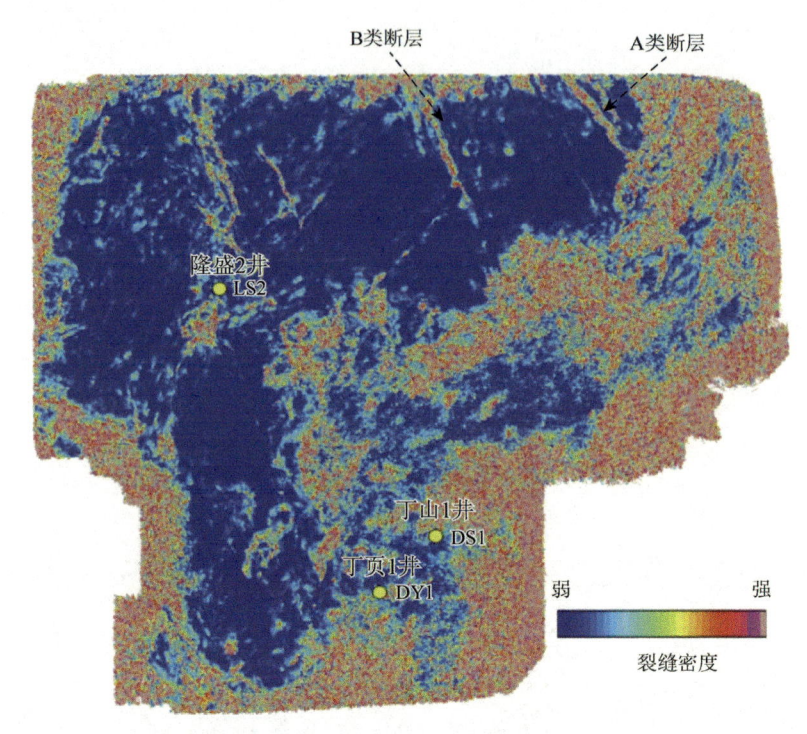

图 6-72 丁山地区五峰组—龙马溪组底裂缝密度

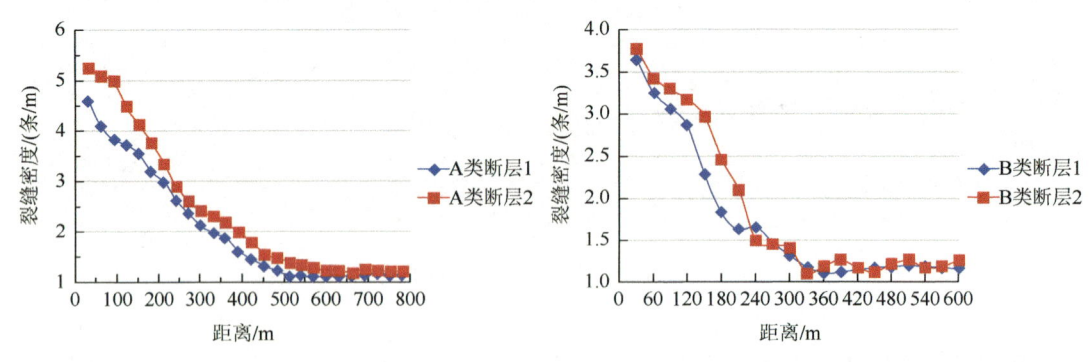

图 6-73 丁山地区 A 类、B 类断层与裂缝密度统计关系

在丁山地区，五峰组—龙马溪组地层主要分布高角度逆断层，在工区的东部及东南部由于地层埋深较浅，部分断层断至地表。但是，对于本区储层来讲，五峰组—龙马溪组下部储层相对较发育，其上部沉积深灰、黑灰色泥页岩、粉砂质泥页岩等，石牛栏组、

韩家店组等及以上地层也沉积页岩、粉砂岩等,对五峰组—龙马溪组地层可以形成侧向封堵条件。同时,页岩目标层的断裂以单组断裂为主,横向、上下不同断层不连接,更易于页岩气的储集。

6.6.2 孔隙流体压力状态评价

高孔隙流体压力的形成受多种因素的影响,与页岩保存条件存在密切的关系。根据其构造所处的位置及特征可划分为构造改造区、靠近页岩剥蚀区和构造稳定区,不同构造区压力系数差异较大,气产量变化也较大。构造改造区富有基质页岩基本不含气,储层为常压或欠压;靠近剥蚀区页岩含气量低,储层为常压;构造稳定区,页岩含气量高,储层超压。因此,可以通过预测地层压力系数来评价页岩保存条件。

例如,在丁山地区五峰组—龙马溪组底部,优质页岩段整体表现为东部及南部低、西部及北部高的特征,自东南向西北有逐渐增大的趋势(或由丁山构造向盆内呈现压力递增的特征),压力系数介于0.5~1.6。其中,丁页2井位置压力系数为1.55左右,表现为高压;丁山1井位置压力系数为0.9左右,丁页1井位置为1.2左右。而根据试采测算的丁页2井和丁页1井的压力系数分别为1.55和1.08。

6.6.3 顶底板条件评价

为确保页岩层中的油气资源不会被扩散丧失,需要确保页岩顶底板为相对致密、具有油气封盖能力的油气盖层。主要考虑顶底板的岩性、厚度以及断裂、断层发育形态等因素,评价顶底板的封堵性。

以丁山页岩气探区为例,区内五峰组—龙马溪组沉积深水陆棚相黑灰色泥岩、黑灰色粉砂质泥岩及黑灰色灰质泥岩为主的页岩层,层厚在隆盛2井附近可以达到260m。在岩性方面,目标页岩层上部石牛栏组地层整体厚度为150~350m,沉积深灰-黑灰色泥页岩、含粉砂质泥岩夹薄层生物屑灰岩、泥质粉砂岩、砂质泥灰岩、瘤状泥灰岩及钙质泥岩;顶部灰岩段自然伽马表现为低值,普遍在8~30API,声波时差在50μs/ft左右,电阻率表现为中高值,普遍在200~10000Ω·m,补偿中子普遍在2%左右,密度在2.70g/cm³左右;下部泥灰岩自然伽马表现为高值,普遍在90~130API,声波时差在65μs/ft左右,电阻率为20Ω·m左右,补偿中子在17%~30%,密度在2.70g/cm³左右;整体来讲整套地层厚度大,密度较龙马溪组地层大,孔隙度小,横向连续性好;优质页岩直接上覆地层则为砂泥岩互层,厚度大、沉积稳定,顶板条件也较好。如图6-74(a)所示,显示了优质页岩上覆泥岩厚度。由图可见,上覆泥岩厚度大,基本在100m以上,而且横向稳定沉积。

丁山地区五峰组—龙马溪组下伏地层为奥陶系五峰组、涧草沟组、宝塔组等地层,中、上奥陶统地层较薄,下奥陶统地层较厚。中、上奥陶统地层沉积以海相灰岩为主,五峰组地层沉积部分灰黑色泥岩、碳质泥岩,顶部可能含灰质,地层自然伽马普遍在45API

左右，声波时差在 55μs/ft 左右，电阻率在 100~300Ω·m，补偿中子在 7%左右，密度在 2.70g/cm³ 左右；整体来讲，底板岩层相比龙马溪组地层厚度大、密度大、孔隙度小、横向沉积稳定，底板条件也较好。如图 6-74（b）所示，显示了目标页岩下伏涧草沟组灰岩地层厚度，灰岩地层厚度为 35~55m，横向沉积稳定。

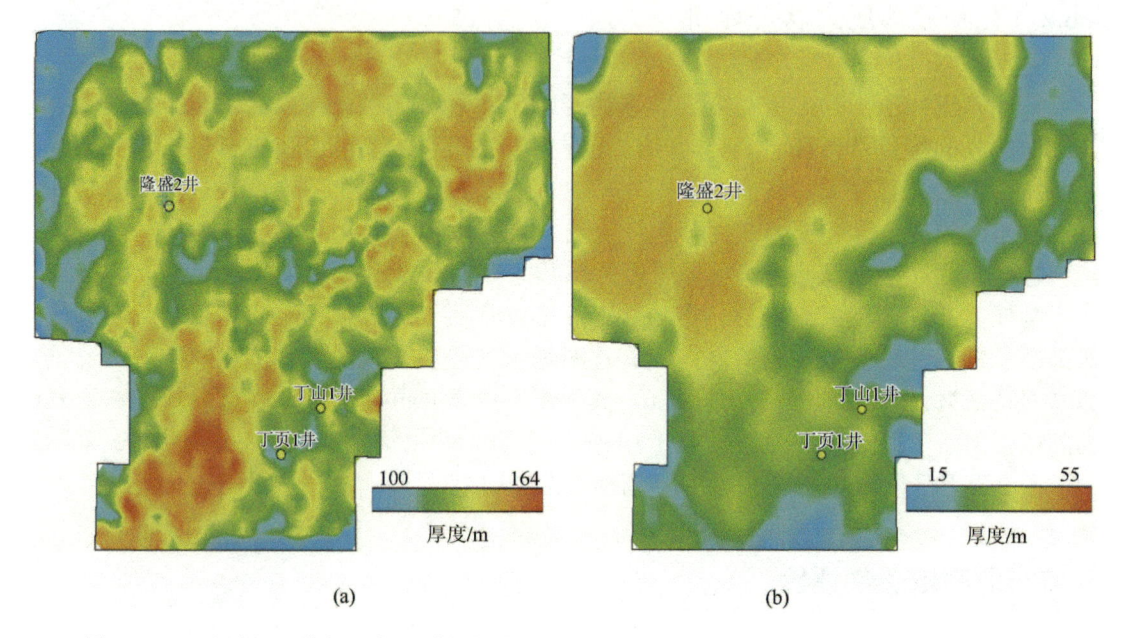

图 6-74　丁山地区五峰组—龙马溪组优质页岩上覆泥岩（a）与下伏灰岩（b）地层厚度特征

6.6.4　保存条件综合评价

在断裂破坏性、孔隙流体压力状态、顶底板条件等影响深层页岩气保存因素的评价基础上，还需要进行综合评价。这里，以丁山页岩气探区为例，分析深层页岩气保存条件的综合特征。

通过保存条件评价各项因素分析，丁山构造整体属于盆地弱变形改造区，丁山背斜顶部断层较发育，构造复杂，地层倾角从东南到西北变缓。断层 2km 之内保存条件较差。埋深小于 1600m 地层处于地表水交替带，不利于油气保存。压力系数和页岩气产量呈正比关系，压力系数大于 1.0 属高压气藏，压力系数大于 1.2 为稳定高压气藏。在各因素综合分析的基础上，编制了丁山地区保存条件评价图（图 6-75）。由图可见，丁山地区保存条件整体评价较好。在 A 区域，分布于工区东部以及北部，埋深小于 1600m，靠近推覆断裂或者大尺度断层，断层破碎带发育，为保存条件不利区。在 B 区域，岩层倾角小于 30°，压力系数介于 1.0~1.2，埋深介于 1600~2000m，推覆断层部分出露地表，为保存条件较有利区。在 C 区域，岩层倾角小于 30°，埋深大于 2000m，推覆断层大部分终止于寒武系地层中，大断层强度为无—弱，断层密度较小，有利于保存，为保存条件有利区。

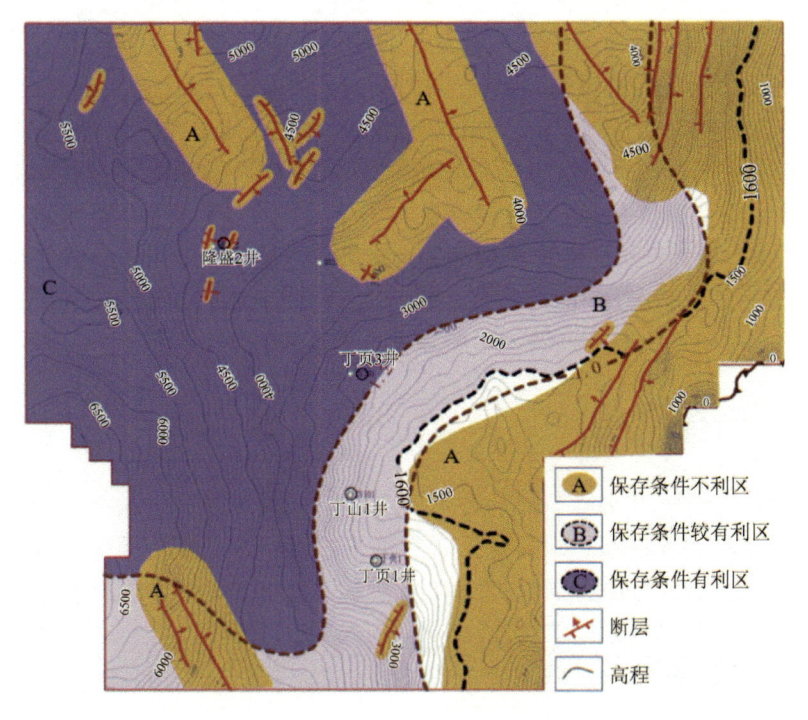

图 6-75 丁山地区龙马溪组优质页岩保存条件评价图

6.7 深层页岩气地质"甜点"综合评价技术

6.7.1 富集高产主控因素分析

研究表明，深层页岩气富集高产主控因素包括以下内容。

（1）特殊的古环境所形成的优质页岩是富集的基础。比如，四川盆地及其周缘在五峰组和龙马溪组沉积时期，在弱挤压背景下发生了陆内拗陷沉降，奥陶纪末期冰川期后海平面快速上升，形成了较大规模的深水陆棚环境，为低等生物的大规模繁殖提供了有利条件。鼻塞的海湾背景，为有机质的保存提供了有利的地球化学环境，欠补偿状态导致了地层中的高有机质含量。特殊生物类型所形成的大量有机硅，使成岩早期就形成了具有较强抗压实能力的岩石骨架，为早期生成原油的滞留提供了良好的空间，也为后期油向气形成并保持大量的有机质孔隙奠定了物质基础。

（2）有机质孔隙和特殊裂缝是页岩气富集的重要保障。有机碳含量高的优质页岩，有机质孔隙也比较发育，页岩的含气量大，游离气所占比例更高。特殊裂缝主要指页岩层理缝和小尺度裂缝。在层理面堆积的笔石和藻类等成烃生物促进了这类层理缝的发育。小尺度裂缝提高了页岩自身的储集空间和渗流能力，有利于页岩气的聚集和成藏。

（3）适度抬升状态下的有效保存是富集的关键。构造形变和抬升剥蚀是一把双刃剑。如果变形和抬升剥蚀作用太强，地层的封闭保存会破坏，导致不论是常规还是非常规的油气系统完全或者部分失效。因抬升产生微裂缝但没有出现大的穿层裂缝或断裂，即表现为一种"裂而不破"的状态是最理想的。远离大断裂尤其是通天断裂、具有一定埋深且地层平缓地区页岩气保存条件最佳。

比如，在四川盆地焦石坝页岩气探区，页岩气富集高产主控因素可简略概括为：①处于深水陆棚相带，暗色泥页岩发育、有机质丰度高，热演化处于过成熟阶段，页岩气形成条件优越，即"地质条件"；②储层储集空间孔隙与裂缝发育，脆性矿物含量较高，易于压裂改造，即"工程条件"；③位于盆内构造稳定区，目的层埋深适中，深大断裂不发育，顶底板地层封堵性较好，空间展布稳定，有利于油气的保存，即"保存条件"。因此，在进行深层页岩气综合评价时，需要紧密结合上述三大要素进行综合评估。

6.7.2 地质"甜点"综合评价

深层页岩储层地质"甜点"综合评价思路，需要以地质分析为指导，依据页岩气富集成藏条件，开展岩石物理基础分析，研究页岩气富集成藏主控因素；利用构造解释技术、地震反演技术、压力预测技术、TOC 含量预测技术、地震属性分析技术及裂缝预测技术等，开展 TOC 含量预测、压力预测、页岩分布特征预测、孔渗性预测、脆性预测、含气性预测等研究，获取页岩气富集有利区的分布，实现页岩气富集区的地质"甜点"综合评价。

在进行综合评价分析过程中，主要考虑页岩气富集成藏控制因素包括页岩分布特征、压力条件、TOC 含量特征、含气性、孔渗性特征、保存条件等，具体控制因素涉及页岩构造形态特征、页岩储层厚度、压力条件、TOC 含量、含气性特征、孔隙度条件、裂缝发育程度、脆性条件、顶板岩性条件等。在地震综合预测基础上，结合地质成藏条件和富集规律，综合有利沉积相带预测、岩性、物性、脆性、生烃能力、含气性、裂缝预测，开展目标层段"甜点"综合评价。在综合评价、"甜点"预测的基础上，优选开发目标，提出井位部署建议。

6.7.3 页岩储层"甜点"目标区优选

在综合评价的基础上，可以实现深层页岩气"甜点"目标区的优选。

以丁山地区为例，在丁山地区页岩气选区评价的基础上，结合地震"甜点"预测、保存条件评价、工程技术条件（煤矿、保护区），优选出开发有利区、较有利区、远景区。

如表 6-6 所示，列举了丁山地区综合评价依据，主要考虑了"甜点"预测、压力系数、保存条件以及埋深四个方面因素影响。如图 6-76 所示，显示了综合评价的各类区带平面分布。其中，A 区域为不利区，主要为断裂破碎带发育，保存条件不利；B 区域为一类区，分布在工区中部，丁山背斜翼部，具有埋深 2500~4000m、"甜点"预测有利区、保存条件有利区等特征；C 区域为二类区，具有埋深 2500~4000m、"甜点"预测较有利区、保存条件较有利区的特征；D 区域为三类区，具有埋深 4000~4500m、"甜点"预测有利区、保存条件有利区的特征；E 区域为远景区，具有埋深 4500~5000m、"甜点"预测有利区、保存条件有利区的特征。

第 6 章 深层页岩储层地质"甜点"预测及综合评价技术

表 6-6 丁山地区综合评价原则及依据表

评价级别	"甜点"预测	压力系数	保存条件	埋深/m	备注
一类区	有利区	>1.2	有利区	2500~4000	三维地震勘探区内，距剥蚀线 8km
二类区	较有利区	1.0~1.2	较有利区	2500~4000	
三类区	有利区	>1.2	有利区	4000~4500	
远景区	有利区	>1.2	有利区	4500~5000	

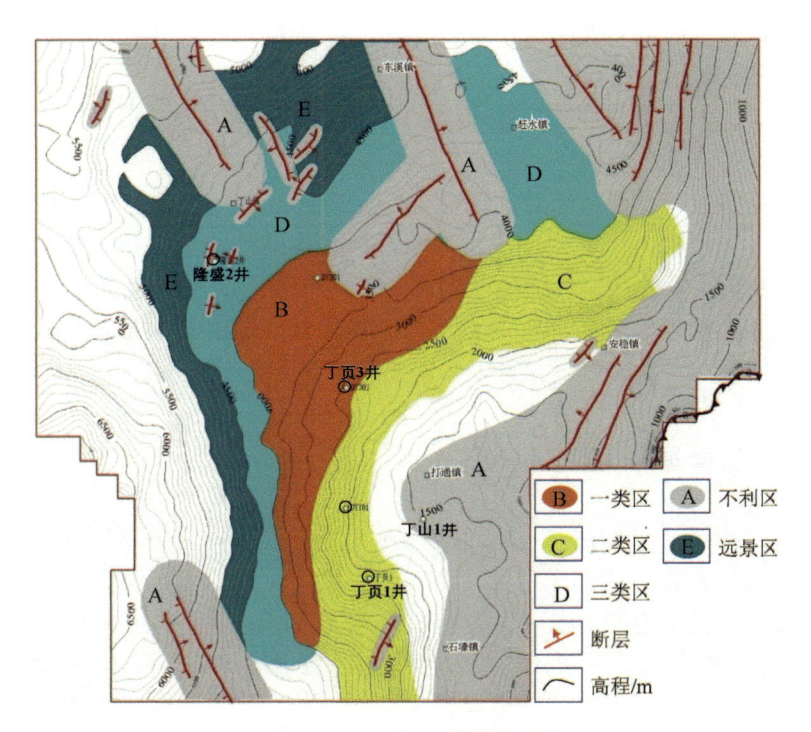

图 6-76 丁山三维区有利区评价图

第7章 深层页岩储层工程"甜点"预测及综合评价技术

深层页岩储层工程"甜点",是指脆性较高、裂缝较发育、地应力适中等工程条件优越,有利于页岩气大规模开发和提升采收率的优质页岩储层。结合岩心、测井、地质和地震等综合信息,准确预测和优选深层页岩储层工程"甜点",是提高深层页岩气单井产量和实现深层页岩气高效开发的必要条件。

7.1 页岩储层地应力预测技术

有效应力是指岩石骨架所承受的地应力,孔隙流体压力是指孔隙流体所承受的压力,两者共同承受了地层的全部应力。在构造复杂地区,强烈构造挤压是影响地应力的主要因素之一。诸如川南等地区,构造运动频繁,多期构造活动使得地应力的分布十分复杂。通过研究构造应力的宏观分布,可探索地应力对油气富集的影响及其与异常孔隙流体压力的关系,在指导深层页岩气勘探开发中有着不可忽视的作用。

7.1.1 地应力的研究意义

受力物体内的每一点都存在与之对应的应力状态。物体内各点的应力状态在物体占据的空间内组成的总体,称为应力场。由构造作用产生的应力场称为构造应力场。现今构造应力场是目前存在的或正在变化的构造应力场。

20世纪20年代,我国李四光教授开创了构造应力场研究。近年来,随着成矿规律、油气田开发、构造运动以及地震成因及预报等研究的广泛开展,构造应力场受到广泛的重视,成为我国地球科学领域的研究热点。

我国构造应力场的研究,主要集中在中国及邻区现代大地构造应力场研究、青藏高原构造应力场分析、高原内部裂谷成因探讨、断裂带模拟、盆地动力学及其对油气构造的影响研究五个方面。其中,前四个方面研究时间较长,研究较为成熟;在盆地动力学及其对油气构造的影响研究方面,构造应力场研究处于起步阶段。

从当前构造应力场研究面临的困难与发展趋势来看,应用于盆地演化的构造应力场模拟,是整个构造应力场模拟的难点,也是最具发展潜力的领域。利用平衡剖面技术,可以很好地对沉积盆地的演化过程进行恢复。而对每一期的构造进行较高精度的构造应力场模拟,可以为油气在这一期的生成、运移和储存等研究提供指导。将平衡剖面技术与盆地应力场模拟结合起来,是盆地构造演化的数值模拟最新方向。

从研究手段上看,目前,现今构造应力场有限元模拟主要集中在二维构造应力场模拟。对于三维构造应力场有限元模拟,虽然也进行了一定程度的研究,但是由于复杂的地质模型建立较为困难，仍然没有取得较好的成果。在盆地动力学分析与油气勘探中，与构造相关的油气地质问题受到极大重视，从勘探到生产的各个过程都强调盆地构造模型的建立及模拟，沉积盆地构造应力场研究有助于解决相关油气构造地质问题。由于模型运用的参数很难从"实实在在"的地质资料及类比得到的数据中提取，地壳岩石应力关系研究主要还是局限于实验室的条件。如何推广到地质环境，特别是地质历史时期的构造环境，还没有较好地解决。

除了对地应力进行数值模拟外，基于地震数据进行地应力预测是另一种重要的手段。该方法结合地质、测井、地震等综合信息，通过各向同性、各向异性（VTI、HTI、TTI、OA）等各种地质模型和地震波传播理论，采用叠前反演的方式实现地应力预测。目前，在深层页岩储层地应力空间分布特征预测方面，该方法是主要的实现手段。

7.1.2 水平地应力常用计算模型

地下岩层在水平方向上受到最大水平地应力及最小水平地应力的作用，最大水平地应力及最小水平地应力的方位角大小不同，二者为垂直关系。对页岩储层进行压裂改造过程中，最大水平地应力及最小水平地应力与储层的破裂压力存在一定的线性关系，压裂产生的人工诱导缝与最小水平地应力的方向存在相关性。因此，最大水平地应力及最小水平地应力的预测精度，对后续页岩储层改造及水平井优化设计有重要指导作用。

目前，国内外已经研究出了许多关于水平地应力计算的模型，其中具有代表性的水平地应力计算模型有如下几类。

1. 单轴应变模型

在地应力的研究早期，因忽略构造应力因素对地应力的影响，认为地层仅发生垂向应变，地层中最大水平地应力与最小水平地应力数值相等，在此基础上提出了多种单轴应变应力模型。

1）金尼克（Gennik）模型

1926年，苏联科学家Gennik在水平方向上的两个地应力相等且水平方向的应变为0的假设前提下，针对均匀各向同性介质，提出了水平地应力计算模型（李四光，1973），即

$$\sigma_H = \sigma_h = \frac{\nu}{1-\nu} S_v \tag{7-1}$$

式中，σ_H为最大水平地应力，MPa；σ_h为最小水平地应力，MPa；ν为泊松比；S_v为上覆压力，MPa。

2）马修斯-凯利（Mattews-Kelly）模型

Mattews和Kelly（1967）综合考虑地层孔隙流体压力，提出了包含常数K的水平地应力计算模型，即

$$\sigma_H = \sigma_h = K(S_v - P_P) + P_P \tag{7-2}$$

式中，K为地层骨架应力常数；P_P为孔隙流体压力，MPa。

3）泰尔扎吉（Terzaghi）模型

Terzaghi（1943）在 Mattews-Kelly 模型的基础上，将地层骨架应力常数 K 与泊松比 ν 联系起来（$K = \dfrac{\nu}{1-\nu}$），则

$$\sigma_H = \sigma_h = \frac{\nu}{1-\nu}(S_v - P_P) + P_P \tag{7-3}$$

4）安德森（Anderson）模型

Anderson 等（1973）基于多孔介质弹性理论，对含孔隙压力的地应力计算模型引入毕奥（Biot）系数，并对孔隙压力项做出改进，提出了 Anderson 模型，即

$$\sigma_H = \sigma_h = \frac{\nu}{1-\nu}(S_v - \alpha P_P) + P_P \tag{7-4}$$

式中，α 为 Biot 系数。

2. 黄氏模型

黄荣樽（1984）综合考虑水平地应力不仅受到上覆岩层压力的影响，还受到构造应力的影响，构建黄氏模型，即

$$\begin{cases} \sigma_H = \left(\dfrac{\nu}{1-\nu} + A\right)(S_v - \alpha P_P) + P_P \\ \sigma_h = \left(\dfrac{\nu}{1-\nu} + B\right)(S_v - \alpha P_P) + P_P \end{cases} \tag{7-5}$$

式中，A、B 分别表示不同方向的构造应力系数，其反映了不同水平方向上构造应力的大小，可通过实际测量获得。

黄氏模型具有一定的优势，为三方向应力不相等且最大水平地应力大于垂向地应力的情况提供了一定的借鉴。

3. 弹簧模型

黄氏模型仍存在一定的不足，其忽略了地层岩性对地应力存在一定的影响。针对黄氏模型的不足，考虑到在不同岩性地层中地应力存在差异，改进黄氏模型后，得到弹簧模型（黄荣樽，1984），即

$$\begin{cases} \sigma_H = \dfrac{\nu}{1-\nu}(S_v - \alpha P_P) + \dfrac{E}{1-\nu^2}\varepsilon_h + \dfrac{\nu E}{1-\nu^2}\varepsilon_H + \alpha P_P \\ \sigma_h = \dfrac{\nu}{1-\nu}(S_v - \alpha P_P) + \dfrac{E}{1-\nu^2}\varepsilon_H + \dfrac{\nu E}{1-\nu^2}\varepsilon_h + \alpha P_P \end{cases} \tag{7-6}$$

式中，E 为静态杨氏模量；ε_H 和 ε_h 分别为地下岩层在最大、最小水平地应力方向上的应变。

弹簧模型可对构造运动较为剧烈区域的地应力场进行预测，未考虑倾斜地层存在一定的局限性。

4. 蒂埃瑟兰（Thiercelin）模型

在实际地层中，由于地层岩性存在差异，未考虑泊松比、杨氏模量等岩石力学参数对水平地应力存在影响。由于页岩的结构特性，利用各向同性模型计算地层地应力会导致结果精度较低，将其视为具有垂直对称轴的横向各向同性（VTI）介质地层。Thiercelin和Plumb（1994）针对VTI介质地层的各向异性特性，分析建立了适用于VTI介质地层的水平地应力模型，即

$$\begin{cases} \sigma_\mathrm{H} = \dfrac{E_\mathrm{h}}{E_\mathrm{v}} \dfrac{\nu_\mathrm{v}}{1-\nu_\mathrm{h}} (\sigma_\mathrm{v} - \alpha P_\mathrm{P}) + \alpha P_\mathrm{P} + \dfrac{E_\mathrm{h}}{1-\nu_\mathrm{h}^2} \varepsilon_\mathrm{H} + \dfrac{\nu_\mathrm{h} E_\mathrm{h}}{1-\nu_\mathrm{h}^2} \varepsilon_\mathrm{h} \\ \sigma_\mathrm{h} = \dfrac{E_\mathrm{h}}{E_\mathrm{v}} \dfrac{\nu_\mathrm{v}}{1-\nu_\mathrm{h}} (\sigma_\mathrm{v} - \alpha P_\mathrm{P}) + \alpha P_\mathrm{P} + \dfrac{E_\mathrm{h}}{1-\nu_\mathrm{h}^2} \varepsilon_\mathrm{h} + \dfrac{\nu_\mathrm{h} E_\mathrm{h}}{1-\nu_\mathrm{h}^2} \varepsilon_\mathrm{H} \end{cases} \quad (7\text{-}7)$$

式中，E_h、E_v 分别表示水平方向及垂直方向上的杨氏模量，MPa；ν_h 和 ν_v 分别表示水平方向及垂直方向上的泊松比。

该模型主要考虑了上覆岩层压力及构造应力对地应力的影响，区分了地层在水平与垂直方向上力学性质的不同。

7.1.3 基于有限元法数值模拟的地应力预测

随着构造应力场研究的深入，数值模拟成为研究构造应力场的重要手段。数值模拟的方法有很多，其中，针对非均匀地球介质、非线性的地质构造和复杂的岩石物理性质的问题，有限元法能得到精确模拟结果。

作为广泛使用的一种构造应力场模拟方法，有限元法不受模型几何形态约束，能够适应具有复杂介质结构和边界条件的模型。有限元法构造应力场数值模拟的核心，是将地质体离散成有限连续单元并赋予对应力学参数，把求解区域连续场函数转化为求解有限离散点（节点）的场函数值。实现流程大体可分为五步：地质建模、力学建模、数学建模及计算、结果评价和应用分析。

地层深部应力场与区域地质构造、地层岩石的物理力学特性密切相关。用数值模拟方法预测地应力时，需要构建所研究空间的地质力学模型。其中，构造几何形态和构造活动性质，是反映地质模型有效性的基本要素。通过地震解释及测井资料可以构建目的层地质模型，该模型不能直接转化成力学模型，需要利用地质模型目的层面及断层面点云数据，利用有限元算法重建目的层及断层模型。

这里，以丁山五峰组—龙马溪组页岩探区为例，阐述基于有限元法数值模拟的地应力预测效果。

由前期资料调研得知，丁页1井垂向地应力、最大水平地应力和最小水平地应力，分别为48.73MPa、48.57MPa以及43.6MPa，最大水平地应力方向为70°；丁页2井垂向地应力、最大水平地应力和最小水平地应力，分别为106.36~107.44MPa、82.48~85.62MPa以及76.11~79.26MPa，最大水平地应力方向为55°。不断地改变模型边界条件进行试算，使其结果与已知井点吻合。

通过大量的实验计算，最终确定所施加的边界条件为：模型西边界约束 EW 向和 SN 向位移；东边界施加由北向南线性递减的分布压力，从 120MPa 减小到 35MPa，同时施加由南向北的 15MPa 剪切力；北边界施加由西向东线性递减的分布压力，从 120MPa 减小到 30MPa，同时施加由西向东的 10MPa 剪切力；南边界施加由西向东线性递减的分布压力，从 90MPa 减小到 10MPa，同时施加由东向西的 10MPa 剪切力；模型上部施加 20MPa 压力；模型下边界约束竖直方向位移。

基于上述建立的地质模型和力学模型，通过有限元模拟运算，可得到丁山地区五峰组—龙马溪组现今应力场特征，包括目的层地应力方位矢量图，最大、最小水平地应力和垂向地应力。计算所得的应力场遵循弹塑性力学的约定，即张为正、压为负。如图 7-1（a）所示，展示了丁山地区五峰组—龙马溪组页岩储层最大水平地应力分布特征。色谱图中红色代表挤压应力高值，蓝色代表挤压应力低值，挤压应力值由红色到蓝色逐渐减小。由图可知，丁山地区整个目的层最大水平地应力差距很大，应力范围在 35～130MPa，总体表现出从东南部向北部逐渐增大的趋势，最大值在北部边缘区域。模拟结果中，丁页 1 井最大水平地应力为 47.24MPa，丁页 2 井最大水平地应力为 85.43MPa。如图 7-1（b）所示，显示了丁山地区五峰组—龙马溪组页岩储层最小水平地应力分布特征。由图可知，丁山地区整个目的层最小水平地应力差距也很大，应力范围在 25～100MPa，总体上表现出从东部向西部逐渐增大的趋势，最大值出现在西北角。模拟结果中，丁页 1 井最小水平地应力为 43.78MPa，丁页 2 井最小水平地应力为 73.1MPa。如图 7-2 所示，展示了丁山地区五峰组—龙马溪组页岩储层垂向地应力分布特征。由图可知，丁山地区整个目的层垂向地应力差距非常大，应力范围在 25～170MPa。由于垂向地应力主要受地层深度影响，总体上表现出埋深大的地区垂向地应力大。模拟结果中，丁页 1 井垂向地应力为 51.39MPa，丁页 2 井垂向地应力为 105.2MPa。

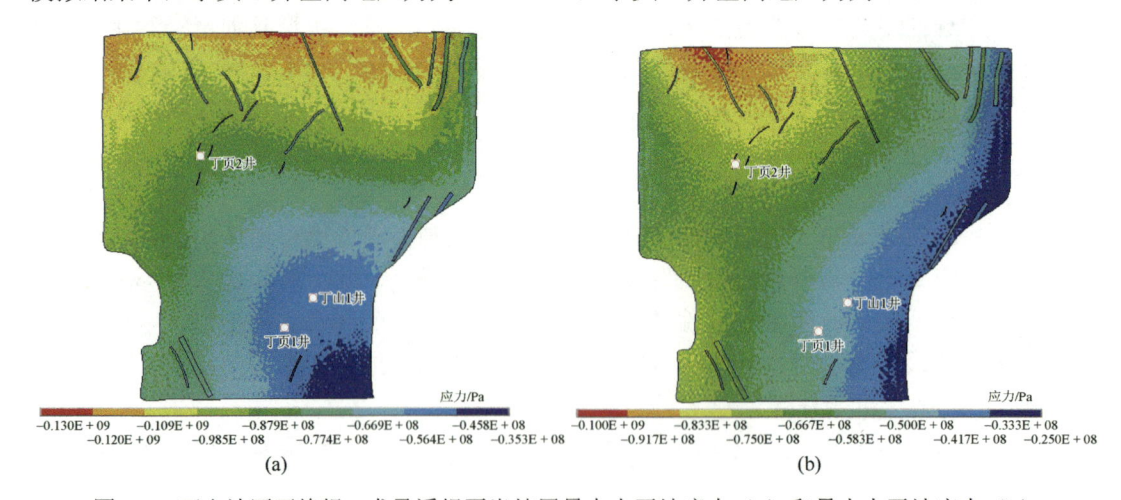

图 7-1 丁山地区五峰组—龙马溪组页岩储层最大水平地应力（a）和最小水平地应力（b）

如图 7-3 所示，展示了丁山地区五峰组—龙马溪组页岩储层的最大和最小水平地应力方向。研究区整体最大水平地应力方向表现为：西北部为 NE 向，到东北部逐渐转为 NWW 向；西南部为 NNE 向，到东南部逐渐转为 NWW 向或近 EW 向。最小水平地应力方向与最大水平地应力方向垂直。裂缝发育走向，基本垂直于最大水平地应力（或平行于最小水平地应力）。

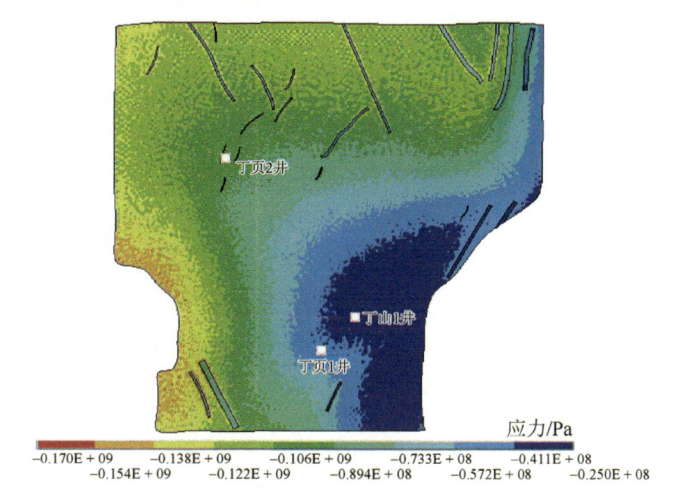

第 7 章　深层页岩储层工程"甜点"预测及综合评价技术

图 7-2　丁山地区五峰组—龙马溪组页岩储层垂向地应力

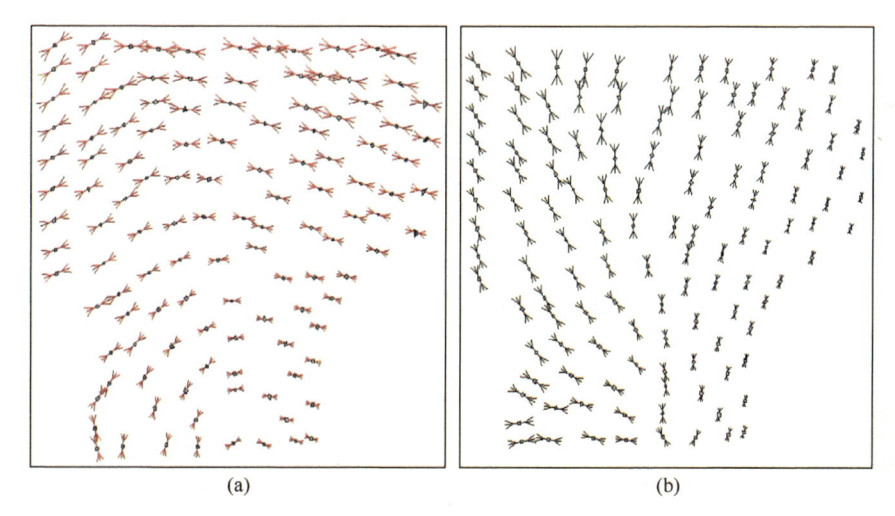

图 7-3　丁山地区五峰组—龙马溪组页岩储层最大（a）和最小（b）水平地应力方向

7.1.4　基于地层曲率的地应力预测

有限元法地应力模拟技术具有计算量大、建模难度大、严重依赖于边界条件等缺陷。相比而言，采用以二维弯曲薄板作为油层构造模拟的力学模型，能够快速得到储层地应力分布。该方法计算快捷、人工干预少，对应力场模拟可设置为自由边界处理，无须考虑边界条件，具有一定优势。

设以薄板中 $z=0$ 的面做表面，规定按右手规则，以平行于大地坐标 x、y 坐标，以向上为正。沿 x、y 正方向位移分别为 u_x、u_y，沿 z 方向位移为扰度 w。在直角坐标系中，薄板模型如图 7-4 所示。

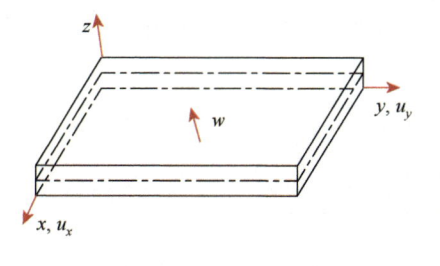

图 7-4　薄板模型示意图

在直角坐标系中，形变几何方程为

$$\begin{cases} \varepsilon_x = \dfrac{\partial u_x}{\partial x}, \varepsilon_y = \dfrac{\partial u_y}{\partial y}, \varepsilon_z = \dfrac{\partial u_z}{\partial z} \\ \gamma_{xy} = \left(\dfrac{\partial u_x}{\partial y} + \dfrac{\partial u_y}{\partial x} \right) \\ \gamma_{xz} = \left(\dfrac{\partial u_x}{\partial z} + \dfrac{\partial u_z}{\partial x} \right) \\ \gamma_{yz} = \left(\dfrac{\partial u_y}{\partial z} + \dfrac{\partial u_z}{\partial y} \right) \\ u_z = w \end{cases} \quad (7\text{-}8)$$

由薄板理论可知：

$$u_x = z\dfrac{\partial w}{\partial x}, \quad u_y = z\dfrac{\partial w}{\partial y} \quad (7\text{-}9)$$

将式（7-9）代入式（7-8），可得

$$\begin{cases} \varepsilon_x = z\dfrac{\partial^2 w}{\partial x^2} \\ \varepsilon_y = \dfrac{\partial^2 w}{\partial y^2} \\ \gamma_{xy} = 2z\dfrac{\partial^2 w}{\partial x \partial y} \end{cases} \quad (7\text{-}10)$$

定义曲率变形分量为

$$\begin{cases} \kappa_x = -\dfrac{\partial^2 w}{\partial x^2} \\ \kappa_y = -\dfrac{\partial^2 w}{\partial y^2} \\ \kappa_{xy} = -\dfrac{\partial^2 w}{\partial x \partial y} \end{cases} \quad (7\text{-}11)$$

再将式（7-11）代入式（7-10），可得

$$\begin{cases} \varepsilon_x = -z\kappa_x \\ \varepsilon_y = -z\kappa_y \\ \gamma_{xy} = -2z\kappa_{xy} \end{cases} \quad (7\text{-}12)$$

通过上述公式推导可知，利用曲率可以求得地层应变分量。引入广义胡克定律后，即可求得由曲率分量表示的地应力分量，即

$$\begin{cases} \sigma_x = -\dfrac{Et}{2(1-v^2)}(\kappa_x + v\kappa_y) \\ \sigma_y = -\dfrac{Et}{2(1-v^2)}(\kappa_y + v\kappa_x) \\ \tau_{xy} = -\dfrac{Et}{2(1+v)}\kappa_{xy} \end{cases} \quad (7\text{-}13)$$

则最大水平地应力与最小水平地应力为

$$\begin{cases} \sigma_{\max} = \dfrac{\sigma_x + \sigma_y}{2} + \sqrt{\left(\dfrac{\sigma_x - \sigma_y}{2}\right)^2 + \tau_{xy}^2} \\ \sigma_{\min} = \dfrac{\sigma_x + \sigma_y}{2} - \sqrt{\left(\dfrac{\sigma_x - \sigma_y}{2}\right)^2 + \tau_{xy}^2} \end{cases} \quad (7\text{-}14)$$

由式（7-14）可知，若能够求得地层的扰度方程或者曲率，则可以估算该位置的应力场以及最大水平地应力与最小水平地应力之差。

7.1.5 基于 VTI 介质弹性理论的地应力预测

由于页岩储层的结构特征，其具有一定的各向异性特征，可将其等效为具有垂直对称轴的横向各向同性（VTI）介质，利用等效介质的本构方程，结合介质模型的弹性模量、孔隙压力等参数，可计算出精度较高的地应力。VTI 介质可表征因沉积形成含层理结构特性的各向异性介质，具有 5 个独立的弹性参数，刚度矩阵可表示为

$$\boldsymbol{C} = \begin{bmatrix} c_{11} & c_{12} & c_{13} & 0 & 0 & 0 \\ c_{12} & c_{11} & c_{13} & 0 & 0 & 0 \\ c_{13} & c_{13} & c_{33} & 0 & 0 & 0 \\ 0 & 0 & 0 & c_{44} & 0 & 0 \\ 0 & 0 & 0 & 0 & c_{44} & 0 \\ 0 & 0 & 0 & 0 & 0 & c_{66} \end{bmatrix} \quad (7\text{-}15)$$

式中，刚度系数 c_{11}、c_{12} 和 c_{66} 之间满足 $c_{66} = (c_{11} - c_{12})/2$。

1. VTI 介质动静态弹性模量计算

弹性参数的计算至关重要，其与地应力的计算存在密切的联系，因此准确的岩石弹性参数可以提高地应力计算精度。岩性力学参数包含杨氏模量、泊松比等。

Backus（1962）提出了 VTI 介质在长波极限下是等效各向异性的。介质模型弹性矩阵系数的计算需 0°、45°和 90°入射角时的纵横波速度，利用 Backus 平均模型可以计算 VTI 介质的弹性参数。

在 VTI 介质刚度矩阵 $\boldsymbol{C}$ 中，令 $a = c_{11}$，$b = c_{12}$，$c = c_{33}$，$d = d_{44}$，$f = c_{13}$，$m = c_{66}$，则

$$\boldsymbol{C} = \begin{bmatrix} a & b & f & 0 & 0 & 0 \\ b & a & f & 0 & 0 & 0 \\ f & f & c & 0 & 0 & 0 \\ 0 & 0 & 0 & d & 0 & 0 \\ 0 & 0 & 0 & 0 & d & 0 \\ 0 & 0 & 0 & 0 & 0 & m \end{bmatrix} \quad (7\text{-}16)$$

式中，$m = (a - b)/2$。

C 的等效矩阵表达式为

$$C = \begin{bmatrix} A & B & F & 0 & 0 & 0 \\ B & A & F & 0 & 0 & 0 \\ F & F & C & 0 & 0 & 0 \\ 0 & 0 & 0 & D & 0 & 0 \\ 0 & 0 & 0 & 0 & D & 0 \\ 0 & 0 & 0 & 0 & 0 & M \end{bmatrix} \quad (7\text{-}17)$$

等效矩阵各参数为

$$\begin{cases} A = \langle a - f^2 c^{-1} \rangle + \langle c^{-1} \rangle^{-1} \langle f c^{-1} \rangle^2 \\ B = \langle b - f^2 c^{-1} \rangle + \langle c^{-1} \rangle^{-1} \langle f c^{-1} \rangle^2 \\ C = \langle c^{-1} \rangle^{-1} \\ D = \langle d^{-1} \rangle^{-1} \\ F = \langle c^{-1} \rangle^{-1} \langle f c^{-1} \rangle \\ M = \langle m \rangle \end{cases} \quad (7\text{-}18)$$

式中，$\langle \cdot \rangle$ 为平均值计算符号。

在 VTI 介质的刚度矩阵 C 中，刚度系数与纵横波速度、Thomsen 各向异性参数和密度存在关系，即

$$\begin{cases} V_{\mathrm{P}} = \sqrt{\dfrac{c_{33}}{\rho}} \\ V_{\mathrm{S}} = \sqrt{\dfrac{c_{44}}{\rho}} \\ c_{11} = V_{\mathrm{P}}^2 \rho (2\varepsilon + 1) \\ c_{33} = V_{\mathrm{P}}^2 \rho \\ c_{44} = V_{\mathrm{S}}^2 \rho \\ c_{66} = V_{\mathrm{S}}^2 \rho (2\gamma + 1) \\ c_{12} = V_{\mathrm{P}}^2 \rho (2\varepsilon + 1) - 2 V_{\mathrm{S}}^2 \rho (2\gamma + 1) \\ c_{13} = V_{\mathrm{P}}^2 \rho \sqrt{2 f \delta + f^2} - V_{\mathrm{S}}^2 \rho \\ f = 1 - \dfrac{V_{\mathrm{S}}^2}{V_{\mathrm{P}}^2} \end{cases} \quad (7\text{-}19)$$

式中，V_{P} 为地层纵波速度，m/s；V_{S} 为地层横波速度，m/s；ρ 为地层密度，g/cm^3。

在弱各向异性近似的假设条件下，结合 ε、δ、γ 等 Thomsen 各向异性参数，可进一步求取介质准纵横波速度，即

$$\begin{cases} V_{qP}(\theta) \approx V_P(1+\delta\sin^2\theta\cos^2\theta+\varepsilon\sin^4\theta) \\ V_{qSV}(\theta) \approx V_S\left[1+\dfrac{V_P^2}{V_S^2}(\varepsilon-\delta)\sin^2\theta\cos^2\theta\right] \\ V_{qSH}(\theta) \approx V_S(1+\gamma\sin^2\theta) \end{cases} \tag{7-20}$$

式中，θ 为入射角；V_{qP}、V_{qSV}、V_{qSH} 分别为准纵波速度、准横波速度和水平纯横波速度，m/s。

Thomsen 各向异性参数与刚度系数、速度的关系为

$$\begin{cases} \varepsilon = \dfrac{c_{11}-c_{13}}{2c_{33}} \approx \dfrac{V_{qP}(90°)-V_{qP}(0°)}{V_{qP}(0°)} \\ \gamma = \dfrac{c_{66}-c_{44}}{2c_{44}} \approx \dfrac{V_{qSH}(90°)-V_{qSH}(0°)}{V_{qSH}(0°)} \\ \delta = \dfrac{(c_{13}+c_{44})^2-(c_{33}-c_{44})^2}{2c_{33}(c_{33}-c_{44})} \approx 4\left[\dfrac{V_{qP}(45°)}{V_{qP}(0°)}-1\right]-\left[\dfrac{V_{qP}(90°)}{V_{qP}(0°)}-1\right] \end{cases} \tag{7-21}$$

式中，各向异性参数 ε 是水平方向与垂直方向上的准纵波速度差异的定量表现；γ 为水平方向与垂直方向上的水平纯横波速度差异的定量表现；δ 为入射角方向分别为水平方向、垂直方向及 45°方向上的准横波速度的特征分析参数。

由上述纵横波速度、密度、刚度系数等关系，可知式（7-18）中的等效参数为

$$\begin{cases} A = \left\langle 4\rho V_S^2\left(1-\dfrac{V_S^2}{V_P^2}\right)\right\rangle + \left\langle 1-2\dfrac{V_S^2}{V_P^2}\right\rangle^2 \left\langle \left(\rho V_P^2\right)^{-1}\right\rangle^{-1} \\ B = \left\langle 2\rho V_S^2\left(1-\dfrac{2V_S^2}{V_P^2}\right)\right\rangle + \left\langle 1-2\dfrac{V_S^2}{V_P^2}\right\rangle^2 \left\langle \left(\rho V_P^2\right)^{-1}\right\rangle^{-1} \\ C = \left\langle \left(\rho V_P^2\right)^{-1}\right\rangle^{-1} \\ D = \left\langle \left(\rho V_S^2\right)^{-1}\right\rangle^{-1} \\ F = \left\langle 1-2\dfrac{V_S^2}{V_P^2}\right\rangle \left\langle \left(\rho V_P^2\right)^{-1}\right\rangle^{-1} \\ M = \left\langle \rho V_S^2\right\rangle \end{cases} \tag{7-22}$$

进而，纵波速度和横波速度可以表示为

$$\begin{cases} V_{SH,h} = \sqrt{\dfrac{M}{\rho}} \\ V_{SH,v} = V_{SV,h} = V_{SV,v} = \sqrt{\dfrac{D}{\rho}} \\ V_{P,h} = \sqrt{\dfrac{A}{\rho}} \\ V_{P,v} = \sqrt{\dfrac{D}{\rho}} \end{cases} \tag{7-23}$$

式中，ρ 为平均密度；$V_{P,v}$ 为垂直传播的纵波速度；$V_{P,h}$ 为水平传播的纵波速度；$V_{SH,h}$ 为水平传播的水平偏振横波速度；$V_{SV,h}$ 为水平传播的垂直偏振横波速度；$V_{SV,v}$ 和 $V_{SH,v}$ 为任意偏振的垂直传播横波速度（垂直定义为垂直于分层）。

利用纵横波声波时差与密度数据可计算得到杨氏模量、泊松比、Biot 系数等岩石力学参数，准确的岩性参数可以提高后续地应力相关参数的计算精度。

杨氏模量和泊松比的计算公式为

$$E_d = \rho V_S^2 \frac{3V_P^2 - 4V_S^2}{V_P^2 - V_S^2} \tag{7-24}$$

$$\nu_d = 0.5 \times \left[\left(\frac{V_P^2}{V_S^2}\right) - 2\right] \bigg/ \left[\left(\frac{V_P^2}{V_S^2}\right) - 1\right] \tag{7-25}$$

式中，E_d 为动态杨氏模量；ν_d 为泊松比。

由于孔隙压力、胶结度、应力与应变速率和振幅的影响，静态参数比相应的动态数据更加可靠及真实。根据 Najibi 等（2015）室内实验结果分析，发现动静态杨氏模量之间存在一定的线性关系，即

$$E_s = 0.014 E_d^{1.96} \tag{7-26}$$

式中，E_s 为静态杨氏模量。

Biot 系数没有明确的物理意义，也没有精确的确定方法，一些学者通过实验室测量其值较为分散，存在大于 1 的情况，也存在小于 1 的情况，在实际应用中较为困难。吉尔茨马（Geertsma）提出的计算公式为

$$\alpha = 1 - \frac{c_s}{c_b} \tag{7-27}$$

式中，α 为 Biot 系数，其值一般在 0.5～0.8；c_s 为骨架体积的压缩系数；c_b 为岩石体积的压缩系数。

利用 VTI 介质的刚度矩阵，可进一步表示杨氏模量及泊松比，即

$$\begin{cases} E_v = c_{33} - \dfrac{2c_{13}^2}{c_{11} + c_{12}} \\ \nu_v = \dfrac{c_{13}}{c_{11} + c_{12}} \\ E_h = \dfrac{(c_{11} - c_{12})(c_{11}c_{33} - 2c_{13}^2 + c_{12}c_{33})}{c_{11}c_{33} - c_{13}^2} \\ \nu_h = \dfrac{c_{12}c_{33} - c_{13}^2}{c_{11}c_{33} - c_{13}^2} \end{cases} \tag{7-28}$$

式中，E_v 和 E_h 分别为垂向、水平向杨氏模量；ν_v 和 ν_h 分别为垂向、水平向泊松比。

2. VTI 介质水平地应力计算

将式（7-28）代入式（7-7）可化简得到 VTI 介质条件下的水平地应力计算公式，即

$$\begin{cases} \sigma_H = \dfrac{c_{13}}{c_{33}}(\sigma_v - \alpha P_P) + \alpha P_P + \left(c_{11} - \dfrac{c_{13}^2}{c_{33}}\right)\varepsilon_H + \left(c_{12} - \dfrac{c_{13}^2}{c_{33}}\right)\varepsilon_H \\ \sigma_h = \dfrac{c_{13}}{c_{33}}(\sigma_v - \alpha P_P) + \alpha P_P + \left(c_{11} - \dfrac{c_{13}^2}{c_{33}}\right)\varepsilon_h + \left(c_{12} - \dfrac{c_{13}^2}{c_{33}}\right)\varepsilon_h \end{cases} \quad (7\text{-}29)$$

式中，σ_H、σ_h 分别为最大和最小水平地应力；σ_v 为上覆岩层压力；P_P 为孔隙流体压力；α 为 Biot 系数；ε_H、ε_h 分别为最大和最小水平应变；c 为 VTI 介质刚度系数。

利用 WY23 井纵波速度、横波速度和密度等参数计算刚度系数、各向异性参数和地应力。由图 7-5 可见，刚度系数表现出 $c_{11} > c_{33} > c_{13} > c_{66} > c_{44}$ 的特征；依据地层类型的判断标准，当 $c_{66} = c_{44}$ 时，地层为各向同性地层；当 $c_{66} > c_{44}$ 时，地层为 HTI 各向异性地层；当 $c_{44} > c_{66}$ 时，地层为 VTI 各向异性地层。因此，可以判断 WY23 井中 3850m 左右的页岩储层段可近似为 VTI 各向异性地层。当地下 3800m 左右的岩性发生变化时，Thomsen 各向异性参数 ε 与 σ 值存在增大趋势，而 γ 值为减小的趋势。由图 7-6 可见，在 WY23 井目标页岩储层段，最大水平地应力大于最小水平地应力，小于上覆岩层压力。通常而言，当 $S_v > \sigma_H > \sigma_h$，即储层段中上覆岩层压力最大，最小水平地应力最小时，在上覆岩层压力 S_v 方向钻井，其井壁稳定性最好。

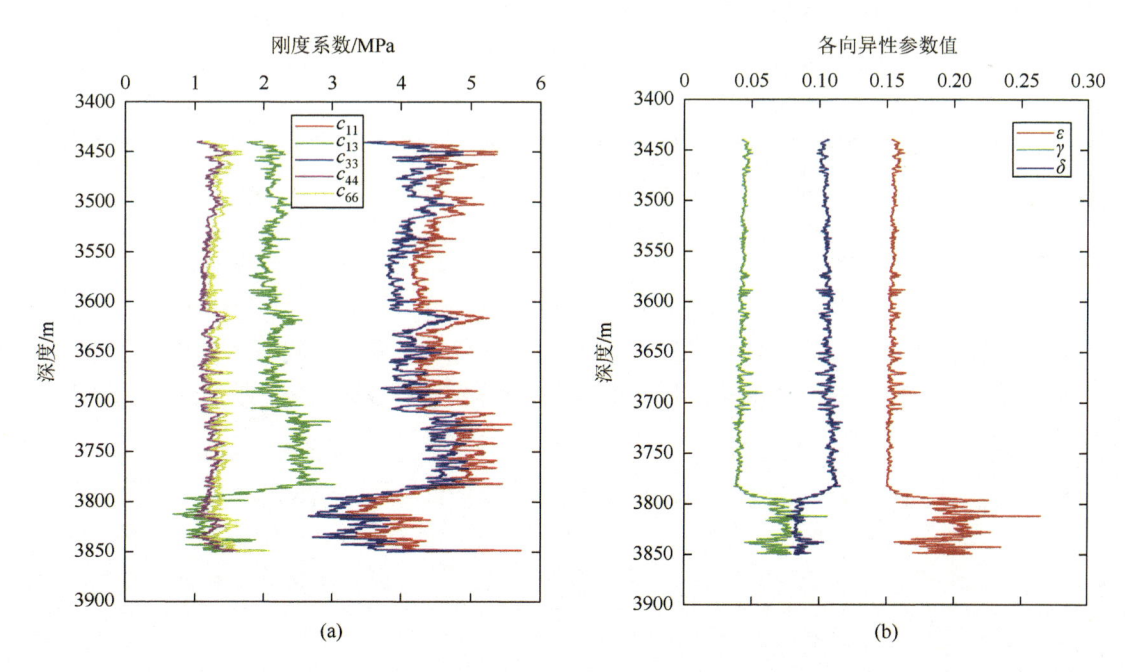

图 7-5 WY23 井刚度系数（a）和各向异性参数（b）曲线

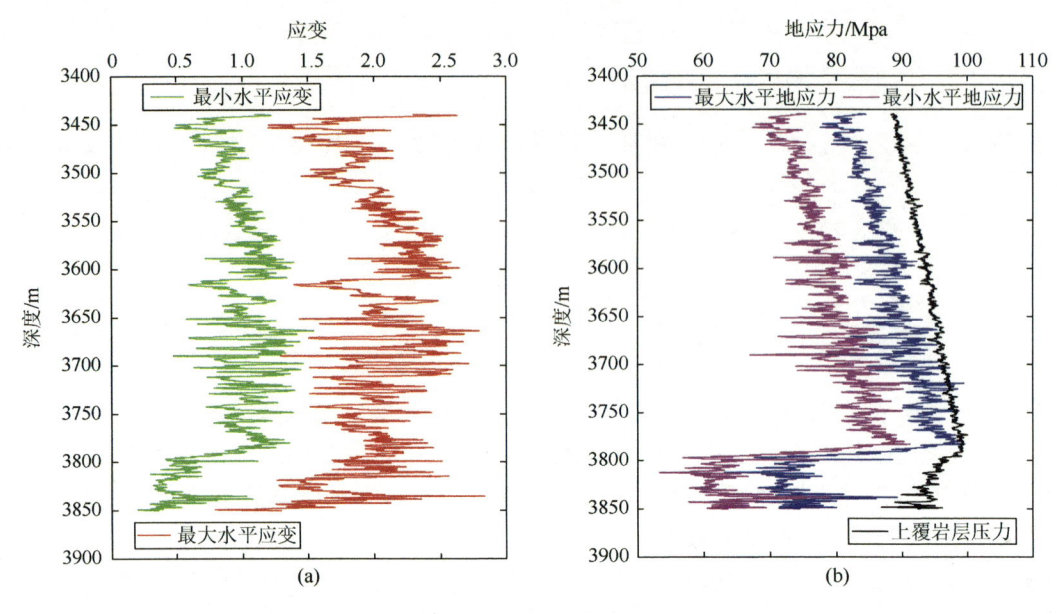

图 7-6 WY23 井水平应变（a）和地应力（b）曲线

7.1.6 基于 HTI 介质弹性理论的地应力预测

常规地应力预测主要基于声波测井资料和地应力计算模型实现，存在着无法获得连续地应力剖面、过于依赖经验参数且与实际地应力差异较大等问题。基于 HTI 各向异性介质理论，通过柯西约束的贝叶斯反演框架，采用叠前分方位地震数据，能实现 HTI 介质地应力预测。首先，以叠前分方位地震数据和 HTI 介质鲁格（Ruger）近似反射系数公式为基础，构建反演目标函数，并通过贝叶斯反演获得各向异性参数与弹性参数。其次，利用 HTI 介质地应力方程得到最小水平地应力、最大水平地应力与水平应力差异比 (differential horizontal stress ratio，DHSR)，并最终实现储层地应力预测。

1. HTI 介质近似反射系数公式推导

HTI 介质各向异性理论作为连接地震资料与地应力之间的桥梁，为利用叠前分方位地震资料开展地应力预测奠定了基础。HTI 介质纵波反射系数公式可用于弹性参数和各向异性参数的直接反演，在 Ruger 推导的 HTI 介质反射系数近似方程基础上，进一步推导可得

$$R_{PP}(\theta,\varphi) = \frac{1}{2}(1+\tan^2\theta)\frac{\Delta\alpha}{\bar{\alpha}} - 4k^2\sin^2\theta\frac{\Delta\beta}{\bar{\beta}} + \frac{1}{2}(1-4k^2\sin^2\theta)\frac{\Delta\rho}{\bar{\rho}}$$
$$+ \frac{1}{2}\sin^2\theta\cos^2\varphi(1+\tan^2\theta\sin^2\varphi)\Delta\delta^{(v)} + \frac{1}{2}\cos^4\varphi\sin^2\theta\tan^2\theta\Delta\varepsilon^{(v)} \quad (7\text{-}30)$$
$$+ 4k^2\sin^2\theta\cos^2\varphi\Delta\gamma$$

式中，θ 为入射角；φ 为方位角；α、β 和 ρ 分别为横波速度、纵波速度和密度；$\delta^{(v)}$、$\varepsilon^{(v)}$ 和 γ 为各向异性参数；$\Delta\alpha$、$\Delta\beta$ 和 $\Delta\rho$ 分别为上下层的横波速度差值、纵波速度差值和密

度差值；$\bar{\alpha}$、$\bar{\beta}$ 和 $\bar{\rho}$ 分别为上下层的横波速度平均值、纵波速度平均值和密度平均值。

在实际叠前方位地震资料反演中，需要根据待反演参数和反射系数与地震记录之间的关系构建反演方程。假设叠前方位地震记录包含 3 个入射角、2 个方位角，即可构建反演方程。通过对其求解，即可得到待反演参数，反演方程为

$$\begin{bmatrix} D(\theta_1,\varphi_1) \\ D(\theta_2,\varphi_1) \\ D(\theta_3,\varphi_1) \\ D(\theta_1,\varphi_2) \\ D(\theta_2,\varphi_2) \\ D(\theta_3,\varphi_2) \end{bmatrix} = W * \begin{bmatrix} R(\theta_1,\varphi_1) \\ R(\theta_2,\varphi_1) \\ R(\theta_3,\varphi_1) \\ R(\theta_1,\varphi_2) \\ R(\theta_2,\varphi_2) \\ R(\theta_3,\varphi_2) \end{bmatrix}$$

$$= \begin{bmatrix} W*a(\theta_1) & W*b(\theta_1) & W*c(\theta_1) & W*d(\theta_1,\varphi_1) & W*e(\theta_1,\varphi_1) & W*f(\theta_1,\varphi_1) \\ W*a(\theta_2) & W*b(\theta_2) & W*c(\theta_2) & W*d(\theta_2,\varphi_1) & W*e(\theta_2,\varphi_1) & W*f(\theta_2,\varphi_1) \\ W*a(\theta_3) & W*b(\theta_3) & W*c(\theta_3) & W*d(\theta_3,\varphi_1) & W*e(\theta_3,\varphi_1) & W*f(\theta_3,\varphi_1) \\ W*a(\theta_1) & W*b(\theta_1) & W*c(\theta_1) & W*d(\theta_1,\varphi_2) & W*e(\theta_1,\varphi_2) & W*f(\theta_1,\varphi_2) \\ W*a(\theta_2) & W*b(\theta_2) & W*c(\theta_2) & W*d(\theta_2,\varphi_2) & W*e(\theta_2,\varphi_2) & W*f(\theta_2,\varphi_2) \\ W*a(\theta_3) & W*b(\theta_3) & W*c(\theta_3) & W*d(\theta_3,\varphi_3) & W*e(\theta_3,\varphi_3) & W*f(\theta_3,\varphi_3) \end{bmatrix} * \begin{bmatrix} \dfrac{\Delta\alpha}{\bar{\alpha}} \\ \dfrac{\Delta\beta}{\bar{\beta}} \\ \dfrac{\Delta\rho}{\bar{\rho}} \\ \Delta\delta^{(v)} \\ \Delta\varepsilon^{(v)} \\ \Delta\gamma \end{bmatrix}$$

（7-31）

式中，D 为地震记录；R、$a \sim f$ 为反射系数；W 为地震子波；θ 为入射角；φ 为方位角。

地震记录可表示为子波矩阵、系数矩阵和待求解模型参数的褶积，可将式（7-31）表示为

$$\boldsymbol{d} = \boldsymbol{G} * \boldsymbol{m} \tag{7-32}$$

式中，$\boldsymbol{d}$ 为观测到的地震记录；$\boldsymbol{G}$ 为系数矩阵；$\boldsymbol{m}$ 为待求解的模型参数。

2. 贝叶斯反演框架的构建

根据贝叶斯理论，在已知叠前地震数据的情况下，可以将反演问题简化为求解，即

$$P(\boldsymbol{m}|\boldsymbol{d}) = \frac{P(\boldsymbol{d}|\boldsymbol{m})P(\boldsymbol{m})}{P(\boldsymbol{d})} \tag{7-33}$$

式中，$P(\boldsymbol{m}|\boldsymbol{d})$ 为后验概率；$P(\boldsymbol{d}|\boldsymbol{m})$ 为观测数据的似然函数；$P(\boldsymbol{m})$ 为模型参数的先验概率分布；$P(\boldsymbol{d})$ 为观测数据的边缘概率分布。

假设分方位地震数据的背景噪声服从高斯分布，则似然函数可以表示为

$$\begin{cases} P(\boldsymbol{d}|\boldsymbol{m}) = P_0 \exp\left\{-\dfrac{1}{2}[\boldsymbol{d}-\boldsymbol{G}(\boldsymbol{m})]^{\mathrm{T}} \boldsymbol{C}_{\mathrm{d}}^{-1}[\boldsymbol{d}-\boldsymbol{G}(\boldsymbol{m})]\right\} \\ P_0 = \dfrac{1}{(2\pi)^{\frac{N_{\mathrm{d}}}{2}} |\boldsymbol{C}_{\mathrm{d}}|^{\frac{1}{2}}} \end{cases} \tag{7-34}$$

式中，矩阵 $\boldsymbol{C}_{\mathrm{d}}$ 表示数据协方差矩阵；N_{d} 表示数据的大小。

贝叶斯反演总是通过引入模型参数先验分布来获得正则化约束，从而提高反演的适定性。常用的有高斯分布和柯西分布。这里，使用柯西分布来约束叠前方位地震反演，有两个优点。首先，柯西分布可以产生稀疏解，提高反演结果分辨率；其次，通过将测井信息融入相关信息矩阵，提高反演结果的稳定性。柯西分布表示为

$$P(\boldsymbol{m}) = \frac{1}{\pi^{2N}|\boldsymbol{\psi}|^{\frac{N}{2}}}\exp\left[-2\sum_{i=1}^{N}\ln(1+\boldsymbol{m}^{\mathrm{T}}\boldsymbol{\phi}^{i}\boldsymbol{m})\right] \tag{7-35}$$

式中，$\boldsymbol{\phi}^{i}=(\boldsymbol{D}^{i})^{\mathrm{T}}\boldsymbol{\psi}^{-1}\boldsymbol{D}^{i}$，$\boldsymbol{\psi}$ 为 6×6 的协方差矩阵。该矩阵包含了参数之间的相关性，矩阵 $\boldsymbol{D}$ 是 6×6N 的矩阵，具体形式为

$$D_{nl}^{i}=\begin{cases}1, & n=1, \quad l=i \\ 1, & n=1, \quad l=i+N \\ 1, & n=1, \quad l=i+2N \\ 1, & n=1, \quad l=i+3N \\ 1, & n=1, \quad l=i+4N \\ 1, & n=1, \quad l=i+5N \\ 0, & \text{其他}\end{cases} \tag{7-36}$$

将似然分布和先验分布代入贝叶斯定理，忽略归一化常数，可以很容易地得到模型参数的后验概率密度分布函数，即

$$P(\boldsymbol{m}|\boldsymbol{d}) = \frac{1}{(2\pi)^{\frac{N_d}{2}}|\boldsymbol{C}_{\mathrm{d}}|^{\frac{1}{2}}}\exp\left\{-\frac{1}{2}[\boldsymbol{d}-\boldsymbol{G}(\boldsymbol{m})]^{\mathrm{T}}\boldsymbol{C}_{\mathrm{d}}^{-1}[\boldsymbol{d}-\boldsymbol{G}(\boldsymbol{m})]\right\}\frac{1}{\pi^{2N}|\boldsymbol{\psi}|^{\frac{N}{2}}}\exp\left[-2\sum_{i=1}^{N}\ln\left(1+\boldsymbol{m}^{\mathrm{T}}\boldsymbol{\phi}^{i}\boldsymbol{m}\right)\right]$$

$$\tag{7-37}$$

根据贝叶斯理论，反演问题的解决方案是使后验分布最大化；等价于后验分布对模型参数 $\boldsymbol{m}$ 导数为 0。通过化简，得到反演目标函数为

$$(\boldsymbol{G}^{\mathrm{T}}\boldsymbol{G}+u\boldsymbol{Q})\boldsymbol{m} = \boldsymbol{G}^{\mathrm{T}}\boldsymbol{d} \tag{7-38}$$

式中，$\boldsymbol{G}^{\mathrm{T}}\boldsymbol{G}$ 用于约束实际地震记录和子波矩阵与反射系数乘积的相似程度；$u\boldsymbol{Q}$ 用于控制反演参数的稀疏性，让反演过程更加稳定。

3. HTI 介质地应力反演

通过对 HTI 介质弹性矩阵的推导和应力应变关系式换算，得到 HTI 介质最小水平地应力、最大水平地应力、DHSR 计算方程，即

$$\begin{cases}\sigma_x = \sigma_z\dfrac{V_{\mathrm{P}}^2\sqrt{2f\delta^{(v)}+f^2}-V_{\mathrm{S}}^2}{V_{\mathrm{P}}^2} \\ \sigma_y = \sigma_z\dfrac{V_{\mathrm{P}}^2(1+\gamma^{(v)})-2V_{\mathrm{S}}^2}{V_{\mathrm{P}}^2(1+2\gamma^{(v)})} \\ \mathrm{DHSR} = \dfrac{\sigma_y-\sigma_x}{\sigma_y} = \dfrac{V_{\mathrm{P}}^2(1+2\gamma^{(v)})\left(\sqrt{2f\delta^{(v)}+f^2}-1\right)+V_{\mathrm{S}}^2(1-2\gamma^{(v)})}{2V_{\mathrm{S}}^2-V_{\mathrm{P}}^2(1+2\gamma^{(v)})}\end{cases} \tag{7-39}$$

式中，σ_x 为最小水平地应力，MPa；σ_y 为最大水平地应力，MPa；DHSR 为应力差异系数。

4. 基于贝叶斯反演方法的 HTI 介质地应力预测流程

基于贝叶斯反演方法的 HTI 介质地应力预测流程，主要包括：

（1）对叠前分方位地震数据进行预处理，开展角道集与方位道集分析，提取统计子波，进行井震标定处理。

（2）以 HTI 介质 Ruger 近似反射系数公式为基础，构建反演目标函数，并通过贝叶斯反演框架反演各向异性参数与弹性参数。

（3）利用 HTI 介质地应力计算公式，获得最小水平地应力、最大水平地应力与 DHSR，实现地应力预测。

7.1.7 基于 TTI 介质弹性理论的地应力预测

方位各向异性反演地应力，已经成为近几年发展起来的新技术。基于 TTI 介质弹性理论的地应力预测方法，采用舍恩伯格（Schoenberg）线性滑动等效介质理论（Schoenberg and Douma，1988；Schoenbery and Sayers，1995），将 Ruger 方位各向异性介质近似反射系数方程表示成 6 个独立的参数，通过反演 6 个弹性参数并引入胡克定律来计算地应力。

1. Schoenberg 线性滑动等效介质理论

裂缝诱导的方位各向异性地层等效介质理论主要包括三种：Hudson 硬币理论、Thomsen 弱各向异性理论以及 Schoenberg 线性滑动理论。前人研究表明，三种理论深层次具有统一相似性。相比而言，Schoenberg 理论模型假设更实用。

Schoenberg 从柔度系数张量矩阵出发，引入两个无量纲参数，即法向弱度与切向弱度：

$$\begin{cases} \Delta N = \dfrac{(\lambda+2\mu)K_N}{1+(\lambda+2\mu)K_N} \\ \Delta T = \dfrac{\mu K_T}{1+\mu K_T} \end{cases} \quad (7\text{-}40)$$

式中，ΔN、ΔT 分别为法向弱度和切向弱度；K_N、K_T 分别为法向柔度和切向柔度。

将 HTI 介质的弹性参数分为背景围岩部分与裂缝扰动部分，推导获得单组垂直定向排列裂缝等效弹性矩阵，即

$$\boldsymbol{C} = \boldsymbol{S}^{-1} = \boldsymbol{C}_b - \begin{bmatrix} (\lambda+2\mu)\Delta N & \lambda\Delta N & \lambda\Delta N & 0 & 0 & 0 \\ \lambda\Delta N & \dfrac{\lambda^2}{\lambda+2\mu}\Delta N & \dfrac{\lambda^2}{\lambda+2\mu}\Delta N & 0 & 0 & 0 \\ \lambda\Delta N & \dfrac{\lambda^2}{\lambda+2\mu}\Delta N & \dfrac{\lambda^2}{\lambda+2\mu}\Delta N & 0 & 0 & 0 \\ 0 & 0 & 0 & 0 & 0 & 0 \\ 0 & 0 & 0 & 0 & \mu\Delta T & 0 \\ 0 & 0 & 0 & 0 & 0 & \mu\Delta T \end{bmatrix} \quad (7\text{-}41)$$

式中，$C_b = S_b^{-1}$，为围岩的刚度矩阵；当 $\Delta N = \Delta T = 0$ 时，不存在裂缝，为各向同性刚度矩阵。

2. Ruger 方位各向异性反射系数方程

Ruger 据一阶扰动量法，将高度非线性化的精确反射系数表达式进行了近似，得

$$R_{PP}(i,\phi) = \frac{1}{2}\frac{\Delta Z}{\bar{Z}} + \frac{1}{2}\left\{\frac{\Delta\alpha}{\bar{\alpha}} - \left(\frac{2\bar{\beta}}{\bar{\alpha}}\right)^2\frac{\Delta G}{\bar{G}} + \left[\Delta\delta^{(V)} + 2\left(\frac{2\bar{\beta}}{\bar{\alpha}}\right)^2\Delta\gamma\right]\cos^2(\phi-\phi_s)\right\}\sin^2 i$$
$$+ \frac{1}{2}\left\{\frac{\Delta\alpha}{\bar{\alpha}} + \Delta\varepsilon^{(V)}\cos^4(\phi-\phi_s) + \Delta\delta^{(V)}\sin^2(\phi-\phi_s)\cos^2(\phi-\phi_s)\right\}\sin^2 i\tan^2 i$$

（7-42）

式中，$Z = \rho\alpha$；$G = \rho\beta^2$；$\bar{\alpha} = \frac{1}{2}(\alpha_1+\alpha_2)$；$\Delta\alpha = \alpha_2 - \alpha_1$；$\bar{\beta} = \frac{1}{2}(\beta_1+\beta_2)$；$i$、$\phi$、$\phi_s$ 分别表示入射角、炮检线方位角与 HTI 介质对称轴方位角（即垂直裂缝走向方位角）；ρ_1 与 ρ_2、α_1 与 α_2、β_1 与 β_2 分别为上下层介质的密度、纵波速度和横波速度；$\delta^{(V)}$、$\varepsilon^{(V)}$、γ 分别表示 Thomsen 各向异性参数，上标（V）代表等效 VTI 介质的 Thomsen 各向异性参数。

3. 方位各向异性反演流程

前人研究发现，方位各向异性介质反射系数可表示成傅里叶级数形式。引入 Schoenberg 线性滑动理论后，HTI 介质反射系数方程表示为

$$R_{PP}(\phi,\theta) = r_0 + r_2\cos[2(\phi-\psi)] + r_4\cos[4(\phi-\psi)] \tag{7-43}$$

其中，

$$\begin{cases} r_0(\theta) = A + B\sin^2\theta + C\sin^2\theta\tan^2\theta \\ r_2(\theta) = \frac{1}{2}[B_{ani} + g(g-1)\Delta\delta_N\tan^2\theta]\sin^2\theta \\ r_4(\theta) = \frac{1}{8}g\kappa\sin^2\theta\tan^2\theta \end{cases} \tag{7-44}$$

式中，$r_0(\theta)$ 为各向同性 AVO 反射系数三项式方程；B_{ani} 为各向异性梯度，且有

$$\begin{cases} B_{ani} \approx g(\Delta\delta_T - \chi\Delta\delta_N), \chi = 1-2g \\ \kappa = g(\Delta\delta_T - g\Delta\delta_N), g = \left(\frac{V_S}{V_P}\right)^2 \end{cases} \tag{7-45}$$

分析表明，引入 Schoenberg 理论以及傅里叶级数理论后的 Ruger 反射系数方程中包含 6 个独立未知数：纵波阻抗 I_P、横波阻抗 I_S、密度 ρ、法向弱度 δ_N、切向弱度 δ_T，以及 HTI 介质对称轴方位角 ϕ_{sym}，即垂直裂缝走向方位角。相比 Ruger 原始方位各向异性反射系数近似方程，式（7-43）有两个显著优点：①引入方位傅里叶级数形式，使得反射系数方程可以考虑高次项，即 $\sin^2\theta\tan^2\theta$ 项，提高反演精度，解决裂缝介质对称轴方位角 ϕ_{sym} 的 90°模糊性以及计算的 B_{ani} 正负号问题。②引入 Schoenberg 理论形式，相比 Thomsen 各向异性参数表达形式（$\delta^{(V)}$、$\varepsilon^{(V)}$、γ），减少一个未知量（δ_T 或 δ_N），更有利于反演迭代算法稳定性。

对于宽方位采集地震数据，通过宽方位、各向异性处理流程可获得各个方位角、各个入射角的部分叠加数据体。利用这些反演基础数据，可以反演获得上述六个参数。在此基础上，还可直接获得裂缝走向方位角、裂缝密度、纵波阻抗、横波阻抗以及密度等参数。进一步，可利用法向弱度与切向弱度参数，衍生计算一系列的弹性参数以及地应力参数。

相比常规各向同性叠后波阻抗反演或者各向同性叠前弹性反演而言，方位傅里叶级数叠前各向异性弹性反演算法具有以下特点。

（1）输入地震数据多，运算量大。由于待反演未知数比较多，故需要输入地震数据量较大，运算量大。同时，要求输入地震数据必须为宽方位、大偏移距的地震数据，这样才可以获得比较好的角道集、方位道集及部分叠加数据体。

（2）待反演未知数多达 6 个。由于为基于各向异性反射系数方程，待反演的未知量有 6 个。

（3）地震数据质量与迭代算法要求高。由于待反演未知数多达 6 个，故对地震反演迭代算法、对地震数据质量（尤其是信噪比）要求比较高。否则，容易陷入目标函数局部最小值，无法获得全局最优解。

综合上述分析，要获得好的反演效果，必须要有宽方位、大偏移距采集数据体，相对保幅处理流程以及好的反演迭代算法。

4. 地应力计算

根据 Schoenberg 线性滑动理论与胡克定律，有

$$\begin{bmatrix} \varepsilon_\mathrm{h} \\ \varepsilon_\mathrm{H} \\ \varepsilon_z \end{bmatrix} = \begin{bmatrix} \dfrac{1}{E}+K_\mathrm{N} & -\dfrac{\nu}{E} & -\dfrac{\nu}{E} \\ -\dfrac{\nu}{E} & \dfrac{1}{E} & -\dfrac{\nu}{E} \\ -\dfrac{\nu}{E} & -\dfrac{\nu}{E} & \dfrac{1}{E} \end{bmatrix} \cdot \begin{bmatrix} \sigma_\mathrm{h} \\ \sigma_\mathrm{H} \\ \sigma_z \end{bmatrix} \tag{7-46}$$

式中，E 为杨氏模量；ν 为泊松比；ε 为应变；K_N 为法向柔度。

假设水平方向的应变为 0，则

$$\begin{cases} \varepsilon_\mathrm{h} = \left(\dfrac{1}{E}+K_\mathrm{N}\right)\sigma_\mathrm{h} - \dfrac{\nu}{E}(\sigma_\mathrm{H}+\sigma_z) = 0 \\ \varepsilon_\mathrm{H} = \dfrac{1}{E}\sigma_\mathrm{H} - \dfrac{\nu}{E}(\sigma_\mathrm{h}+\sigma_z) = 0 \end{cases} \tag{7-47}$$

则两个水平地应力可表示为

$$\begin{cases} \sigma_\mathrm{h} = \sigma_z \dfrac{\nu(1+\nu)}{1+E \cdot K_\mathrm{N}-\nu^2} \\ \sigma_\mathrm{H} = \sigma_z \dfrac{\nu(1+E \cdot K_\mathrm{N}-\nu)}{1+E \cdot K_\mathrm{N}-\nu^2} \end{cases} \tag{7-48}$$

求取水平地应力差，即

$$\text{DHSR} = \frac{\sigma_H - \sigma_h}{\sigma_H} = \frac{E \cdot K_N}{1 + E \cdot K_N + \nu} \tag{7-49}$$

通过式（7-49），可计算求得水平地应力差，用于表征地层压裂优势区域。通常，水平地应力差越小，越能获取网状裂缝，压裂效果越理想；反之，则容易产生定向排列裂缝，不利于页岩储层压裂及产量提升。

7.2 基于 Mohr-Coulomb 准则的页岩储层强度预测技术

在岩石力学中，岩石力学性质是指岩石在一定的应力条件下表现出来的硬度、强度、弹性、塑性、弹塑性、脆性、断韧性、稳定性、流变性等力学性质。在油气领域，重点关注弹性、强度、脆性、断韧性和稳定性等岩石力学性质。尤其在深层页岩气勘探开发过程中，进行钻井、完井和储层压裂改造等工程设计与施工作业之前，页岩储层的弹性、强度、脆性、断韧性和稳定性应该是储层综合评价的核心内容。

7.2.1 Mohr-Coulomb 准则

在岩石力学试验和油气勘探开发实践中，主要采用抗压强度、抗剪强度、抗张强度、黏聚力、内摩擦角、脆性指数等参数来表征岩石力学性质。在一定条件下，这些表征参数可以基于 Mohr-Coulomb 强度准则，利用莫尔圆和库仑线性方程进行求解计算。由于岩石在产生剪切、纯剪切、张剪和脆性剪切等破坏的过程中，满足 Mohr-Coulomb 强度准则，剪切应力和轴向应力之间的数学关系遵守库仑线性方程，即

$$\tau = C + \sigma \tan\varphi \quad \text{或} \quad \sigma_1 = 2C\frac{\cos\varphi}{1-\sin\varphi} + \sigma_3 \frac{1+\sin\varphi}{1-\sin\varphi} \tag{7-50}$$

式中，τ 为剪切应力，MPa；σ 为轴向应力，MPa；σ_1 为轴向压力，MPa；$\sigma_3(\sigma_1 = \sigma_3)$ 为侧向围压，MPa；C 为黏聚力，MPa；φ 为内摩擦角，0º≤φ≤90º。

7.2.2 页岩储层强度预测

根据莫尔圆线性包络线力学参数几何关系，在岩石三轴应力状态（含 $\sigma_3 = 0$ 的单轴应力状态）下，由式（7-50）可以推导出岩石黏聚力 C 和内摩擦角 φ 的表达式，即

$$C = \sigma_1 \frac{1-\sin\varphi}{2\cos\varphi} - \sigma_3 \frac{1+\sin\varphi}{2\cos\varphi} \tag{7-51}$$

依据式（7-51）表述的 Mohr-Coulomb 强度准则，当岩石承受应力大于 σ_1 或小于 σ_3 时，岩石将失去平衡而产生破裂。在即将产生破裂的临界状态，岩石的抗压强度和抗张强度计算公式为（Altindag，2002）：

$$\begin{cases} \sigma_c = 2C\dfrac{\cos\varphi}{1-\sin\varphi} \\ \sigma_t = 2C\dfrac{\cos\varphi}{1+\sin\varphi} \end{cases} \quad (7\text{-}52)$$

式中，σ_c 为抗压强度，MPa；σ_t 为抗张强度，MPa。

在三轴实验条件下，利用岩心样品测试的轴向应力 σ_1、σ_3 和泊松比 ν，结合式（7-50）～式（7-52）就能够计算出内摩擦角、黏聚力、抗压强度和抗张强度。然而，受岩心样品采集难度大、经济成本高、无法大面积采样、制作工艺复杂等因素的制约，实验测试数据难以满足大工区三维空间岩石力学性质的高精度评价需求。因此，需要结合地质、地震、测井等手段，实现原地应力条件下岩石力学性质预测。

基于有效地应力原理（Terzaghi，1943），Thiercelin 和 Plumb（1994）以及 Ostadhassan 等（2012）在原地应力条件下，提出了最大水平地应力和最小水平地应力计算方法，即

$$\sigma_H = \frac{\nu}{1-\nu}(G-\alpha P_f)+\alpha P_f+\frac{E_s}{1-\nu^2}(\varepsilon_y+\nu\varepsilon_x) \quad (7\text{-}53)$$

$$\sigma_h = \frac{\nu}{1-\nu}(G-\alpha P_f)+\alpha P_f+\frac{E_s}{1-\nu^2}(\varepsilon_x+\nu\varepsilon_y) \quad (7\text{-}54)$$

式中，σ_H 为最大水平地应力，MPa；σ_h 为最小水平地应力，MPa；E_s 为静态杨氏模量，MPa；ν 为泊松比；α 为 Biot 系数，$0 \leqslant \alpha \leqslant 1$；$\varepsilon_x$ 和 ε_y 分别为 σ_H 和 σ_h 方向的应变；P_f 为岩石孔隙流体压力，MPa；G 为上覆岩层压力，MPa。

根据 Anderson 等（1973）三轴地应力关系的确立模式（Zoback，2007），通过比较最大水平地应力、最小水平地应力和上覆岩层压力之间的大小关系，可以确定轴向应力 σ_1 和 σ_3。之后，将相应的 σ_1 和 σ_3 代入式（7-50）～式（7-52），就能够计算出地层原地应力条件下岩石的黏聚力、抗压强度和抗张强度等岩石力学性质的表征参数。

当然，除了黏聚力、抗压强度和抗张强度等岩石力学性质表征参数之外，还有泊松比、剪切模量、体积模量、杨氏模量等用于描述岩石弹性的表征参数。通过这些弹性参数，还可以评价岩石的稳定性。岩石的稳定性越差，发育天然裂缝的概率越高。岩石的稳定性由稳定系数表征，该系数采用岩石弹性参数可以计算（Liu et al.，2009），即

$$R = K \times S \quad (7\text{-}55)$$

式中，R 为岩石稳定系数，MPa^2；K 为体积模量，MPa；S 为剪切模量，MPa。

此外，结合弹性参数、原地应力和抗张强度，还可以计算岩石破裂压力参数。该参数表征岩石能够承受的压力极限性，超过极限值就将产生破裂而发育天然裂缝。岩石破裂压力的计算公式（黄荣樽和庄锦江，1986）为

$$F = \left(\frac{2\nu}{1-\nu}-\xi\right)(G-P_f)+P_f+\sigma_t \quad (7\text{-}56)$$

式中，F 为破裂压力，MPa；ξ 为地质构造应力系数。

7.3 页岩储层脆性预测技术

常规油气藏的评价内容涵盖了"生、储、盖、运、圈、保"六大成藏要素，而融合了烃源、储层、盖层为一体的非常规页岩气藏，评价的关键环节主要集中在储层条件和工程条件两大方面。页岩作为一类典型的沉积岩储集体，在石英、长石、黏土、有机质等复杂的碎屑成分及物理化学性质、薄页状或薄片层状的节理、孔隙、裂缝、脆性等影响下，不同类型页岩的生烃能力、天然气储集能力等必然差异明显。因此，对页岩地层的有效厚度、有机质丰度、热成熟度、矿物成分、物性、含气量等展开评价，已经成为页岩储层条件评价的重点内容。储层条件不仅决定了页岩对天然气的储集能力，还涉及天然气渗流疏导、地层压裂改造潜力等。实践证实，页岩的储集能力、渗透性、可改造性等与页岩的脆性特征密切相关。页岩的脆性越强，在内外应力的作用下，就越容易产生各向异性并导致结构破碎，增加在页岩地层内部形成天然裂缝和诱导裂缝网络的可能性。这样，不仅有利于扩大天然气的存储空间，还有利于拓展天然气运移的喉道、增大渗流到井中的概率。可见，为了满足页岩气藏勘探开发需求，针对页岩脆性开展预测方法研究，显然十分必要。

总之，脆性已经成为非常规油气勘探开发中不可或缺的关键性指标参数，是决定深层页岩储层压裂效果和深层页岩气能否成功建产的关键因素之一。

7.3.1 储层脆性的研究意义及面临的问题

储层脆性被视为最重要的岩石力学性质（Altindag，2003），在石油与天然气勘探开发领域备受关注。这是由于储层脆性除了与井壁的稳定性、钻井效率和钻井安全等工程作业密切相关之外，储层的可压裂性、孔隙与裂缝（渗透性）改造效果等均受岩石脆性制约。尤其是随着勘探开发程度的日益深化，油气产量的提升难度越来越大；为了进一步增加页岩、致密砂岩和致密碳酸盐岩等低孔、低渗油气储层的工业化产能，实施大规模的储层压裂改造，已经成为一种常态化的工程作业，促使储层脆性预测成为井位部署和压裂选层过程中的关键环节。

在此背景下，储层脆性预测方法迅速成为地球科学中的研究热点，在致密砂岩、碳酸盐岩及非常规（页岩气）等各类油气领域中被广泛研究。近几年，尤其在页岩气（非常规油气）领域，作为"甜点"评价要素，储层脆性已经成为非常规油气勘探开发中不可或缺的关键性指标参数。

然而，虽为最重要的岩石力学性质，脆性却一直没有统一的定义。在工程、材料等不同的学科领域与研究方向，学者对脆性的概念和作用给出了不同的诠释。依据材料的脆性与塑性相对关系，Honda 和 Sanada（1956）认为脆性是岩石硬度的度量，Morley（1944）、Hetényi（1966）等认为脆性是岩石塑性的缺失；依据岩石破裂与应力关系，Ramsay（1967）认为脆性是克服黏聚力的能力；依据岩石屈服准则，Obert 和 Duvall（1967）认为脆性为略高于破裂应力时的屈服强度；依据硬度与体积模量、硬度与断裂韧性的关系，Lawn 和

Marshall（1979）等认为脆性是岩石可压裂性的反映。此外，Bishop（1967）基于抗剪切强度、Hucka 和 Das（1974）基于抗压与抗拉强度、Andreev（1995）基于全应力-应变、Altindag（2003）基于破裂能量、Hajiabdolmajid 和 Kaiser（2003）基于破裂峰值应变与残余应变、Rickman 等（2008）基于归一化后的杨氏模量与泊松比（弹性参数法）、Buller 等（2010）基于横波分裂等角度考虑岩石脆性，还有学者从能量耗散、VTI 介质弹性参数、各向异性模型、弹性波速度径向变化、组成岩石材料内部微观矿物颗粒等角度阐述了岩石脆性。

当然，根据不同的岩石脆性的定义，在不同的学科领域提出了相应的计算与评价方法。在石油与天然气勘探开发领域，针对致密砂岩和碳酸盐岩油气藏的储层脆性研究较少，而针对非常规油气藏（页岩气）的储层脆性评价方法则在国内外被广泛研究和推广应用，已经形成了矿物组分法、弹性参数法、硬度参数法、强度参数法、内摩擦角法、全应力-应变法、模量参数法、冲击穿透试验法 8 类，计算的方法超过 20 种，计算的资料基础主要包括岩心测试分析数据、地球物理测井与地震数据等多种类型。

目前，在 20 余种岩石脆性指数计算方法中，研究最热门和应用最广泛的是矿物组分法和弹性参数法。其实，矿物颗粒类型、粒径长度、孔隙度大小、应力-应变状态、各向异性及沉积环境、埋藏深度、地热温度等多种因素对岩石脆性具有重要影响；此外，岩石脆性指数计算方法多数为统计回归公式或经验公式，计算结果必然具有试验误差效应、区域统计误差和地层经验痕迹。因此，这些因素将导致脆性指数计算方法和储层脆性整体评价方法具有一定程度的局限性。即使研究和应用最广泛的矿物组分法和弹性参数法也不例外，前者以岩心微观矿物组分统计分析为基础，仅能在局部区域和较短岩层段的范畴取得良好的评价效果；后者以岩石物理、地球物理测井和地震反射数据为基础，虽然可以实现储层脆性宏观评价，但其预测精度受到地震资料品质、弹性参数反演精度等多种因素制约。

总之，为了更准确地评价页岩储层的可压裂性，实现更有效地改造储层天然裂缝与人造裂缝网络、进一步优化石油与天然气的渗流通道和储集空间等工程目标，有必要不断探索更高精度的岩石脆性指数计算方法，解决储层脆性评价过程中岩心取样成本高、矿物组分分析数据难以大量获取、实验测试数据不足以指导大面积的精细评价、统计规律受局部区域性约束、弹性参数归一化处理缺乏理论依据等问题。

7.3.2 矿物组分法脆性预测

矿物组分法，是指利用岩石脆性矿物颗粒成分与总颗粒成分之比的脆性指数计算方法。在实际应用中，脆性指数通常采用百分比的表现形式。Jin 等（2014）基于岩石矿物组分分析，将石英、长石、云母、白云石、方解石等视作脆性矿物，提出了岩石脆性指数计算方法，即

$$B = \frac{W_{\text{QFM}} + W_{\text{C}}}{W_{\text{tol}}} \times 100 \tag{7-57}$$

式中，B 为岩石脆性指数；W_{QFM} 为石英、长石和脆性云母等硅酸盐矿物总含量；W_C 为白云石、方解石等脆性碳酸盐岩矿物的总含量；W_{tol} 为矿物总含量。

当然，也有学者将白云石、方解石等碳酸盐岩矿物视作非脆性矿物，采用下式描述页岩储层的脆性，即

$$B = \frac{W_{QFM}}{W_{tol}} \times 100\% \tag{7-58}$$

7.3.3 Rickman 法脆性预测

在材料科学中，视脆性和塑性为固态物质的两种相反属性。对于脆性物质，当遭受外力时，将不会产生明显的形变；并且，即便其具有较高的强（硬）度，也容易在较少的能量下产生破裂；对于塑性物质，具有拉伸韧性或压缩韧性，发生形变或破碎时，则将吸收更多的能量。换言之，在相同应力作用下，脆性物质应变较小，吸收的能量较少，破碎概率更高。

如何表征物质的脆性呢？脆性物质的定义指出，当物质极限受力时突然破裂并释放全部弹性能量，且在破裂前仅产生了很小的应变，此即为脆性物质。可见，物质的脆性与应力、应变、能量密切相关。Rickman 等（2008）采用脆性指数描述巴尼特（Barnett）页岩的脆性，将脆性指数定义为

$$B = \left(\frac{E-1}{14} + \frac{0.4-\nu}{0.5}\right) \times 100\% \tag{7-59}$$

式中，B 为脆性指数；E 为杨氏模量，10^4MPa；ν 为泊松比。

在各向同性介质中，弹性参数 E 和 ν 的表达式（Thomsen，2013）分别为

$$E = \frac{\mu_0(3M_0 - 4\mu_0)}{M_0 - \mu_0} \tag{7-60}$$

$$\nu = \frac{M_0 - 2\mu_0}{2(M_0 - \mu_0)} \tag{7-61}$$

式中，剪切模量 $\mu_0 = \rho V_{S0}^2$，纵波模量 $M_0 = \rho V_{P0}^2$，拉梅常数 $\lambda_0 = M_0 - 2\mu_0$，体积模量 $K_0 = M_0 - \frac{4}{3}\mu_0$，$\mu_0$、$M_0$、$\lambda_0$、$K_0$ 的量纲均为 10^4MPa；V_{P0}、V_{S0} 分别为纵波和横波速度，m/s；ρ 为介质密度，kg/m^3。

7.3.4 基于 VTI 介质弹性理论的脆性预测

1. 基于 VTI 介质弹性理论的脆性指数计算原理

在各向同性介质中，利用杨氏模量表述的柔度矩阵为

$$\boldsymbol{C}^{\text{iso}} = \begin{pmatrix} \dfrac{1}{E} & -\dfrac{\nu}{E} & -\dfrac{\nu}{E} & 0 & 0 & 0 \\ -\dfrac{\nu}{E} & \dfrac{1}{E} & -\dfrac{\nu}{E} & 0 & 0 & 0 \\ -\dfrac{\nu}{E} & -\dfrac{\nu}{E} & \dfrac{1}{E} & 0 & 0 & 0 \\ 0 & 0 & 0 & \dfrac{1}{\mu} & 0 & 0 \\ 0 & 0 & 0 & 0 & \dfrac{1}{\mu} & 0 \\ 0 & 0 & 0 & 0 & 0 & \dfrac{1}{\mu} \end{pmatrix} \quad (7\text{-}62)$$

式中，$\boldsymbol{C}^{\text{iso}}$ 为柔度矩阵；E 为杨氏模量，MPa；ν 为泊松比；μ 为剪切模量，MPa。

在 VTI 介质中 [坐标系及字母下标关系详见 Thomsen（1986）]，该矩阵为

$$\boldsymbol{C}^{\text{aniso}} = \begin{pmatrix} \dfrac{1}{E_{11}} & -\dfrac{\nu_{12}}{E_{11}} & -\dfrac{\nu_{13}}{E_{33}} & 0 & 0 & 0 \\ -\dfrac{\nu_{12}}{E_{11}} & \dfrac{1}{E_{11}} & -\dfrac{\nu_{13}}{E_{33}} & 0 & 0 & 0 \\ -\dfrac{\nu_{13}}{E_{33}} & -\dfrac{\nu_{13}}{E_{33}} & \dfrac{1}{E_{33}} & 0 & 0 & 0 \\ 0 & 0 & 0 & \dfrac{1}{\mu_{13}} & 0 & 0 \\ 0 & 0 & 0 & 0 & \dfrac{1}{\mu_{13}} & 0 \\ 0 & 0 & 0 & 0 & 0 & \dfrac{1}{\mu_{13}} \end{pmatrix} \quad (7\text{-}63)$$

式中，$\boldsymbol{C}^{\text{aniso}}$ 为 VTI 介质的柔度矩阵；E_{11} 和 E_{33} 分别为水平方向和垂直方向的杨氏模量，MPa；μ_{12} 和 μ_{13}、ν_{12} 和 ν_{13} 分别是具有方向性的剪切模量和泊松比。利用杨氏模量与速度、密度之间的数学关系，可将柔度矩阵式（7-63）转换为刚度矩阵的形式，即

$$\boldsymbol{C}^{\text{aniso}} = \rho \begin{pmatrix} V_{\text{P90}}^2 & \dfrac{\lambda_{12}}{\rho} & \dfrac{\lambda_{13}}{\rho} & 0 & 0 & 0 \\ \dfrac{\lambda_{12}}{\rho} & V_{\text{P90}}^2 & \dfrac{\lambda_{13}}{\rho} & 0 & 0 & 0 \\ \dfrac{\lambda_{13}}{\rho} & \dfrac{\lambda_{13}}{\rho} & V_{\text{P0}}^2 & 0 & 0 & 0 \\ 0 & 0 & 0 & V_{\text{S0}}^2 & 0 & 0 \\ 0 & 0 & 0 & 0 & V_{\text{S0}}^2 & 0 \\ 0 & 0 & 0 & 0 & 0 & V_{\text{S90}}^2 \end{pmatrix} \quad \lambda_{12} = \rho V_{\text{P90}}^2 - 2\rho V_{\text{S90}}^2 \quad (7\text{-}64)$$

式中，V_{P90} 和 V_{P0}、V_{S90} 和 V_{S0} 分别为水平方向和垂直方向的纵、横波速度；λ_{12} 和 λ_{13} 分别

是具有方向性的拉梅常数。在该 6×6 的对称矩阵中，33 分量为纵波模量 M_0；11 和 22 分量控制纵波的水平速度；44 和 55 分量控制垂向 S 波速度的水平极化；66 分量控制水平 S 波速度的水平极化。

对比式（7-63）和式（7-64）可知，在各向异性介质中，弹性参数与各向同性介质不同（Thomsen，1986，2013；Sayers，2010）。在式（7-64）所示的各向异性介质的刚度矩阵中，有 5 个独立参数，12 分量、13 分量和 23 分量中，展示出了 2 个不同的拉梅常数 λ_{12} 和 λ_{13}。

$$\begin{cases} \varepsilon = \dfrac{1}{2}\left(\dfrac{V_{P90}^2}{V_{P0}^2} - 1\right) \\ \gamma = \dfrac{1}{2}\left(\dfrac{V_{S90}^2}{V_{S0}^2} - 1\right) \\ \delta = \dfrac{1}{V_{P0}^2}\left(\dfrac{\lambda_{13}}{\rho} + 2V_{S0}^2\right) - 1 \end{cases} \tag{7-65}$$

利用上述 Thomsen 各向异性参数与速度的关系（Thomsen，1986），可以推导出杨氏模量和泊松比的各向异性（VTI）表达式（Thomsen，2010，2013），即

$$\begin{cases} E_{11} = E + 2M_0(1-\nu)[(1-\nu)\varepsilon - \nu\delta] + 8\sigma\mu_0\gamma(1-\nu) \\ E_{33} = E + 2M_0\nu(2\varepsilon\nu - \delta) - 8\nu^2\mu_0\gamma \\ \nu_{12} = \nu + \dfrac{2M_0}{E}(1-\nu^2)[(1-\nu)\varepsilon - \nu\delta] - 2\dfrac{1-\nu^2+2\nu^3}{1+\nu}\gamma \\ \nu_{13} = \nu - (1-\nu)(4\varepsilon\nu - \delta) + \dfrac{2\nu - 6\nu^2}{1+\nu}\gamma \end{cases} \tag{7-66}$$

由于 ν_{12} 和 ν_{13} 具有方向性，便于计算，这里取其平均值，即

$$\nu' = \dfrac{\nu_{12} + \nu_{13}}{2} \tag{7-67}$$

由此，结合上述公式，可以推导出 VTI 介质中水平方向 B_{11} 和垂直方向 B_{33} 的岩石脆性指数，即

$$\begin{cases} B_{11} = \left(\dfrac{E_{11}-1}{14} + \dfrac{0.4-\nu'}{0.5}\right) \times 100\% \\ B_{33} = \left(\dfrac{E_{33}-1}{14} + \dfrac{0.4-\nu'}{0.5}\right) \times 100\% \end{cases} \tag{7-68}$$

分析 E_{11}、E_{33}、ν' 的表达式可知，B_{11} 和 B_{33} 均隐含了 Thomsen 各向异性参数 ε、γ、δ，说明岩石的脆性与各向异性密切相关。

2. 基于地震叠前反演的脆性指数实现思路

由岩石物理学可知，弹性参数与介质密度、速度密切相关。在各向同性介质中，利用速度、密度与弹性参数的数学关系，可以把 Thomsen（2013）所述杨氏模量和泊松比（Rickman et al.，2008）表达式变换为

$$\begin{cases} E = \dfrac{\rho V_{S0}^2 \left(3V_{P0}^2 - 4V_{S0}^2\right)}{V_{P0}^2 - V_{S0}^2} \\ \nu = \dfrac{V_{P0}^2 - 2V_{S0}^2}{2\left(V_{P0}^2 - V_{S0}^2\right)} \end{cases} \quad (7\text{-}69)$$

利用速度、密度与阻抗的关系，即纵波阻抗 $I_{P0} = \rho V_{P0}$、横波阻抗 $I_{S0} = \rho V_{S0}$，将弹性参数杨氏模量、泊松比、剪切模量和纵波模量表示为

$$\begin{cases} E = \dfrac{I_{S0}^2 \left(3I_{P0}^2 - 4I_{S0}^2\right)}{\rho \left(I_{P0}^2 - I_{S0}^2\right)} \\ \nu = \dfrac{I_{P0}^2 - 2I_{S0}^2}{2\left(I_{P0}^2 - I_{S0}^2\right)} \\ \mu_0 = \dfrac{I_{S0}^2}{\rho} \\ M_0 = \dfrac{I_{P0}^2}{\rho} \end{cases} \quad (7\text{-}70)$$

基于上述速度、密度、阻抗、弹性参数等关系，可以将 E_{11}、E_{33}、ν'、B_{11} 和 B_{33} 的表达式变换为与岩石密度、纵横波阻抗及 Thomsen 各向异性参数 ε、γ、δ 有关的解析表达式。因而，在计算脆性指数 B_{11} 和 B_{33} 时，关键是首先获取 ρ、I_{P0}、I_{S0}、ε、γ 和 δ 这六个参数。在实际应用中，这些参数的计算能够通过地震反演获取。

7.3.5 基于强度力学性质的脆性预测

岩石脆性是决定油气储层压裂效果与能否成功建产的关键因素之一。然而，现有的岩石脆性预测方法尚存在岩心采集成本高、实验统计规律具有地域局限性、弹性参数归一化缺乏理论依据等问题。基于 Mohr-Coulomb 强度准则和有效地应力原理，通过研究岩石力学性质与地应力之间的数学关系，可推导包含泊松比、上覆岩层压力、最大水平地应力、最小水平地应力等岩石弹性参数与地应力参数的脆性指数计算公式，融合了储层岩性、物性、沉积与构造环境、承受地应力状态等多种体现客观地质因素的储层参数，不仅能够准确地反映储层的脆性，而且还在岩石力学与地球物理学之间架起了计算桥梁，可以综合利用岩心、测井、地震等地质与地球物理数据计算脆性指数，实现脆性储层空间展布预测。

通过岩石实验测试分析，Altindag（2002，2003）在岩石脆性特征研究方面取得了重要进展，利用岩石抗压强度和抗张强度建立了脆性指数计算公式，即

$$B = \dfrac{\sigma_c \times \sigma_t}{2} \quad (7\text{-}71)$$

式中，B 为脆性指数。

利用式（7-51）和式（7-52），可以将脆性指数计算公式（7-71）变换为黏聚力 C 或轴向应力 σ_1、σ_3 与内摩擦角 φ 的函数，即

$$B = 2C^2 \quad \text{或} \quad B = 2\left(\sigma_1 \frac{1-\sin\varphi}{2\cos\varphi} - \sigma_3 \frac{1+\sin\varphi}{2\cos\varphi}\right)^2 \tag{7-72}$$

由式（7-71）和式（7-72）可知，岩石的脆性指数与抗压强度、抗张强度、黏聚力和内摩擦角存在数学关系，利用轴向应力、内摩擦角、黏聚力等可以计算岩石的脆性指数。

内摩擦角与岩石的颗粒粗细、孔隙度、饱和度等相关，且轴向应力 σ_1、σ_3 与岩石的埋藏深度、沉积构造环境、孔隙度、各向异性等因素相关。大量的研究文献显示，岩石的应力-应变状态、矿物颗粒类型、粒径长度、孔隙度大小、各向异性及沉积环境、埋藏深度、地热温度等多种因素对岩石脆性具有重要影响。因此，从影响岩石脆性指数的因素分析，发现脆性指数计算式（7-71）和式（7-72）以抗压强度、抗张强度、黏聚力和内摩擦角等岩石力学参数为载体，隐含了丰富的地质影响因素，反映的岩石脆性特征必然更加接近客观实际。

7.4 页岩储层地应力与渗透率各向异性预测技术

受页岩储层矿物颗粒定向排列、微裂缝发育等因素的作用，地震波在地下传播时，将表现出振幅、速度、阻抗、吸收衰减、频散等各向异性响应现象。这些地震响应特征，可用于分析页岩储层的微裂缝、渗透率各向异性、地应力各向异性及含气量各向异性等。

7.4.1 地应力各向异性预测

针对各向异性介质，Biot（1955）及 Thompson 和 Willis（1991）依据胡克定律建立了地应力、应变、孔隙流体压力的数学关系，即

$$\begin{cases} \sigma_{ij} = c_{ijkl}\varepsilon_{kl} + \alpha_{ij}\sigma_{\mathrm{f}} \\ \sigma_{\mathrm{f}} = \dfrac{1}{3}\beta_{ij}\sigma_{ij} \end{cases} \tag{7-73}$$

式中，σ_{ij} 为总地应力，MPa；ε_{kl} 为应变；σ_{f} 为孔隙流体压力，MPa；α_{ij} 为 Biot 系数；β_{ij} 为斯克姆普顿（Skempton）系数；c_{ijkl} 为各向异性介质刚度系数。其实，式（7-73）是 Biot 和 Willis（1957）考虑岩层渗透能力后，对 Terzaghi 有效地应力原理的修正，因此也被称为 Biot-Willis 有效地应力原理。

依据 Biot-Willis 有效地应力原理，当介质为 VTI 介质时，$c_{ijkl} = C^{\mathrm{vti}}$；当介质为 HTI 介质时，$c_{ijkl} = C^{\mathrm{hti}}$；当介质为 TTI 介质时，$c_{ijkl} = C^{\mathrm{tti}}$。

针对 VTI 介质，Higgins 等（2008）、Waters 等（2011）建立了最大和最小水平地应力计算方法，即

$$\begin{cases} \sigma_{\mathrm{H}}^{\mathrm{vti}} = \dfrac{E_{\mathrm{h}}}{E_{\mathrm{v}}} \dfrac{\nu_{\mathrm{h}}}{1-\nu_{\mathrm{h}}}(\sigma_{\mathrm{v}} - \alpha\sigma_{\mathrm{f}}) + \alpha\sigma_{\mathrm{f}} + \dfrac{\nu_{\mathrm{h}} E_{\mathrm{h}}}{1-\nu_{\mathrm{h}}^2}\varepsilon_{\mathrm{h}} + \dfrac{E_{\mathrm{h}}}{1-\nu_{\mathrm{h}}^2}\varepsilon_{\mathrm{H}} \\ \sigma_{\mathrm{h}}^{\mathrm{vti}} = \dfrac{E_{\mathrm{h}}}{E_{\mathrm{v}}} \dfrac{\nu_{\mathrm{h}}}{1-\nu_{\mathrm{h}}}(\sigma_{\mathrm{v}} - \alpha\sigma_{\mathrm{f}}) + \alpha\sigma_{\mathrm{f}} + \dfrac{E_{\mathrm{h}}}{1-\nu_{\mathrm{h}}^2}\varepsilon_{\mathrm{h}} + \dfrac{\nu_{\mathrm{h}} E_{\mathrm{h}}}{1-\nu_{\mathrm{h}}^2}\varepsilon_{\mathrm{H}} \end{cases} \tag{7-74}$$

式中，ε_H 和 ε_h 分别为最大、最小水平应变；σ_v 为上覆岩层压力；E_h 和 ν_h、E_v 和 ν_v 分别为水平向、垂向杨氏模量和泊松比（Thomsen，2010，2013），表达式为

$$\begin{cases} E_h = \dfrac{(c_{11}-c_{12})(c_{11}c_{33}-2c_{13}^2+c_{12}c_{33})}{c_{11}c_{33}-c_{13}^2} \\ E_v = c_{33} - \dfrac{2c_{13}^2}{c_{11}+c_{12}} \\ \nu_h = \dfrac{c_{12}c_{33}-c_{13}^2}{c_{11}c_{33}-c_{13}^2} \\ \nu_v = \dfrac{c_{13}}{c_{11}+c_{12}} \end{cases} \quad (7\text{-}75)$$

同理，针对 TTI 介质，可以借用式（7-74），建立地应力与应变关系，即

$$\begin{cases} \sigma_H^{tti} = \dfrac{E_h}{E_v}\dfrac{\nu_h}{1-\nu_h}(\sigma_v-\alpha\sigma_f)+\alpha\sigma_f+\dfrac{E_h}{1-\nu_h^2}\varepsilon_h+\dfrac{\nu_h E_h}{1-\nu_h^2}\varepsilon_H \\ \sigma_h^{tti} = \dfrac{E_h}{E_v}\dfrac{\nu_h}{1-\nu_h}(\sigma_v-\alpha\sigma_f)+\alpha\sigma_f+\dfrac{E_h}{1-\nu_h^2}\varepsilon_h+\dfrac{\nu_h E_h}{1-\nu_h^2}\varepsilon_H \end{cases} \quad (7\text{-}76)$$

由此可以推导出 TTI 介质的水平地应力差，即

$$\Delta\sigma^{tti} = \dfrac{E_h}{1+\nu_h}(\varepsilon_h+\varepsilon_H) \quad (7\text{-}77)$$

当 $\varepsilon_h = \varepsilon_H = 0$ 时，由式（7-76）可以推导出水平地应力与上覆岩层压力 σ_v 的关系为

$$\sigma_H^{tti} = \sigma_h^{tti} = \dfrac{E_h}{E_v}\dfrac{\nu_h}{1-\nu_h}(\sigma_v-\alpha\sigma_f)+\alpha\sigma_f \quad (7\text{-}78)$$

同时，借鉴 Segura 等（2011）和 Jaeger 等（2007）计算地应力弧度（stress arching）、水平地应力路径（horizontal stress path）和倾斜地应力路径（deviatoric stress path；又称地应力各向异性，stress anisotropy）的方法，利用式（7-76）～式（7-78），可以推导出 TTI 介质的地应力弧度 ζ_v、水平地应力路径 ζ_h、地应力各向异性 ς 和地应力水平差异系数 DHSR^{tti} 等储层地质力学参数。即

$$\begin{cases} \zeta_v = \dfrac{\Delta\sigma_v}{\Delta\sigma_f} \\ \zeta_h = \dfrac{\Delta\sigma^{tti}}{\Delta\sigma_f} = \alpha\left[1-\dfrac{E}{E_h}\dfrac{\nu_h}{1-\nu}\right] \\ \varsigma = \dfrac{\Delta\sigma^{tti}}{\Delta\sigma_v} = \dfrac{\zeta_h-\alpha}{\zeta_v-\alpha} \\ \text{DHSR}^{tti} = \dfrac{\sigma_H^{tti}-\sigma_h^{tti}}{\sigma_H^{tti}} \end{cases} \quad (7\text{-}79)$$

式中，E 和 ν 为各向同性背景介质的杨氏模量和泊松比；$\Delta\sigma_v$ 为上覆岩层压力变化量，MPa；$\Delta\sigma^{tti}$ 为水平地应力差，MPa；$\Delta\sigma_f$ 为孔隙流体压力变化量，MPa；α 为 Biot 孔隙流体压力系数，$0 \leqslant \alpha \leqslant 1$。

由式（7-79）分析 TTI 介质的 ζ_v、ζ_h、ς 和 DHSR^{tti}，它们与 σ^{tti}、σ_f、σ_v、ν_h、E_h、

E、α、ν 等参数密切相关。也就是说，TTI 介质要获取孔隙流体压力与地应力各向异性的敏感特征，需要利用这些参数开展针对性的分析。如图 7-7 所示，展示了 TTI 介质地应力、地应力差异系数对裂缝弱度参数的敏感性，切向、法向、垂向等不同方向的裂缝弱度参数对地应力 σ^{tti} 的影响程度具有明显差异。图 7-8 展示了 TTI 介质地应力差异系数 $DHSR^{tti}$ 与横波速度、密度、裂缝弱度的敏感性。当横波速度不变时，裂缝的法向弱度越大，$DHSR^{tti}$ 越大，即横波速度与法向弱度对 $DHSR^{tti}$ 较为敏感。随着密度的增加，$DHSR^{tti}$ 保持不变，表明 $DHSR^{tti}$ 不受密度的影响。

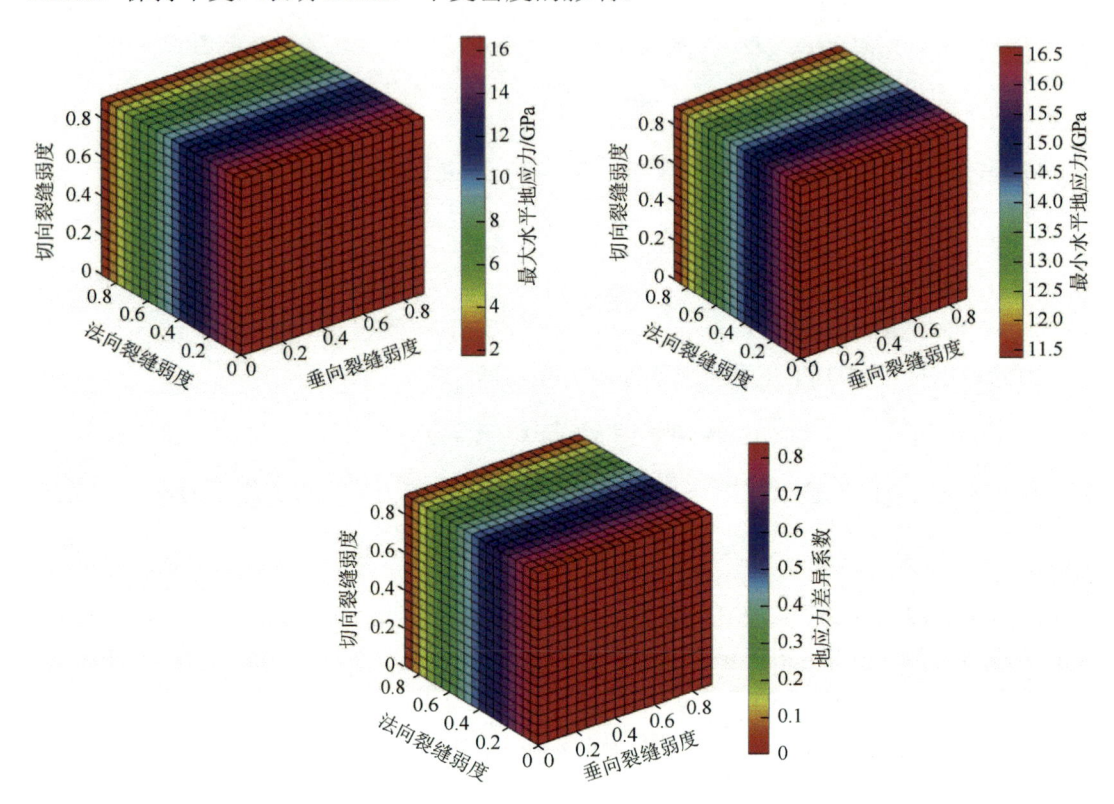

图 7-7 TTI 介质地应力、地应力差异系数与裂缝弱度的敏感性

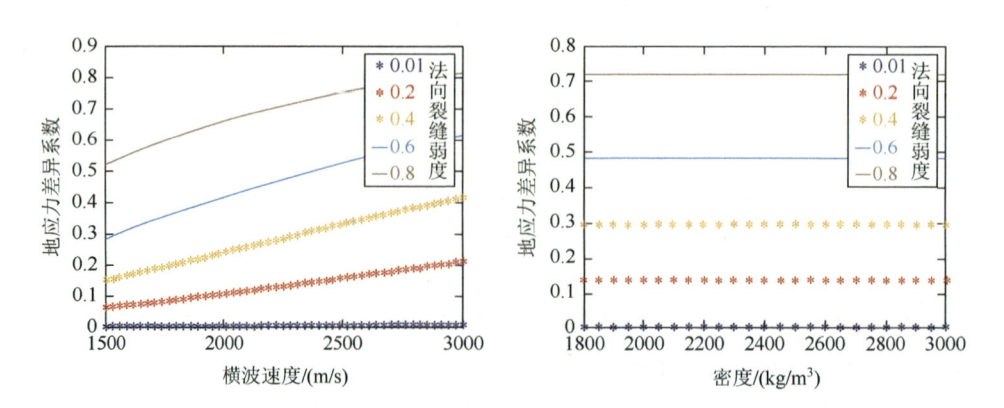

图 7-8 TTI 介质地应力差异系数与横波速度、密度、法向裂缝弱度的敏感性

反之，通过 ς_v、ς_h、ς 和 DHSR^{tti}，也可以掌握储层孔隙流体压力和地应力各向异性敏感特征。ς_v 越大，地应力变化越小。ς 主要用于描述地应力的各向异性特征，当 ς 较小时，水平地应力的变化量小于上覆岩层压力的变化量。DHSR^{tti} 与储层压裂改造能否形成复杂的裂缝网络系统密切相关。当 DHSR^{tti} 较高时，储层容易被压裂为定向排列的裂缝；反之，储层容易被压裂成为具有多样化网状结构的裂缝复杂系统，更有利于加快页岩气的渗流速度并增强输导能力（图 7-9）。

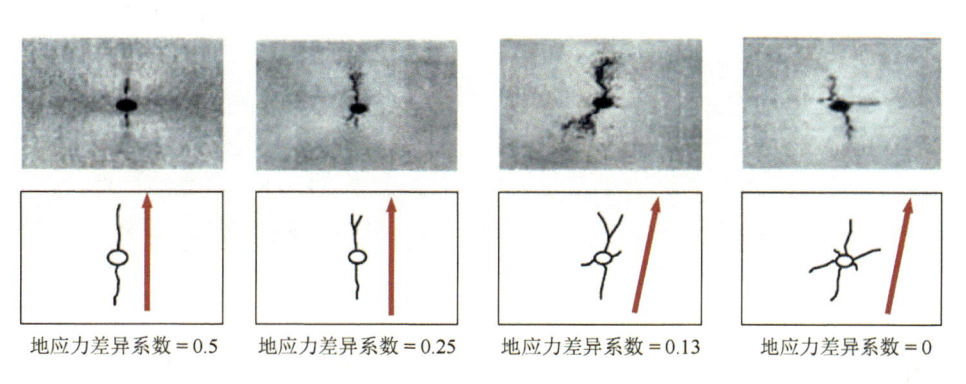

图 7-9 地应力差异系数对裂缝形态的影响
（据中国石化石油工程技术研究院资料）

7.4.2 渗透率各向异性预测

渗透率是具有渗流速度、方向和流量等矢量特性的岩石物性参数，其各向异性特征直接影响到钻井部署（选区、选点、选层）、井距设计、水平井钻进及压裂方案等。

继 1851 年斯托克斯定律（Stokes' law）揭示黏滞流体的流速与应力、球状颗粒之间存在数学关系之后，达西提出了渗透率计算公式，建立了著名的达西定律，揭示了孔隙流体压力对岩石渗透性的作用（Darcy，1856）。其实，根据 Terzaghi（1925）有效地应力计算公式可知，地下岩层主要承受了上覆岩层压力、孔隙流体压力和有效地应力，且充填流体的介质与连续固体介质的地应力承受状态存在巨大差异，即作用于充填流体介质的截面总地应力，包含了骨架有效地应力与孔隙流体压力两部分。同时，Biot（1941）也指出，若固体介质具有渗透性，Terzaghi 的有效地应力原理应进一步修正，即 $\sigma = \sigma_e + \alpha P$（$\sigma$ 为上覆岩层压力；σ_e 为有效地应力；P 为孔隙流体压力；α 为等效孔隙流体压力系数）。由此可见，渗透率与地应力存在非常密切的关系。虽然，达西定律仅指出了孔隙流体压力对渗透率的作用和计算公式，但是，Terzaghi 和 Biot 进一步揭示了孔隙流体压力与地应力的数学关系。也就是说，除了孔隙流体压力之外，渗透率实际上也受到地应力的控制。

然而，目前储层渗透率计算方法多数都是以各向同性介质为假设条件实现的，以各向异性介质为背景的渗透率研究较少，尤其综合考虑地应力、孔隙流体压力和裂缝等复杂因素的渗透率各向异性的深化研究极少。其实，继 Darcy（1856）利用孔隙流体压力建立渗透率计算公式之后，Biot（1941）在考虑固体介质渗透性的前提下，对 Terzaghi 有效地应力原理的改进，本质是修正了地应力与孔隙流体压力的数学关系。后来，McKee 等

（1988）在考虑孔隙度变化、地应力作用和裂缝压缩性等复杂因素下，建立了渗透率计算新公式。基于该公式，Rezazadeh 等（2014）结合 Anderson（1951）断裂理论，利用 Biot（1941）改进的孔隙流体压力与地应力的关系，通过研究泊松比、Biot 系数、最大水平地应力、最小水平地应力、上覆岩层压力等参数对渗透率的影响，从水平向和垂向拓展了渗透率计算公式，形成了地应力诱导渗透率各向异性计算新方法。当然，该方法目前仅从实验测试和测井领域获得了论证与应用，缺乏基于 OVT 地震数据的地应力诱导渗透率各向异性计算方法，影响大面积三维空间储层渗透性的全方位精细评价。

在深层页岩气的勘探开发过程中，地质与工程"甜点"评价备受重视。其中，地质"甜点"的评价，是要发现规模化的相对"高渗"富气区；工程"甜点"的评价，则是要在地质"甜点"中优选出有利于压裂改造、能进一步扩大渗透性能的高效输导层段。无论是地质"甜点"还是工程"甜点"，关键目标都是精确评价"高渗"储层。事实上，孔隙度、天然裂缝、孔隙流体压力、地应力、各向异性等许多地质与工程"甜点"要素，都与储层渗透性具有极其紧密的关联。结合 TTI 介质与 Anderson 断裂理论、Biot 改进的孔隙流体压力与地应力计算公式及提出的渗透率各向异性计算方法，可以推导出利用最大水平地应力、最小水平地应力和孔隙流体压力描述的渗透率计算公式。这样，基于 OVT 域 TTI 介质地应力反演方法，能计算三维宽方位渗透率各向异性参数，并从 X、Y 和 Z 三个方向实现渗透率各向异性差异程度的有效表征。

渗透率及其各向异性特征对深层页岩气钻井部署（选区、选点、选层）、井距设计、水平井钻进、压裂方案及最终产能等将产生重要影响。然而，目前以接近地下实际的 TTI 介质为背景的渗透率研究极少，尤其综合考虑地应力、孔隙流体压力和裂缝等复杂因素的渗透率各向异性的深化研究极少。为了实现深层页岩储层三维空间渗透性的全方位精细评价，需要基于达西定律、Anderson 断裂理论、Biot-Willis 有效地应力原理等基础知识，结合 Rezazadeh 等（2014）提出的渗透率各向异性计算方法，在利用 OVT 域宽方位地震数据实现 TTI 介质地应力反演的基础上，创新建立 TTI 介质地应力诱导渗透率各向异性计算及表征方法。

1. 地应力作用下的 TTI 介质渗透率计算方法

McKee 等（1988）通过研究渗透率与孔隙度、孔隙流体压力、地应力的关系，提出了储层渗透率计算公式，即

$$\kappa = \kappa_0 \frac{e^{-3\bar{\xi}\sigma_f \Delta\sigma}}{1-\varphi_0\left(1-e^{-3\bar{r}\sigma_f \Delta\sigma}\right)} \tag{7-80}$$

式中，κ_0 和 κ 分别为初始渗透率和当前渗透率，mD；φ_0 为初始孔隙度，%；$\bar{\xi}$ 为平均渗透性应力敏感因子；σ_f 为孔隙流体压力，MPa；$\Delta\sigma$ 为有效地应力变化量，MPa。

在煤层、页岩、砂岩、碳酸盐岩等各类储层中，McKee 等（1988）提出的渗透率计算方法已经被广泛应用（Shi and Durucan, 2010; Li et al., 2013; Chen et al., 2015），但由于其忽视了岩石骨架的可压缩性，低渗透储层适用性较差。Seidle 等（1992）考虑了地应力对低渗透和裂缝性岩层的影响，改进了 McKee 等（1988）渗透率计算公式，建立了"火柴棒"（matchstick）渗透率计算方法，即

$$\kappa = \kappa_0 e^{-3\xi(\sigma_S - \sigma_{S0})} \tag{7-81}$$

式中，σ_{S0} 和 σ_S 分别为初始和当前地应力，MPa；ξ 为孔隙、裂缝或支撑剂的渗透性应力敏感因子（Palmer and Mansoori，1998），由储层孔隙度 ϕ、杨氏模量 E 和泊松比 ν 决定，表达式为

$$\xi = \frac{(1+\nu)(1-2\nu)}{(1-\nu)E\phi} \tag{7-82}$$

Rezazadeh 等（2014）基于 Terzaghi（1925）有效地应力原理和 Anderson（1951）断裂理论，在考虑地下走滑断层、正断层和逆断层等不同断裂类型的条件下，进一步发展了地应力作用下的渗透率计算方法，形成了最大水平地应力、最小水平地应力和上覆岩层压力等作用下的三向渗透率计算公式。当最大水平地应力、最小水平地应力与上覆岩层压力满足以下条件：

$$\sigma_H \cong \sigma_v = \frac{\nu}{1-\nu}\sigma_h \tag{7-83}$$

同时，依据 Biot-Willis 有效地应力原理，有效地应力的变化量 $\Delta\sigma$ 与孔隙流体压力的变化量 $\Delta\sigma_f$，二者存在关系：

$$\Delta\sigma = -\alpha\Delta\sigma_f \tag{7-84}$$

利用式（7-83）和式（7-84），Rezazadeh 等（2014）建立了三向有效地应力与孔隙流体压力的关系，即

$$\begin{cases} \Delta\sigma_H = -\dfrac{\nu}{1-\nu}\alpha\Delta\sigma_f \\ \Delta\sigma_h = -\alpha\Delta\sigma_f \\ \Delta\sigma_v = \Delta\sigma_H \end{cases} \tag{7-85}$$

由此，利用式（7-85）可得三向渗透率为

$$\begin{cases} \kappa_H = \kappa_{H0} e^{3\xi\frac{\nu}{1-\nu}\alpha\Delta\sigma_f} \\ \kappa_h = \kappa_{h0} e^{3\xi\alpha\Delta\sigma_f} \\ \kappa_v = \kappa_H = \kappa_{v0} e^{3\xi\frac{\nu}{1-\nu}\alpha\Delta\sigma_f} \end{cases} \tag{7-86}$$

式中，κ_{H0}、κ_H、κ_{h0}、κ_h、κ_{v0} 和 κ_v 分别为初始和当前最大水平地应力方向、最小水平地应力方向和垂向渗透率，mD；α 为 Biot 有效地应力系数；$\Delta\sigma_f$ 为孔隙流体压力的变化量，MPa。

Rezazadeh 等（2014）提出的渗透率计算方法，虽然能获取地应力作用下的水平向和垂向渗透率，但并未再考虑各向异性介质环境，且渗透性应力敏感因子 ξ 也是在各向同性环境下获取。这样，必然影响渗透率计算精度。

其实，许多学者针对各向异性介质，开展了渗透率各向异性研究，形成了多种各向异性介质地应力作用下的渗透率计算方法。基于 Rezazadeh 等（2014）提出的渗透率计算方法，结合 TTI 介质弹性、地应力等地震反演方法，可以获得 TTI 介质地应力诱导渗透率各向异性参数，主要的实现步骤如下。

首先，由于 TTI 介质的杨氏模量、泊松比等弹性参数具有方向性，通过最大水平地

应力方向、最小水平地应力方向和上覆岩层压力方向（垂向）的杨氏模量和泊松比，可以获取水平和垂向渗透性应力敏感因子，即

$$\begin{cases} \xi_H = \dfrac{(1+\nu_H)(1-2\nu_H)}{(1-\nu_H)E_H\varphi} \\ \xi_h = \dfrac{(1+\nu_h)(1-2\nu_h)}{(1-\nu_h)E_h\varphi} \\ \xi_v = \dfrac{(1+\nu_v)(1-2\nu_v)}{(1-\nu_v)E_v\varphi} \end{cases} \quad (7\text{-}87)$$

式中，ξ_H、ξ_h、ξ_v、ν_H、ν_h、ν_v、E_H、E_h、E_v分别为最大水平地应力方向、最小水平地应力方向和垂向渗透率（mD）、泊松比及杨氏模量（MPa）。

其次，借鉴 Rezazadeh 等（2014）提出的渗透率计算思路，对 Seidle 等（1992）提出的渗透率计算公式进行改进，可得地应力作用下的 TTI 介质三向渗透率。即

$$\begin{cases} \kappa_H^{tti} = \kappa_{H0}^{tti}\mathrm{e}^{-3\xi_H\Delta\sigma_H^{tti}} \\ \kappa_h^{tti} = \kappa_{h0}^{tti}\mathrm{e}^{-3\xi_h\Delta\sigma_h^{tti}} \\ \kappa_v^{tti} = \kappa_{v0}^{tti}\mathrm{e}^{-3\xi_v\Delta\sigma_v^{tti}} \end{cases} \quad (7\text{-}88)$$

式中，$\Delta\sigma_H^{tti}$、$\Delta\sigma_h^{tti}$和$\Delta\sigma_v^{tti}$分别为最大水平地应力、最小水平地应力和上覆岩层压力的变化量，MPa；κ_{H0}^{tti}、κ_H^{tti}、κ_{h0}^{tti}、κ_h^{tti}、κ_{v0}^{tti}和κ_v^{tti}分别为最大水平地应力、最小水平地应力、上覆岩层压力三个方向的初始与当前渗透率，mD。其中，地应力变化量与现今地应力的关系为

$$\begin{cases} \Delta\sigma_H^{tti} = \sigma_{H0}^{tti} - \sigma_H^{tti} \\ \Delta\sigma_h^{tti} = \sigma_{h0}^{tti} - \sigma_h^{tti} \\ \Delta\sigma_v^{tti} = \sigma_{v0}^{tti} - \sigma_v^{tti} \end{cases} \quad (7\text{-}89)$$

式中，σ_{H0}^{tti}、σ_H^{tti}、σ_{h0}^{tti}、σ_h^{tti}、σ_{v0}^{tti}和σ_v^{tti}分别为初始和当前最大、最小水平地应力及上覆岩层压力，MPa。

最后，由于σ_H^{tti}、σ_h^{tti}和σ_v^{tti}可以通过前文所述 TTI 介质地应力反演方法获取，故假定古地应力（或测定环境围压）为初始地应力，则只要获得σ_{H0}^{tti}、σ_{h0}^{tti}和σ_{v0}^{tti}，就可以计算$\Delta\sigma_H^{tti}$、$\Delta\sigma_h^{tti}$和$\Delta\sigma_v^{tti}$。依据韩玉英和王维襄（1997）建立的非线性断裂准则和郭君功等（2017）、吴志远等（2018）提出的古构造应力计算方法，就可以获得σ_{H0}^{tti}、σ_{h0}^{tti}和σ_{v0}^{tti}。或者采用超定方程求解的思路，也可以求出$\Delta\sigma_H^{tti}$、$\Delta\sigma_h^{tti}$和$\Delta\sigma_v^{tti}$，并最终获得 TTI 介质的三向渗透率κ_H^{tti}、κ_h^{tti}和κ_v^{tti}。

2. TTI 介质渗透率与地应力、孔隙流体压力的敏感性分析

在各向异性环境下，Biot-Willis 有效地应力原理指出，有效地应力与孔隙流体压力之间的关系为

$$\sigma_{ij} = \sigma^{\mathrm{sum}} - \alpha_{ij}\sigma_f \quad (7\text{-}90)$$

式中，σ_{ij} 为有效地应力，MPa；σ^{sum} 为总地应力，MPa；α_{ij} 为 Biot 有效地应力系数；脚标 $i=1\sim6$，$j=1\sim6$；σ_{f} 为孔隙流体压力，MPa。

根据 Carroll 和 Baker（1979）和夏宏泉等（2019）对各向异性介质环境中 Biot 有效地应力系数的研究，可知：

$$\alpha_{ij} = \sigma_{ij} - \frac{c_{ij}}{3K} \tag{7-91}$$

式中，c_{ij} 为刚度系数；K 为岩石骨架体积模量，MPa。

在 TTI 介质中，可以利用上文所述粒子群反演方法获取 TTI 介质的速度、密度、泊松比、杨氏模量、体积模量等弹性参数及三向地应力 $\sigma_{\text{H}}^{\text{tti}}$、$\sigma_{\text{h}}^{\text{tti}}$ 和 $\sigma_{\text{v}}^{\text{tti}}$。在此基础上，依据弹性参数与刚度矩阵的关系，再利用式（7-91），就可以进一步获取 TTI 介质的三向 Biot 有效地应力系数 $\alpha_{\text{H}}^{\text{tti}}$、$\alpha_{\text{h}}^{\text{tti}}$ 和 $\alpha_{\text{v}}^{\text{tti}}$。

将 TTI 介质的 Biot 有效地应力系数 $\alpha_{\text{H}}^{\text{tti}}$、$\alpha_{\text{h}}^{\text{tti}}$ 和 $\alpha_{\text{v}}^{\text{tti}}$，分别代入式（7-90），可以得到孔隙流体压力与有效地应力的关系，即

$$\begin{cases} \sigma_{\text{H}}^{\text{tti}} = \sigma^{\text{sum}} - \alpha_{\text{H}}^{\text{tti}}\sigma_{\text{f}} \\ \sigma_{\text{h}}^{\text{tti}} = \sigma^{\text{sum}} - \alpha_{\text{h}}^{\text{tti}}\sigma_{\text{f}} \\ \sigma_{\text{v}}^{\text{tti}} = \sigma^{\text{sum}} - \alpha_{\text{v}}^{\text{tti}}\sigma_{\text{f}} \end{cases} \tag{7-92}$$

基于式（7-92）可知，由于 $\sigma_{\text{H}}^{\text{tti}}$、$\sigma_{\text{h}}^{\text{tti}}$ 和 $\sigma_{\text{v}}^{\text{tti}}$ 三者存在差异，三向 Biot 有效地应力系数 $\alpha_{\text{H}}^{\text{tti}}$、$\alpha_{\text{h}}^{\text{tti}}$ 和 $\alpha_{\text{v}}^{\text{tti}}$ 也不相同，故 TTI 介质承受的孔隙流体压力 σ_{f} 也存在各向异性。因此，在式（7-92）的基础上，再结合式（7-88）建立的 TTI 介质三向渗透率与地应力的关系，就可以实现 TTI 介质渗透率与地应力、孔隙流体压力的敏感性表征。

3. TTI 介质地应力诱导渗透率各向异性计算与表征方法

渗透率是储层的重要指标，其矢量特性已经被深入研究，表征方式也被高度重视。由于 TTI 介质每一个方向的渗透率都可能不同，为了更直观描述 TTI 介质渗透性，有必要借鉴实验室、钻井、测井等领域的渗透率表征方法，有效表征 TTI 介质的渗透率矢量特征。

首先，采用视渗透率 κ^{tti}，代表 TTI 介质的整体渗透率的大小，即

$$\kappa^{\text{tti}} = \sqrt[3]{\kappa_{\text{H}}^{\text{tti}} \kappa_{\text{h}}^{\text{tti}} \kappa_{\text{v}}^{\text{tti}}} \tag{7-93}$$

式中，κ^{tti} 为三向渗透率 $\kappa_{\text{H}}^{\text{tti}}$、$\kappa_{\text{h}}^{\text{tti}}$ 和 $\kappa_{\text{v}}^{\text{tti}}$ 的几何平均，mD。

视渗透率 κ^{tti}，作为 TTI 介质三向渗透率的几何平均，蕴含了 $\kappa_{\text{H}}^{\text{tti}}$、$\kappa_{\text{h}}^{\text{tti}}$ 和 $\kappa_{\text{v}}^{\text{tti}}$ 之间的几何关系，具有明确的物理意义，即以 κ^{tti} 为半径的球体，与以三向渗透率 $\kappa_{\text{H}}^{\text{tti}}$、$\kappa_{\text{h}}^{\text{tti}}$ 和 $\kappa_{\text{v}}^{\text{tti}}$ 为半径的椭球体的体积相同（图 7-10）。κ^{tti} 对渗透率的极值比较敏感，能有效地表征 TTI 介质的综合渗透性。

其次，为了更准确地判断 TTI 介质渗透率各向异性的程度，可以采用三向渗透率 $\kappa_{\text{H}}^{\text{tti}}$、$\kappa_{\text{h}}^{\text{tti}}$ 和 $\kappa_{\text{v}}^{\text{tti}}$ 的几何平均与算术平均的比值来表征，即

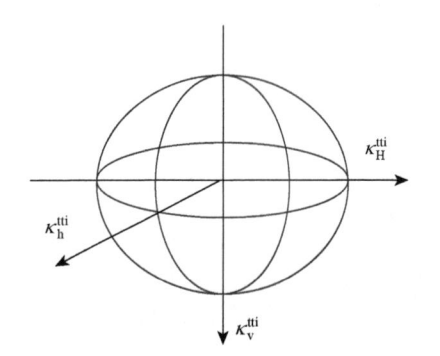

图 7-10 TTI 介质以视渗透率 κ^{tti} 为半径所构成的球体与三向渗透率 $\kappa_{\text{H}}^{\text{tti}}$、$\kappa_{\text{h}}^{\text{tti}}$、$\kappa_{\text{v}}^{\text{tti}}$ 的关系示意图

$$d^{tti} = \frac{\sqrt[3]{\kappa_H^{tti} \kappa_h^{tti} \kappa_v^{tti}}}{\frac{1}{3}\left(\kappa_H^{tti} + \kappa_h^{tti} + \kappa_v^{tti}\right)} \tag{7-94}$$

式中，d^{tti} 为 TTI 介质地应力诱导渗透率各向异性的程度，值越大，各向异性越弱；反之，各向异性则越强。

7.5 深层页岩气工程"甜点"综合评价技术

深层页岩气有别于常规天然气的重要一点就是，页岩储层必须经过人工强改造，才能产生有价值的效益，如果不改造或改造效果很差，则页岩气井产量很低，没有开采的价值和意义。因此，对于页岩气来说，好的储层只是基础，有效地改造才是关键。而能否改造好，除了工程工艺的合理性和技术手段的有效性，最关键的是页岩储层本身是否易于改造，即是否是工程"甜点"。因此，页岩气地质"甜点"用于评价页岩本身的好坏，评价页岩储层本身品质；而工程"甜点"，则评价页岩储层易不易改造，或改造预期的效果好不好。

页岩气工程"甜点"的标准，主要考虑两个方面。一方面，页岩能不能被压得开，即页岩在外部静压力作用下，是否易开裂、是否易破碎，也就是页岩脆性的反映；另一方面，在页岩能压开的前提下，破裂体系能产生什么样的裂缝体系，即页岩受外压开裂后，形成的裂缝为何种形态，是单条缝，还是网状缝，裂缝能涉及多大的体积，有效改造体积能有多少，这些反映的是页岩的成缝网能力。

深层页岩气工程"甜点"综合评价，主要从这两个方面入手：先考虑页岩"压得开"的能力，再考虑页岩压开后"成缝网"的能力，两者都为优，即工程"甜点"。因此，根据页岩的脆性特征、地应力大小、各向异性强弱、渗透率差异、页岩层微幅构造情况（造成页岩层面的起伏）、页岩夹层情况（页岩中的夹层能很大程度上改变岩层的力学性质）等方面的参数评价页岩是否"易压开"。根据页岩的微裂缝发育情况、页岩的地应力方向及最大、最小地应力差等参数评价页岩压裂成缝网的能力，进而综合评价出页岩的工程"甜点"。

第8章 深层页岩气钻井工程地震辅助设计与现场支撑技术

利用钻井跟踪实际资料,可以及时调整地震数据处理参数,获得新的解释成果,为深层页岩气钻井工程设计、水平井压裂方案优化和现场施工等做好辅助支撑。

8.1 随钻实时深度偏移精确成像技术

深层页岩气水平井实钻产状与水平井地震预测产状,往往存在一些局部偏差,需要进行随钻实时深度偏移精确成像,及时为辅助水平井轨迹设计提供精确支撑。

根据工期长短,随钻深度偏移技术可以分为两种技术思路。

(1) 随钻实时深度快速校正。主要是利用钻井跟踪人员搜集的最新钻井数据和解释人员准确读取的速度建模控制点,统计控制点与已有偏移成果之间差异,更新修改速度模型;通过动态时深转换实现对原数据的更新,提高井区附近成果精度。其优点是,能快速、准确地得到校正成果,为实时水平井轨迹设计及调整提供精确资料。

(2) 随钻实时深度体偏移精确成像。主要是利用最新的钻井、测井资料更新已有深度域速度模型,分别通过各向同性与各向异性网格层析反演更新速度模型;在体偏移后,通过井震差进行校正,得到高精度深度域道集和叠加成果体。其优点是,能最大化地利用新的钻井与测井资料,实现对工区速度模型和成果精度的提升。

两种技术思路,各有优点。如果要求实时辅助水平井轨迹设计,则应选择第一种技术思路。如果要求更高的成果精度,而对工期没有实时要求,则选择第二种技术思路。

这里,以永川—威远工区深层页岩气地震资料为例,阐述随钻实时深度偏移精确成像效果。如图 8-1 所示,经过多轮深度偏移(浮动面深度偏移和小平滑面深度偏移)处理后,虽然永川工区深度偏移剖面目的层五峰组—龙马溪组产状与实钻轨迹吻合度有了一定

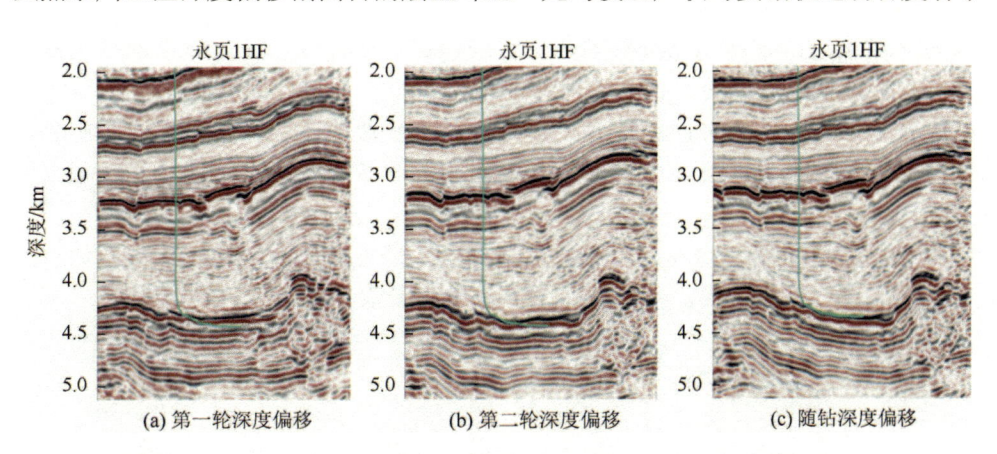

(a) 第一轮深度偏移　　(b) 第二轮深度偏移　　(c) 随钻深度偏移

图 8-1　永川工区过永页 1HF 井深度偏移剖面目的层产状与实钻轨迹对比

提高，但是仍有一定误差。而随钻深度偏移后，剖面目的层产状与实钻轨迹吻合度较好。可见，随钻井控深度偏移可以较好地提高井区深度域成果精度。

经随钻实时深度偏移精确成像处理后，深层页岩气水平井实钻产状与水平井地震预测产状的一致性大幅度提高，有效解决了地层局部偏差问题。如图 8-2 所示，分别展示了威远工区随钻深度偏移前后偏移剖面目的层产状与实钻轨迹对比；可见，随钻井控深度偏移成果与已钻井轨迹吻合度更高。

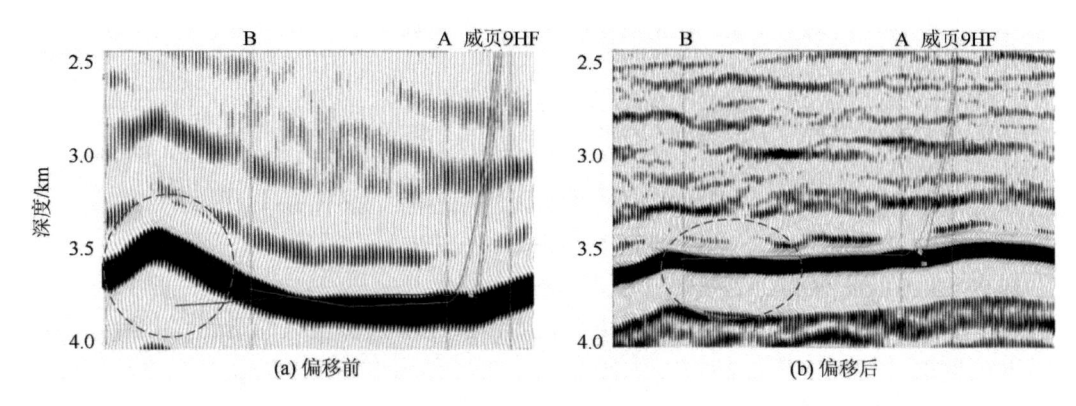

图 8-2　威远工区随钻深度偏移前后过威页 9HF 井剖面

8.2　随钻跟踪与水平井轨迹精确控制技术

8.2.1　页岩气水平井钻井跟踪流程

页岩气水平井轨迹实时精确控制是一项复杂的系统工程，涉及地质、物探、工程多学科多工种的紧密结合与协助，是页岩气水平井钻井跟踪的核心。

页岩气水平井钻井跟踪概括而言，可分以下四个阶段。

（1）井位部署。井位部署阶段主要依据构造解释、"甜点"预测、保存条件及综合评价结果等，结合野外踏勘进行井位部署。

（2）钻前预测。钻前预测阶段则在确定井位位置后，进一步详细论证导眼井及水平井位参数，完成水平井轨迹设计，撰写钻井地质提要。

（3）在钻跟踪。水平井跟踪分为靶前跟踪和水平段跟踪。在钻井开始实施后，需要紧密跟踪钻井情况，实时优化靶点深度以及水平井轨迹，确保水平井精确入靶以及优质页岩钻遇率。

（4）钻后评估。钻井完成后，需要根据测试及试采情况进行钻后分析评估，进一步优化优质页岩综合评价成果，指导下一步井位部署及水平井轨迹跟踪。

8.2.2　多方法速度建模及时深转换

传统的地震随钻反演、钻井跟踪、轨迹设计与调整，大部分是在时间域的地震剖面上完成的。时间域的资料保幅程度，决定了油气藏描述的精度。虽然时间域的地震数据具有很高空间分辨率，但垂向分辨能力很低，受到复杂地质构造、非均匀速度场及各向异性等因素的影响，时间域地震资料难以满足钻井水平井设计及钻井过程轨迹控制的精度要求。

以荣昌—永川和威远—荣县深层页岩气探区为例，在构造平缓区，目的层以上地层不复杂的情况下，时间域能够相对准确地指导水平井轨迹设计和钻井跟踪工作。但是，构造复杂区和多层变形区，仅根据时间域和直导眼井速度，开展水平井深度预测和轨迹跟踪往往会造成较大误差。因此，就需要寻找更精确的深度预测方法，而时深转换技术能够一定程度上解决上述问题。

井震时深转换，是通过创建地层速度模型，结合时间域地震相与深度测井相的时深对应关系，实现各种地震资料及地震反演成果在时间域和深度域之间进行准确转换，最终获取高精度的深度域地震数据成果。根据建模方法和数学-物理模型的不同，时深转换包括多种实现方法，如恒速建模法、分层射线追踪速度建模法、时间模型约束的层控速度建模法、时深对空间速度差值建模法和深度域处理的三维层析速度建模法。

不同的时深转换方法，具有相应的适应条件。如恒速建模方法仅适用于构造平缓、地表-地下不复杂的地区，不适合研究区双复杂地区。将时深转换后的构造成果图与 T_0 图进行比较，就可以发现不同方法的优劣特征。

整体上，分层射线追踪速度建模法和时间模型约束的层控速度建模法更加成熟、稳定，但受其理论模型方法的影响均有不足。如分层射线追踪速度建模法在纵向上容易累加误差，需要进一步做残差校正，才能达到成图精度；时间模型约束的层控速度建模法受时间模型精度影响较大，当存在局部地层模型异常时，会对构造图形态产生较大影响。显然，任何速度建模方法均是建立在地震资料准确成像的基础上，当地震资料品质较差、地表-地下构造复杂时，无论何种速度建模方法都难以准确求取构造深度。

8.2.3 基于随钻虚拟井的地震剖面校正

随着钻井进度的加快、三维速度模型校正及深度转换周期较长，不能及时满足水平井跟踪及调整的节奏。井位跟踪过程中，通过构建沿井轨迹的二维地质模型，采用直导眼井测井速度，实现二维地震剖面的快速时深转换，并结合虚拟井可以快速高效地达到校正地震剖面的目的。

在页岩气水平井跟踪过程中，当速度横向宏观变化趋势与实钻不吻合、已钻轨迹与地震反射产状差异较大时，可以采用在 B 靶点构建虚拟井、测试不同地震反射产状参数并校正地震剖面，使地震反射与已钻轨迹保持一致，最终确定校正参数并调整前方未钻水平井轨迹。这种地震剖面校正及水平井轨迹调整思路，主要应用于地震反射与实钻存在较大宏观趋势差异的情况。

如图 8-3 所示，显示了过威页 11-1HF 井通过 B 靶点虚拟井构建实现不同地层产状参数下的阻抗剖面校正结果。对比发现，将 B 靶点往上校正 39~49m 时，地震阻抗剖面方可基本与实钻轨迹产状特征吻合。最终，基于 B 靶点虚拟井构建校正后地震阻抗剖面重新设计了水平井轨迹。

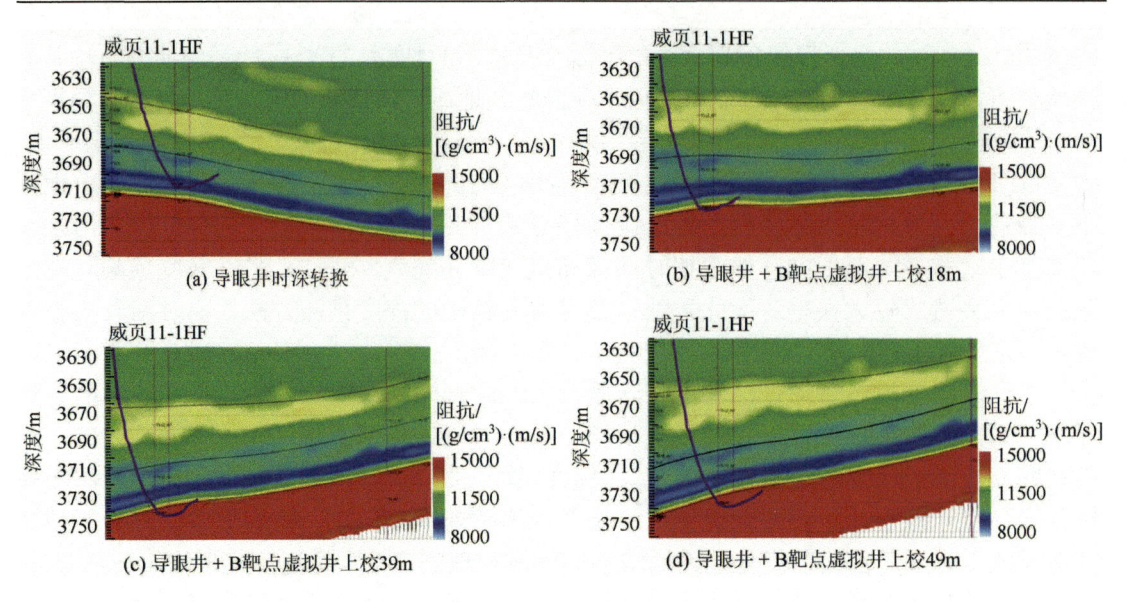

图 8-3 过威页 11-1HF 井不同产状参数校正后阻抗剖面与已钻轨迹对比

8.2.4 复杂构造带小井区精细解释

除地层稳定、构造简单的页岩气探区外，在区域构造、断裂特征较复杂的地区，局部的小断层和微幅构造对页岩气水平井跟踪和部署产生较大影响。这就要求在部署实施过程中，尽可能地落实小断层、微幅构造的展布特征。针对复杂构造区采用精细构造解释技术，进一步落实小井区（局部构造单元或井波及范围 2~3km）的构造断裂特征。

1. 层位对比追踪

反射层位的对比追踪，需要在严格遵守地震波对比原则和"规范"要求下开展。层位对比解释是在构造的宏观约束和构造样式分析的基础上，通过地震反射和相位属性等数据，采用手动和自动追踪相结合的方式，开展精细全面的解释工作，确保异常地质体和局部微幅构造不被遗漏。同时，在解释过程中，尽可能应用三维可视化技术，充分利用挖掘三维地震信息。

2. 小断裂刻画与识别

在层位精细解释的基础上，首先通过地震叠后属性分析方法，开展不同尺度断裂、裂缝预测工作，并与已钻井进行匹配性验证。然后，利用相干、曲率等断裂属性，通过沿构造层位提取沿层属性切片，实现小断层的解释。

3. 小尺度精细构造成图

在构造成图过程中，为了获取精确的成图效果，需要选取大尺度参数开展平滑插值。这些参数在较大范围或区域上的成图中的影响相对较小，但对小井区精细的构造落实会产生一定影响。针对小井区，应采用小尺度的平滑、滤波参数及针对性的插值方法，以进一步提高构造成图的精度。

8.2.5 多域多批次数据与多学科信息整合分析

在构造复杂区，水平井跟踪时针对不同井或不同段的实际地质情况，需要在不同域、不同数据体上进行水平井轨迹跟踪分析，为水平井轨迹的优化与调整提供了更加丰富的依据，避免单数据不准确造成轨迹跟踪调整失控的情况发生。同时，对可能存在的地质风险进行提示，以避免不利工程事件的发生。例如，永页 5-1 井靶点着陆时仅有时间域地震数据；跟踪时，通过建立时间速度模型进行时深转化，以深度域阻抗数据开展钻井跟踪，保证了顺利中靶；中靶后，由于不同期次处理的深度剖面差异较大，采用多种深度域剖面开展同步跟踪，对可能的地震异常充分提示，避免陷阱，确保平稳钻进。

受复杂地质情况影响，钻井跟踪是一项复杂的系统工程。在钻井跟踪过程中，应尽可能多地利用多学科多种信息（随钻自然伽马、元素录井、相干和曲率地层属性、邻井实钻地层产状断层等信息）进行综合分析，达到对水平井轨迹位置及后续地层产状的判断，为水平井轨迹的设计和优化调整提供支撑。

8.3 水力压裂地面微地震监测技术

8.3.1 微地震监测基础理论

微地震监测是地震学的一个分支，与勘探地震存在显著差异。勘探地震能直接控制震源，震源位置和激发时间是已知的；而在微地震监测中，震源位置和激发时间是未知的。大多数微地震事件的频率介于 200~1500Hz，持续时间小于 1s，能量通常为里氏−3~1 级。在地震记录上，微地震事件一般表现为清晰的脉冲。微地震事件越弱，其频率越高，持续时间越短，能量越小，破裂的长度也就越短。因此，微地震信号很容易受到周围噪声的影响或遮蔽。从实际采集的微地震资料来看，微地震剖面的同相轴已经很难辨析，信噪比极低。

鉴于微地震资料的这些特殊性，为了识别出清晰的微地震事件，首先通过振幅处理使微地震波形达到一致显示，为后续工作奠定基础；然后，对经过振幅处理的微地震资料进行适合其特性的滤波处理，先通过理论模型验证，再用于实际资料处理，以达到预期效果；最后，再对滤波处理后的微地震资料进行波场分离以及谱整形处理，以清晰识别出微地震事件。

微地震处理解释中的关键技术，主要包括微震信号振幅处理、微震记录去噪处理、纵横波波场分离、波至时间拾取、震源成像、介质精细反演（主要是速度的反演）。

确定震源位置时，除了依靠准确的波至时间，还需要准确的地层速度模型。在微地震资料处理中，通常使用测井资料提供速度信息。该速度信息不随采集过程发生变化。而实际上，测井资料提供的速度信息仅在井旁比较精确，随着离井距离的变大，会变得越来越不准确;并且在压裂过程中,地下的介质速度也在发生变化。因此,如果要想精确地确定震源位置,必须进行地下介质速度的精细反演。

对微地震资料的精细反演步骤如下。

(1) 正演理论模型的建立。根据已知的速度信息和观测井与压裂井的位置关系,可以建立地下介质的模型。该模型为初始模型,会根据实际波至时间进行反演优化。

(2) 初至时间拾取。使用自动加人工的方式拾取初至时间,将初至时间作为已知量,参与反演。

(3) 反演。把理论模型作为已知条件,利用射线追踪理论可以计算出模型对应初至时间。如果计算出的初至时间和拾取到的初至时间不一致,则调整模型。直到在模型约束下计算出的初至时间和拾取到的初至时间最为接近,则此时的模型逼近地下介质模型真实解。

(4) 震源位置反演。在步骤(2)和步骤(3)获得了地下速度信息和波至时间后,可通过多级检波器确定最优解,并最终确定地下震源的位置。

精细反演的核心是确定接近地下介质真实的速度。在速度相对精确的基础上,实现微地震的精确定位。可采用如下方法。

1. 纵横波时差法

当同时记录下同一微地震事件的纵波和横波信号且纵、横波速度均已知时,可采用此纵横波时差法对微地震事件进行精确定位。

设 $Q_k(x_{qk}, y_{qk}, z_{qk})$ 点为第 k 次破裂时的破裂源,$P_i(x_{pi}, y_{pi}, z_{pi})$ 为第 i 个测点,d_{ki} 为 Q_k 和 P_i 两点间的距离,则有

$$d_{ki} = \left[(x_{pi} - x_{qk})^2 + (y_{pi} - y_{qk})^2 + (z_{pi} - z_{qk})^2 \right]^{1/2} \tag{8-1}$$

设介质内的平均速度 v_P 和 v_S 为已知,且在 P_i 点记录信号可以确定 S 波和 P 波的到时之差 ΔT_{ki},则有

$$\Delta T_{ki} = \frac{d_{ki}}{v_S} - \frac{d_{ki}}{v_P} \tag{8-2}$$

经整理,可得

$$d_{ki} = \frac{\Delta T_{ki} \times v_P \times v_S}{v_P - v_S} \tag{8-3}$$

联合式(8-1)和式(8-3),得

$$\left[(x_{pi} - x_{qk})^2 + (y_{pi} - y_{qk})^2 + (z_{pi} - z_{qk})^2 \right]^{1/2} = \frac{\Delta T_{ki} \times v_P \times v_S}{v_P - v_S} \tag{8-4}$$

测点 P_i 的坐标是已知的,式(8-4)中仅含有 3 个未知量,即破裂源坐标 $Q_k(x_{qk}, y_{qk}, z_{qk})$。当测点的个数 $i \geq 3$ 时,由其中的任意 3 个方程都可以解出一组 $Q_k(x_{qk}, y_{qk}, z_{qk})$,所以方程组(8-4)是求解 Q_k 点坐标的基本方程组。

2. 同型波时差法

当在 P_i 点记录的信号上无法确定出 S 波和 P 波的到时之差,但不同测点的 P 波或 S

波到时可以确定时（以 S 波到时可以确定为例），也可以得到求解 $Q_k(x_{qk},y_{qk},z_{qk})$ 的基本方程组：

$$\left[(x_{pi}-x_{qk})^2+(y_{pi}-y_{qk})^2+(z_{pi}-z_{qk})^2\right]^{1/2} - \left[(x_{p1}-x_{qk})^2+(y_{p1}-y_{qk})^2+(z_{p1}-z_{qk})^2\right]^{1/2}$$
$$= v_S \times (T_{ki}-T_{k1})$$

(8-5)

式中，T_{ki} 为第 k 次破裂的微地震信号在测点 P_i 记录上的到时，通过求差回避了发震时刻不定的问题。

当测点数不少于 4 时，可由上述方程组求得 $Q_k(x_{qk},y_{qk},z_{qk})$。

3. 偏振分析定位法

在单井观测的条件下，所有观测点的水平坐标都相同；因此，无论有多少测点，都不能利用方程组（8-4）或方程组（8-5）确定震源点的平面坐标，只能确定其到观测井的水平距离和深度。这时，可以通过偏振分析来确定震源的方位，如图 8-4 所示。必须指出，偏振分析存在 180°的不确定性；但这一缺陷在实际工作中，通过特定的约束条件可以得到很好的解决。

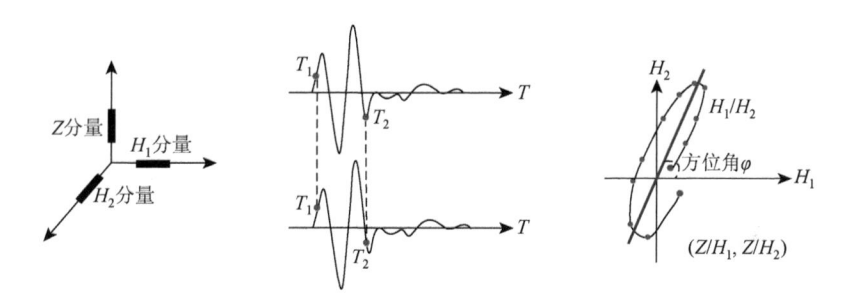

图 8-4 偏振法确定微地震的震源

4. 盖革（Geiger）修正法

理论上，通过方程组（8-4）或方程组（8-5）可以解得震源点的坐标，但实际操作起来却比较困难；再加上测量误差和速度场扰动，其解通常是不稳定的。通常的做法是对方程组进行近似和简化，得到一组近似解；然后，再用 Geiger 法进一步修正，得到震源坐标的精确解。

Geiger 修正法包含两步。首先，利用泰勒（Tayler）展开建立各观测点的关于震源参数（坐标和/或到时）修正量的线性方程组：

$$R_i = \delta T + a_i \delta x + b_i \delta y + c_i \delta z + e_i, \quad i=1,2,\cdots,n$$

(8-6)

式中，R_i 为实测到时与初始参数计算到时之差，是已知量；a_i、b_i、c_i 为时距函数在初始点的偏微分，也是已知量；e_i 为二次以上的高截误差；δT、δx、δy、δz 为待求的震源参数修正量。

然后，利用最小二乘原理，使 e 的平方和最小，从而建立下列线性方程组：

$$\begin{cases} n\delta T + \sum_{i=1}^{n}a_i\delta x + \sum_{i=1}^{n}b_i\delta y + \sum_{i=1}^{n}c_i\delta z = \sum_{i=1}^{n}R_i \\ \sum_{i=1}^{n}a_i\delta T + \sum_{i=1}^{n}a_i^2\delta x + \sum_{i=1}^{n}a_ib_i\delta y + \sum_{i=1}^{n}a_ic_i\delta z = \sum_{i=1}^{n}a_iR_i \\ \sum_{i=1}^{n}b_i\delta T + \sum_{i=1}^{n}a_ib_i\delta x + \sum_{i=1}^{n}b_i^2\delta y + \sum_{i=1}^{n}b_ic_i\delta z = \sum_{i=1}^{n}b_iR_i \\ \sum_{i=1}^{n}c_i\delta T + \sum_{i=1}^{n}a_ic_i\delta x + \sum_{i=1}^{n}b_ic_i\delta y + \sum_{i=1}^{n}c_i^2\delta z = \sum_{i=1}^{n}c_iR_i \end{cases} \quad (8-7)$$

该方程组有多种现成的解法，这里不再多述。

5. 三圆相交定位法

三圆相交定位法是一种几何解法，适用于地面三点观测，用于确定微地震源的平面分布，要求预期出现微地震事件的区域必须位于 3 个测点之间。三圆相交定位法的基本原理如图 8-5 所示。

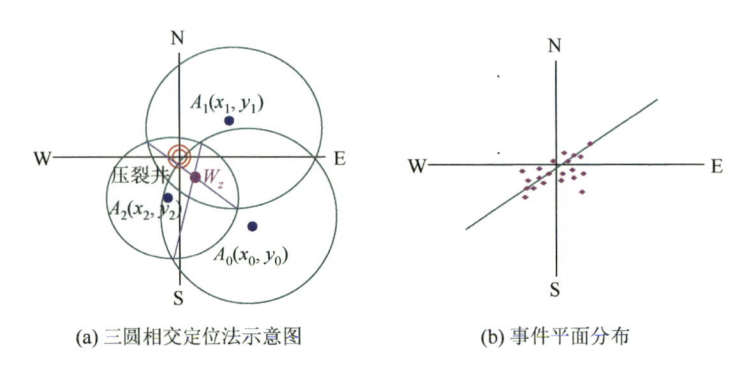

(a) 三圆相交定位法示意图　　(b) 事件平面分布

图 8-5　三圆相交定位法基本原理

设距微地震事件点最近的检波器为 $A_0(x_0,y_0)$，逆时针的第 2 个检波器为 $A_1(x_1,y_1)$，第 3 个检波器为 $A_2(x_2,y_2)$。微地震信号首先被 A_0 位置检波器接收到，这时距离为 $D=v\cdot t_0$。信号到达 A_1 的距离为 $D+\Delta d_1$，其中 $\Delta d_1=v\cdot(t_1-t_0)$；信号到达 A_2 的距离为 $D+\Delta d_2$，其中 $\Delta d_2=v\times(t_2-t_0)$；式中 t_0、t_1 和 t_2 分别是微地震信号到达 A_0、A_1、A_2 的时间，v 是地层的视水平波速。分别以 A_0、A_1、A_2 所在检波器点为圆心，以 D、$D+\Delta d_1$、$D+\Delta d_2$ 为半径画圆，三圆交点的玄之交点即为震源 W_z 点。

8.3.2　地面微地震监测

微地震监测是当前页岩气水平井水力压裂中实时监测、分析压裂情况和压裂效果的最有效手段。微地震监测根据地震信号接收采集方式，可分为地面微地震监测、井中微地震监测、地面井中微地震联合监测等形式。

这里，以威远工区页岩储层压裂为例，阐述地面微地震监测。

威远工区页岩气开发评价井威页 23-1HF 井，共分 20 段进行水力压裂改造。根据压裂监测需求和实际地形条件，共布设 10 条测线，监测点共 1315 个，如图 8-6 所示。

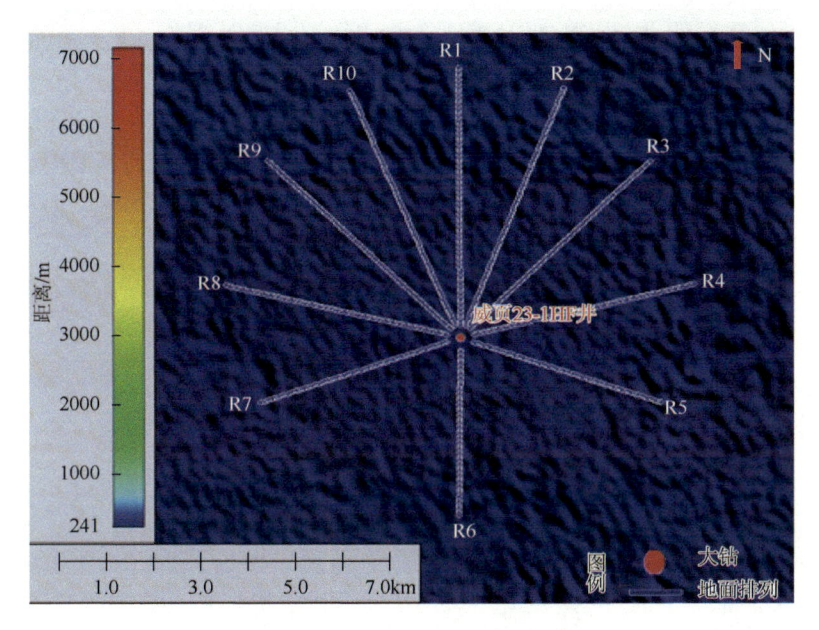

图 8-6　地面微地震监测测线排列

威页 23-1HF 井地面监测过程中，接收到较为丰富的微地震事件信号，以弱震级信号为主，事件震级主要集中在 –1.5～–0.5。同时，对 19 段射孔信号全部进行采集接收，收到 24 簇射孔信号，为后续事件定位奠定了良好基础。如图 8-7 所示，各种能级的有效信号均较好地接收到，为后续资料处理解释奠定了良好的基础。

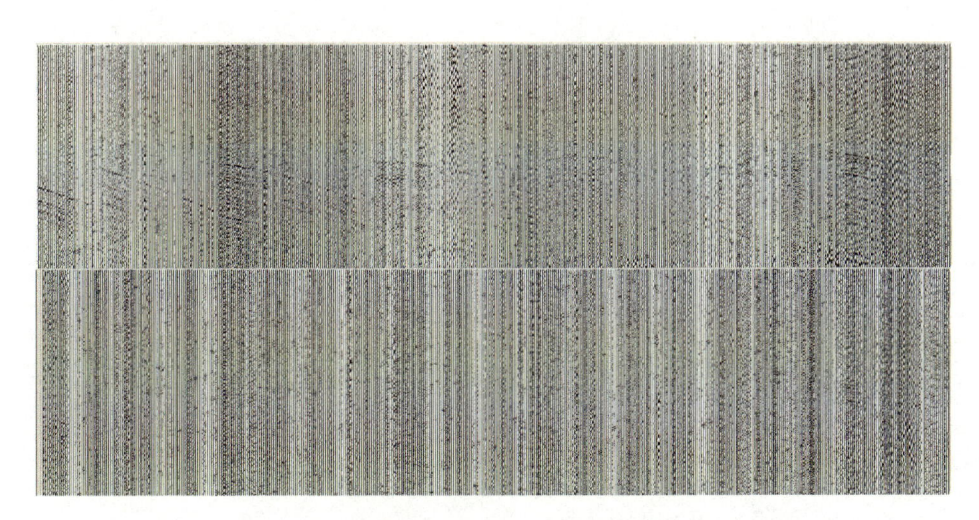

图 8-7　威页 23-1HF 井地面微地震监测典型事件剖面记录效果图
上图：肉眼可见信号；下图：肉眼不可见信号

8.3.3 微地震事件定位

在获得微地震事件之前,需要对微地震监测数据进行处理。

1. 噪声压制

微地震事件信号一般较弱,需要结合背景噪声分析,根据事件信号与噪声的能量、频率、视速度等之间的差异,采用合适的噪声压制思路进行噪声压制,以准确识别微地震弱信号。

2. 初始速度模型建立

采用测井数据,可以建立初始速度模型。例如,在威页 23-1HF 井地面微地震监测过程中,采用声波测井曲线建立了初始速度模型。

3. 速度模型优化

首先,利用已有测井资料,得到初始速度模型。然后,通过对导爆索信号定位,进行速度模型的优化。如图 8-8 和图 8-9 所示,利用优化后的速度模型对导爆索信号进行校正,可见导爆索信号道集动校拉平效果较好;导爆索信号定位误差较小(小于 15m),说明速度模型比较准确。在实施过程中,多次利用接收到的射孔信号不断地验证和优化速度模型,确保定位精度。对 19 段射孔信号全部进行了采集,收到 24 簇有效射孔信号,并利用射孔信号对速度模型进行优化 13 次,均能将射孔信号定位到真实位置附近,定位误差较小,满足定位精度要求。如图 8-10 所示,显示了威页 23-1HF 井定位处理结果。该井共完成 20 段实时处理定位,累计有效微地震事件 730 个,除第 1~4 段受接收到微地震事件数量较少影响外,其余各段监测结果能够较好地描述裂缝特征。

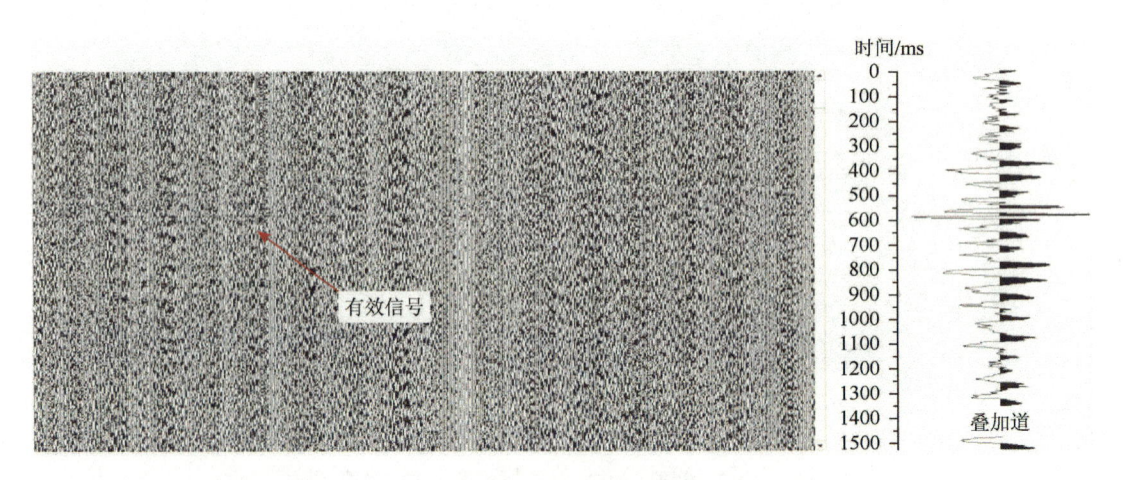

图 8-8 威页 23-1HF 井地面监测导爆索信号道集拉平叠加剖面效果图

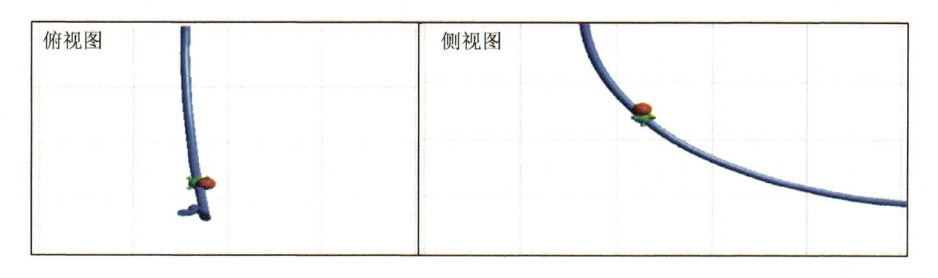

图 8-9　威页 23-1HF 井导爆索定位效果图

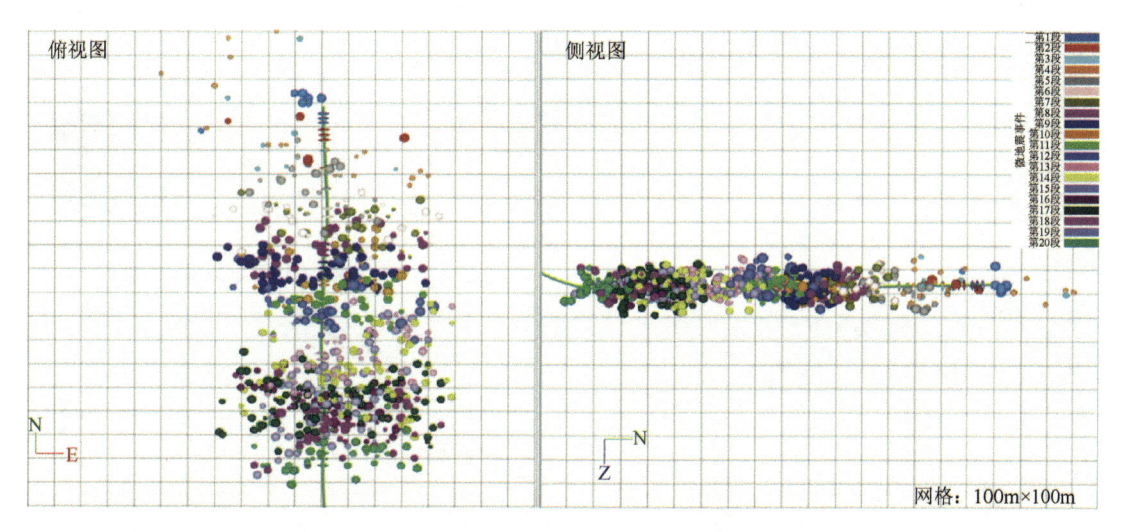

图 8-10　威页 23-1HF 井微地震地面监测整体效果图

注：N、E、Z 分别表示北向、东向、深度方向

4. 分段处理解释

威页 23-1HF 井 20 段微地震监测定位有效事件共计 730 个，压裂段单侧事件延伸长度范围为 160~400m，宽度范围为 60~280m，高度范围为 80~150m，事件延伸方位在 NE50°~145°，主要沿近东西向延伸。

8.3.4　微地震监测现场分析

通过微地震监测现场分析，可以为储层压裂提供实时数据，以便优化调整压裂方案或针对其他事件提出预判。例如，在威页 23-1HF 井 20 段施工过程中，出现了不同程度的施工异常，主要表现为加砂敏感、施工压力波动大、桥塞和射孔泵送遇阻等施工困难。在现场施工过程中，微地震监测时，就现场施工异常情况进行了 4 次分析和支撑，包括第 10 段异常分析、第 11、12、13 段事件震级能量关系分析、遇阻点位置分析、二次压裂效果分析等。该井微地震监测在施工现场，做了如下主要分析研究。

1. 辅助判断是否存在压窜

1）沿井筒压窜的判断

通过微地震监测，可判断存在压窜的可能性，能从压窜的类型方式、位置时间等方面为现场施工方案调整提供判断依据。

如图 8-11 和图 8-12 所示，威页 23-1HF 井第 5 段施工过程中，前期加砂泵压波动大，中后期加砂泵压相对平稳，施工泵压整体较前段偏高。微地震监测显示，本段事件点分布较分散，部分事件集中在第 4 段射孔位置响应，现场推测存在沿套管压窜的可能，微地震监测为现场施工提供了判断依据。

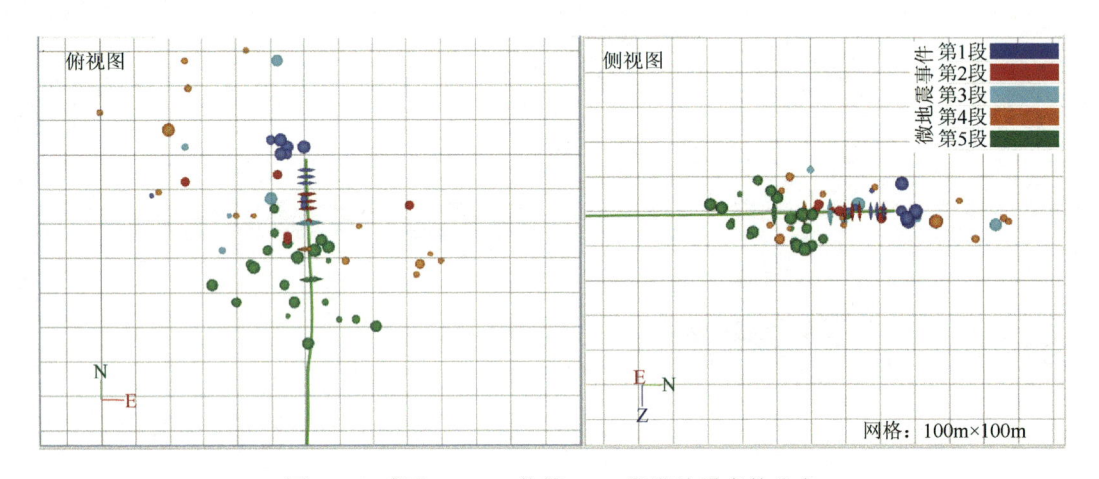

图 8-11 威页 23-1HF 井第 1～5 段微地震事件分布

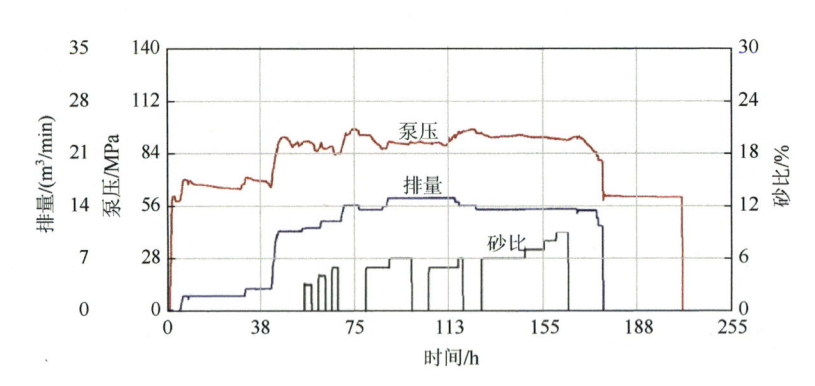

图 8-12 威页 23-1HF 井第 5 段施工压力曲线

2）沿储层窜通及高排量的认识

如图 8-13 所示，第 10 段微地震事件出井筒区域后沿储层向第 9 段延伸明显，推测存在沿储层上窜的可能；但是，排量升至 $18m^3/min$ 后，在井筒西侧新的区域出现部分事件，表明 $18m^3/min$ 排量有一定的扩缝能力。通常，微地震事件出现时间为刚提升排量后初期，第 10 段第一个微地震事件出现时间为提升排量后一段时间（约 30min）；随后，施工较长时间内压裂段附近事件较少，施工规模达到液量 $1000m^3$ 时，仅监测到 4 个微地震事件发生。后续事件几乎出现在井筒东侧第9段微地震事件覆盖区域,从微地震事件分布特征存在沿储层窜通的迹象,但当施工排量达到 $18m^3/min$ 时,监测到井筒西侧靠微地震事件出现在南面新的区域,开启了新的裂缝。后续施工部分段监测结果又类似显示,即施工排量达到一定规模,提升了一定的扩缝能力。

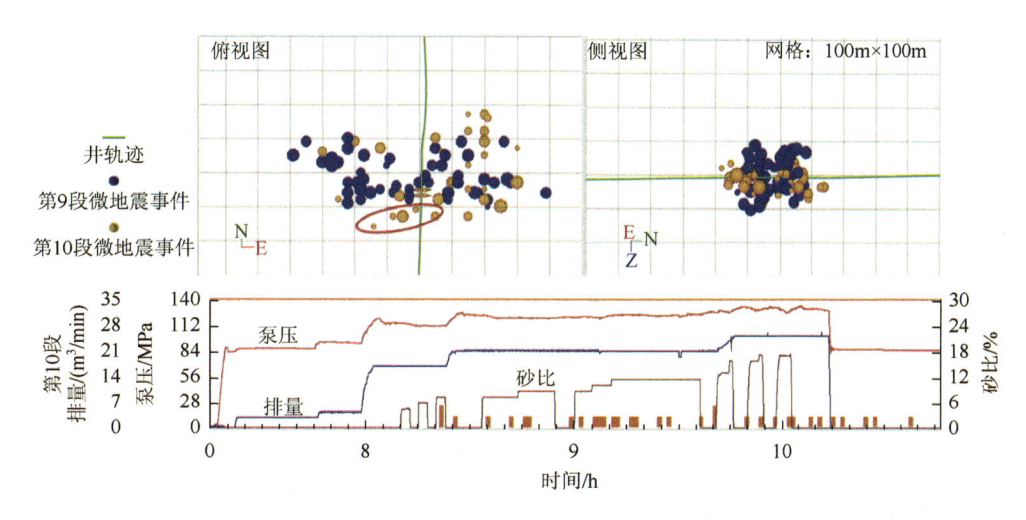

图 8-13 威页 23-1HF 井第 9、10 段微地震事件综合显示

2. 现场施工异常分析

依据微地震事件的分布特征,可以及时调整施工方案。

如图 8-14 所示,在威页 23-1HF 井施工过程中,第 19 段第一次压裂两次投球均无球到位信号,酸化地层也未见明显压降特征;之后,尝试施工,微地震监测显示,压裂前期监测到微地震事件发生在第 16~18 段区域,集中在井筒西侧响应;施工过程中,在第 12 段区域井筒附近,出现两个微地震事件。结合施工情况推测,可能球未能入座或桥塞座封不严,与前面压裂段存在沟通。综合监测结果及施工情况,现场即刻做出了重新座封桥塞的施工方案调整。

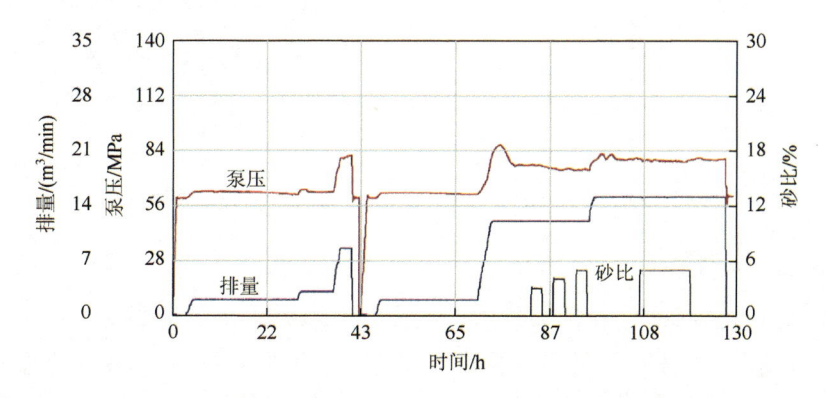

图 8-14 威页 23-1HF 井第 19 段第一次压裂施工曲线

3. 遇阻点分析

利用微地震监测到的事件分布特征，可以进行遇阻点分析。

在威页 23-1HF 井压裂的前期施工过程中，多次出现桥塞、射孔工具泵送遇阻现象。除部分由井筒本身狗腿度引起外，另有部分由施工过程中出现套管异常引起。如图 8-15 所示，显示了 4 处遇阻点位置，测深分别是 4250m、4493m、4730m、4997m；其中硬遇阻点位置有 3 个，测深分别是 4493m、4730m、4997m。结合微地震监测结果，4 个遇阻点分别位于第 7、11、13、17 段位置区域，其中 4997m、4250m 两遇阻点位置有明显的微地震事件响应，4730m 遇阻点仅在附近有疑似裂缝特征，4493m 遇阻点位于破碎带。从各遇阻点位置与微地震事件对应关系看，第 5 段施工过程中监测到 4997m 遇阻点附近有一强能量事件发生，在第 8 段施工过程中监测到 4997m 遇阻点附近也有微地震事件发生；该区域并非第 8 段压裂段区域，而第 14 段施工时在 4250m 位置开始有少量微地震事件响应，第 15 段响应较为集中明显；两遇阻点位置均有相应微地震事件响应特征。其他遇阻点则无直接对应关系，4730m 遇阻点位置在第 9~12 段施工过程中，在遇阻点井筒东侧约 60m 处一定区域内有强能量微地震事件发生，且事件较为集中收敛。而 4493m 遇阻点位置附近未监测到明显异常，该遇阻点井筒东侧疑似存在裂缝破碎带，且随着施工推进，裂缝区域规模有所扩大。

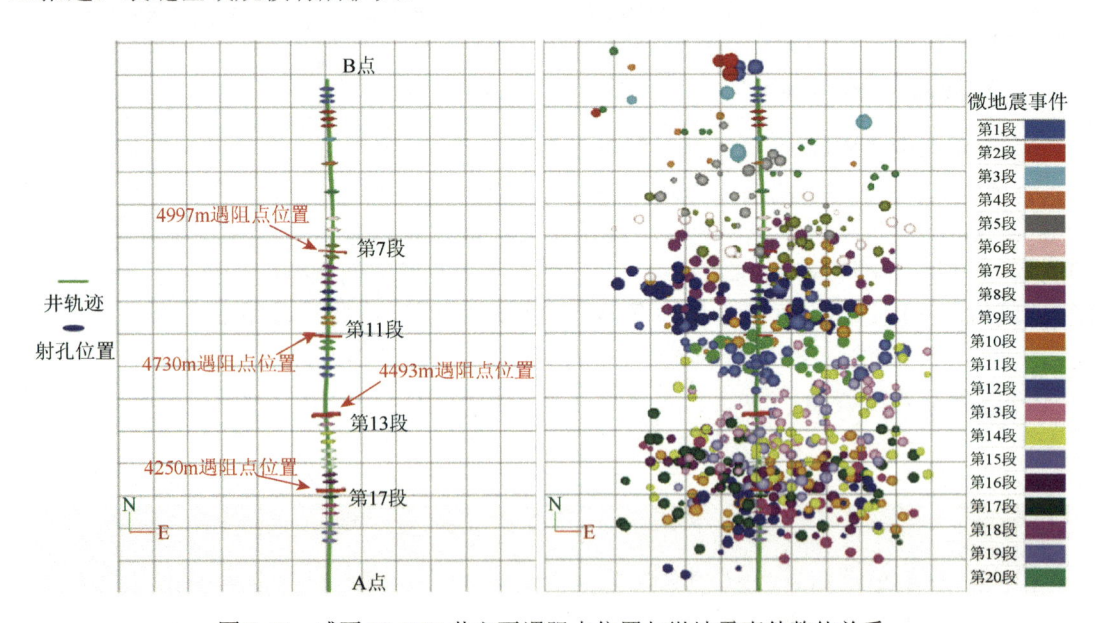

图 8-15 威页 23-1HF 井主要遇阻点位置与微地震事件整体关系

4. 二次压裂效果评价

二次压裂是页岩储层改造中的常用措施，二次压裂效果的评价离不开微地震监测。

例如，在威页 23-1HF 井页岩储层压裂过程中，四次采用二次压裂施工方式，以提高储层改造效果。根据现场监测结果显示，二次压裂后储层改造更加充分，但延伸长度均未见明显增加。

5. 施工参数实时调整

深层页岩储层压裂改造时，采用微地震监测的目的，不仅是为了监测压裂效果，更重要的是通过监测数据实时支撑压裂施工，优化压裂参数，改进压裂方案，达到最理想的压裂目标。

例如，在威页 23-1HF 井施工期间，多次出现施工异常或监测显示异常情况。针对部分施工异常，现场施工实时依据微地震监测结果，对施工参数进行及时调整，降低风险，确保施工顺利推进。

8.3.5 微地震监测与压裂改造效果对比分析

微地震监测与压裂改造效果对比分析，包括裂缝方位与复杂程度、微地震事件几何特征、微地震事件密度、压裂规模等方面。

这里，以威远深层页岩储层压裂改造为例，重点阐述威页 23-1HF 井微地震监测成果、微地震事件的空间分布特性，分析裂缝方位、微地震事件与测井曲线关系、复杂网缝分析、事件密度体和改造体积等。

1. 裂缝方位

针对威页 23-1HF 井微地震监测事件延伸方位，统计发现，除裂缝发育区外，事件延伸方向变化较小，微地震事件所描述的裂缝方位主要在 82°～100°范围。如图 8-16 所示，

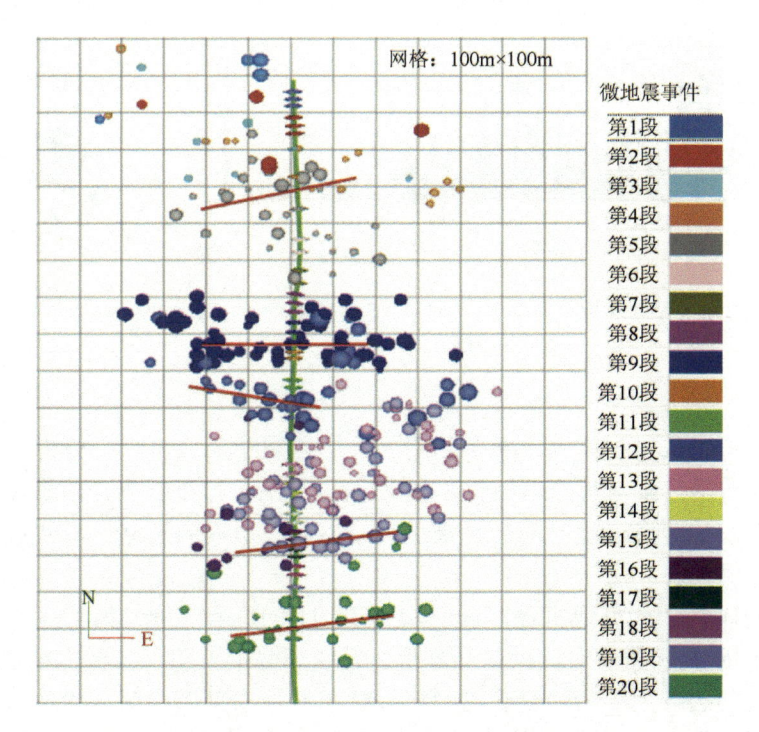

图 8-16 威页 23-1HF 井部分微地震事件描述裂缝方位

从事件整体延伸方向看，井区域储层整体相对较为稳定，事件延伸方向变化不大；但水平段中部井筒东侧区域，受天然裂缝影响，事件延伸方向存在一定变化，部分事件延伸方向与井筒方向夹角较小。

2. 微地震事件几何参数分析

通过微地震监测，可以分析压裂人造缝的长度、宽度、高度等几何参数。

例如，分析威远地区威页 23-1HF 井微地震事件，发现单侧事件延伸长度范围为 160~400m，宽度范围为 60~280m，高度范围为 80~150m，方位范围为 50°~145°；事件沿井筒东侧延伸效果优于西侧，平均半缝长度约为 260m，宽度约为 123m，高度约为 117m；其中，第 13~18 段延伸最好。

3. 微地震事件密度分析

微地震事件的密度分布，直接体现改造效果。如图 8-17 所示，结合事件密度与水平段位置间的对应关系，第 1~5 段区域微地震事件较少，第 6~12 段区域次之，第 16~18 段区域事件密度最大。从事件密度体沿水平方向切片看，第 16~18 段区域事件密度最大，井筒东侧区域延伸范围较宽，事件更为集中，与之前几何参数分析结果一致，即水平段入靶点及井筒东侧区域事件响应更为频繁。

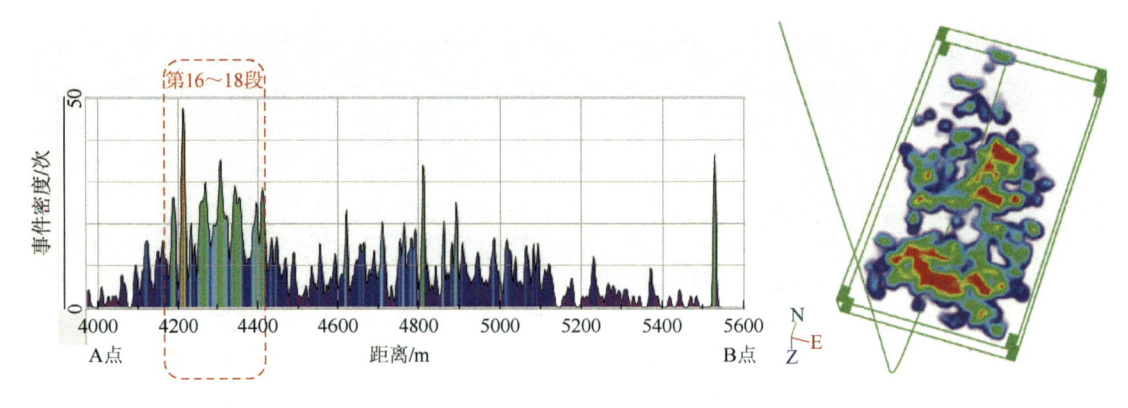

图 8-17 微地震事件密度与水平段关系（左图）及微地震事件密度体沿轨迹深度平面切片（右图）

4. 复杂缝网分析

参考国外页岩气压裂研究成果，利用水力压裂裂缝形成机理，分析压裂期间所形成的裂缝类型及改造效果，其原理如图 8-18 所示。从图中可以看出，由拉伸形成的裂缝，事件点到射孔段的距离，随时间会越来越远；由剪切形成的裂缝，事件点到射孔段的距离，随时间变化较小。

结合水力压裂裂缝形成机理，选取威页 23-1HF 井第 7 段、第 11 段、第 14 段和第 17 段的射孔的距离和压裂时间做交会分析。经统计分析表明，威页 23-1HF 井水力压裂过程中所形成的裂缝大多为较复杂的网状裂缝类型，未见形成明显的单一裂缝特征，局部可能受微裂缝影响存在线性裂缝特征。

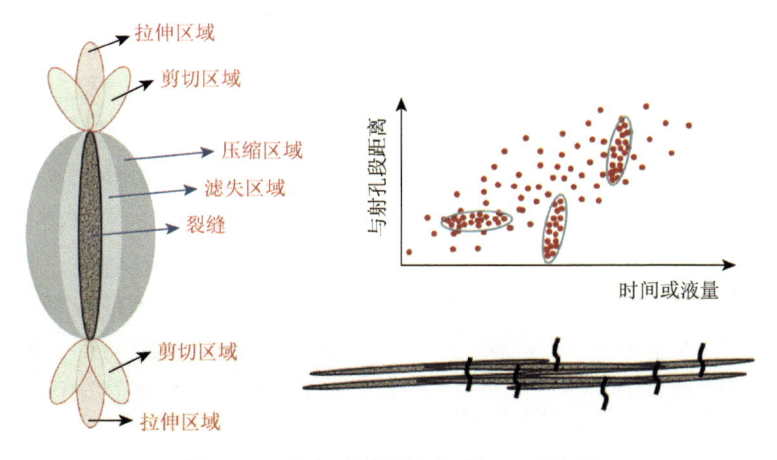

图 8-18 水力压裂裂缝形成机理示意图

5. 微地震事件与改造体积规模的关系

微地震事件与压裂改造的体积规模密切相关。例如，通过威页 23-1HF 井各段微地震事件数量与对应段施工液量交会分析发现，可能受地层物性、区域裂缝发育程度等影响，各段微地震事件数量与施工规模无明显的规律性。但从微地震事件延伸效果与压裂改造体积规模交会关系看，随着施工液量的逐渐增加，各段改造体积呈增加趋势；而当施工液量增加到一定阶段，改造体积增长速率逐渐减小。该井监测结果统计显示，当施工液量达到约 1800m³ 后增加速率有所降低，第 13～17 段压裂体积后续增长速率较快，推测受裂缝破碎区域影响，事件延伸规模更大，如图 8-19 所示。

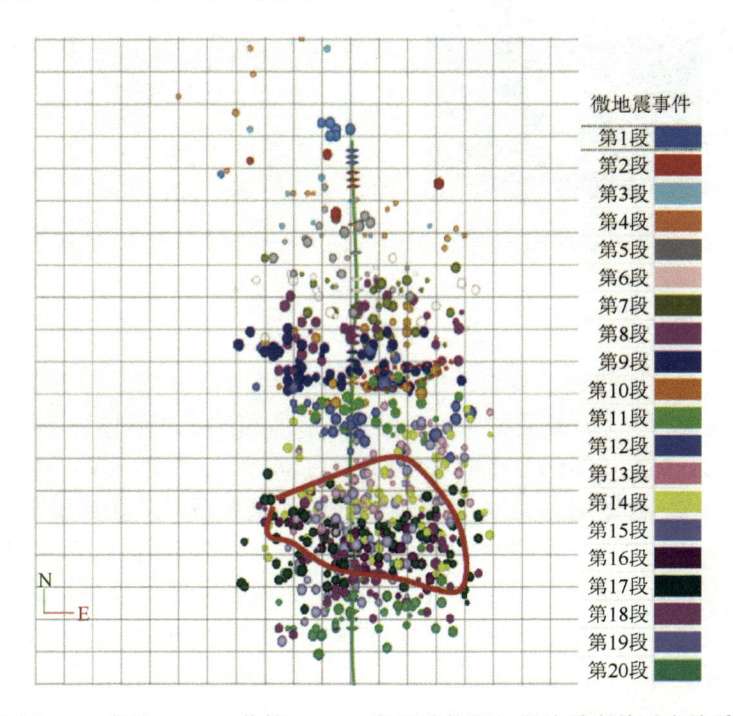

图 8-19 威页 23-1HF 井第 13～17 段改造体积与微地震事件对应关系

6. 微地震事件与曲率、脆性等的关系

微地震事件与页岩储层脆性、构造曲率等密切相关。如图 8-20 所示，对比分析了威远工区区域裂缝预测曲率剖面属性切片、脆性剖面等与微地震事件关系。从成果图所描述的天然裂缝位置特征及裂缝方位与微地震事件对应关系看，除第 18 段西侧外，微地震事件显示的疑似微裂缝区域对应曲率剖面上存在相应的地质特征响应，且方位趋势基本一致。将微地震事件与脆性剖面叠合对比看，靠近靶点井筒东侧疑似裂缝发育区，微地震事件密集，与脆性剖面显示结果存在一定相关性。根据区域应力剖面所反映的井周应力情况，该区域最大地应力方向为近 EW 向，与微地震事件所描述的区域压裂裂缝延伸方向基本一致。

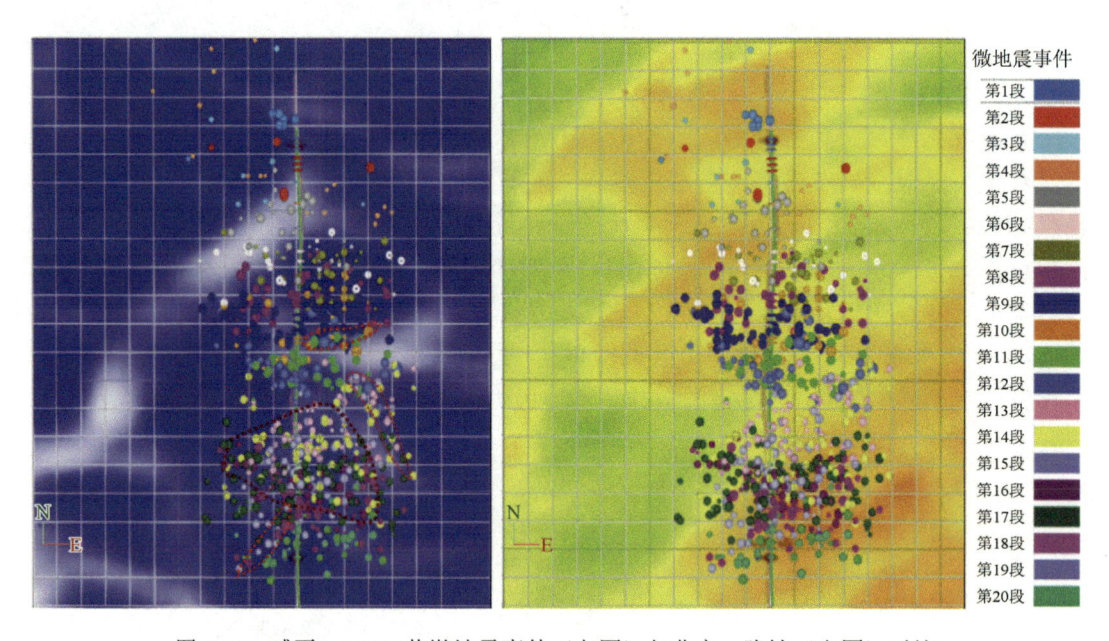

图 8-20 威页 23-1HF 井微地震事件（左图）与曲率、脆性（右图）对比

7. 压裂改造体积估算

根据微地震事件所描述的裂缝网络特征，利用专项的水力压裂裂缝建模技术，构建离散裂缝网络模型，分析裂缝类型及相关性，可以估算压裂改造体积。如图 8-21 和表 8-1 所示，经统计计算，威页 23-1HF 井单井总 SRV 为 $8479\times10^4m^3$，平均单段 SRV 为 $529.9\times10^4m^3$。针对威页 23-1HF 井靠近 A 点区域存在的天然裂缝带，通过单独计算得出该天然裂缝 SRV 为 $2950\times10^4m^3$。由于本井为该区块第一口压裂监测井，无可参考的压裂、地质、测井、产能等历史资料，本次产能预测仅以邻近地区的经验参数进行本井的改造效果预测，计算参数与邻近区块一致，一定程度上会影响预测效果。整体来看，本井压裂过程中形成较为复杂的缝网特征，从威页 23-1HF 井各段改造效果看，第 17 段改造体积最大，第 13～18 段裂缝发育区改造最好。

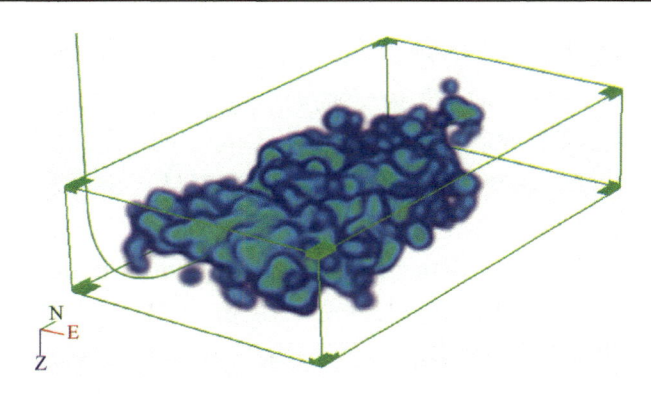

图 8-21　威页 23-1HF 井改造体积效果图

表 8-1　威页 23-1HF 井微地震监测 SRV 统计表

压裂段	SRV/(10^4m^3)	压裂段	SRV/(10^4m^3)	平均单段 SRV/(10^4m^3)	总 SRV/(10^4m^3)
第 5 段	386.0	第 13 段	660.8	529.9	8479
第 6 段	426.4	第 14 段	831.2		
第 7 段	387.6	第 15 段	534.8		
第 8 段	464.4	第 16 段	514.4		
第 9 段	496.9	第 17 段	964.0		
第 10 段	480.4	第 18 段	580.0		
第 11 段	420.0	第 19 段	380.0		
第 12 段	470.1	第 20 段	482.0		

注：因第 1~4 段微地震事件很少，压裂效果差，所以未统计 SRV。

8.4　储层压裂改造数值模拟技术

8.4.1　天然裂缝地质建模

大部分地质力学模型使用离散裂缝网络（discrete fracture network，DFN）建模。DFN 在天然裂缝建模上的应用局限是很耗费时间，不适合于快速解决地质力学问题。另一种更有效的天然裂缝建模方法是连续裂缝模型（continuous fracture model，CFM）。连续裂缝模型相当于一个等效裂缝模型（equivalent fracture model，EFM），该模型给每一储集体网格一个裂缝密度值。裂缝密度的二维或三维分布，可以根据钻井曲线获得。

近年来，诞生了一种新的天然裂缝模拟方法，即物质点法（material point method，MPM）。该方法是一种无网格法数值模拟工具，主要用来解决动态固体问题，可以用来代替传统的动态有限元法。在 MPM 中，将材料离散为一组质点，就和计算机中图像是由许多像素组成一样。背景网格与质点相关联,由元素组成,网格控制边界条件。背景网格只是作为计算工具。每一个时间步长内,质点信息与背景关联,求解运动方程。方程式求解成功,网格会基于所有的质点属性如位置、速度、加速度和应力状态等进行更新。MPM 结合了拉格朗日质点和欧拉网格的优点,已证明可用于解决固体力学问题,包括在塑性或黏性变化影响下的大应变或旋转。

基于 MPM 中的物质点裂隙(crack in the material point,CRAMP)算法已经应用于裂缝问题。MPM 的质点性质和无网格法特性使 CRAMP 算法更适用于分析裂缝的力学性质问题。在 MPM 中,用一系列的线段来表示裂缝。为了兼容 MPM 数据结构,线段的端点是无质量的物质点。计算过程中转化裂缝线段,就可以在移动的物体内追踪裂缝。当裂缝进一步张开时用裂缝质点替换张开的位置的质点,就可以计算断缝面。裂缝质点对背景网格节点上的速度场有影响。CRAMP 算法可完全计算断裂接触面,创建具有摩擦接触的裂缝模型,应用裂缝创建有瑕疵的界面,插入牵引规则或压力,使区域间紧密连接,或者输入压力。

CRAMP 算法通过裂缝附近的每个节点赋予两个速度场来表示裂缝的顶底面,可以用于处理两个相互作用的裂缝。如果它们在相同的背景网格中,通过允许每个节点产生的四个速度场来分别代表每个裂缝顶底面。MPM 模型可包含许多裂缝,但是同一个背景节点上不能具有两个以上的裂缝。也就是说,MPM 算法不能计算一个背景网格点上同时具有三条裂缝情况下的相互作用。

MPM 地质建模时,可以综合岩石物理参数、测井、地质和地震等多种信息,采用神经网络算法建立天然裂缝地质模型。

地震属性是 MPM 空间延展建模的重要数据。当然,地震属性有很多种类型,按照地震相的描述方式,分为地震连续类属性(相干、蚂蚁、边缘检测、曲率等)、振幅类属性、频率类属性等。不同类别的地震属性,从不同角度描述天然裂缝可能的发育区。在建模过程中,利用测井数据针对中-高角度裂缝指示曲线特征,选择按照不同的地震属性类别,采用模糊逻辑属性进行排序,优选与每一类地震属性当中与裂缝面密度曲线最敏感的 1~2 个,一起进行神经网络随机建模。

8.4.2 水力压裂数值模拟

数十年前,Cleary 等(1993)已经认识到天然裂缝的作用及其对支撑剂分布和脱砂的影响。后来,有学者通过数值模拟实验,证实在流体、天然裂缝、远及近应力场和导致脱砂或压力损耗的条件之间,存在复杂的相互作用。Keshavarz 等(2014)通过改变裂缝中注射支撑剂颗粒的级别、增加尺寸和减少聚集,以获得更好的支撑剂布置,大幅度提升了天然气的产量。物质点法(MPM)能够模拟固体和流体支撑剂等在人造裂缝和天然裂缝中的运行情况,可以用于分析页岩储层的压裂问题。

1. 页岩气天然裂缝模型压裂改造数值模拟方法

基于 MPM 中的 CRAMP 算法,可以计算多级人工压裂和天然裂缝间相互作用,利用弹性断裂力学能描述物质断裂和裂缝生长情况。在 MPM 中，模拟裂缝生长需要三步：首先，评估应力状态和裂缝顶部参数，用来分析应力状态是否满足裂缝生长条件；然后，如果应力状态满足裂缝生长的条件，根据裂缝顶部应力场来评估生长的方向；最后，一个新的裂缝质点将添加到裂缝生长方向上。裂缝传播和生长方向是多样的。在 CRAMP 算法中的一个裂缝可在任一方向进行生长，不像有限元方法那样裂缝必须沿着网格线或必须耗费时间重建网格。

在裂缝力学中，主要的问题是对裂缝应力场的分析。为了表征断裂尖部的应力场各向异性，预测裂缝的生长，MPM 认为裂缝生长过程中全区能量是均衡的，主要能量释放率 G（应变能）的变化控制裂缝生长。当能量释放率 G 超过临界韧性 G_C（裂缝表面吸收能）时，则裂缝生长。在 MPM 中，根据局部应力和裂缝面的 J 积分来计算 G。在二维条件下，两个应力强度因子（K_I 和 K_{II}）可以根据 J 积分和裂缝张开位移计算得到。能量释放率 G 的计算公式为

$$G = \frac{1}{E'}\left(K_I^2 + K_{II}^2\right) \tag{8-8}$$

E 为弹性模量，在水平挤压应力情况下应力 $E' = E$；在水平拉张应力情况下 $E' = \dfrac{E}{1-\nu^2}$（ν 为泊松比）。

人工压裂的裂缝传播角度，通常受最大水平地应力方向的影响。该假设基于物体在剪切力方向上阻止裂缝形成，使得裂缝走向发生变化，形成 I 型裂缝。基于此，裂缝走向与水平轴的夹角 θ 为

$$\begin{cases} \theta = \arccos\left(\dfrac{3R^2 + \sqrt{1+8R^2}}{1+9R^2}\right) \\ R = \dfrac{K_{II}}{K_I} \end{cases} \tag{8-9}$$

对于天然裂缝来说，其两端存在一个自相似的生长标准。这是因为实际中天然裂缝面是一个弱面，裂缝的生长总是首先沿着弱面进行。

MPM 是一种用来解决等效连续介质力学的数值技术（Sulsky et al., 1994）。MPM 与拉格朗日和欧拉算法相结合，这种情况下可克服只使用一种方法造成的缺陷。把物质（页岩储层）离散化到拉格朗日质点，存在于欧拉网格上的物质点，可用来解决时间步长的运动方程。通过插值函数完成质点与欧拉网格之间的信息交互。MPM 也是一种无网格方法（Belytschko et al., 1996），网格不是完整描述物质的一个必要条件，而只是用来进行有效计算的。无网格法克服了广泛应用的有限元法及其他技术的网格局限性。MPM 能创建天然裂缝和人工裂缝交互作用模型，很大程度上归功于其能将裂缝进行离散化。将裂缝作为物质点或者限制，可以方便地计算当前裂缝状态下的应力和应变，以开展裂缝的动态研究模拟，如裂缝开启和扩展。同时，采用 CRAMP 算法能模拟人工压裂和天然裂缝之间的相互作用，并解决多级完井的最优化问题。

在储层压裂改造时，通过建立地质力学模型，利用 MPM 模拟裂缝的交互作用。传统

的地质力学模型，在断裂面用牵引法模拟流体压力，对流体在人造裂缝中的作用进行建模。MPM地质力学模型把人造压裂的多种物理量考虑其中，包含了人工压裂中注入的混合流体和支撑剂（泥浆）等模拟作用效果。在模拟过程中，注入人造裂缝和天然裂缝中的支撑剂和泥浆被当作流体而不是颗粒来实现压裂模拟。

MPM可以用于解决非线性问题。如在人工压裂时，研究天然裂缝中耦合流体和流体间的相互作用，分析流体流动、裂缝延伸及相互作用。MPM与有限元法、边界元法一样，属于力学条件求解动量方程的方法，主要特点如下。

（1）MPM属于无网格算法，有限元法属于有网格算法，前者是第三代力学求解动量方程的方法，后者是第二代力学求解动量方程的方法。当涉及材料特大变形、破碎时，有限元法存在网格畸变、界面追踪和对流项处理的问题，将导致求解结果存在很大误差。无网格的MPM采用携带材料所有信息的物质点离散材料区域，以表征材料区域的运动和变形状态，并避免了处理对流项；MPM采用规则的欧拉背景网格计算空间导数和动量方程，从而实现了质点间的相互作用与联系，并避免了网格畸变问题。目前，在材料力学界已经公认，MPM更适合模拟涉及材料特大变形和断裂破碎的问题。

（2）有限元法的每个网格只能赋予一种岩石物理属性。天然裂缝是将其所在的网格赋予空值来表征，在这个网格当中不能赋予任何岩石物理属性。MPM将裂缝（天然缝和压裂缝）网格离散为一系列的质点，用质点间的空白区来表征裂缝（水力缝和天然缝），所有的质点均可以同时赋予多种岩石物理属性（如杨氏模量、泊松比、密度和断裂韧性）。

采用MPM求解现代应力场条件下裂缝（断裂带）与应力的耦合，可能获得差应力场属性。模拟在水平井各压裂段施加压力和持续时间下，多级压裂过程中，周围地层的应变量，以描述在局部应力场影响下可能的压裂改造范围。

2. 威远工区五峰组—龙马溪组页岩储层压裂数值模拟

基于威远工区的地质、地震、测井等综合信息，在天然裂缝密度模型基础上，提取五峰组—龙马溪组底部目的层的平均裂缝面密度属性，以此生成等效天然裂缝模型，作为MPM差应力场模拟的天然裂缝参数。然后，确定下列条件参数：①现代应力场条件；②泊松比、杨氏模量等岩石力学属性，包括初始压力、最大地应力、各向异性、方位角、岩石密度、裂缝密度等；③压裂施工时间和施工期间的井底压力。

如图8-22所示，威页23-1HF井周围天然裂缝总体较发育；其中，右侧天然裂缝更发育，模拟结果显示压裂缝右侧更发育，第1～3段天然裂缝不发育，压裂缝扩展有限，第4～20段压裂改造范围较大。应力场模拟结果（无井参与）表明第1～4段应力差较大，不利于压裂，实际微地震监测结果第1～4段信号最少，其余差应力场高值区在实际监测中信号点也极少。总体右翼差应力场小值区略多，更利于形成缝网，实际监测也表明右翼缝长略长于左翼。压裂模拟结果显示第1～3段周围高应变区范围较小，与实际地表微地震监测结果完全一致。其余各段总体趋势也与实际地表微地震监测结果基本一致。这也反证了MPM天然裂缝建模与压裂模拟结果的可靠性。

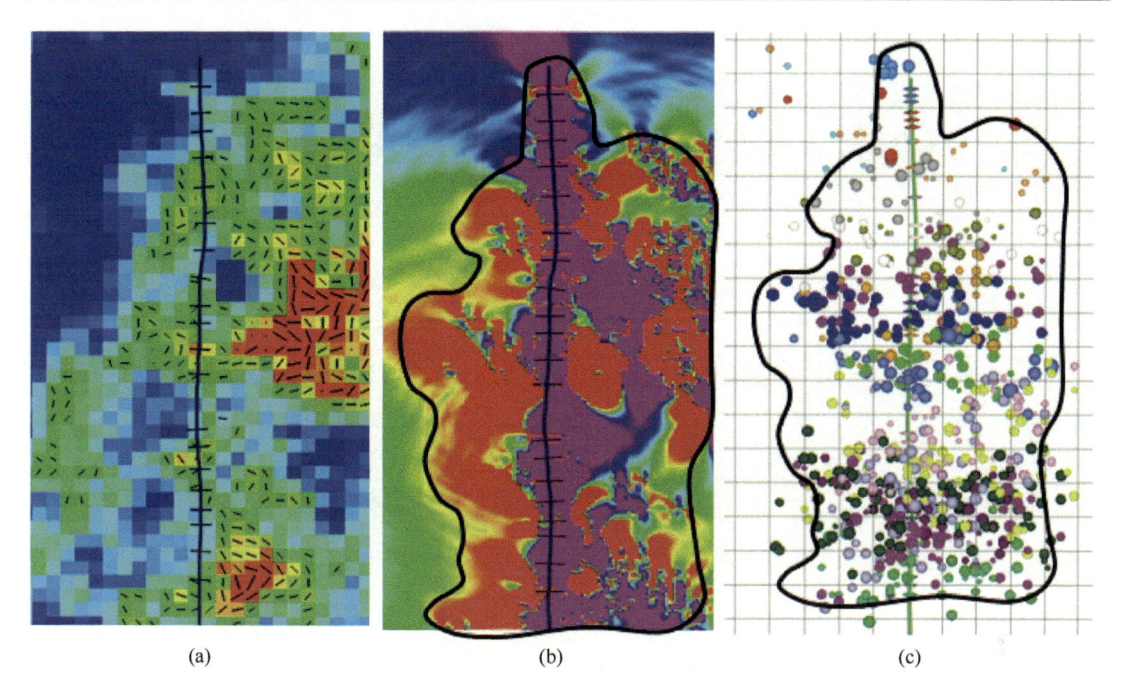

图 8-22　威页 23-1HF 井等效天然裂缝模型（a）、压裂模拟（b）和实际压裂微地震监测（c）对比
注：图（a）中的红色为高裂缝密度区；图（b）中的紫色为高挤压应变区，红色为高剪切应变区

通过压力改造的数值模拟，可以在钻前井轨迹优化、压裂段间距优化、单段施工规模优化、压裂簇优化等方面发挥重要作用。

第9章 深层页岩气高效勘探开发典型案例

在页岩气地震资料采集、处理、解释,"甜点"预测与评价,勘探目标的发现与优选、高效开发等方面,深层页岩气地震勘探技术将发挥不可替代的作用。这里,以四川盆地川南地区的威远、永川、井研—犍为等典型工区为例,阐述深层页岩气地震勘探技术的应用。

9.1 川南深层页岩气地震勘探概况

四川盆地地域广阔,川南地区页岩气勘探开发区块众多且相对分散。勘探开发程度各异,有的区块在进行非常规页岩气勘探之前,已在常规油气层系进行了较长时间的常规油气勘探。如井研—犍为地区,积累的地质地球物理资料相对较多。有的区块之前勘探程度低,周边相关的地质、钻井等资料也少,地震勘探也相对缺乏。同时,川南海相页岩气目标层系较多,取得突破的包括寒武系筇竹寺组和奥陶系五峰组—志留系龙马溪组。不同的目标层系有着不同的特征,其对应的页岩气地球物理技术重点也有所差异,促使川南深层页岩气历经了曲折探索、发展进步和完善提高三个重要阶段。目前,已经建立了较完善的深层页岩气地球物理综合预测技术体系。该技术体系针对川南威远、永川、井研—犍为等地区深层页岩气勘探开发地质与工程难题,融合了岩石物理、测井、地震、地质等多学科手段,实现了深层页岩气地震资料采集、"甜点"目标处理、深层页岩气岩石物理分析与测井评价、深层页岩气地质与工程"甜点"预测及综合评价等应用,大幅度提升了地质"甜点"和工程"甜点"的预测精度,有效地支撑了页岩气"甜点"选区选层、靶点定位、轨迹跟踪、水平井轨迹辅助设计和压裂效果监测评估等工程作业。

9.2 威远工区深层页岩气高效勘探开发

9.2.1 地质"甜点"预测及综合评价

叠前地震反演主要利用振幅随偏移距变化规律,实现储层弹性参数的反演。利用测井建立的叠前弹性参数与储层孔隙度、流体性质和饱和度之间的关系,实现页岩地质、工程"甜点"预测。

多角度道集的同时反演(AVO/AVA 约束稀疏脉冲同时反演),以弹性参数的常规约束稀疏脉冲反演技术为基础。根据选择的弹性参数配置,对不同角度或者偏移距叠加后的多个地震数据体同时进行反演,生成纵波阻抗、横波阻抗、密度等参数。在密度数据体基础上,利用测井分析密度与 TOC 含量、TOC 含量与含气量关系,可以拟合得到五峰组—龙马溪组页岩储层 TOC 含量、含气量参数。同时，也可得到孔隙度数据。

1. 优质页岩厚度描述

如图 9-1 所示，威远工区五峰组—龙马溪组页岩层全区广泛分布，①~④号层优质页岩厚度在 25~39m，整体上呈现西厚东薄的特点。西部页岩厚度相对较大的区域位于威页 23 井区及以南位置，均大于 37m，最厚处可达 39m。东部页岩厚度最薄位置位于威页 11-1HF 井以东，仅 25m。工区东部五峰组—龙马溪组底部页岩厚度变薄，与古沉积地貌密切相关。区域研究表明，五峰组—龙马溪组沉积古地貌北西高，南东低；水体由西向东逐渐变深，沉积相带更加有利。但威远工区东部发育局部水下古隆起，导致古隆起部位沉积的页岩厚度变薄。以威页 1 井为界，可将威远工区划分为西区和东区两块。其中，西区面积约 120km²，厚度 30~39m；东区面积约 23.77km²，厚度 25~30m。

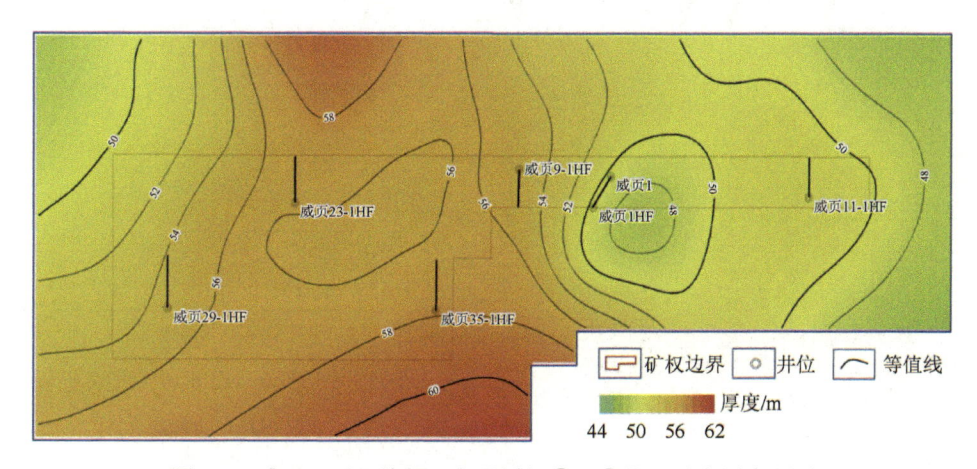

图 9-1 威远工区五峰组—龙马溪组①~④号层页岩厚度预测

2. 总有机碳（TOC）含量描述

威远工区五峰组—龙马溪组底部①~④号层页岩 TOC 含量整体较高，为 2.5%~3.5%；与厚度分布规律类似，呈现西高东低的特点（图 9-2）。西边凹陷区 TOC 含量大，最大值位于威页 23 井附近（TOC 含量为 3.5%）；东边凹陷区 TOC 含量变小，威页 11-1HF 井处 TOC 含量为 2.7%。①~④号层 TOC 含量可能也与古沉积地貌密切相关。古地貌低，水体深，TOC 含量高。东部水下古隆起位置，水体变浅，沉积的页岩厚度变薄，TOC 含量略有降低。

3. 含气量参数描述

威远工区五峰组—龙马溪组底部①~④号层含气量在 6~8m³/t，呈现西高东低的特点（图 9-3）。西边凹陷区含气量大，最大值位于工区西北角，达到 8m³/t；东边凹陷区含气量变小，最低值位于工区东南角，约 6m³/t。页岩含气量同页岩层厚度和 TOC 含量密切相关，古地貌低，水体深，页岩厚度大，TOC 含量高，含气量增加；局部水下古隆起，水体变深，页岩厚度变薄，TOC 含量降低，含气量略有降低。

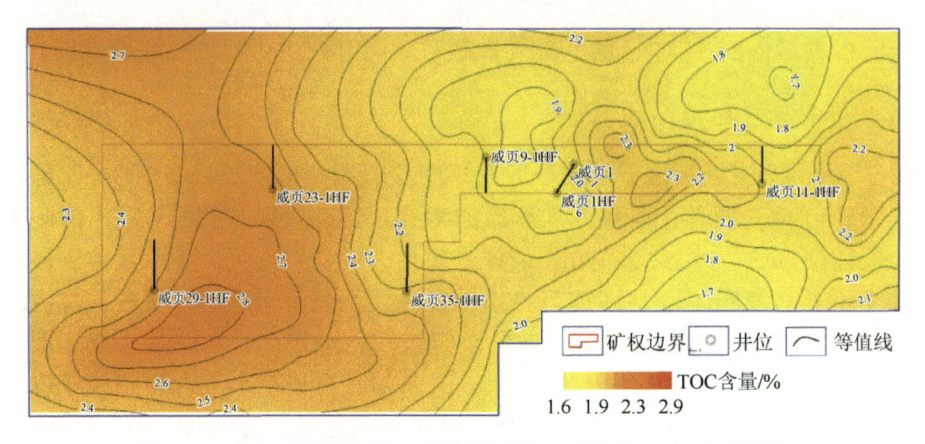

图 9-2　威远工区五峰组—龙马溪组①~④号层 TOC 含量预测

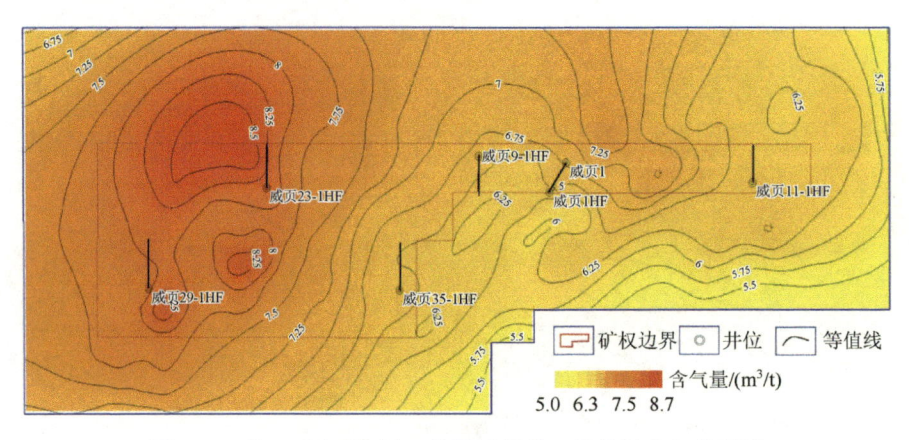

图 9-3　威远工区五峰组—龙马溪组①~④号层含气量预测

4. 孔隙度参数描述

威远工区五峰组—龙马溪组页岩①~④号层孔隙度在 4.8%~5.6%，整体呈现西北高东南低的特点（图 9-4）。西边凹陷区孔隙度大，最大值位于工区西北角，孔隙度约为 5.6%；

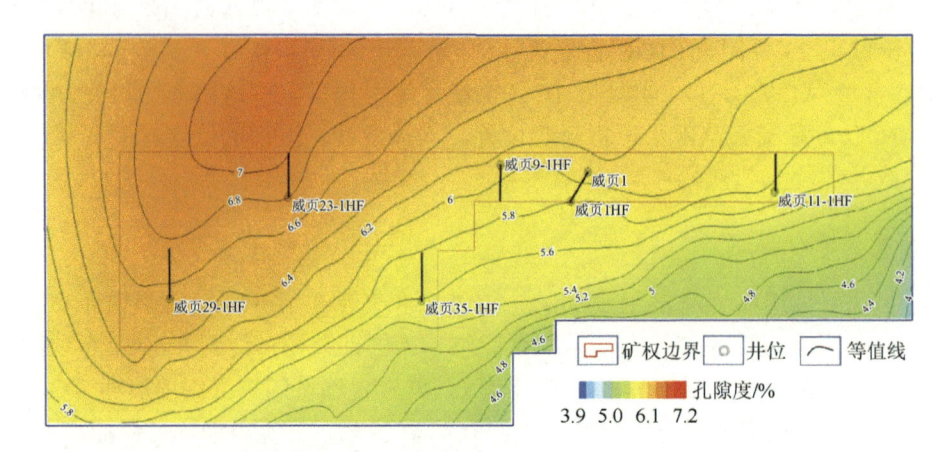

图 9-4　威远工区五峰组—龙马溪组①~④号层孔隙度预测

东边凹陷区孔隙度变小,最低值位于工区西南角,孔隙度约为 4.8%。页岩储层孔隙度与页岩层 TOC 含量和含气饱和度密切相关,TOC 含量高,含气饱和度高,则孔隙度高,反之则孔隙度降低。

9.2.2 工程"甜点"预测及综合评价

1. 脆性预测

优质储层段具有明显的高杨氏模量和较低泊松比的特征。但是,在实际的页岩气开发过程中发现,随着页岩中的石英含量的增加,杨氏模量增加;而随着孔隙度的增加,杨氏模量会降低。同时,随着储层中 TOC 含量与孔隙含气量的增加,杨氏模量降低。针对孔隙度较高的脆性含气区,在杨氏模量、泊松比直接反演的基础上,采用脆性指数 E/λ 进行评价。威远工区五峰组—龙马溪组底部的龙一段优质页岩储层脆性较高且较稳定,顶部⑥号小层为一个明显的脆性变化界面,往上逐渐减小。

纵向上,五峰组—龙马溪组下部①~④号层脆性指数较高,这与页岩储层本身硅质含量较高密切相关。脆性指数最高的底部①、②号层段页岩,硅质含量分别为 66.09%、62.44%。上部⑤、⑥号层硅质含量逐渐降低为 45%左右,脆性指数剖面很好地指示了脆性矿物含量的相对高低。五峰组—龙一段下部沉积期,随着古水深逐渐变浅,硅质含量减少,进而导致储层的脆性也降低。龙一段顶部、龙二段及龙三段沉积期,随着水体进一步变浅,地层中黏土矿物含量增加,从而导致地层脆性减弱。这与该区的区域沉积演化是吻合的。在测井解释上,威远工区五峰组—龙马溪组页岩储层的脆性矿物(硅质)含量也从下往上逐渐降低。提取①~④号层的 E/λ 值,介于 1.8~2.1,工区内龙马溪组底部脆性整体差异较明显。东区威页 1—威页 11-1 井区脆性相对较低,西区威页 23-1 井脆性相对较高,地层容易压裂改造,如图 9-5 所示。

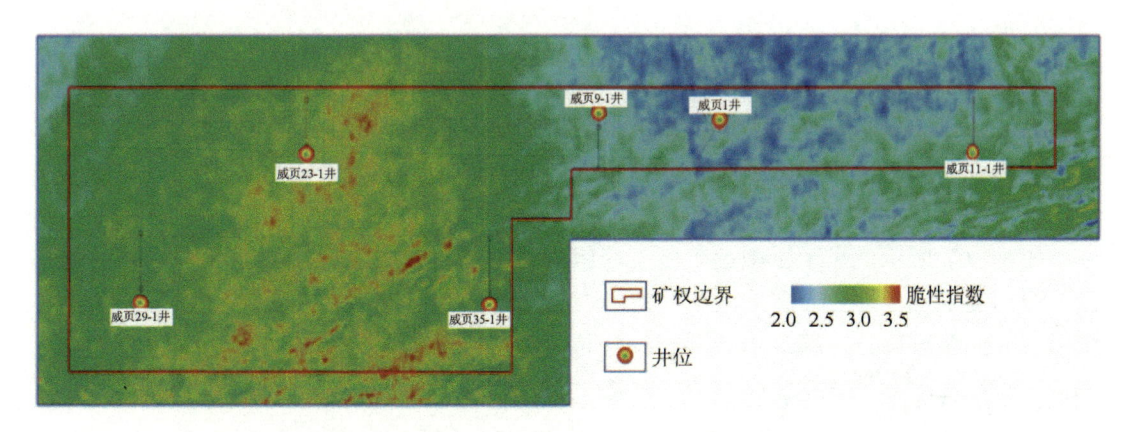

图 9-5 威远工区五峰组—龙马溪组①~④号层脆性指数(E/λ)

2. 孔隙流体压力预测

在获得静水压力、上覆岩层压力、常压背景速度场的情况下,基于叠前反演获得的速度场，利用单井孔隙流体压力预测时所构建的预测模型进行预测，如图 9-6 所示。可以看出，目的层压力系数介于 1.7～2.1，深凹区压力系数大，保存条件相对隆起区要好。地震孔隙流体压力预测结果与测井孔隙流体压力预测结果吻合较好，五峰组—龙马溪组底部孔隙流体压力明显偏高，属于高压-超高压页岩气藏。

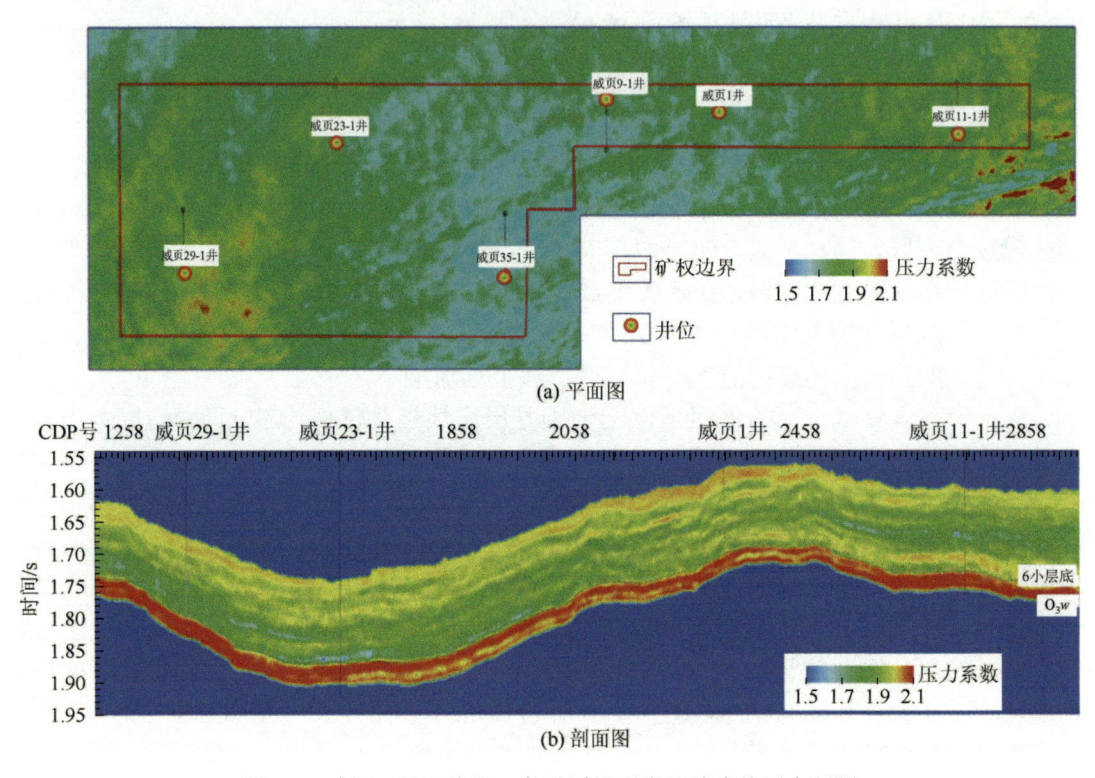

图 9-6 威远工区五峰组—龙马溪组页岩孔隙流体压力预测

3. 地应力预测

地应力预测时，首先构建合理的页岩等效岩石物理模型，进行各向异性参数建模；并结合叠前方位地震数据，开展叠前 AVAZ 及各向异性参数的反演，以获得裂缝发育方位及裂缝各向异性参数，进而获得高精度的水平两向地应力差异比（DHSR），为压裂工程施工设计提供依据。

如图 9-7 所示，显示了威远工区五峰组—龙马溪组 DHSR 与地应力方向。地应力方向与四川盆地现今地应力方向基本一致，为近 EW 向；但局部地区受地层构造形态影响，地应力方向略有旋转，威页 11 井区的地应力方向为 NE-SW 向。

4. 裂缝预测

基于叠前方位各向异性的裂缝预测，利用了纵波的各向异性特征。即在裂缝型储层中，从各个方位入射的纵波会产生不同的反射特征（走时、振幅、吸收衰减、AVO 等）。基于叠前宽方位地震道集数据，将宽方位数据划分为若干个方位，然后便可以利用多个方位的信息，获得裂缝发育方向以及裂缝发育的相对强度（发育密度）。

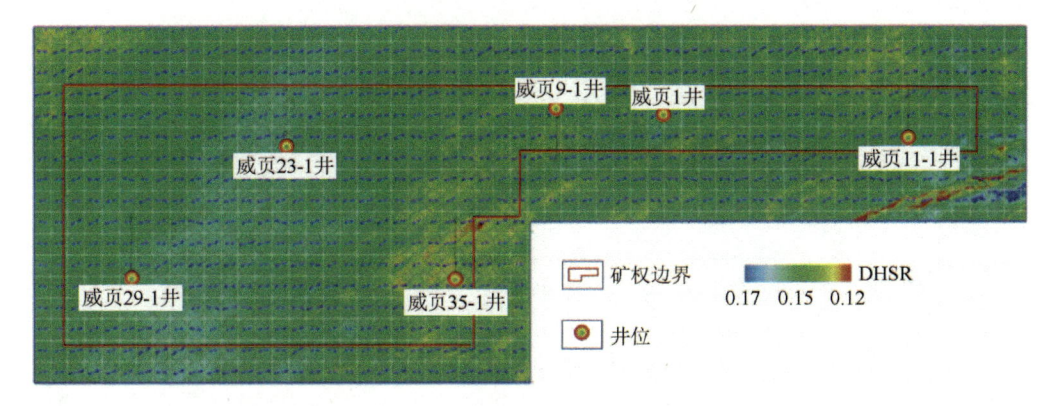

图 9-7 威远工区五峰组—龙马溪组①~④号层 DHSR 预测与地应力方向

在威远工区，基于叠前方位各向异性的裂缝预测流程如下。

（1）将叠前 CMP 道集均匀地分割成四个方位，形成 0°~45°、40°~70°、80°~140°、135°~180°等四个分方位道集。

（2）将分好方位的叠前数据进行叠加，再进行偏移，得到偏移后的四个数据体。

（3）采用相对波阻抗而不用绝对波阻抗进行椭圆拟合，对每一个采样点进行方位椭圆拟合，求解出裂缝参数，采用椭圆扁率表征裂缝密度，通过综合分析判定裂缝方向。

如图 9-8 所示，显示了威远工区叠前裂缝预测结果。由图可见，工区东南部断层及微裂缝较发育，方向为近北东向和北北西向；威页 23 井组处裂缝不发育。整体上威远工区五峰组—龙马溪组底部构造变形特征相对较简单，除了在工区东南部靠近自流井背斜发育明显的断裂之外，区内大尺度断裂不发育（地震剖面未见明显的波组错断）。

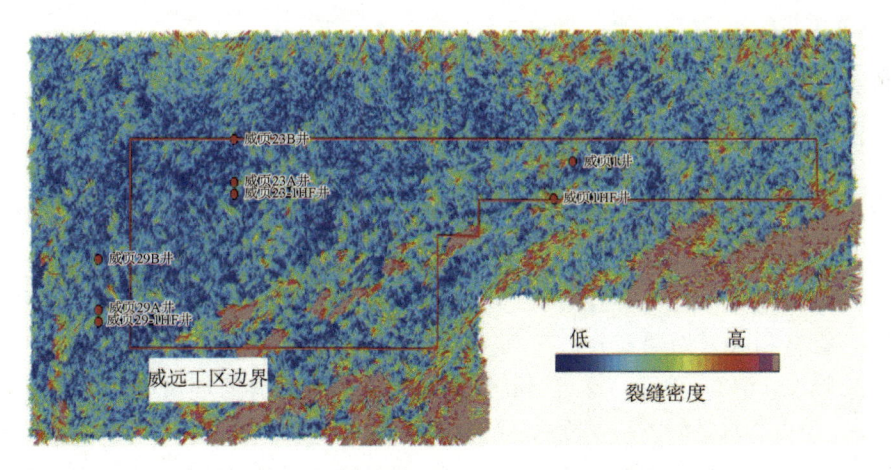

图 9-8 威远工区五峰组—龙马溪组叠前裂缝预测

9.2.3 深层页岩气勘探

1. 钻井跟踪

威远工区实施开发评价井 6 口，累计完成水平段进尺 7161.45m（表 9-1），全井均在

①～③层穿行，优质页岩钻遇率100%，实现了高精度钻井要求，为后续压裂施工和获得高产奠定了基础。

表 9-1　威远工区页岩气开发评价井优质页岩（储层）钻遇率统计

井号	水平段长/m	段长/m			段长占比/%		
		③层Ⅰ号地震波峰及之上	Ⅱ、Ⅲ（优质储层）	①～③层（优质页岩）	③层Ⅰ号地震波峰及之上	Ⅱ、Ⅲ（优质储层）	①～③层（优质页岩）
威页 23-1HF	1500.54		1500.54	1500.54		100.00	100.00
威页 29-1HF	1510.05		1510.05	1510.05		100.00	100.00
威页 35-1HF	1500.56		1500.56	1500.56		100.00	100.00
威页 11-1HF	1150.30		1150.30	1150.30		100.00	100.00
威页 9-1HF	1500.00		1500.00	1500.00		100.00	100.00
威页 1HF	1004.92	296.00	708.92	1004.92	29.46	70.54	100.00

2. 测试试采

截至 2018 年 1 月，威远工区完成钻井 6 口。其中，完成试采井 1 口（威页 1HF），威页 23-1HF 井正在试采，完成产能测试井 6 口（威页 1HF、威页 23-1HF、威页 29-1HF、威页 11-1HF、威页 35-1HF、威页 9-1HF）。

3. 储量申报

依据页岩储层分类评价标准，对页岩储层评价一般考虑 TOC 含量、孔隙度、含气量、脆性四个静态地质参数。另一方面，威远工区东西部①～④号层厚度差异较大，在页岩品质差异不大的情况下，优质页岩的厚度直接决定了页岩气资源量的多少。因此，将①～④号层页岩厚度作为有利区优选的评价参数之一。最终，根据页岩厚度、孔隙度、含气量和脆性矿物含量，同时结合单井测试效果，优选出威页 1 井以西为有利区、以东为较有利区。其中，有利区面积 120km²，较有利区面积 23.77km²。在此基础上，进一步进行参数优选。将有利区分为两部分：有利区Ⅰ面积 95.1km²，具有厚度大（37m）、高孔隙（5.4%）、高脆性（61%）等特点；有利区Ⅱ面积 24.9km²，具有厚度中等（32m）、中度孔隙（5.0%）、中度脆性（59%）等特点。较有利区面积 23.77km²，具有厚度薄（27m）、中度孔隙（5.0%）、中度脆性（58%）等特点。

2017 年，中国石油化工股份有限公司西南油气分公司提交威远工区五峰组—龙一段气藏（①～⑥层）天然气控制储量 $1206.58\times10^8m^3$，含气面积 143.77km²，技术可采储量 $253.39\times10^8m^3$，经济可采储量 $175.33\times10^8m^3$，剩余经济可采储量 $175.07\times10^8m^3$，为国内首个探明的深层页岩气田。

9.2.4 深层页岩气开发

1. 开发层系

综合分析地质评价结果及威远工区已钻井、压裂实施效果，结合涪陵一期以及邻区威远开发经验，优选五峰组—龙一段①~④主力产气层作为一套开发层系进行开发。主要依据如下。

（1）①~④层纵向上无明显隔夹层，压力和流体性质相同；横向展布较稳定，有一定厚度，自西区威页 29-1HF 井至东区威页 11-1HF 井厚度为 38.7~27.4m。

（2）储层综合评价结果表明，①~④层无论含气量、孔隙度、TOC 含量、脆性等页岩品质明显好于⑤、⑥层，为Ⅰ类储层。Ⅰ类储层进一步细分为 I_A 和 I_B 两类，其中 2-3^1 为 I_A 类储层。

（3）长宁区块工程监测和动态分析表明，页岩气井压裂有效缝高一般为 30~40m；而威远工区 6 口勘探开发评价井①~④层厚度介于 27.4~38.7m，可作为一套层系开发动用。

2. 水平井穿行层段

邻区及焦石坝页岩气开发实践表明，水平井水平段穿行优质储层钻遇率与单井产能有较明显的相关性，优质储层钻遇率高，获得高产的概率大。因此，水平井轨迹穿行层段必须综合考虑储层孔隙度、含气性和脆性矿物含量等。地质评价威远工区五峰组—龙马溪组①~④层 2-3^1 开发小层具有"五高两低"特征（高自然伽马、高 TOC 含量、高孔隙度、高含气量、高脆性、低黏土含量、低密度），为优质储层发育段，地质综合评价为 I_A 类储层，为地质、工程"甜点"。储层参数统计结果，如表 9-2 所示。

表 9-2 威远工区五峰组—龙马溪组开发小层储层参数统计

开发小层	层厚/m	GR/API	RD/(Ω·cm)	AC/(μs/ft)	DEN/(kg/cm^3)	总含气量/(m^3/t)	TOC含量/%	孔隙度/%	硅质含量/%	脆性指数	裂缝发育程度	孔隙特征	储层类型
3^2-4	29.1	128.2	20.90	86.1	2.50	3.85	3.72	6.09	51.29	0.69	欠发育	有机质孔隙较发育，孔径相对较小	Ⅰ类
2-3^1	6.2	212.4	54.76	82.6	2.42	6.20	5.04	7.18	46.00	0.82	极发育	有机质孔隙发育，孔径大	I_A 类
1	3.4	96.4	59.12	78	2.50	4.72	3.45	6.68	43.74	0.80	发育-极发育	有机质孔隙发育，孔径相对较小	Ⅰ类

根据焦石坝地区页岩气开发井水平段穿行位置与产能关系统计结果，水平井段穿行位置越靠近③小层下部（优质页岩储层），测试产能越高。

邻区威远生产经验亦表明，页岩气井水平段穿行在龙一^{1}段（自然伽马曲线Ⅲ号峰位置）气井测试量高，当Ⅰ类储层钻遇率超过 70%，水平井测试产量大于 $20 \times 10^4 m^3/d$ 的概率高。

因此，威远工区水平井最优穿行层位为 2-3^1 小层中下部，距龙马溪组底部 3~5m。

3. 部署方案

根据威远工区开发技术政策研究成果，开发方案开发层系为五峰组—龙一段①~④层（厚度一般为 27.4~38.7m）；穿行层位为五峰组—龙马溪组 2-3^1 小层之间；水平井井距 400m，局部略有调整；水平井长度以 1500m 为主，根据地面平台情况调整为 1000~1800m；水平段轨迹方向尽可能垂直最大地应力，取南北向；平台设计以 1 台 6 井和 1 台 8 井为主，局部区域采用单向布井；布井模式采用"米字形"丛式模式，靶前位移大于 300m。

根据气藏开发技术政策研究成果以及方案设计原则，开发方案部署一套开发井网，方案部署总井数为 23 台 166 口井，其中新建 19 台 162 口井，利用 4 台 4 井（威页 9-1HF 井、威页 23-1HF 井、威页 29-1HF 井、威页 35-1HF 井），动用面积 108.55km^2，动用储量（①~④层）656.73×10^{8}m^3，新建产能 30×10^{8}m^3。

9.3 永川工区深层页岩气高效勘探开发

永川工区的深层页岩气勘探开发应用了大量先进技术方法。尤其在地震资料成像、小断层识别、优质页岩储层甜点参数预测、保存条件研究、随钻跟踪等方面，深层页岩气地震勘探技术强力支撑了永川工区页岩气勘探开发和储量申报工作。

9.3.1 精细构造解释

1. 复杂地区精细成像

永川工区处于华蓥山断裂带上，地下构造、断裂发育，地表高差大、岩性复杂，整体上处于双复杂地区，地震资料品质受到严重影响，地震资料处理难度大。通过应用复杂区高保真处理、射线域精确成像和逆时偏移等技术方法，地震资料品质得到较大提高，有力地支撑了永川工区的高效勘探开发工作。

2. 小断层识别

永川工区构造复杂、断裂发育，断层对页岩气水平井设计和实钻井轨迹控制影响较大。任何小断层的漏判都将导致优质页岩有效储层段的损失，增加钻井成本，并且直接影响后期产能。因此，小断层识别至关重要，在永川工区运用多种裂缝检测技术，在小断层的识别上取得了积极进展。

3. 构造特征

以地震数据为基础，开展精细构造解释；运用构造模型约束的速度建模方法，建立合理的速度场；最后，采用小网格加密算法，编制高精度构造图，达到落实研究区构造特征的目的。

1）构造分区

永川工区两凹夹一隆的构造格局，可以进一步细划为 5 个变形区，即北部向斜区、南部向斜区、夹持断块区、抬升断块区、背斜变形区。各区内变形强度及断层发育程度各有不同。

2）新店子背斜变形特征

新店子背斜为永川工区内需重点解剖的变形区，具有"上下分层、东西分段、南北分带"的变形特征（图 9-9～图 9-11）。上下分层：上述由三套滑脱层所控制的"三变形层"构造样式。东西分段：由不同逆冲方向断层所控制的"东部断弯背斜""西部反冲背斜"（永川地区形成 NE 向收缩构造的应力主要来自雪峰山向陆内挤压，故将 SE 向的逆冲断层称为反冲断层）。南北分带：主背斜及南、北两翼发育的次级背斜。

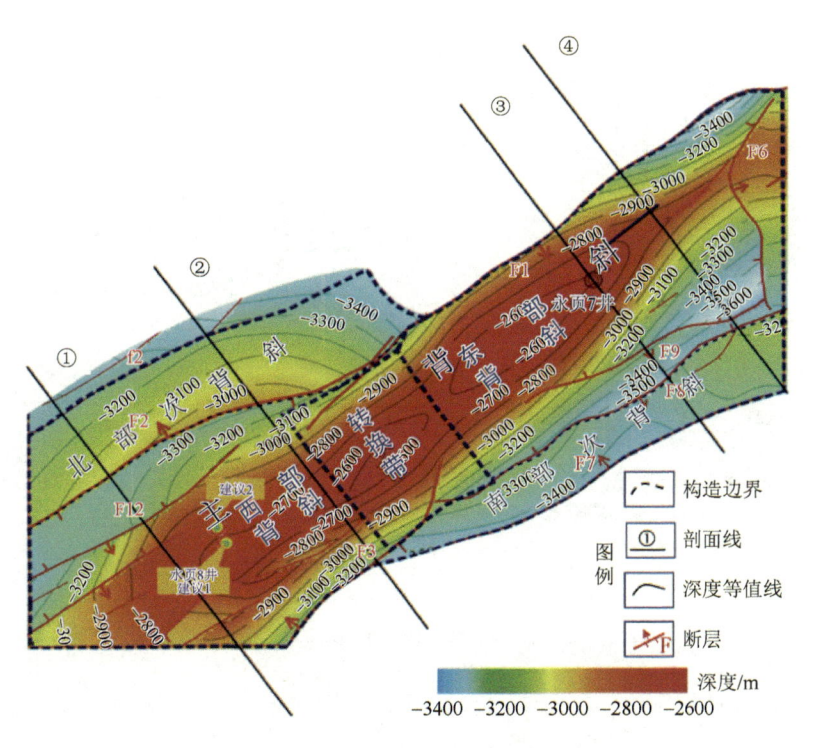

图 9-9 新店子背斜五峰组底面构造分区

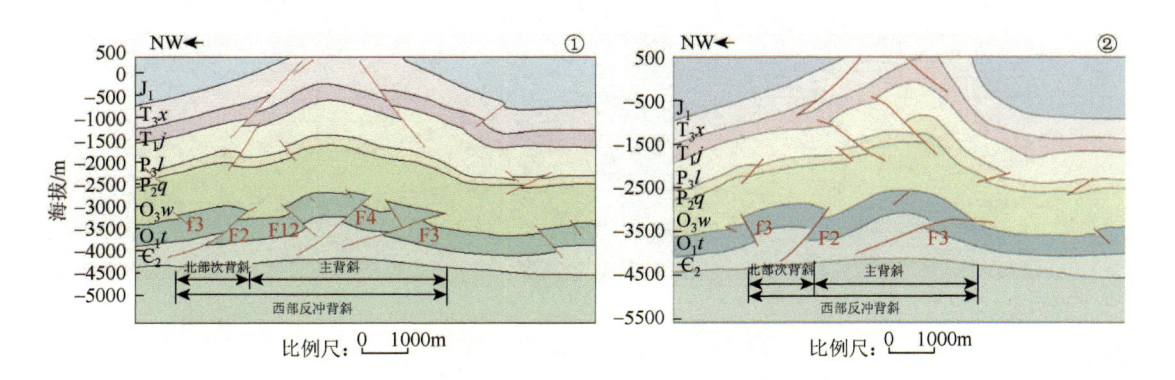

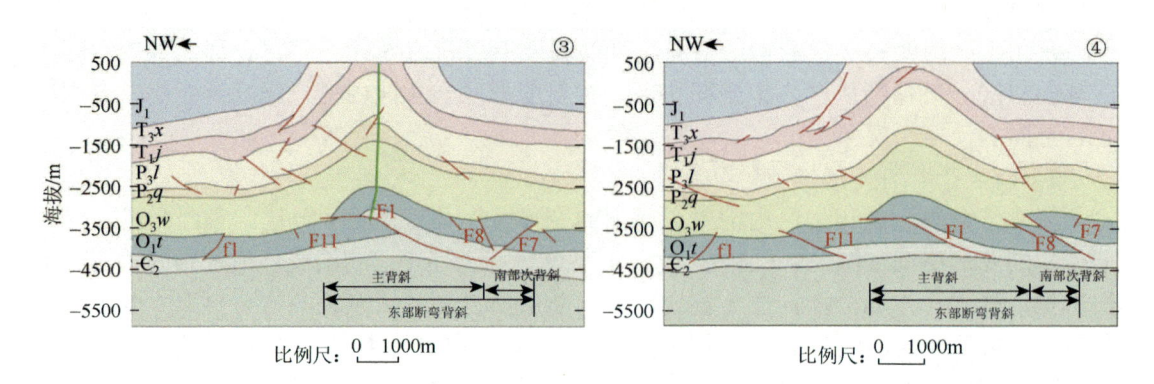

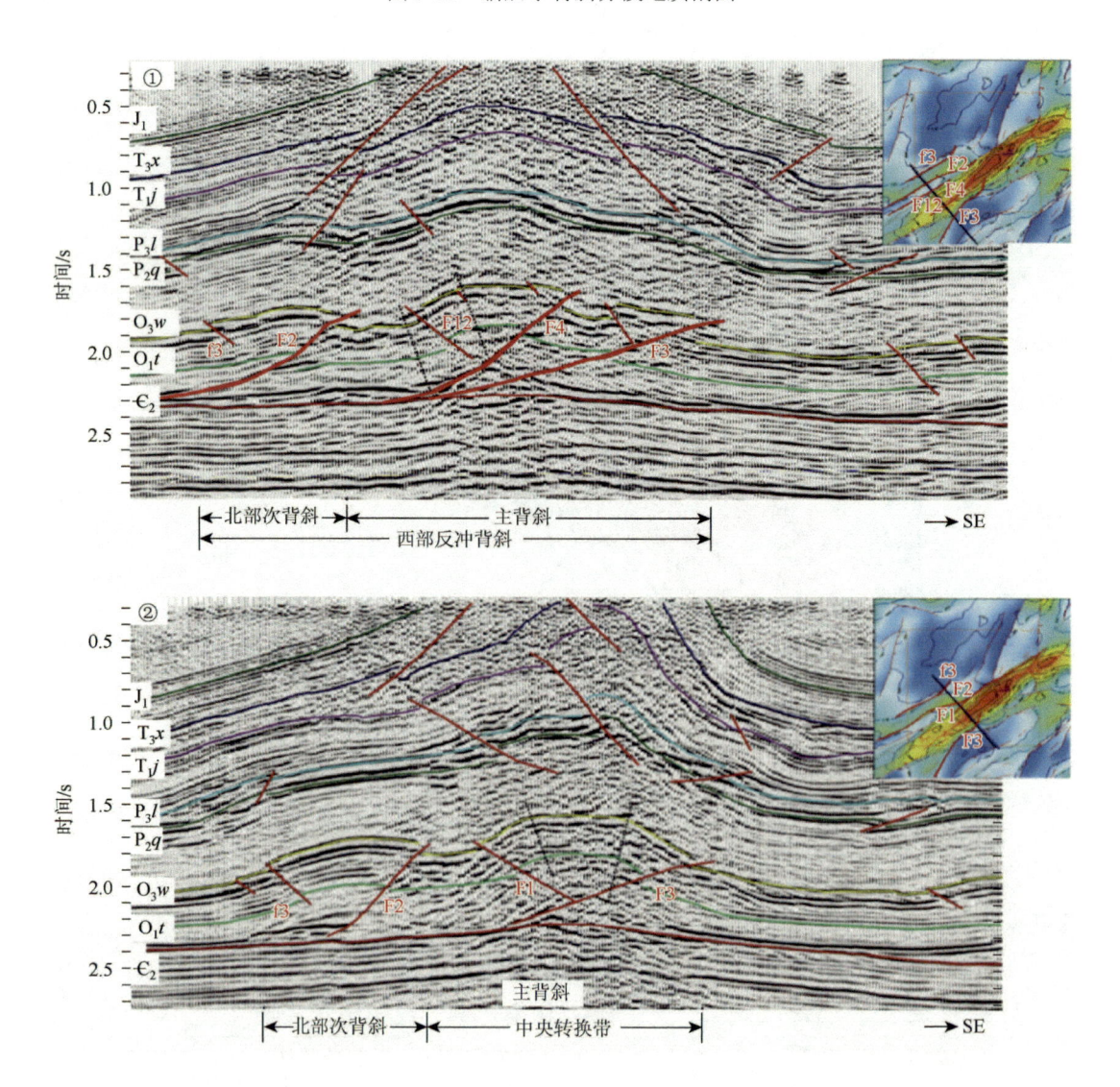

图 9-10　新店子背斜分段地质剖面

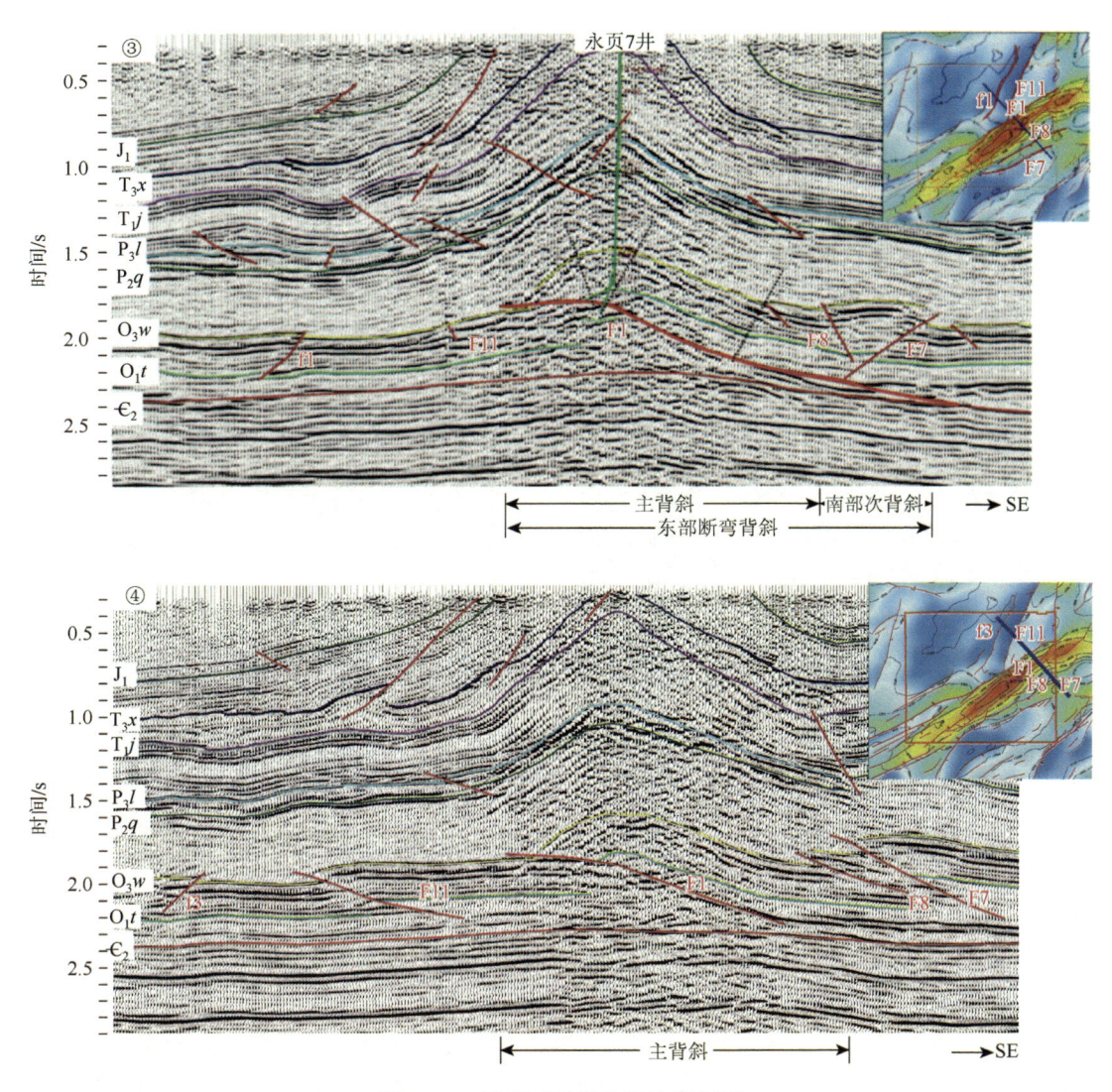

图 9-11　新店子背斜分段地震剖面

9.3.2 地质"甜点"预测

利用叠后反演和叠前三参数反演、地质统计学反演等技术,开展优质页岩厚度、TOC 含量、孔隙度、含气量等"甜点"参数预测,进一步落实了永川工区优质页岩的展布,为储量申报和钻井部署提供了依据。

1. 页岩"甜点"参数预测

1)优质页岩厚度预测

根据测井数据的分析,龙马溪组优质页岩具有高自然伽马、高声波时差、低密度、低阻抗的特点。在地震波阻抗反演剖面上,可以较好地分辨出龙一^{1}段的优质页岩。通过测井阻抗分析，利用地震反演阻抗数据体，以阻抗值小于 10700(g/cm^3)·(m/s)提取龙一^{1}段优质页岩厚度，如图 9-12 所示。可以看到，地震预测龙一^{1}段优质页岩分布较为平稳，厚度在 30～50m，永页 1 井位置厚约 41.5m，永页 3 井和永页 2 井厚度减小，与测井综合解释结果基本一致。工区内厚度总体稳定，自东南向西北方向厚度略减薄。

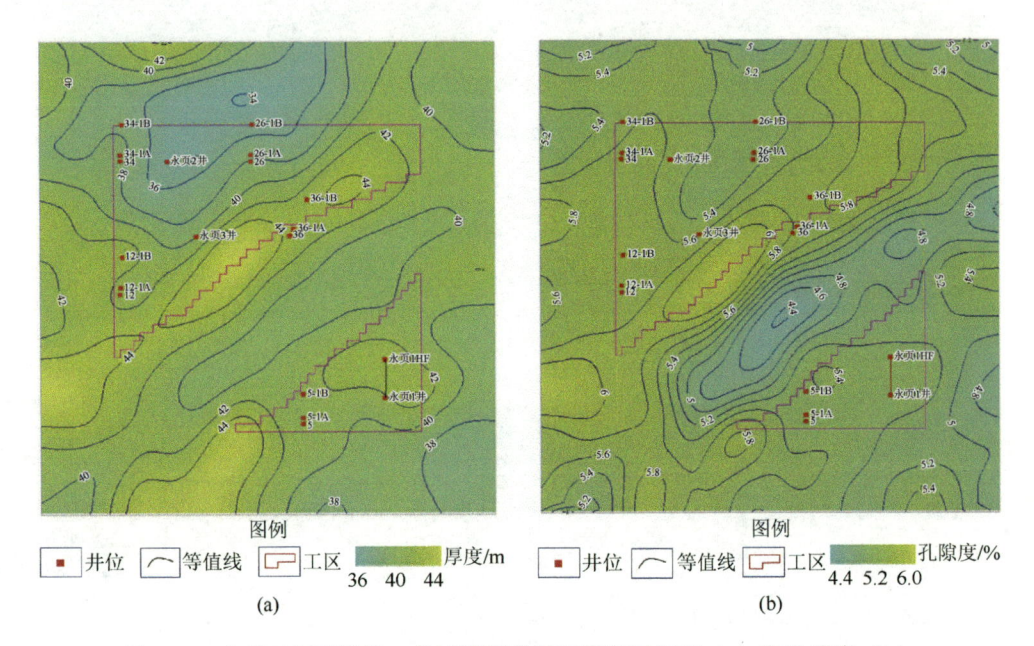

图 9-12　永川工区五峰组—龙马溪组优质页岩储层厚度（a）和孔隙度（b）

2）优质页岩孔隙度预测

对已知钻井优质页岩段的岩石物理分析结果表明，孔隙度与波阻抗相关性较好。因此，可以根据已知钻井优质页岩段波阻抗与孔隙度的交会关系，利用地震反演的阻抗体预测优质页岩层段页岩总孔隙度的分布。如图 9-13 所示，除新店子背斜部分外，大部分地区孔隙度分布在 4%～6%，总体上变化不大。

3）优质页岩 TOC 含量预测

对已知钻井优质页岩段的岩石物理分析结果表明，密度与 TOC 含量相关性较好。因此，可以根据已知钻井优质页岩段密度与 TOC 含量的交会关系，利用叠前地震反演的密度体，预测优质页岩层段 TOC 含量的分布。TOC 含量平面图如图 9-13 所示。可以看到，全区 TOC 含量分布在 3%～6%。新店子背斜部分由于复杂构造对保存条件的影响及地震数据品质原因，预测值较低。

4）优质页岩含气量预测

对已知钻井优质页岩段的岩石物理分析结果表明，含气量与 TOC 含量的正相关关系很强。因此，可以根据已知钻井优质页岩段 TOC 含量与含气量的交会关系，利用地震预测的 TOC 含量预测优质页岩层段含气量的分布。通过地震反演预测优质页岩层段含气量分布情况。如图 9-13 所示，全区含气量分布在 3～7m^3/t。受新店子背斜保存条件的影响，背斜部分预测值较低。

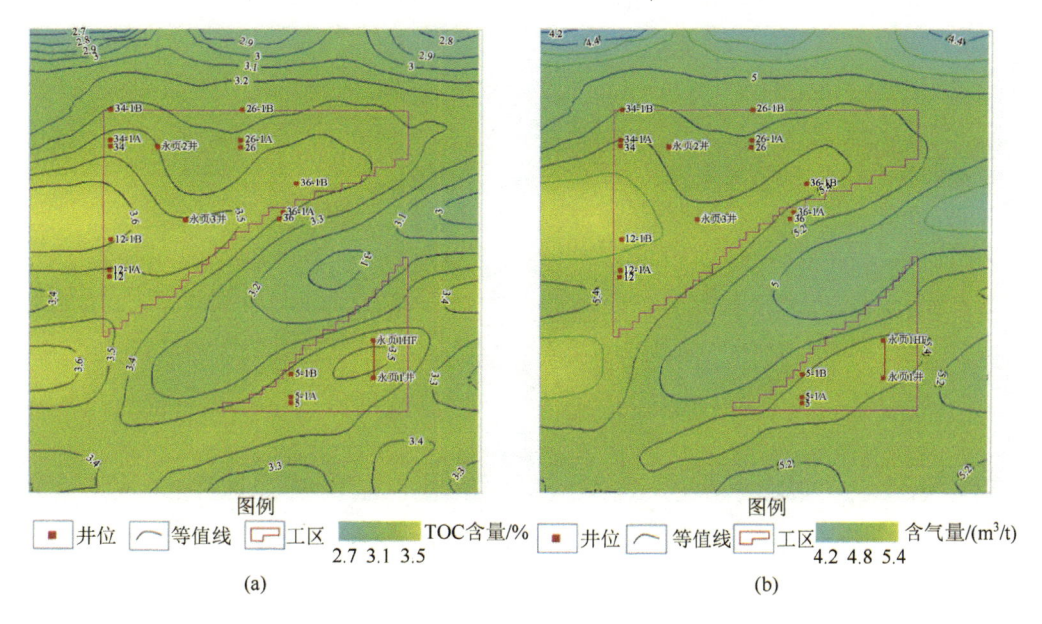

图 9-13　永川工区五峰组—龙马溪组优质页岩平均 TOC 含量（a）和含气量（b）分布

2. 保存条件分析

永川工区构造复杂，龙马溪组页岩热演化程度高，保存条件的好坏是本区页岩气能否富集高产的关键。通过构造断裂破坏性分析、裂缝表征、构造埋深和孔隙流体压力预测等，可以实现区内保存条件评价。

1）大断裂破坏性分析

页岩气生产与裂缝密切相关，由于页岩极低的渗透率，开启的或相互连通的多套天然裂缝能增加页岩储层的产量。但大断裂及其伴生的裂缝系统对非常规页岩气油气保存条件具有明显破坏作用，且不同性质的断层对其周围地层的破坏程度不同。随着与断裂距离的增大，岩层破裂的程度是逐渐降低的，岩层侧向与断层连通的可能性也是逐渐减小的，距断裂一定范围外，断层伴生裂缝基本已不发育。

结合邻区涪陵地区实践经验，建立了永川三维工区断层分级标准（表 9-3）。根据不同断裂的破坏距离，剔除了断层的破坏范围，如图 9-14 所示。由图可知，破坏性断层主要分布于新店子背斜及其翼部，整体上工区北部石盘铺向斜断裂最不发育，保存条件最有利。

表 9-3　永川三维工区断层分级标准

断层分级	断开层系	平均断距/m	布井条件
A 级	断开多套地层	>150	距离断层大于 350m
B 级	断穿志留系	100~150	距离断层大于 200m
C 级	未断穿志留系	50~<100	无布井限制，但井轨迹不能穿过断层
D 级	未断穿志留系	<50	无布井及井轨迹限制

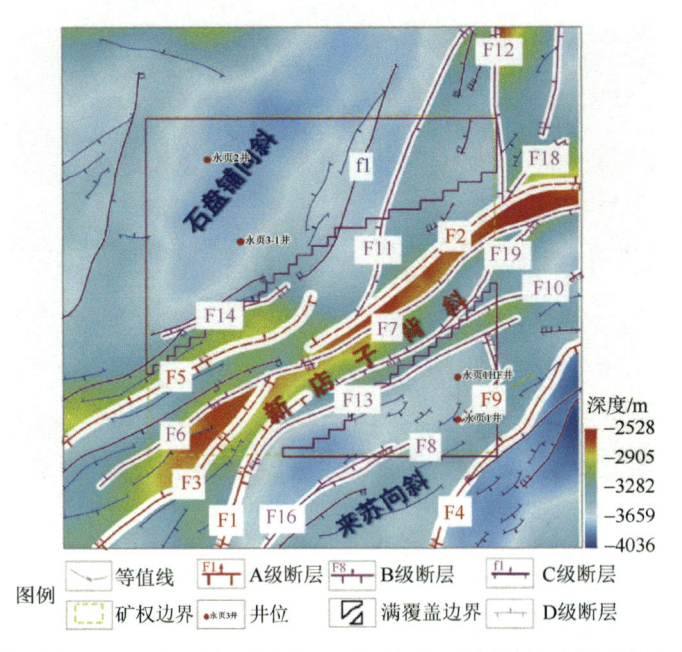

图 9-14 荣昌—永川大断裂（A、B 级）及其破坏性范围平面分布

2）分尺度裂缝预测

利用相干属性、曲率属性等地震叠后属性裂缝预测以及地质构造属性裂缝模拟等，实现分尺度裂缝预测。

A. 地震相干和曲率属性

对永川工区三维地震数据体进行相干和曲率属性计算，可以发现工区内发育的断层的横向展布形态。相干属性表明，工区断层发育，南部小断层较多。曲率属性除了能反映断层特征外，还能够反映由大断裂与小断层诱导发育产生的微小尺度裂缝。可以看出，工区内裂缝普遍发育。

B. 基于应力与应变模拟的裂缝预测

如图 9-15 所示，显示了荣昌—永川地区基于应力与应变模拟的层位属性裂缝预测结果。分析表明，北部石盘铺向斜构造稳定，微裂缝不发育，且裂缝方向杂乱；南部来苏向斜构造稳定区，构造微裂缝较发育，走向多为北东向。

3）优质页岩埋深

永川地区志留系页岩自沉积、成岩、成气以来，发生了多期强烈的构造变形，隆升剥蚀强烈，致使游离气逸散，吸附气被置换。中新生代以来，由于差异构造边界条件不同的影响，永川工区内发生差异构造变形，进而造成相异的页岩气保存条件。

永川地区不同形变区保存条件存在差异。区内存在向斜区 2 个，断层欠发育，保存条件好；夹持区 1 个，两侧发育的断层对保存有一定影响；抬升地块区 1 个，西侧和南侧断层对保存有一定影响；背斜区 1 个，断层发育，保存条件不利。永川地区整体埋深在 3050～4350m，埋深普遍大于地表水渗流影响深度，不存在与地表水的渗流交替作用。上覆岩层的累计厚度大，且存在志留系巨厚泥页岩、嘉陵江组膏岩，对页岩气可有效封

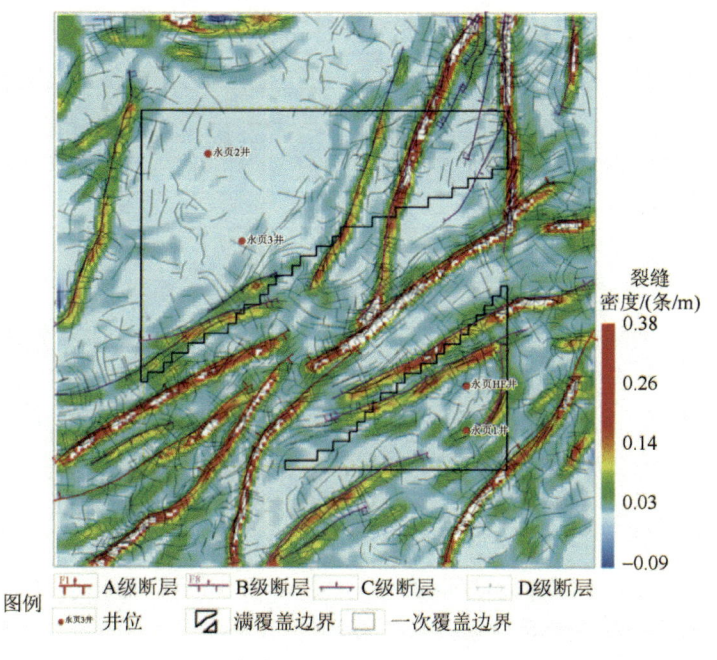

图 9-15 基于应力与应变模拟的层位属性预测裂缝

盖，保存条件整体较好。图 9-16 中橙色代表埋深为<3500m 范围，主要分布在新店子背斜核部，及其北部古佛寺断褶带高点范围内，面积达 35.52km²。黄色为埋深 3500~4000m，主要分布在新店子背斜斜坡带两侧，面积达 85.05km²。蓝色为埋深>4000m，主要分布在向斜边缘地区，面积达 94.80km²。从分布来看（表 9-4），工区绝大多数埋深大于 3500m，属于深层页岩气，保存条件较好。

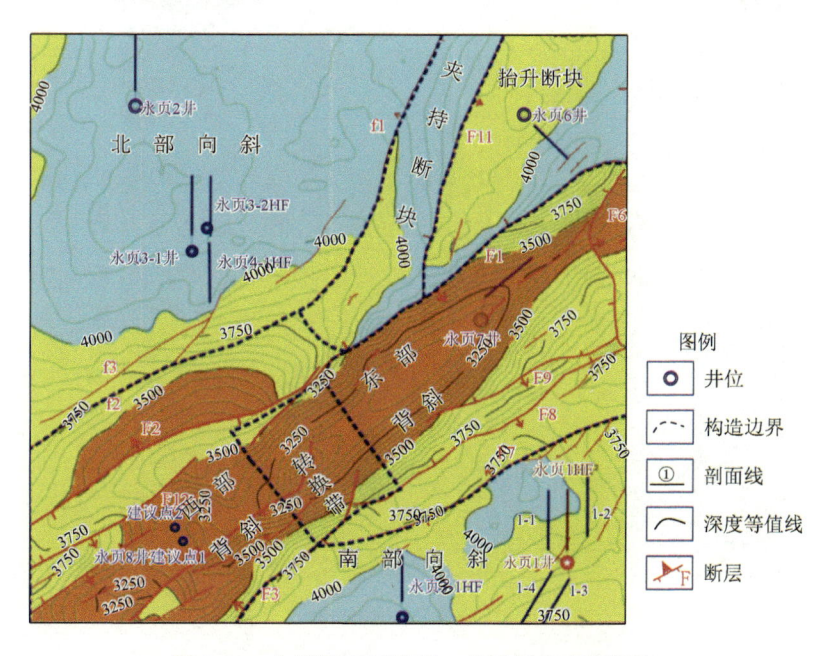

图 9-16 永川地区五峰组—龙马溪组底面埋深

表 9-4 荣昌—永川地区五峰组—龙马溪组埋深情况统计

颜色	埋深范围/m	面积/km²	占比/%
橙色	<3500	35.52	16.49
黄色	3500~4000	85.05	39.49
蓝色	>4000	94.80	44.02
总计		215.37	100.00

4）孔隙流体压力预测

孔隙流体压力预测在川南海相页岩气的勘探开发中具有重要的作用，该参数是表现储层保存条件好坏、含气量丰富程度的直接参数。孔隙流体压力总体随深度的增加而增加，但压力随深度变化的快慢在不同的地方并不一致。孔隙流体压力的异常高或异常低，一般与断裂发育、构造形态等直接影响保存条件的因素相关。

孔隙流体压力系数指实测孔隙流体压力与同深度静水压力的比值，压力系数是衡量孔隙流体压力是否正常的一个指标。一般把压力系数 0.8~1.2 称为正常压力，大于 1.2 称为高压异常，小于 0.8 则称为低压异常。如图 9-17 所示，显示了荣昌—永川地区志留系龙马溪组—五峰组底部优质页岩段压力系数平面分布。由图可见，区内整体压力系数较高，达到 1.7~2.0；仅新店子背斜构造区，由于地层的抬升和断层破坏，压力系数略有降低。永页 1 井为 1.84，永页 2 井为 1.86，永页 3 井为 1.88，均处于异常高压区。而根据永页 1 井第一次试采测算的压力系数为 1.85 左右，预测的结果与测算的结果差异不大，进一步表明本区保存条件优越。

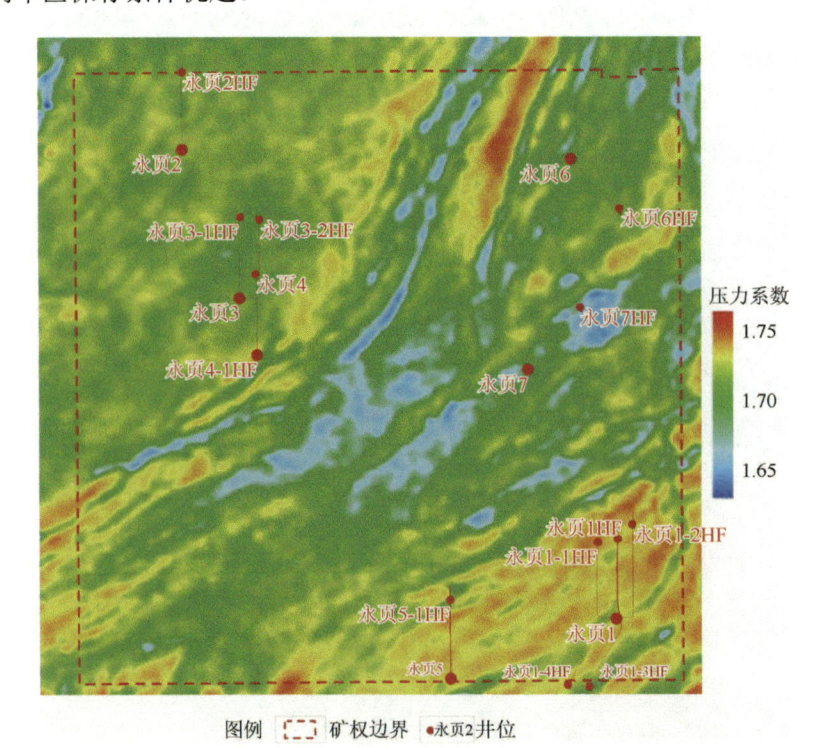

图 9-17 荣昌—永川地区五峰组—龙马溪组底部优质页岩段压力系数平面分布

9.3.3 工程"甜点"预测

深层页岩气作为一种非常规资源，具有自身的特性。深层页岩气藏含气丰度普遍较低，需要经过大型压裂改造，才能使页岩气从地层中释放出来。工程改造的好坏直接决定了单井动用资源量和单井产能是否能够达标。因此，工程"甜点"预测十分重要。

1. 页岩脆性预测

根据岩石物理分析，随着页岩储层段脆性矿物含量增高，岩石物理参数中泊松比降低、杨氏模量升高。通过叠前同时反演，能得到纵横波速度比与密度数据体，进而计算获得脆性指数，预测页岩储层的脆性特征。如图 9-18 所示，显示了永川工区五峰组—龙马溪组优质页岩脆性指数分布；由图可见，区内优质页岩段脆性指数在 40%~60%，可压性较好。

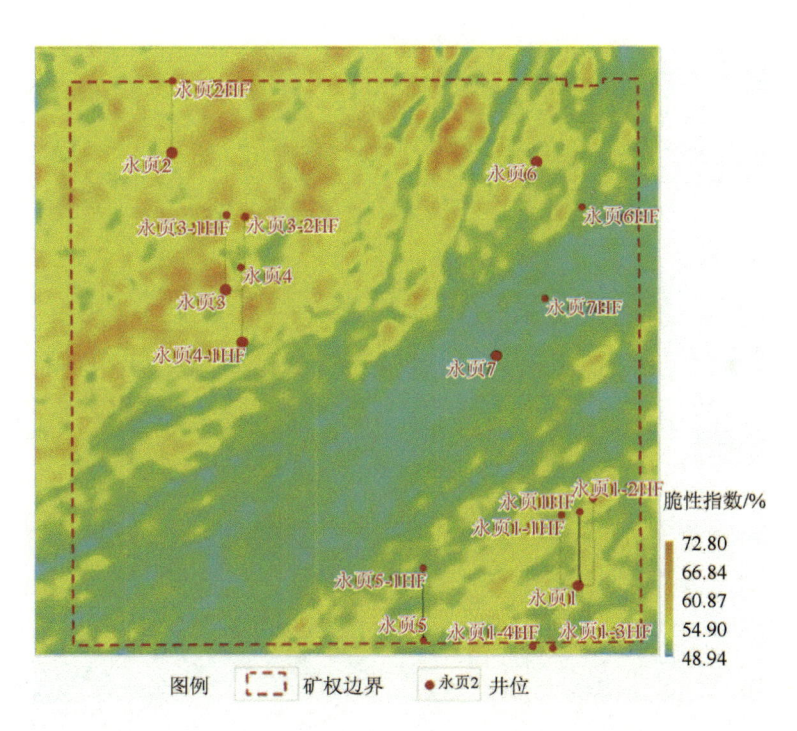

图 9-18 永川工区五峰组—龙马溪组优质页岩脆性指数分布

2. 地应力预测

应力场分析主要有两个方面的内容，即地应力方向和水平两向地应力差。地应力方向决定水平井轨迹部署方向，水平两向地应力差决定后期压裂改造效果。

1）地应力方向分析

局部应力场受控于区域地应力及局部构造变形，利用构造应力场反演能较好实现应力场分布预测。如图9-19所示，地应力方向预测结果与已钻井揭示的井壁崩塌所反映的地应力方向具有较好的一致性。

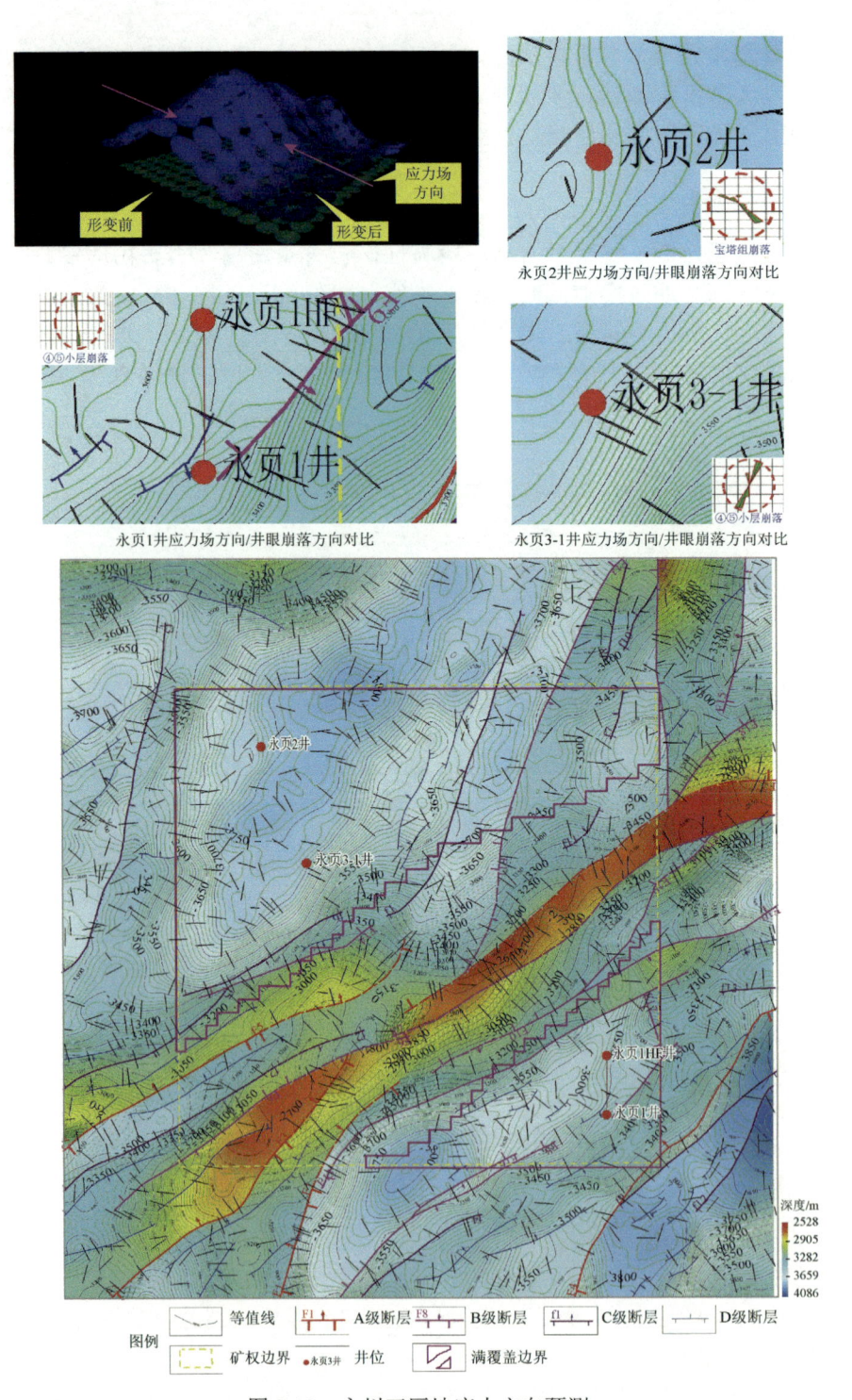

图9-19 永川工区地应力方向预测

2）水平两向地应力差预测

当地层最大最小水平地应力差较小时，近似于各向同性介质，有利于压裂施工，易于形成网状裂缝组合，可使页岩气最大化地活化。而当最大最小水平地应力差增大后，裂缝沿某一方向发生破裂，形成狭长的单缝，不利于压力改造，页岩气资源动用率普遍较低。如图 9-20 所示，图 9-20（a）显示了压裂形成缝网系统模型，图 9-20（b）显示了地应力差异系数的分布特征；工区西北及东南部稳定区地应力差异系数均小于 0.1，

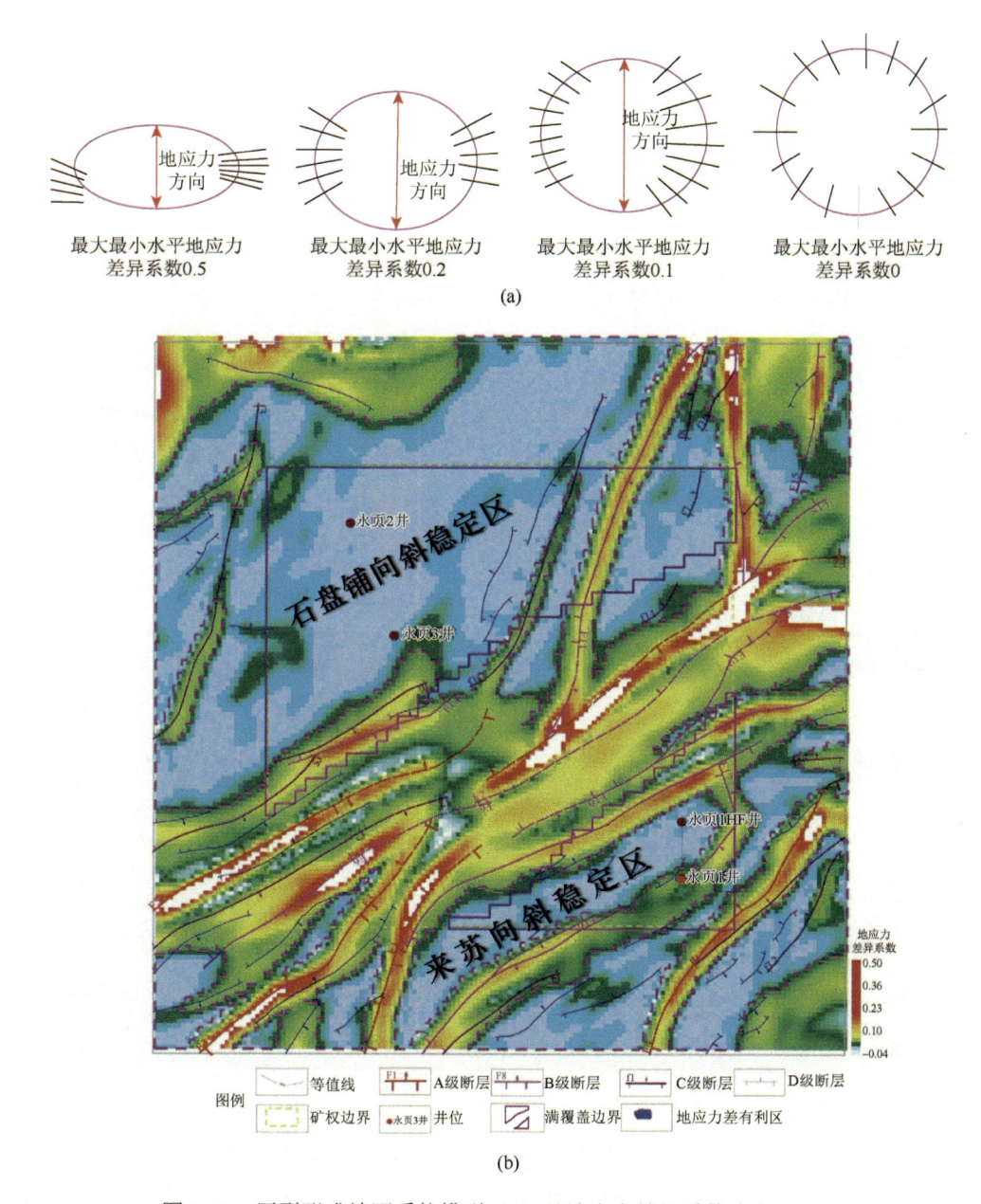

图 9-20 压裂形成缝网系统模型（a）及地应力差异系数分布（b）

整体地应力平均，易形成网状缝网系统；中部复杂带地应力差异系数大于 0.2，压裂易形成定向缝网系统。

9.3.4 随钻跟踪调整

水平井实施成功与否，直接关系后期压裂改造的效果。水平井在优质页岩层段穿行长度影响单井产量，钻井跟踪调整十分重要。永川工区整体构造复杂，小断裂、微构造发育，钻井跟踪过程要随时根据实际情况调整钻井轨迹，保证水平井优质页岩段穿行长度。通过运用地震动态时深转化和小井区快速深度偏移处理，消除了永川工区微幅构造异常对井轨迹设计的影响，有效地支撑了水平跟踪，并显著提升了永川工区水平井优质页岩钻遇率。

9.3.5 深层页岩气勘探

1. 测试情况

对永川工区 7 口页岩气井进行了系统试井测试，除永页 6HF 井由于储层钻遇率问题，产能较低外，其他井测试产量均在 7 万 m^3/d 以上，表明永川区块具有一定的开发潜力。

2. 储量申报

永川页岩气探区南部永川 1 井区奥陶系五峰组—志留系龙一段，页岩气含气面积 26.51 km^2，地质储量 234.53×$10^8 m^3$，技术可采储量 53.94×$10^8 m^3$。

9.3.6 深层页岩气开发评价及建产

1. 部署思路

以"评建结合、择优建产"部署思路，编制区块页岩气开发评价及滚动建产方案。坚持勘探开发一体化原则，加大断块区和背斜区的控制评价力度，部署 4 口评价井进一步落实资源、评价产能，为规模建产打下基础。结合已完钻 12 口井和新部署井，择优建产。

2. 部署方案

以"整体部署，分步实施，评价先行，效益优先"的整体部署思路，以上述开发技术政策为依据，整体部署 39 个平台（利用 7 台）194 口井，钻井总进尺 109×10^4m，平均单井进尺 5619m，建产潜力 33×$10^8 m^3$。其中，南区部署 5 台 19 口井（利用 2 台 6 口井), 北区部署 14 台 69 口井 (利用 3 台 4 口井), 东区部署 3 台 13 口井 (利用 1 台 1 口井), 夹持区部署 2 台 12 口井, 背斜区部署 15 台 81 口井 (利用 1 台 1 口井), 控制面积 142.14km², 控制储量 977.53×10⁸m³。

9.4 井研—犍为工区中深层-深层页岩气高效勘探

9.4.1 地质"甜点"预测及综合评价

1. 优质页岩储层分布预测

根据储层精细标定所明确的优质页岩的反射波组,通过等时对比追踪和地震属性分析,沿层对多种地震属性参数进行拾取,并结合区域沉积相特征,综合预测有利黑色页岩储层平面展布特征。在对比标定基础上,通过振幅属性以及波阻抗属性,刻画出了四套优质页岩平面分布范围。其中,①号优质页岩层主要分布在工区东南部,区内金页 1HF 井即在该层获得工业气流。②号、④号层优质页岩主要分布在工区西北部,分布范围广泛,强波谷振幅特征明显,推测优质页岩非常发育。

2. 优质页岩储层厚度预测

由于优质页岩低阻抗特征明显,通过叠后地震反演波阻抗,可以开展各套优质页岩储层厚度预测。如图 9-21 所示,井研—犍为工区①号小层优质页岩局部分布,主要集中在工区东南部,厚度 10～25m,往北往西变薄消失。②号小层优质页岩分布较稳定,平均厚度在 45m 以上。④号小层优质页岩分布较稳定,厚度向北西增厚,最厚可达 30m。

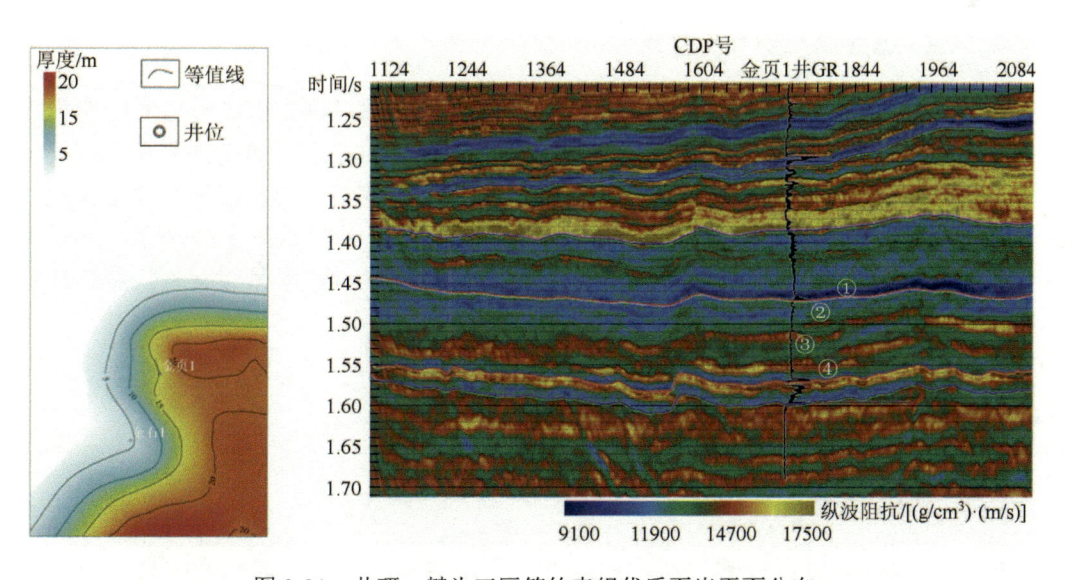

图 9-21 井研—犍为工区筇竹寺组优质页岩平面分布

3. 优质页岩 TOC 含量、孔隙度预测

利用叠后波阻抗属性与钻井 TOC 含量、孔隙度拟合，可以获得波阻抗与 TOC 含量、孔隙度呈现负相关关系。据此，可以预测优质页岩 TOC 含量分布。如图 9-22 所示，井研一犍为工区筇竹寺组④号小层 TOC 含量分布稳定，约 4.2%；④号小层孔隙度分布于 3%～3.4%。

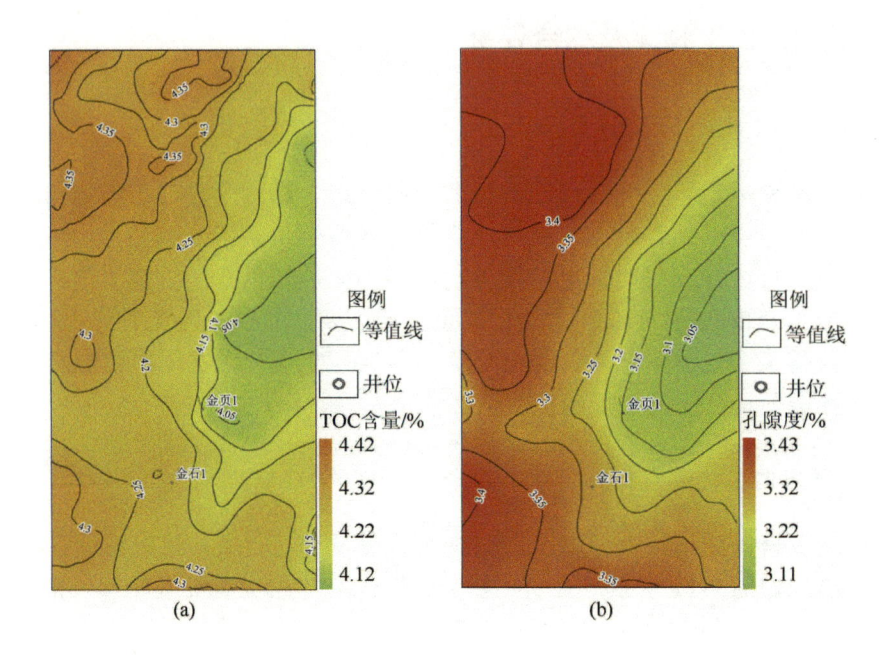

图 9-22 ④号小层 TOC 含量（a）和孔隙度（b）分布

4. 优质页岩叠前反演含气量预测

含气量是页岩含气性的直接表现。岩石物理分析表明，页岩密度与页岩的有机质含量及含气量有很好的相关关系；可以通过预测页岩密度的方式，间接预测页岩含气量。首先，通过地震 CRP 道集的叠前反演，得到纵波阻抗、密度、纵横波速度比等参数；然后，利用反演得到的密度数据，通过交会关系，预测含气量。如图 9-23 所示，通过密度与含气量的交会关系，获得了④号小层的含气量；图中显示，④号层含气性总体较好，尤其北部，含气量在 $4.05\text{m}^3/\text{t}$ 以上。

9.4.2 工程"甜点"预测及综合评价

1. 优质页岩叠前反演脆性预测

根据 Rickman 脆性预测方法，利用叠前反演得到的密度、纵横波阻抗、纵横波速

度比等参数,计算杨氏模量和泊松比,最终计算页岩脆性指数,实现页岩储层脆性预测。井研—犍为工区筇竹寺组除个别地方外,④号小层脆性指数均在 50～55,可压性较好。

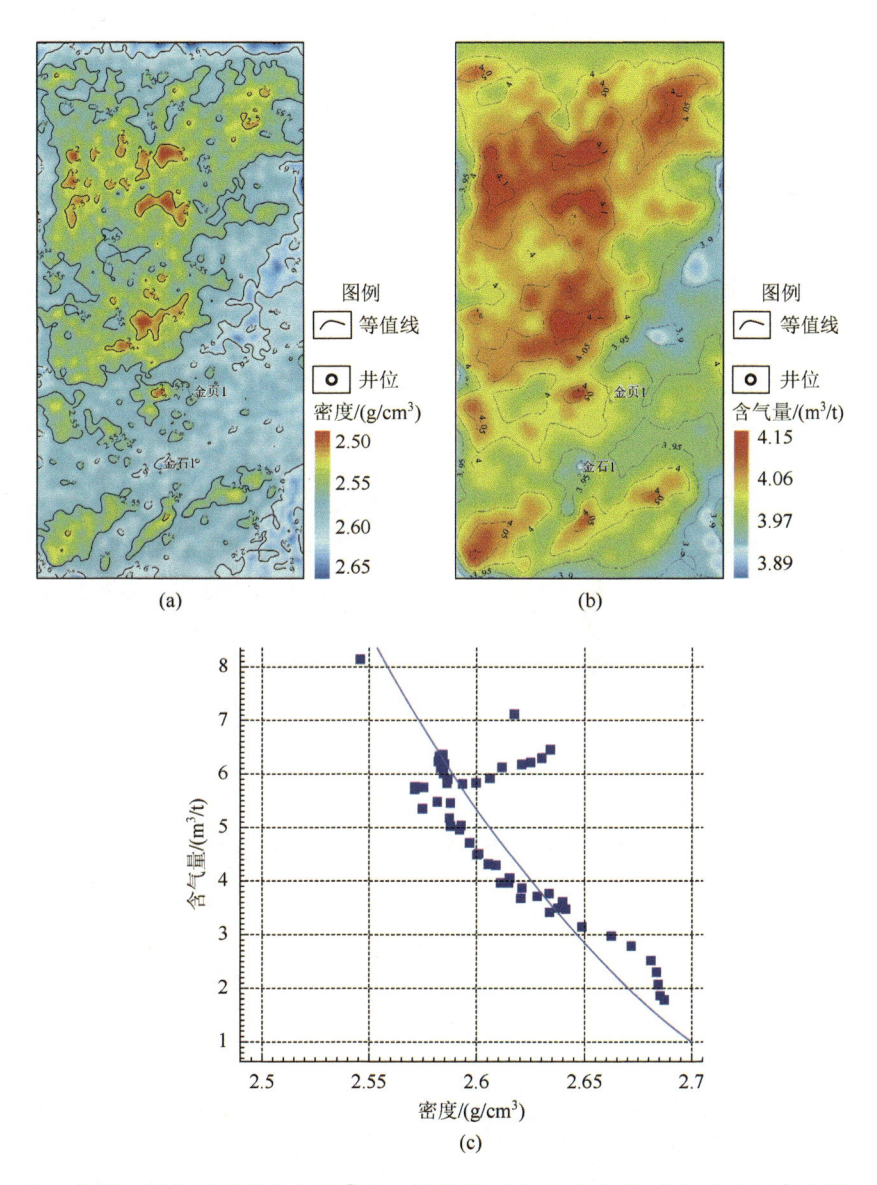

图 9-23 井研—犍为工区筇竹寺组④号小层密度（a）与含气量（b）分布及交会图（c）

2. 各向异性裂缝预测

裂缝可改善储层储集条件,特别是渗透条件;但是,定向裂缝的发育,可能对页岩气压裂施工的效果产生不利影响。利用 P 波方位各向异性开展区内裂缝预测,按 40m×40m 的宏面元对 CMP 道集进行分方位,分为 6 个方位,每个方位覆盖次数 50 次左右,获得了井研—犍为工区筇竹寺组各向异性特征。全区各向异性总体较弱；金石构造附近由于构造变形促进了裂缝的发育，有一定的各向异性；北部页岩基本无各向异性，定向裂缝不发育，均质性强，有利于压裂施工改造形成网状缝。

3. 孔隙流体压力预测

地震预测优质页岩孔隙流体压力（地层压力）为45~55MPa，地层压力系数为1.45~1.6；断层发育区地层压力系数未明显变化，断层对保存条件的破坏有限。顶底板相对完好，西北角上覆地层剥蚀，直接与二叠系接触，保存条件可能受到一定影响。

9.4.3 中深层-深层页岩气高效勘探

金石1井在筇竹寺组钻井气显示活跃，2012年直井筇竹寺组分两段射孔压裂测试，获天然气产量$6.58\times10^4m^3/d$，取得了寒武系页岩气勘探的发现突破。2013年，部署专层井金页1井，在筇竹寺组钻遇良好油气显示；筇竹寺组页岩取心117.70m，岩心孔洞不发育、性脆，页理发育，见大量黄铁矿、入水试验见气泡溢出。完井后部署以金页1井为导眼井的侧钻水平井金页1HF井，目地层为筇竹寺组上部优质页岩段，水平段实钻长1160.00m，均钻遇良好油气显示。2014年完成对水平段分15段的大型加砂压裂改造，累计入地液量$27010.8m^3$，累计入地砂量$1114m^3$，初步测试获日产量$5.95\times10^4m^3$；根据试井结果，以稳定试采，实现了筇竹寺组古老页岩勘探突破。

金页3HF井测试获$82.615\times10^4m^3/d$高产工业气流，实现新类型页岩气高产突破。后续部署实施的金石103HF井，于2022年6月试采获$25.9012\times10^4m^3/d$的高产工业气流。2024年，金页3HF井再次获$82.6150\times10^4m^3/d$高产工业气流，实现筇竹寺组新类型页岩气勘探重大突破。申报预测储量$2531.54\times10^8m^3$，控制储量$1943.65\times10^8m^3$。

参 考 文 献

安鹏，曹丹平，赵宝银，等，2019. 基于 LSTM 循环神经网络的储层物性参数预测方法研究[J]. 地球物理学进展，34（5）：1849-1858.
安晓璇，黄文辉，刘思宇，等，2010. 页岩气资源分布、开发现状及展望[J]. 资源与产业，12（2）：103-109.
陈建江，2007. AVO 三参数反演方法研究[D]. 青岛：中国石油大学（华东）.
陈祖庆，2014. 海相页岩 TOC 地震定量预测技术及其应用：以四川盆地焦石坝地区为例[J]. 天然气工业，34（6）：24-29.
程冰洁，徐天吉，李曙光，2012. 频变 AVO 含气性识别技术研究与应用[J]. 地球物理学报，55（2）：608-613.
程绩伟，张峰，李向阳，2024. 四川盆地海相页岩裂缝储层正交各向异性岩石物理建模[J]. 地球科学，49（1）：299-312.
戴金星，倪云燕，董大忠，等，2021. "十四五"是中国天然气工业大发展期：对中国"十四五"天然气勘探开发的一些建议[J]. 天然气地球科学，32（1）：1-16.
刁海燕，2013. 泥页岩储层岩石力学特性及脆性评价[J]. 岩石学报，29（9）：3300-3306.
董震，潘和平，2007. 声波测井资料与地震属性关系研究综述[J]. 工程地球物理学报，4（5）：488-494.
段伟刚，郑静静，王延光，等，2016. 基于 Teager 能量的地层 Q 值提取及储层流体识别[J]. 地球物理学进展，31（1）：411-416.
樊洪海，2002. 适于检测砂泥岩地层孔隙压力的综合解释方法[J]. 石油勘探与开发，29（1）：90-92.
樊洪海，2016. 异常地层压力分析方法与应用[M]. 北京：科学出版社.
郭君功，徐大杰，翟文建，2017. 古构造应力场定量性分析及意义[J]. 煤炭技术，36（4）：124-127.
郭彤楼，2021. 深层页岩气勘探开发进展与攻关方向[J]. 油气藏评价与开发，11（1）：1-6.
郭旭升，胡东风，黄仁春，等，2020. 四川盆地深层：超深层天然气勘探进展与展望[J]. 天然气工业，40（5）：1-14.
韩玉英，王维襄，1997. 岩石圈俯冲挠褶流变演化[J]. 中国科学：地球科学，27（2）：127-132.
贺振华，黄德济，文晓涛，2007. 裂缝油气藏地球物理预测[M]. 成都：四川科学技术出版社.
黄金亮，邹才能，李建忠，等，2012. 川南下寒武统筇竹寺组页岩气形成条件及资源潜力[J]. 石油勘探与开发，39（1）：69-75.
黄科，万金彬，夏朝辉，等，2015. 一种计算煤层含气量的方法：CN103364844B[P]. 2015-11-18.
黄荣樽，1984. 地层破裂压力预测模式的探讨[J]. 华东石油学院学报，8（4）：335-347.
黄荣樽，庄锦江，1986. 一种新的地层破裂压力预测方法[J]. 石油钻采工艺（3）：1-14.
黄旭日，代月，徐云贵，等，2020. 基于深度学习算法不同数据集的地震反演实验[J]. 西南石油大学学报（自然科学版），42（6）：16-25.
贾承造，2020. 中国石油工业上游发展面临的挑战与未来科技攻关方向[J]. 石油学报，41（12）：1445-1464.
金之钧，白振瑞，高波，等，2019. 中国迎来页岩油气革命了吗？[J]. 石油与天然气地质，40（3）：451-458.
孔选林，李军，徐天吉，等，2011. 三维曲率体地震属性提取技术研究及应用[J]. 石油天然气学报，33（5）：71-75，336.
李澈，2013. 井下微地震监测技术应用研究[J]. 科技资讯，11（14）：89.
李建忠，董大忠，陈更生，等，2009. 中国页岩气资源前景与战略地位[J]. 天然气工业，29（5）：11-16，134.

李庆辉, 陈勉, 金衍, 等, 2012. 页岩储层岩石力学特性及脆性评价[J]. 石油钻探技术, 40 (4): 17-22.
李庆忠, 2001. 对宽方位角三维采集不要盲从: 到底什么叫"全三维采集"[J]. 石油地球物理勘探, 36 (1): 122-125, 133.
李曙光, 程冰洁, 徐天吉, 2011. 页岩气储集层的地球物理特征及识别方法[J]. 新疆石油地质, 32 (4): 351-352.
李四光, 1973. 地质力学概论[M]. 北京: 科学出版社.
李新景, 胡素云, 程克明, 2007. 北美裂缝性页岩气勘探开发的启示[J]. 石油勘探与开发, 34 (4): 392-400.
李延钧, 赵圣贤, 黄勇斌, 等, 2013. 四川盆地南部下寒武统筇竹寺组页岩沉积微相研究[J]. 地质学报, 87 (8): 1136-1148.
李阳, 薛兆杰, 程喆, 等, 2020. 中国深层油气勘探开发进展与发展方向[J]. 中国石油勘探, 25 (1): 45-57.
李泽辰, 杜文凤, 胡进奎, 等, 2019. 基于测井参数的页岩有机碳含量支持向量机预测[J]. 煤炭科学技术, 47 (6): 199-204.
凌云, 吴琳, 陈波, 等, 2005. 宽/窄方位角勘探实例分析与评价（二）[J]. 石油地球物理勘探, 40 (4): 423-427.
刘恩龙, 沈珠江, 2005. 岩土材料的脆性研究[J]. 岩石力学与工程学报, 24 (19): 3449-3453.
刘继民, 刘建中, 刘志鹏, 等, 2005. 用微地震法监测压裂裂缝转向过程[J]. 石油勘探与开发, 32 (2): 75-77.
刘敬寿, 丁文龙, 肖子亢, 等, 2019. 储层裂缝综合表征与预测研究进展[J]. 地球物理学进展, 34 (6): 2283-2300.
刘清友, 朱海燕, 陈鹏举, 2021. 地质工程一体化钻井技术研究进展及攻关方向: 以四川盆地深层页岩储层为例[J]. 天然气工业, 41 (1): 178-188.
刘瑞合, 赵金玉, 印兴耀, 等, 2017. VTI 介质各向异性参数层析反演策略与应用[J]. 石油地球物理勘探, 52 (3): 484-490, 3.
刘树根, 曾祥亮, 黄文明, 等, 2009. 四川盆地页岩气藏和连续型-非连续型气藏基本特征[J]. 成都理工大学学报 (自然科学版), 36 (6): 578-592.
刘晓晶, 陈祖庆, 陈超, 等, 2022. 方位弹性阻抗傅里叶级数裂缝预测方法[J]. 石油地球物理勘探, 57 (2): 423-433, 247-248.
刘震, 金博, 韩军, 等, 2000. 准噶尔盆地东部流体势场演化对油气运聚的控制[J]. 石油勘探与开发, 27 (4): 59-63, 112-113, 121.
龙胜祥, 卢婷, 李倩文, 等, 2021. 论中国页岩气"十四五"发展思路与目标[J]. 天然气工业, 41 (10): 1-10.
卢鹏羽, 毛小平, 张飞, 等, 2021. 基于神经网络法预测伦坡拉盆地有机碳含量[J]. 地球物理学进展, 36 (1): 230-236.
马海, 2012. Fillippone 地层压力预测方法的改进及应用[J]. 石油钻探技术, 40 (6): 56-61.
马新华, 谢军, 雍锐, 等, 2020. 四川盆地南部龙马溪组页岩气储集层地质特征及高产控制因素[J]. 石油勘探与开发, 47 (5): 841-855.
马永生, 蔡勋育, 赵培荣, 2018. 中国页岩气勘探开发理论认识与实践[J]. 石油勘探与开发, 45 (4): 561-574.
孟宪武, 田景春, 张翔, 等, 2014. 川西南井研地区筇竹寺组页岩气特征[J]. 矿物岩石, 34 (2): 96-105.
聂海宽, 张金川, 2010. 页岩气藏分布地质规律与特征[J]. 中南大学学报 (自然科学版), 41 (2): 700-708.
曲志鹏, 吴明荣, 刘宗彦, 2013. 异常地层压力成因分析及地震预测[J]. 科技信息 (23): 35-36, 22.
沈骋, 郭兴午, 陈马林, 等, 2019. 深层页岩气水平井储层压裂改造技术[J]. 天然气工业, 39 (10): 68-75.

孙焕泉, 周德华, 赵培荣, 等, 2021. 中国石化地质工程一体化发展方向[J]. 油气藏评价与开发, 11 (3): 269-280.

孙艳霞, 王增会, 陈增强, 等, 2008. 混沌粒子群优化及其分析[J]. 系统仿真学报, 20 (21): 5920-5923, 5928.

谭峰, 2016. 基于三维地震数据的地层压力预测方法研究[D]. 成都: 成都理工大学.

唐建明, 徐天吉, 程冰洁, 等, 2021. 四川盆地深层页岩气"甜点"预测与钻井工程辅助设计技术[J]. 石油物探, 60 (3): 479-487.

王惠君, 赵桂萍, 李良, 等, 2020. 基于卷积神经网络 (CNN) 的泥质烃源岩 TOC 预测模型: 以鄂尔多斯盆地杭锦旗地区为例[J]. 中国科学院大学学报, 37 (1): 103-112.

王维波, 周瑶琪, 春兰, 2012. 地面微地震监测 SET 震源定位特性研究[J]. 中国石油大学学报 (自然科学版), 36 (5): 45-50, 55.

吴昊, 杨少春, 宋爽, 2016. 裂缝型页岩储层 DHSR 预测方法研究[J]. 甘肃科学学报, 28 (3): 6-12, 15.

吴西顺, 孙张涛, 杨添天, 等, 2020. 全球非常规油气勘探开发进展及资源潜力[J]. 海洋地质前沿, 36 (4): 1-17.

吴正阳, 莫修文, 柳建华, 等, 2018. 裂缝性储层分级评价中的卷积神经网络算法研究与应用[J]. 石油物探, 57 (4): 618-626.

吴志远, 杨德芳, 马丽红, 2018. 大宁-吉县地区古构造应力场恢复[J]. 华北科技学院学报, 15 (2): 43-48.

夏宏泉, 彭梦, 宋二超, 2019. 岩石各向异性 Biot 系数的获取方法及应用[J]. 测井技术, 43 (5): 478-483.

向葵, 胡文宝, 严良俊, 等, 2016. 页岩气储层特征及地球物理预测技术[J]. 特种油气藏, 23 (2): 5-8, 151.

肖钢, 唐颖, 2012. 页岩气及其勘探开发[M]. 北京: 高等教育出版社.

肖继业, 段铮, 2012. 地应力场对水平井井壁稳定性的影响[J]. 石油天然气学报, 34 (11): 205-207.

谢春辉, 雍学善, 杨午阳, 等, 2015. 裂缝型储层流体识别方法[J]. 地球物理学报, 58 (5): 1776-1784.

徐天吉, 程冰洁, 胡斌, 等, 2016. 基于 VTI 介质弹性参数的页岩脆性预测方法及其应用[J]. 石油与天然气地质, 37 (6): 971-978.

徐天吉, 程冰洁, 2007. 小波域地震信号的多尺度研究与应用[J]. 石油天然气学报, 29 (5): 80-83, 167.

薛明志, 左秀会, 钟伟才, 等, 2005. 正交微粒群算法[J]. 系统仿真学报, 17 (12): 2908-2911.

杨午阳, 杨佳润, 陈双全, 等, 2021. 基于 U-Net 深度学习网络的地震数据断层检测[J]. 石油地球物理勘探, 56 (4): 688-697, 669.

尹陈, 刘鸿, 李亚林, 等, 2013. 微地震监测定位精度分析[J]. 地球物理学进展, 28 (2): 800-807.

尹志恒, 魏建新, 狄帮让, 等, 2011. 利用 Q 值各向异性识别裂缝走向[J]. 石油地球物理勘探, 46 (3): 429-433, 500, 328.

印兴耀, 张洪学, 宗兆云, 2018. OVT 数据域五维地震资料解释技术研究现状与进展[J]. 石油物探, 57 (2): 155-178.

于荣泽, 王成浩, 张晓伟, 等, 2022. 北美 Eagle Ford 深层页岩气藏开发特征及启示[J]. 煤田地质与勘探, 50 (9): 32-41.

曾联波, 谭成轩, 张明利, 2004. 塔里木盆地库车坳陷中新生代构造应力场及其油气运聚效应[J]. 中国科学 (D 辑: 地球科学), 34 (S1): 98-106.

曾庆才, 陈胜, 贺佩, 等, 2018. 四川盆地威远龙马溪组页岩气甜点区地震定量预测[J]. 石油勘探与开发, 45 (3): 406-414.

张丰麒, 姜大建, 杜润林, 等, 2021. 基于页岩线性岩石物理模型的 TOC 反演方法研究[J]. 地球物理学进展, 36 (3): 1154-1165.

张福祥, 李国欣, 郑新权, 等, 2022. 北美后页岩革命时代带来的启示[J]. 中国石油勘探, 27 (1): 26-39.

张金川，金之钧，袁明生，2004. 页岩气成藏机理和分布[J]. 天然气工业，24（7）：15-18，131-132.
张金川，聂海宽，徐波，等，2008. 四川盆地页岩气成藏地质条件[J]. 天然气工业，28（2）：151-156，179-180.
张金川，姜生玲，唐玄，等，2009. 我国页岩气富集类型及资源特点[J]. 天然气工业，29（12）：109-114，151-152.
张金川，陶佳，李振，等，2021. 中国深层页岩气资源前景和勘探潜力[J]. 天然气工业，41（1）：15-28.
张金伟，丁仁伟，林年添，等，2022. 裂缝性多孔介质纵波频变特性研究[J]. 石油地球物理勘探，57（5）：1097-1104，1003.
张士诚，郭天魁，周彤，等，2014. 天然页岩压裂裂缝扩展机理试验[J]. 石油学报，35（3）：496-503，518.
张艳，张春雷，成育红，等，2018. 基于机器学习的多地震属性沉积相分析[J]. 特种油气藏，25（3）：13-17.
张烨，潘林华，周彤，等，2015. 页岩水力压裂裂缝扩展规律实验研究[J]. 科学技术与工程，15（5）：11-16.
张永清，张阳，邓红琳，等，2014. 裂缝性致密砂岩油藏水平井井筒延伸方位优化[J]. 断块油气田，21（3）：356-359.
赵亚楠，郭华玲，郑宾，等，2021. 基于KPCA和LSSVM的表面缺陷深度识别[J]. 激光杂志，42（3）：74-78.
赵勇，李南颖，杨建，等，2021. 深层页岩气地质工程一体化井距优化：以威荣页岩气田为例[J]. 油气藏评价与开发，11（3）：340-347.
邹才能，赵群，丛连铸，等，2021. 中国页岩气开发进展、潜力及前景[J]. 天然气工业，41（1）：1-14.
邹才能，朱如凯，董大忠，等，2022. 页岩油气科技进步、发展战略及政策建议[J]. 石油学报，43（12）：1675-1686.
Ajaz M，Ouyang F，Wang G H，et al.，2021. Fluid identification and effective fracture prediction based on frequency-dependent AVOAZ inversion for fractured reservoirs[J]. Petroleum Science，18（4）：1069-1085.
Aki K I，Richards P G，1980. Quantitative Seismology：Theory and Methods[M]. New York：W.H. Freeman & Co.
Al-Anazi A F，Gates I D，2012. Support vector regression to predict porosity and permeability：Effect of sample size[J]. Computers & Geosciences，39：64-76.
Alfarraj M，AlRegib G，2019. Semi-supervised learning for acoustic impedance inversion[C]//SEG Technical Program Expanded Abstracts. Houston：Society of Exploration Geophysicists.
Altindag R，2002. The evaluation of rock brittleness concept on rotary blast holes drills. Journal of the South African Institute of Mining and Metallurgy，102（1）：61-66.
Altindag R，2003. Correlation of specific energy with rock brittleness concepts on rock cutting. Journal of the South African Institnte of Mining and Metallurgy，103（3）：163-171.
Anderson E W，1951. Principles of air navigation[M]. London：Methuen.
Anderson R A，Ingram D S，Zanier A M，1973. Determining fracture pressure gradients from well logs[J]. Journal of Petroleum Technology，25（11）：1259-1268.
Andreev G E，1995. Brittle failure of rock materials[M]. Rotterdam：A.A. Balkema Publishers.
Athy L F，1930. Density，porosity and compaction of sedimentary rocks[J]. AAPG Bulletin，14：1-24.
Backus G E，1962. Long-wave elastic anisotropy produced by horizontal layering[J]. Journal of Geophysical Research，67（11）：4427-4440.
Bahorich B，Olson J E，Holder J，2012. Examining the Effect of Cemented Natural Fractures on Hydraulic Fracture Propagation in Hydrostone Block Experiments[C]//The 2012 SPE Annual Technical Conference

and Exhibition, San Antonio, Texas, USA.

Bakulin A, Grechka V, Tsvankin I, 2000. Estimation of fracture parameters from reflection seismic data-Part I: HTI model due to a single fracture set[J]. Geophysics, 65 (6): 1788-1802.

Bardenhagen S G, Kober E M, 2004. The generalized interpolation material point method[J]. Computer Modeling in Engineering & Sciences, 5: 477-496.

Bardenhagen S G, Guilkey A J, Roessig A K, et al., 2001. An improved contact algorithm for the material point method and application to stress propagation in granular material[J]. Computer Modeling in Engineering & Sciences, 2 (4): 509-522.

Bardenhagen S G, Nairn J A, Lu H B, 2011. Simulation of dynamic fracture with the material point method using a mixed J-integral and cohesive law approach[J]. International Journal of Fracture, 170 (1): 49-66.

Basyir A, Bachtiar A, Haris A, 2020. Total organic carbon prediction of well logs data: Case study Banuwati Shale Member Fm., Asri Basin, Indonesia[C]//Proceedings of the 5th International Symposium on Frontier of Applied Physics, ISFAP 2019. New York: American Institute of Physics Inc.

Belytschko T, Krongauz Y, Organ D, et al., 1996. Meshless methods: An overview and recent developments[J]. Computer Methods in Applied Mechanics and Engineering, 139 (1-4): 3-47.

Berryman J G, Wang H F, 2000. Elastic wave propagation and attenuation in a double-porosity dual-permeability medium[J]. International Journal of Rock Mechanics and Mining Sciences, 37 (1-2): 63-78.

Best A I, McCann C, Sothcott J, 1994. The relationships between the velocities, attenuations and petrophysical properties of reservoir sedimentary rocks[J]. Geophysical Prospecting, 42 (2): 151-178.

Beugelsdijk L, Pater C, Satō K, 2000. Experimental hydraulic fracture propagation in multi-fractured medium[C]// The 2000 SPE Asia Pacific conference on integrated modeling, Yokohama, Japan.

Biot M A, 1941. General theory of three-dimensional consolidation[J]. Journal of Applied Physics, 12 (2): 155-164.

Biot M A, 1955. Theory of elasticity and consolidation for a porous anisotropic solid[J]. Journal of Applied Physics, 26 (2): 182-185.

Biot M A, 1962. Mechanics of deformation and acoustic propagation in porous media[J]. Journal of Applied Physics, 33 (4): 1482-1498.

Biot M A, Willis D G, 1957. The elastic coefficients of the theory of consolidation[J]. Journal of Applied Mechanics, 24 (4): 594-601.

Bishop A W, 1967. Progressive failure-with special reference to themechanism causing it[C]//Proceedings of the geotechnical conference. Oslo: Norwegian Geotechnical Institute.

Blanton T L, 1982. An experimental study of interaction between hydraulically induced and pre-existing fractures[C]//The SPE Unconventional Gas Recovery Symposium, Pittsburgh, Pennsylvania, USA.

Bolandi V, Kadkhodaie A, Farzi R, 2017. Analyzing organic richness of source rocks from well log data by using SVM and ANN classifiers: A case study from the Kazhdumi Formation, the Persian Gulf Basin, offshore Iran[J]. Journal of Petroleum Science and Engineering, 151: 224-234.

Bowers G L, 1995. Pore pressure estimation from velocity data: Accounting for overpressure mechanisms besides undercompaction[J]. SPE Drilling & Completion, 10 (2): 89-95.

Bowker K A, 2007. Barnett Shale gas production, Fort Worth Basin: issues and discussion[J]. AAPG Bulletin, 91 (4): 523-533.

Breiman L, 1996. Bagging predictors[J]. Machine Learning, 24 (2): 123-140.

Buland A, Omre H, 2003. Bayesian linearized AVO inversion[J]. Geophysics, 68 (1): 185-198.

Buller D, Hughes S, Market J, et al., 2010. Petrophysical evaluation for enhancing hydraulic stimulation in horizontal shale gas wells[C]//SPE Annual Technical Conference and Exhibition Held in Florence, Italy.

Burnaman M D, Xia W W, Shelton J, 2009. Shale gas play screening and evaluation criteria[J]. China Petroleum Exploration, 14 (3): 51-64.

Carcione J M, Helle H B, Zhao T, 1998. Effects of attenuation and anisotropy on reflection amplitude versus offset[J]. Geophysics, 63 (5): 1652-1658.

Carroll H B Jr, Baker B A, 1979. Particle size distributions generated by crushed proppants and their effects on fracture conductivity[C]//The Symposium on Low Permeability Gas Reservoirs, Denver, Colorado, USA.

Castagna J P, Sun S J, Siegfried R W, 2003. Instantaneous spectral analysis: Detection of low-frequency shadows associated with hydrocarbons[J]. The Leading Edge, 22 (2): 120-127.

Chakraborty A, Okaya D, 1995. Frequency-time decomposition of seismic data using wavelet-based methods[J]. Geophysics, 60 (6): 1906-1916.

Chapman M, 2009. Modeling the effect of multiple sets of mesoscale fractures in porous rock on frequency-dependent anisotropy[J]. Geophysics, 74 (6): 97-103.

Chapman M, Maultzsch S, Liu E R, et al., 2003. The effect of fluid saturation in an anisotropic multi-scale equant porosity model[J]. Journal of Applied Geophysics, 54 (3-4): 191-202.

Chen Y F, Hu S H, Hu R, et al., 2015. Estimating hydraulic conductivity of fractured rocks from high-pressure packer tests with an Izbash's law-based empirical model[J]. Water Resources Research, 51 (4): 2096-2118.

Chichinina T, Sabinin V, Ronquillo-Jarillo G, 2006a. QVOA analysis: P-wave attenuation anisotropy for fracture characterization[J]. Geophysics, 71 (3): 37-48.

Chichinina T, Sabinin V, Ronquillo-Jarillo G, et al., 2006b. The QVOA method for fractured reservoir characterization[J]. Russian Geology and Gephysics, 47 (2): 265-283.

Chichinina T, Obolentseva I, Gik L, et al., 2009. Attenuation anisotropy in the linear-slip model: Interpretation of physical modeling data[J]. Geophysics, 74 (5): 165-176.

Rieke H H, Chilingarian G V, 1974. Compaction of argillaceous sediments[M]. New York: Elsevier.

Cho K, van Merrienboer B, Gulcehre C, et al., 2014. Learning phrase representations using RNN encoder-decoder for statistical machine translation[C]//Proceedings of the 2014 Conference on Empirical Methods in Natural Language Processing. Stroudsburg: Association for Computational Linguistics.

Cleary M P, Johnson D E, Kogsbøll H H, et al., 1993. Field Implementation of Proppant Slugs to Avoid Premature Screen-Out of Hydraulic Fractures with Adequate Proppant Concentration[C]//The Low Permeability Reservoirs Symposium, Denver, Colorado, USA.

Connolly P, 1999. Elastic impedance[J]. The Leading Edge, 18 (4): 438-452.

Cooper J, Stamford L, Azapagic A, 2018. Economic viability of UK shale gas and potential impacts on the energy market up to 2030[J]. Applied Energy, 215: 577-590.

Crampin S, 1978. Seismic-wave propagation through a cracked solid: Polarization as a possible dilatancy diagnostic[J]. Geophysical Journal International, 53 (3): 467-496.

Crase E, 1990. High-order (space and time) finite-difference modeling of the elastic wave equation[J/OL]. SEG Technical Program Expanded Abstracts. https://doi.org/10.1190/1.1890407.

Curtis J B, 2002. Fractured shale-gas systems[J]. AAPG Bulletin, 86 (11): 1921-1938.

Darcy H, 1856. Les fontaines publiques de la ville de Dijon[M]. Paris: Dalmont.

Das V, Mukerji T, 2019. Petrophysical properties prediction from pre-stack seismic data using convolutional neural networks[J/OL]. SEG Technical Program Expanded Abstracts. https://doi.org/10.1190/segam2019-3215122.1.

Dorigo M, Stützle T, 1996. Ant Colony Optimization[M]. Cambridge: MIT Press.

Dorigo M, Maniezzo V, Colorni A, 1996. Ant system: Optimization by a colony of cooperating agents[J]. IEEE Transactions on Systems, Man, and Cybernetics, Part B (Cybernetics), 26 (1): 29-41.

Downton J E, Lines L R, 2001. Constrained three parameter AVO inversion and uncertainty analysis[J/OL]. SEG Technical Program Expanded Abstracts. https://doi.org/10.1190/1.1816583.

Duan Y, Li G, Sun Q, 2016. Research on convolutional neural network for reservoir parameter prediction[J]. Journal on Communications (S1): 1-9.

Eaton B A, 1972. The effect of overburden stress on geopressure prediction from well logs[J]. Journal of Petroleum Technology, 24 (8): 929-934.

Eaton B A, 1975. The equation for geopressure prediction from well logs[C]//The Fall Meeting of the Society of Petroleum Engineers of AIME, Dallas, Texas, USA.

Eberhart-Phillips D, Han D H, Zoback M D, 1989. Empirical relationships among seismic velocity, effective pressure, porosity, and clay content in sandstone[J]. Geophysics, 54 (1): 82-89.

Ekanem A M, Wei J, Wang S, et al., 2009. Fracture detection using 2-D P-wave seismic data: A seismic physical modelling study[C]//The 2009 SEG Annual Meeting, Houston, Texas, USA.

Erdogan F, Sih G C, 1963. On the crack extension in plates under plane loading and transverse shear[J]. Journal of Basic Engineering, 85 (4): 519-525.

Farinas M, Fonseca E, 2013. Hydraulic fracturing simulation case study and post frac analysis in the haynesville shale[C]//The SPE Hydraulic Fracturing Technology Conference, The Woodlands, Texas, USA.

Fatti J L, Smith G C, Vail P J, et al., 1994. Detection of gas in sandstone reservoirs using AVO analysis: A 3-D seismic case history using the Geostack technique[J]. Geophysics, 59 (9): 1362-1376.

Fillippone W R, 1982. Estimation of stratigraphic parameters and the prediction of overpressure from seismic data[C]//The 1982 SEG Annual Meeting, Dallas, Texas, USA.

Foster J B, 1966. Estimation of formation pressures from electrical surveys-offshore Louisiana[J]. Journal of Petroleum Technology, 18 (2): 165-171.

Gardner G H F, Gardner L W, Gregory A R, 1974. Formation velocity and density: The diagnostic basics for stratigraphic traps[J]. Geophysics, 39 (6): 770-780.

Geertsma J, de Klerk F, 1969. A rapid method of predicting width and extent of hydraulically induced fractures[J] Journal of Petroleum Technology, 21: 1571-1581.

Goodway B, Chen T W, Downton J, 1997. Improved AVO fluid detection and lithology discrimination using lamé petrophysical parameters: "$\lambda\rho$", "$\mu\rho$", "λ/μ fluid stack", from P and S inversions[J/OL]. SEG Technical Program Expanded Abstracts. https://doi.org/10.1190/1.1885795.

Gray D, 2002. Elastic inversion for Lamé parameters[J/OL]. SEG Technical Program Expanded Abstracts. https://doi.org/10.1190/1.1817128.

Grecu E, Aceleanu M I, Albulescu C T, 2018. The economic, social and environmental impact of shale gas exploitation in Romania: A cost-benefit analysis[J]. Renewable and Sustainable Energy Reviews, 93: 691-700.

Gu H, Weng X, Lund J, et al., 2012. Hydraulic fracture crossing natural fracture at nonorthogonal angles: A criterion and its validation[J]. SPE Production & Operations, 27 (1): 20-26.

Guo T L, 2016. Key geological issues and main controls on accumulation and enrichment of Chinese shale gas[J]. Petroleum Exploration and Development, 43 (3): 349-359.

Guo Y, Nairn J A, 2004. Calculation of J-integral and stress intensity factors using the material point method[J]. Computer Modeling in Engineering & Sciences, 6: 295-308.

Guo Y, Nairn J A, 2006. Three-dimensional dynamic fracture analysis using the material point method[J].

Computer Modeling in Engineering & Sciences, 16: 141-156.

Guo Z Q, Li X Y, Liu C, et al., 2013. A shale rock physics model for analysis of brittleness index, mineralogy and porosity in the Barnett Shale[J]. Journal of Geophysics and Engineering, 10 (2): 1-10.

Hajiabdolmajid V, Kaiser P, 2003. Brittleness of rock and stability assessment in hard rock tunneling[J]. Tunnelling and Underground Space Technology, 18 (1): 35-48.

Han D H, Nur A, Morgan D, 1986. Effects of porosity and clay content on wave velocities in sandstones[J]. Geophysics, 51 (11): 2093-2107.

Han D, Jung J, Kwon S, 2020. Comparative study on supervised learning models for productivity forecasting of shale reservoirs based on a data-driven approach[J]. Applied Sciences (Switzerland), 10 (4): 1267.

Han T, Pervukhina M, Clennell M B, 2014. Over-pressure prediction in shales[C]//Proceedings of the 76th EAGE Conference and Exhibition 2014: Experience the Energy. Amsterdam: European Association of Geoscientists & Engineers.

Hauge P S, 1981. Measurements of attenuation from vertical seismic profiles[J]. Geophysics, 46 (11): 1548-1558.

He J M, Zhang Z B, Li X, 2017. Numerical analysis on the formation of fracture network during the hydraulic fracturing of shale with pre-existing fractures[J]. Energies, 10 (6): 736.

Hemsing D, Schmitt D R, 2006. Laboratory determination of elastic anisotropy in shales from Alberta[J/OL]. SEG Technical Program Expanded Abstracts. https://doi.org/10.1190/1.2369995.

Hetényi M, 1966. Handbook of experimental stress analysis[M]. New York: Wiley.

Higgins S, Goodwin S, Donald A, et al., 2008. Anisotropic stress models improve completion design in the baxter shale[C]//The SPE Annual Technical Conference and Exhibition, Denver, Colorado, USA.

Hochreiter S, Schmidhuber J, 1997. Long short-term memory[J]. Neural Computation, 9 (8): 1735-1780.

Honda H, Sanada Y, 1956. Hardness of coal[J]. Fuel, 35: 451.

Hosten B, Deschamps M, Tittmann B R, 1987. Inhomogeneous wave generation and propagation in lossy anisotropic solids. Application to the characterization of viscoelastic composite materials[J]. The Journal of the Acoustical Society of America, 82 (5): 1763-1770.

Hubbert M K, Rubey W W, 1959. Role of fluid pressure in mechanics of overthrust faulting[J]. Geological Society of America Bulletin, 70 (2): 167.

Hucka V, Das B, 1974. Brittleness determination of rocks by different methods[J]. International Journal of Rock Mechanics and Mining Sciences & Geomechanics Abstracts, 11 (10): 389-392.

Hudson J A, 1981. Wave speeds and attenuation of elastic waves in material containing cracks[J]. Geophysical Journal International, 64 (1): 133-150.

Hudson J A, Liu E, Crampin S, 1996. The mechanical properties of materials with interconnected cracks and pores[J]. Geophysical Journal International, 124 (1): 105-112.

Hulsey B J, Cornette B, Pratt D, 2010. Surface microseismic mapping reveals details of the Marcellus shale[C]// The SPE Eastern Regional Meeting, Morgantown, West Virginia, USA.

Jaeger R, Koplin C, Pfeiffer W, et al., 2007. Optimierung der verfahrensparameter zur erhohung der formgenauigkeit und zuverlassigkeit: Eigenspannungen in der generativen fertigung[J]. Konstruktion (12): 11-12.

Jafari A, Babadagli T, 2012. Estimation of equivalent fracture network permeability using fractal and statistical network properties[J]. Journal of Petroleum Science and Engineering, 92: 110-123.

Jarvie D M, Hill R J, Ruble T E, et al., 2007. Unconventional shale-gas systems: The Mississippian Barnett Shale of north-central Texas as one model for thermogenic shale-gas assessment[J]. AAPG Bulletin,

91（4）：475-499.

Ji W M, Song Y, Jiang Z X, et al., 2015. Estimation of marine shale methane adsorption capacity based on experimental investigations of Lower Silurian Longmaxi Formation in the Upper Yangtze Platform, South China[J]. Marine and Petroleum Geology, 68: 94-106.

Jiang S, Peng Y M, Gao B, et al., 2016. Geology and shale gas resource potentials in the Sichuan Basin, China[J]. Energy Exploration & Exploitation, 34（5）: 689-710.

Jiang X D, Cao J X, Zu S H, et al., 2021. Detection of hidden reservoirs under strong shielding based on bi-dimensional empirical mode decomposition and the Teager-Kaiser operator[J]. Geophysical Prospecting, 69（5）: 1086-1101.

Jin X C, Shah S N, Roegiers J C, et al., 2014. Fracability evaluation in shale reservoirs: An integrated petrophysics and geomechanics approach[C]//The SPE Hydraulic Fracturing Technology Conference, The Woodlands, Texas, USA.

Johnston D H, Toksöz M N, 1980. Ultrasonic P and S wave attenuation in dry and saturated rocks under pressure[J]. Journal of Geophysical Research: Solid Earth, 85: 925-936.

Kaiser F, 1990. On a simple algorithm to calculate the energy of a signal[C]//IEEE International Conference on Acoustics, Speech, and Signal Processing. Albuquerque: IEEE.

Kennedy J, Eberhart R, 1995. Particle swarm optimization[C]//Proceedings of ICNN'95: International Conference on Neural Networks. Perth: IEEE.

Kennett B L N, 1984. Guided wave propagation in laterally varying media: I. Theoretical development[J]. Geophysical Journal International, 79（1）: 235-255.

Keshavarz A, Badalyan A, Carageorgos T, et al., 2014. Stimulation of unconventional naturally fractured reservoirs by graded proppant injection: Experimental study and mathematical model[C]//The SPE/EAGE European Unconventional Resources Conference and Exhibition, Vienna, Austria.

Kresse O, Weng X W, 2018. Numerical modeling of 3D hydraulic fractures interaction in complex naturally fractured formations[J]. Rock Mechanics and Rock Engineering, 51（12）: 3863-3881.

Kresse O, Weng X W, Gu H R, et al., 2013. Numerical modeling of hydraulic fractures interaction in complex naturally fractured formations[J]. Rock Mechanics and Rock Engineering, 46（3）: 555-568.

Langmuir I, 1918. The adsorption of gases on plane surfaces of glass, mica and platinum[J]. Journal of the American Chemical Society, 40（9）: 1361-1403.

Law B E, Curtis J B, 2002. Introduction to unconventional petroleum systems[J]. AAPG Bulletin, 86（11）: 1851-1852.

Lawn B R, Marshall D B, 1979. Hardness, toughness, and brittleness: An indentation analysis[J]. Journal of the American Ceramic Society, 62（7-8）: 347-350.

LeCun Y, Bottou L, Bengio Y, et al., 1998. Gradient-based learning applied to document recognition[J]. Proceedings of the IEEE, 86（11）: 2278-2324.

Lemaitre J, Chaboche J L, 2004. Mécanique des matériaux solides[M]. 2nd ed. Paris: Dunod.

Lena P D, Margara L, 2010. Optimal global alignment of signals by maximization of Pearson correlation[J]. Information Processing Letters, 110（16）: 679-686.

Li H B, Zhao W Z, Cao H, et al., 2006. Measures of scale based on the wavelet scalogram with applications to seismic attenuation[J]. Geophysics, 71（5）: V111-V118.

Li S B, Zhang D X, 2018. A fully coupled model for hydraulic-fracture growth during multiwell-fracturing treatments: Enhancing fracture complexity[J]. SPE Production & Operations, 33（2）: 235-250.

Li S J, Cui Z, Jiang Z X, et al., 2016. New method for prediction of shale gas content in continental shale formation using well logs[J]. Applied Geophysics, 13 (2): 393-405.

Li W G, Yang S L, Wen B, et al., 2013. Simulation and prediction of the rock permeability of the depth delay INET in an ultra-deep reservoir[J]. Energy Sources, Part A: Recovery, Utilization, and Environmental Effects, 35 (9): 840-847.

Li X W, Li J Y, Liu Y L, et al., 2020. Pre-stack anisotropy fractures detection based on OVT domain gather data and its application in ultra-deep burial carbonate rocks[J]. Earth Sciences, 9 (5): 210.

Lin B Q, Kuang Y M, 2020. Natural gas subsidies in the industrial sector in China: National and regional perspectives[J]. Applied Energy, 260: 114329.

Liu Z D, Tang X Y, Yu H G, et al., 2009. Evaluation of fracture development in volcanic rocks based on rock mechanical parameters[J]. Natural Gas Industry, 29 (11), 20-21, 26.

Loucks R G, Reed R M, Ruppel S C, et al., 2012. Spectrum of pore types and networks in mudrocks and a descriptive classification for matrix-related mudrock pores[J]. AAPG Bulletin, 96 (6): 1071-1098.

Martins J L, 2006. Elastic impedance in weakly anisotropic media[J]. Geophysics, 71 (3): D73-D83.

Mattews W R, Kelly J, 1967. How to predict formarion pressure and fracture gradient[J]. Oil and Gas Journal. 65 (8): 92-106.

Maultzsch S, Chapman M, Liu E R, et al., 2007. Modelling and analysis of attenuation anisotropy in multi-azimuth VSP data from the Clair field[J]. Geophysical Prospecting, 55 (5): 627-642.

Mavko G, Mukerji T, Dvorkin J, 2009. The roock physics handbook[M]. 2nd ed. Cambridge: Cambridge University Press.

McKee C R, Bumb A C, Koenig R A, 1988. Stress-dependent permeability and porosity of coal and other geologic formations[J]. SPE Formation Evaluation, 3 (1): 81-91.

McQuillan H, 1973. Small-scale fracture density in Asmari Formation of southwest Iran and its relation to bed thickness and structural setting[J]. AAPG Bulletin, 57 (12): 2367-2385.

Meek R, Suliman B, Hull R, et al., 2013. What Broke? Microseismic analysis using seismic derived rock properties and structural attributes in the Eagle Ford play[C]//Unconventional Resources Technology Conference, Denver, Colorado, USA.

Metwally Y, Lu K F, Chesnokov E M, 2013. Gas shale: Comparison between permeability anisotropy and elasticity anisotropy[J/OL]. SEG Technical Program Expanded Abstracts. https://doi.org/10.1190/segam 2013-0761.1.

Middleton R S, Gupta R, Hyman J D, et al., 2017. The shale gas revolution: Barriers, sustainability, and emerging opportunities[J]. Applied Energy, 199: 88-95.

Montgomery S L, Jarvie D M, Bowker K A, et al., 2005. Mississippian barnett shale, Fort Worth basin, north-central Texas: gas-shale play with multi-trillion cubic foot potential[J]. AAPG Bulletin, 89 (2): 155-175.

Morley A, 1944. Strength of materials[M]. London: Longman Green.

Nagel N B, Sanchez-Nagel M A, Zhang F, et al., 2013. Coupled numerical evaluations of the geomechanical interactions between a hydraulic fracture stimulation and a natural fracture system in shale formations[J]. Rock Mechanics and Rock Engineering, 46 (3): 581-609.

Nairn J A, 2007. Material point method simulations of transverse fracture in wood with realistic morphologies[J]. Holzforschung, 61 (4): 375-381.

Najibi A R, Ghafoori M, Lashkaripour G R, et al., 2015. Empirical relations between strength and static and dynamic elastic properties of Asmari and Sarvak limestones, two main oil reservoirs in Iran[J]. Journal of Petroleum Science and Engineering, 126: 78-82.

Neep J P, Sams M S, Worthington M H, et al., 1996. Measurement of seismic attenuation from high-resolution crosshole data[J]. Geophysics, 61 (4): 1175-1188.

Nelson R, 2001. Geologic analysis of naturally fractured reservoirs[M]. 2nd ed. Boston: Gulf Professional Pub.

Niu W T, Lu J L, Sun Y P, 2021. A production prediction method for shale gas wells based on multiple regression[J]. Energies, 14 (5): 1-11.

Obert L, Duvall W I, 1967. Rock mechanics and the design of structures in rock[M]. New York: Wiley.

Olson J E, Wu K, 2012. Sequential versus simultaneous multi zone fracturing in horizontal wells. Insights from Nonplanar multi frac numerical models[C]//The SPE Hydraulic Fracturing Technology Conference, The Woodlands, Texas, USA.

Ostadhassan M, Zeng Z W, Zamiran S, 2012. Geomechanical modeling of an anisotropic formation-Bakken case study[C]//the 46th U.S. Rock Mechanics/Geomechanics Symposium, Chicago, Illinois.

Palmer I, Mansoori J, 1998. How permeability depends on stress and pore pressure in coalbeds: A new model[J]. SPE Reservoir Evaluation & Engineering, 1 (6): 539-544.

Passey Q R, Creaney S, Kulla J B, et al., 1990. A practical model for organic richness from porosity and resistivity logs[J]. AAPG Bulletin, 74: 1777-1794.

Pervukhina M, Dewhurst D, Gurevich B, et al., 2008. Stress-dependent elastic properties of shales: Measurement and modeling[J]. The Leading Edge, 27 (6): 772-779.

Pervukhina M, Claudio D P, Dewhurst D N, et al., 2013. An estimation of pore pressure in shales form sonic velocities[J/OL]//SEG Technical Program Expanded Abstracts. https://doi.org/10.1190/segam2013-0818.1.

Poma X S, Riba E, Sappa A D, 2020. Dense extreme inception network: Towards a robust CNN model for edge detection[C]//2020 IEEE Winter Conference on Applications of Computer Vision (WACV). Snowmass: IEEE.

Pšenčík I, Martins J L, 2001. Properties of weak contrast PP reflection/transmission coefficients for weakly anisotropic elastic media[J]. Studia Geophysica et Geodaetica, 45: 176-199.

Rafael P D L, 2017. Linking image processing and numerical modeling to identify potential geohazards[D]. Norman: University of Oklahoma.

Rahman M M, Aghighi A, Rahman S S, 2009. Interaction between induced hydraulic fracture and pre-existing natural fracture in a poro-elastic environment: effect of pore pressure changes and the orientation of a natural fractures[C]//the Asia Pacific Oil and Gas Conference & Exhibition, Jakarta, Indonesia.

Ramsay J G, 1967. Folding and fracturing of rocks[M]. London: McGraw-Hill.

Rasolofosaon P N, 2009. Unified phenomenological model for the mechanical behavior of rocks[J]. Geophysics, 74 (5): WB107-WB116.

Ratnaweera A, Halgamuge S K, Watson H C, 2004. Self-organizing hierarchical particle swarm optimizer with time-varying acceleration coefficients[J]. IEEE Transactions on Evolutionary Computation, 8 (3): 240-255.

Refunjol X E, Marfurt K J, Le Calvez J H, 2011. Inversion and attribute-assisted hydraulically induced microseismic fracture characterization in the North Texas Barnett Shale[J]. The Leading Edge, 30 (3): 292-299.

Rezazadeh M, Haghighi M, Pokalai K, 2014. Development of a stress dependent permeability model in tight gas reservoirs: A case study in Cooper Basin, Australia[C]//The SPE Unconventional Resources Conference, The Woodlands, Texas, USA.

Rickman R, Mullen M, Petre E, et al., 2008. A Practical use of shale petrophysics for stimulation design optimization: All shale plays are not clones of the Barnett shale[C]//the SPE Annual Technical Conference and Exhibition, Denver, Colorado, USA.

Rüger A, 1998. Variation of P-wave reflectivity with offset and azimuth in anisotropic media[J]. Geophysics, 63(3): 935-947.

Rui J W, Zhang H B, Zhang D L, et al., 2019. Total organic carbon content prediction based on support-vector-regression machine with particle swarm optimization[J]. Journal of Petroleum Science and Engineering, 180: 699-706.

Russell B H, Gray D, Hampson D P, 2011. Linearized AVO and poroelasticity[J]. Geophysics, 76(3): 19-29.

Russell B H, Hedlin K, Hilterman F J, et al., 2003. Fluid-property discrimination with AVO: A Biot-Gassmann perspective[J]. Geophysics, 68(1): 29-39.

Sadeghirad A, Brannon R M, Burghardt J, 2011. A convected particle domain interpolation technique to extend applicability of the material point method for problems involving massive deformations[J]. International Journal for Numerical Methods in Engineering, 86(12): 1435-1456.

Sanderson D J, Nixon C W, 2015. The use of topology in fracture network characterization[J]. Journal of Structural Geology, 72: 55-66.

Sanderson D J, Nixon C W, 2018. Topology, connectivity and percolation in fracture networks[J]. Journal of Structural Geology, 115: 167-177.

Sayers C M, 2010. Geophysics under stress: Geomechanical applications of seismic and borehole acoustic waves[M]. Tulsa: Society of Exploration Geophysicists.

Schoenberg M, Douma J, 1988. Elastic wave propagation in media with parallel fractures and aligned cracks[J]. Geophysical Prospecting, 36(6): 571-590.

Schoenberg M, Sayers C M, 1995. Seismic anisotropy of fractured rock[J]. Geophysics, 60(1): 204-211.

Segura J M, Fisher Q J, Crook A J L, et al., 2011. Reservoir stress path characterization and its implications for fluid-flow production simulations[J]. Petroleum Geoscience, 17(4): 335-344.

Seidle J P, Jeansonne M W, Erickson D J, 1992. Application of matchstick geometry to stress dependent permeability in coals[C]//The SPE Rocky Mountain Regional Meeting, Casper, Wyoming.

Sen M K, Stoffa P L, 1995. Global Optimization Methods in Geophysical Inversion[M]. Amsterdam: Elsevier.

Shi J Q Q, Durucan S, 2010. Exponential growth in San Juan Basin fruitland coalbed permeability with reservoir drawdown: Model match and new insights[J]. SPE Reservoir Evaluation & Engineering, 13(6): 914-925.

Shuai D, Stovas A, Zhao Y, et al., 2021. Frequency-dependent anisotropy due to non-orthogonal sets of mesoscale fractures in porous media[J]. Geophysical Journal International, 228(1): 102-118.

Siliqi R, Bousquié N, 2000. Anelliptic time processing based on a shifted hyperbola approach[J/OL]. SEG Technical Program Expanded Abstracts. https://doi.org/10.1190/1.1815902.

Simmons J L Jr, Backus M M, 1996. Waveform-based AVO inversion and AVO prediction-error[J]. Geophysics, 61(6): 1575-1588.

Sinha S K, Routh P S, Anno P D, et al., 2005. Scale attributes from continuous wavelet transform[J/OL]. SEG Technical Program Expanded Abstracts. https://doi.org/10.1190/1.2148274.

Sinha S, Routh P S, Anno P D, et al., 2005. Spectral decomposition of seismic data with continuous-wavelet transform[J]. Geophysics, 70(6): P19-P25.

Smith G C, Gidlow P M, 1987. Weighted stacking for rock property estimation and detection of gas[J]. Geophysical Prospecting, 35(9): 993-1014.

Song Y H, Chen H, Wang X M, 2019. Stepwise inversion method for determining anisotropy parameters in a horizontal transversely isotropic formation[J]. Applied Geophysics, 16(2): 233-242.

Stoll R D, 1974. Acoustic waves in saturated sediments[M]//Hampton L D. Physics of sound in marine sediments. New York: Springer.

Sukumar N, Prévost J H, 2003. Modeling quasi-static crack growth with the extended finite element method Part I: Computer implementation[J]. International Journal of Solids and Structures, 40 (26): 7513-7537.

Sulsky D, Chen Z, Schreyer H L, 1994. A particle method for history-dependent materials[J]. Computer Methods in Applied Mechanics and Engineering, 118 (1-2): 179-196.

Tan M J, Song X D, Yang X, et al., 2015. Support-vector-regression machine technology for total organic carbon content prediction from wireline logs in organic shale: A comparative study[J]. Journal of Natural Gas Science and Engineering, 26: 792-802.

Taner M T, Koehler F, Sheriff R E, 1979. Complex seismic trace analysis[J]. Geophysics, 44 (6): 1041-1063.

Tang L, Song Y, Jiang Z X, et al., 2019. Influencing factors and mathematical prediction of shale adsorbed gas content in the Upper Triassic Yanchang Formation in the Ordos Basin, China[J]. Minerals, 9 (5): 265.

Tao G, King M S, 1990. Shear-wave velocity and Q anisotropy in rocks: A laboratory study[J]. International Journal of Rock Mechanics and Mining Sciences and Geomechanics Abstracts, 27 (5): 353-361.

Tarantola A, 1986. A strategy for nonlinear elastic inversion of seismic reflection data[J]. Geophysics, 51 (10): 1893-1903.

Teager H M, Teager S M, 1990. Evidence for nonlinear sound production mechanisms in the vocal tract[M]// Hardcastle W J, Marchal A. Speech production and speech modelling. Dordrecht: Springer.

Terzaghi K, 1925. Principles of soil mechanics, IV-Settlement and consolidation of clay[J]. Engineering News Record, 95 (3): 874-878.

Terzaghi K, 1943. Theoretical soil mechanics[M]. New York: John Wiley & Sons, Inc.

Thiercelin M J, Plumb R A, 1994. Core-based prediction of lithologic stress contrasts in east texas formations[J]. SPE Formation Evaluation, 9 (4): 251-258.

Thompson M, Willis J R, 1991. A reformation of the equations of anisotropic poroelasticity[J]. Journal of Applied Mechanics, 58 (3): 612-616.

Thomsen L, 1986. Weak elastic anisotropy[J]. Geophysics, 51 (10): 1954-1966.

Thomsen L, 2010. On the fluid dependence of rock compressibility: Biot-Gassmann refined[J/OL]. SEG Technical Program Expanded Abstracts. https://doi.org/10.1190/1.3513346.

Thomsen L, 2013. On the use of isotropic parameters, E, to understand anisotropic shale behavior[J]. Society of Exploration Geophysics Annual Meeting Expanded Abstracts, 83: 320-324.

Tian D M, Liu X W, 2021. Identification of gas hydrate based on velocity cross plot analysis[J]. Marine Geophysical Research, 42 (2): 11.

Tsvankin I, 1997. Anisotropic parameters and P-wave velocity for orthorhombic media[J]. Geophysics, 62(4): 1292-1309.

Vermeer G J O, 1998. Creating image gathers in the absence of proper common-offset gathers[J]. Exploration Geophysics, 29 (3-4): 636-642.

Wang H J, Qiao L, Lu S F, et al., 2021. A novel shale gas production prediction model based on machine learning and its application in optimization of multistage fractured horizontal wells[J]. Frontiers in Earth Science, 9: 1-14.

Wang Q, Li R R, 2017. Research status of shale gas: A review[J]. Renewable and Sustainable Energy Reviews, 74: 715-720.

Wang S X, Li X Y, Qian Z P, et al., 2007. Physical modelling studies of 3-DP-wave seismic for fracture detection[J]. Geophysical Journal International, 168 (2): 745-756.

Warpinski N R, Teufel L W, 1987. Influence of geologic discontinuities on hydraulic fracture propagation[J]. Journal of Petroleum Technology, 39 (2): 209-220.

Waters G A, Lewis R E, Bentley D C, 2011. The effect of mechanical properties anisotropy in the generation of hydraulic fractures in organic shales[C]//The SPE Annual Technical Conference and Exhibition, Denver, Colorado, USA.

Weakley R R, 1989. Use of surface seismic data to predict formation pore pressures (sand shale depositional environments) [C]//the SPE/IADC Drilling Conference, New Orleans, Louisiana, USA.

Wilson A, Chapman M, Li X Y, 2009. Frequency-dependent AVO inversion[J/OL]. SEG Technical Program Expanded Abstracts. https://doi.org/10.1190/1.3255572.

Wood D, Schmit B, Riggins L, et al., 2011. Cana Woodford stimulation practices: A case history[C]//The North American Unconventional Gas Conference and Exhibition, The Woodlands, Texas, USA.

Wu Y S, Wang C, Li J, 2012. Transient gas flow in unconventional gas reservoirs[C]//The SPE Europec/EAGE Annual Conference, Copenhagen, Denmark.

Wyllie M R J, Gregory A R, Gardner L W, 1956. Elastic wave velocities in heterogeneous and porous media[J]. Geophysics, 21 (1): 41-70.

Wyllie M R J, Gardner G H F, Gregory A R, 1962. Studies of elastic wave attenuation in porous media[J]. Geophysics, 27 (5): 569-724.

Xue L, Liu Y T, Xiong Y F, et al., 2021. A data-driven shale gas production forecasting method based on the multi-objective random forest regression[J]. Journal of Petroleum Science and Engineering, 196: 107801.

Yang J, Zhang D, Yang J Y, et al., 2007. Globally maximizing, locally minimizing: Unsupervised discriminant projection with applications to face and palm biometrics[J]. IEEE Transactions on Pattern Analysis and Machine Intelligence, 29 (4): 650-664.

Yang X B, Yu H Z, Wang D, et al., 2020. Road identification system based on CNN[J]. Journal of Physics: Conference Series, 1486 (4): 042024.

Yu G Y, Xu F, Cui Y Z, et al., 2020. A new method of predicting the saturation pressure of oil reservoir and its application[J]. International Journal of Hydrogen Energy, 45 (55): 30244-30253.

Yuan J H, Luo D K, Feng L Y, 2015. A review of the technical and economic evaluation techniques for shale gas development[J]. Applied Energy, 148: 49-65.

Zhang J C, 2011. Pore pressure prediction from well logs: Methods, modifications, and new approaches[J]. Earth-Science Reviews, 108 (1-2): 50-63.

Zhang J W, Huang H D, Zhu B H, et al., 2017. Fluid identification based on P-wave anisotropy dispersion gradient inversion for fractured reservoirs[J]. Acta Geophysica, 65 (5): 1081-1093.

Zhao X G, Yang Y H, 2015. The current situation of shale gas in Sichuan, China[J]. Renewable and Sustainable Energy Reviews, 50: 653-664.

Zhou S J, 1998. The Numerical Prediction on Material Failure Based on the Material Point Method[D]. Albuquerque: University of New Mexico.

Zhu Y P, Tsvankin I, 2006. Plane-wave propagation in attenuative transversely isotropic media[J]. Geophysics, 71 (2): 17-30.

Zoback M D, 2007. Reservoir Geomechanics[M]. Cambridge: Cambridge University Press.

Zou C N, Yang Z, Zhu R K, et al., 2019. Geologic significance and optimization technique of sweet spots in unconventional shale systems[J]. Journal of Asian Earth Sciences, 178: 3-19.

致　　谢

　　作者在写作过程中，获得了中国石油化工股份有限公司西南油气分公司相关领导和科研人员的大力支持，参阅并引用了大量的项目资料与相关科技文献，国家自然科学基金委员会（No. 42074160 项目）、四川省科技厅（No. 2023NSFSC0255 项目）、中国石油化工股份有限公司（No. P20052-3 项目）、中国石油天然气股份有限公司（No. 2021DJ3506 项目）等给予经费资助，电子科技大学、成都理工大学和新疆大学的相关研究生参与了部分内容的编写，出版社的编辑、校对、封面设计等相关人员也付出了辛勤的劳动，在此一并致谢！